全国高等职业教育示范专业规划教材
计算机专业

Photoshop CS3
图像处理案例教程

主　编　梁建华
副主编　桑莉君　刘彦武　杜　明
参　编　张　璐　李巧君　朱希伟　巩建学

机 械 工 业 出 版 社

本书采用案例驱动的方式进行编写，全面、详细地介绍了 Photoshop CS3 的基本功能、基本操作及技巧。全书共 8 章，除第 1 章外，其余各章均由典型案例构成，每个案例又包括创作思路、操作步骤、相关知识和案例拓展 4 个部分。全书共收录了 70 个案例，以这些案例为单元细化知识点，根据知识点介绍相关实例，再用实例带动知识点的学习。另外，本书还兼顾了 Photoshop 二级考试的内容，提供了大量的相关习题和一套 Photoshop二级考试模拟题，既方便读者课后练习，又能为准备报考 Photoshop二级考试的读者提供帮助。

本书以案例驱动，循序渐进，内容丰富，操作性强，可作为高职高专院校计算机图形图像制作专业或培训学校的相关教材，也可作为图像处理爱好者的自学用书。

为方便教学，本书配备电子课件等教学资源。凡选用本书作为教材的教师均可登录机械工业出版社教材服务网 www. cmpedu. com 免费下载。如有问题请致信 cmpgaozhi@ sina. com，或致电 010-88379375 联系营销人员。

图书在版编目（CIP）数据

Photoshop CS3 图像处理案例教程/梁建华主编. —北京：机械工业出版社，2011.7

全国高等职业教育示范专业规划教材. 计算机专业

ISBN 978-7-111-34448-3

Ⅰ.①P… Ⅱ.①梁… Ⅲ.①图像处理软件，Photoshop CS3－高等职业教育－教材 Ⅳ.①TP391.41

中国版本图书馆 CIP 数据核字（2011）第 078970 号

机械工业出版社（北京市百万庄大街 22 号 邮政编码 100037）

策划编辑：王玉鑫 刘子峰 责任编辑：刘子峰

版式设计：霍永明 责任校对：刘怡丹

封面设计：鞠 杨 责任印制：李 妍

北京外文印刷厂印刷

2011 年 7 月第 1 版第 1 次印刷

184mm×260mm·17 印张·417 千字

0001-3000 册

标准书号：ISBN 978-7-111-34448-3

定价：33.00 元

凡购本书，如有缺页、倒页、脱页，由本社发行部调换

电话服务

社服务中心：(010) 88361066

销售一部：(010) 68326294

销售二部：(010) 88379649

读者购书热线：(010) 88379203

网络服务

门户网：http://www.cmpbook.com

教材网：http://www.cmpedu.com

前　言

Photoshop是Adobe公司出品的一款功能强大的图形图像处理软件，是当前平面设计领域最流行、使用最广泛的软件之一，主要应用于平面广告设计、网页图形制作、室内效果图后期处理和摄影作品后期效果处理等领域。

本书全面、详细地介绍了Photoshop CS3的基本功能、基本操作及技巧。全书共8章，第1章介绍了有关图像处理的基本概念、Photoshop CS3的工作环境和图像的基本操作方法；第2章介绍了选区的操作方法；第3章介绍了绘画和绘图的有关知识和使用方法；第4章介绍了文字处理、图层的概念和操作；第5章介绍了图像的色彩调整和滤镜的使用方法；第6章介绍了通道和蒙版；第7章介绍了路径与动作；第8章介绍了9个综合案例。

本书采用任务驱动的案例教学体系，除第1章外，其余各章均由典型案例构成，每个案例又包括创作思路、操作步骤、相关知识和案例拓展4部分内容。其中，第一部分介绍达成案例效果的创作思路；第二部分介绍具体的操作步骤；第三部分介绍本单元的相关知识；第四部分介绍相关的案例，作为本节引入案例的补充或提高。全书共收录了70个案例，全部是作者根据多年实际教学经验总结而成，以这些案例为单元细化知识点，根据知识点介绍相关实例，再用实例带动知识点的学习，从而达到循序渐进、操作性强、易教易学的目的。另外，本书还兼顾了Photoshop二级考试的内容，提供了大量的相关习题和一套Photoshop二级考试模拟题，既方便读者课后练习，又能为准备报考Photoshop二级考试的读者提供帮助。

本书由广州华立科技职业技术学院的梁建华任主编，太原理工大学轻纺美院的桑莉君、北京电子科技职业学院的刘彦武、贵州电子信息职业技术学院的杜明任副主编，参加编写的还有河南工业职业技术学院的张璐、李巧君，贵州电子信息职业技术学院的朱希伟，山东工业职业学院的巩建学。

由于作者水平有限，书中难免出现错误与不妥之处，敬请广大读者批评指正。

编　者

目　录

第1章　Photoshop CS3 图像处理基础

本章学习目标：

1）掌握彩色和图像的基本知识。

2）了解 Photoshop CS3 的安装、配置及工作环境。

3）掌握裁剪图像和改变图像大小的方法。

1.1　图像的基本概念

1.1.1　图像的种类

计算机中的图像是以数字方式存储的，称为数字图像。数字图像分为两大类：位图图像和矢量图形。

1. 位图图像

位图图像也叫做点阵图像或栅格图像，是用小方形网格来代表图像的。这个小方形网格（位图或栅格）称为像素。每个像素都被分配一个特定的位置和颜色值。位图图像中的景物就是由各位置的像素拼合组成的。在一幅（即一帧）图像中，像素越小、数目越多，则图像就越清晰，如每帧电视画面大约有 40 万个像素。图像扫描设备、Photoshop 和其他的图像处理软件都产生位图图像。

位图图像具有像素色彩和色调变化丰富，容易在不同的软件间进行文件转换的优点；但同时也具有相对矢量图形来说文件较大，放大、缩小或旋转时会产生失真的缺点。

2. 矢量图形

矢量图形是由叫做矢量的点、直线和曲线等几何图形组成的。这些几何图形可以用数学公式来定义。矢量图形是根据图形的几何特性来对其进行描述的。用 CorelDraw、Photoshop 等绘图软件可以创作矢量图形。

由于矢量图形是采用数学描述方式的图形，故其具有文件所占的空间较小、容易进行旋转和变换、精度高、不会失真等优点。但其缺点是不易制作色调丰富、变化较多的图像，而且绘制出的图像不是很逼真，同时也不易在不同的软件间进行文件转换。

1.1.2　图像的颜色基础

1. 三原色

对于彩色光的混合来说，三原色是红（Red）、绿（Green）和蓝（Blue）这三种基本颜色。从理论上讲，任何一种颜色都可以用三原色按不同的比例混合得到，如图 1-1a 所示。三种颜色的混合比例不同，看到的颜色也就不同。当三原色按不同强度相加时，总的光强增强，并可得到一种颜色。某一种颜色和三原色之间的关系可用下面的式子来描述：

颜色 = R(红色的百分比) + G(绿色的百分比) + B(蓝色的百分比)

当三原色等量相加时，得到白色；等量的红绿相加而蓝为 0 时得到黄色；等量的红蓝相加而绿为 0 时得到品红色；等量的绿蓝相加而红为 0 时得到青色。这些三原色相加的结果如图 1-1b 所示。

对于不发光的物体来说，物体的颜色是反射照射光而产生的颜色。这种颜色（颜料的混合）的三原色是黄、青、品红，其混色特点如图 1-1c 所示。

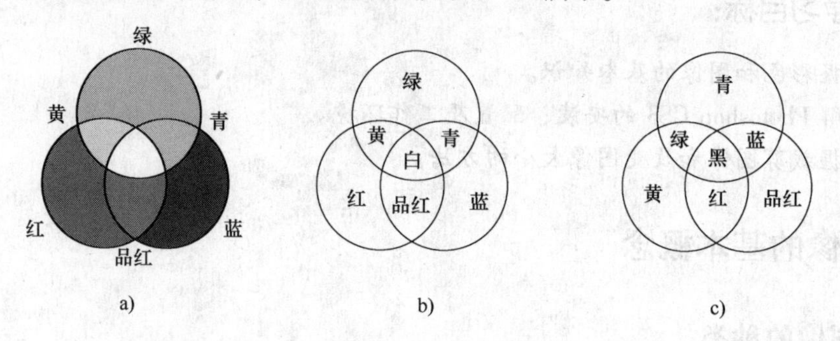

图 1-1　三原色相加

a）彩色光的混合　b）白色屏幕的三原色相加　c）不发光物体的三原色相加

2. 色彩三要素

任何一种颜色都可以用色相、亮度和色饱和度这 3 个物理量来确定，它们叫色彩三要素。

（1）色相　色相也叫色调，是从物体反射的或透过物体传播的颜色，用来表示彩色的颜色种类，即通常所说的红、橙、黄、绿、青、蓝、紫等颜色。

（2）亮度　亮度也叫明度，用字母 Y 表示，是指颜色的相对明暗程度。它通常用从 0（黑色）至 100%（白色）的百分比来度量。

（3）色饱和度　色饱和度也叫色度，用字母 F 表示，用来表示颜色的深浅程度。色饱和度表示色相中灰色分量所占的比例，用从 0（灰色）至 100%（完全饱和）的百分比来度量。对于同一色调的颜色，其色饱和度越高，颜色越深。

1.1.3 图像的主要参数

1. 分辨率

分辨率通常可分为显示分辨率和图像分辨率两种。

（1）显示分辨率　显示分辨率也叫屏幕分辨率，是指每个单位长度内显示的像素或点数的个数，通常以“点/英寸”（dpi）来表示。也可以把显示器分辨率描述为：在屏幕的最大显示区域内，水平与垂直方向的像素或点数的个数。例如，1024 × 768 的分辨率表示屏幕可以显示 768 行，每行有 1024 像素，即 786432 像素。屏幕可以显示的像素个数越多，图像就越清晰逼真。

显示分辨率不但与显示器和显示卡的质量有关，还与显示模式的设置有关。单击 Windows桌面的【开始】按钮，执行“设置”→“控制面板”菜单命令，调出“控制面板”对话框。用鼠标双击该对话框中的“显示”图标（在 Windows XP 中可能要先单击“外观和主题”图标），调出“显示属性”对话框，如图 1-2 所示。单击“设置”选项卡，用鼠标拖曳调整该对话框内“屏幕分辨率”栏的滑块，可以调整显示分辨率。

（2）图像分辨率　图像分辨率是指打印图像时，每个单位长度上打印的像素个数，通常以“像素/英寸”（pixel/inch，ppi）来表示。也可以把图像分辨率描述为组成一帧图像的像素个数。例如，400×300 的图像分辨率表示该幅图像由 300 行、每行 400 像素组成。它既反映了该图像的精细程度，又给出了该图像的大小。如果图像分辨率大于显示分辨率，则图像只会显示其中的一部分。在显示分辨率一定的情况下，图像分辨率越高，图像越清晰，但图像的文件越大。

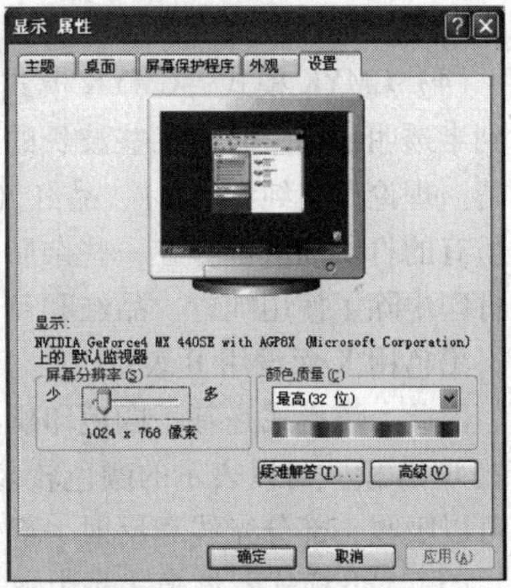

图 1-2 “显示属性”对话框

2. 颜色深度

点阵图像中各像素的颜色信息是用若干二进制数据来描述的，二进制的位数就是点阵图像的颜色深度。颜色深度决定了图像中可以出现的颜色的最大个数。目前，颜色深度有 1、4、8、16、24 和 32 几种。

例如，颜色深度为 1 时，表示用 1 个二进制位来描述点阵图像中各像素的颜色，它可以表示两种颜色（黑色和白色）；颜色深度为 8 时，表示用 8 个二进制位来描述点阵图像中各像素的颜色，它可以表示 2^8（256）种颜色；颜色深度为 24 时，表示用 24 个二进制位来描述点阵图像中各像素的颜色，它可以表示 2^{24}（16777216）种颜色，它分别用三个 8 位来表示 R、G、B 颜色，这种图像叫真彩色图像；当颜色深度为 32 时，也是用三个 8 位来分别表示 R、G、B 颜色，另一个 8 位用来表示图像的其他属性（透明度等）。

显示器和显卡的质量直接影响颜色深度。此外，颜色深度还与具体的显示设置有关。利用“显示属性”（设置）对话框中的“颜色质量”下拉列表框可以选择不同的颜色深度。

3. 颜色模式

颜色模式决定了用于显示和打印图像的颜色模型，它决定了如何描述和重现图像的色彩。颜色模式不但影响图像中显示的颜色数量，还影响通道数和图像文件的大小。另外，选用何种颜色模式还与图像的文件格式有关。例如，不能够把采用 CMYK 颜色模式的图像保存为 BMP 和 GIF 等格式的图像文件。

（1）灰度模式　该模式只有灰度色（图像的亮度），没有彩色。在灰度色图像中，每个像素都以 8 位或 16 位表示，取值范围在 0（黑色）~255（白色）之间。

（2）RGB 模式　用红（R）、绿（G）、蓝（B）三原色来描述颜色的方式叫 RGB 模式，它是相加混色模式。相加混色模式用于光照、视频和显示器中。例如，显示器通过红色、绿色和蓝色荧光粉发射光线产生颜色。对于真彩色，R、G、B 三原色分别用 8 位二进制数来描述，R、G、B 的取值范围都在 0~255 之间，可以表示的彩色数目为 256×256×256（16777216）种。RGB 模式是计算机绘图中经常使用的模式。例如，R=255、G=0、B=0 时，表示红色；R=0、G=255、B=0 时，表示绿色；R=0、G=0、B=255 时，表示蓝色。

（3）HSB 模式　该模式是利用颜色的三要素来表示颜色的，与人眼观察颜色的方式最接近，是一种定义颜色的直观方式。其中，H 表示色相（Hue），S 表示色饱和度（Saturation），B 表示亮度（Brightness）。这种方式与绘画的习惯相一致，用来描述颜色比较自然，但实际使用中却不太方便。

（4）CMYK 模式　CMYK 模式以打印在纸上的油墨的光线吸收特性为基础。当白光照射到半透明油墨上时，某些波长的光线被吸收（称为减色），而其他波长的光线则被反射回眼睛。理论上，纯青（C）、品红（M）和黄（Y）在合成后可以吸收所有光线并产生黑色。但所有的打印油墨都存在一些杂质，使得这三种颜色的油墨混合实际会产生土棕色。因此，在打印中除了使用纯青、品红和黄色油墨外，还会使用黑色（K）油墨。为了避免与蓝色混淆，黑色用 K 而没用 B 表示。

因此，该模式是基于四色印刷的印刷模式，是相减混色模式，是一种最佳的打印模式。虽然 RGB 模式可以表示的颜色较多，但打印机与显示器不同，打印纸不能够创建色彩光源，只可以吸收一部分光线和反射一部分光线，因此，它不能够打印出如此丰富的颜色。

（5）Lab 模式　该模式是由三个通道组成，即亮度，用 L 表示；a 通道，包括的颜色是从深绿色（低亮度值）到灰色（中亮度值），再到亮粉红色（高亮度值）；b 通道，包括的颜色是从亮蓝色（低亮度值）到灰色（中亮度值），再到焦黄色（高亮度值）。L 的取值范围是 0～100，a 和 b 的取值范围是 -120～120。

Lab 模式是 Photoshop 内部的颜色模式，可以表示的颜色最多，是目前所有颜色模式中色彩范围（称为色域）最广的颜色模式，可以产生明亮的颜色。在使用 Photoshop 进行不同颜色模式之间的转换时，常使用该颜色模式作为中间颜色模式。另外，Lab 模式与光线和设备无关，其处理的速度与 RGB 模式一样快，是 CMYK 模式处理速度的数倍。

1.1.4　图形和图像的文件格式

对于图形和图像，根据记录的内容和压缩的方式的不同，文件格式也随之不同。不同的文件格式具有不同的文件扩展名。每种格式的图形图像文件都有各自的特点、产生的背景和应用的范围。常见的图形图像文件格式有 BMP、JPG、GIF、PCX、TIF、TGA、PNG、PSD、PDF 等。

1. BMP 格式

BMP 格式是 Windows 系统下的标准格式。该格式结构较简单，每个文件只存放一幅图像。对于压缩的 BMP 格式的图像文件，它使用行编码方法进行压缩，压缩比适中，压缩和解压缩都较快。非压缩的 BMP 格式是一种通用的图像文件格式，适用于一般的软件，但文件所占存储空间较大。

2. JPG 格式

JPG 格式是用 JPEG 压缩标准压缩的图像文件格式。JPEG 压缩是一种高效率的有损压缩，压缩时可将人眼很难分辨的图像信息进行删除，使压缩比较大、文件较小，所以应用广泛。但这种格式的图像文件不适合放大观看和制成印刷品。

3. GIF 格式

GIF 格式是 GompuServe 公司指定的图像格式，常用于网页制作。因为公司开放了该格式的使用权，所以它应用较广，适用于各种计算机平台，各种软件一般均支持这种格式。它能够将图像存储成背景透明的形式，可以将多幅图像存成一个图像文件，形成动画效果。

4. PCX 格式

PCX 格式是 MS-DOS 操作系统下的常用格式，在 Windows 操作系统中还没有普及使用。

该格式与 BMP 格式一样，结构较简单，压缩方法基本一样，压缩比适中，压缩和解压缩较快。各种扫描仪生成的图像均采用这种格式。

5. TIF 格式

TIF 格式是由 Aldus 和 Microsoft 公司联合开发的一种文件格式，最初用于扫描仪和桌面出版业，是一种工业标准格式，被许多图形图像软件支持。这种格式有压缩和非压缩两种，非压缩的 TIF 格式可独立于软件和硬件环境。它支持包含一个 Alpha 通道的 RGB 和 CMYK 等颜色模式。另外，它可以设置透明背景。

6. TGA 格式

TGA 格式是 Truevision 公司为支持图像行捕捉和本公司的显卡而设计的一种图像文件格式。这种格式支持任意大小的图像，图像的颜色深度可以从 1 位到 32 位，具有很强的颜色表达能力。目前，它已经广泛应用于真彩色扫描和动画设计领域，成为国际通用的图像文件格式。

7. PNG 格式

PNG 格式是为了适应网络传输而设计的一种图像文件格式。在大多数情况下，它的压缩比大于 GIF 图像文件格式，利用 Alpha 通道可以调节图像的透明度，可提供 16 位灰度图像和 48 位真彩色图像。它可取代 GIF 和 TIF 图像文件格式。它的一个图像文件只可存储一幅图像。

8. PSD 格式

PSD 格式是 Adobe Photoshop 图像处理软件的专用图像文件格式，采用 RGB 和 CMYK 颜色模式的图像可以存储成该格式。另外，可以将不同图层分别存储，这样便于图像的修改和制作各种图像的特殊效果。

9. PDF 格式

PDF 格式是 Adobe 公司推出的专用于网络的图像文件格式，采用 RGB、CMYK 和 Lab 等颜色模式的图像都可以存储成该格式。

1.2　Photoshop CS3 的安装与配置

1.2.1　Photoshop CS3 的系统要求

1. 软件系统要求

操作系统要求 Microsoft Windows 2000（带 Service Pack 3）或 Windows XP，MAC OS9、MAC OSX。

一些网络功能还需要 Internet 连接和浏览器的支持。

2. 硬件系统要求

CPU：Intel Pentium Ⅲ或Ⅳ处理器。

内存：192MB RAM（推荐使用 256MB），容量大的内存将能有效地提高系统性能。

硬盘：系统安装需要至少 280MB 以上空间；如果将 Photoshop CS3 安装在非系统盘上，除了非系统盘需要空间外，系统盘至少还需要 15MB 以上的空间。如果要处理较大的图像文件，则需要更大的硬盘空间。

显示设备：配有 16 位彩色或更高级视频卡的彩色显示器，1024 × 768 或更高的显示器分辨率，最好配置 3D 显卡和大屏幕显示器。

其他：CD-ROM 或 DVD-ROM 驱动器、键盘、Microsoft 鼠标或兼容鼠标。

1.2.2　Photoshop CS3 的安装

由于 Photoshop CS3 不能和其他版本的 Photoshop 共存，所以在安装前需要卸载掉其他版本。另外，在安装时要把 IE 关闭。具体的安装过程如下。

1）运行 setup. exe 文件，首先进行“初始化”工作，然后进行“系统检查”。若系统不满足上述的软、硬件基本要求，会给出具体的提示，这时安装不能继续进行。否则自动进入下一步。

2）弹出的“许可协议”对话框如图 1-3 所示。单击【接受】按钮，进入下一步。

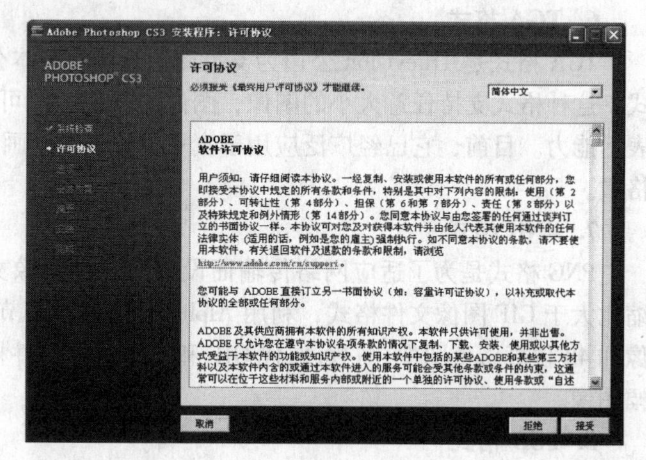

图 1-3　“许可协议”对话框

3）弹出“安装选项”对话框，该对话框允许用户选择需要安装的选项。单击【下一步】按钮。

4）弹出的“安装位置”对话框如图 1-4 所示。选择安装位置后，单击【下一步】按钮。

5）弹出的“安装摘要”对话框如图 1-5 所示。该对话框列出了用户在前面的选择。如果用户需要修改，单击【上一步】按钮；否则单击【安装】按钮进入下一步。

6）弹出“安装”对话框。当进度条读满后，自动进入最后一步。

7）弹出“完成”对话框。该对话框显示已安装的组件。单击【完成】按钮结束安装。

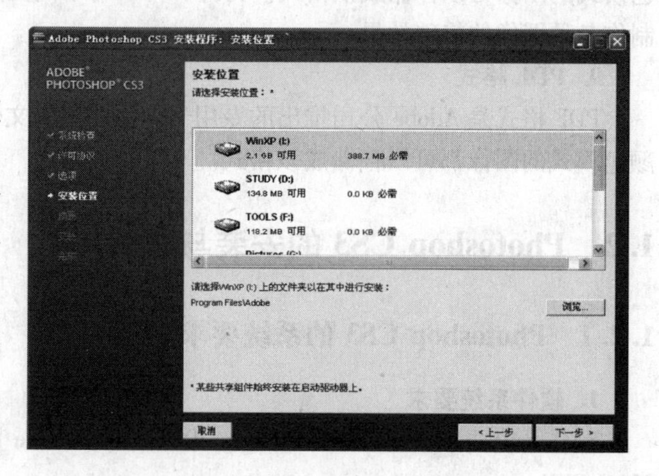

图 1-4　“安装位置”对话框

1.2.3　Photoshop CS3 的配置

对 Photoshop CS3 进行配置，就是自定义 Photoshop CS3 的工作环境，以达到方便操作、加快运行速度的目的。

1. 常规设置

常规设置是设置 Photoshop CS3 的基本工作环境，其操作步骤如下：

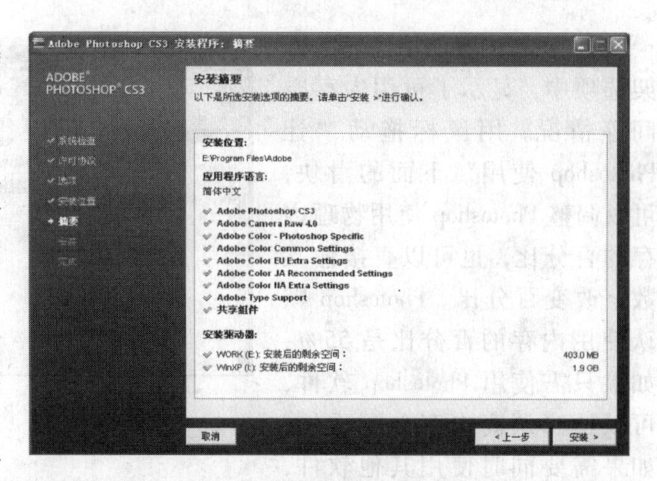
图 1-5 “安装摘要”对话框

1）执行“编辑”→“首选项”→“常规”命令，弹出如图 1-6 所示的对话框。

2）单击“拾色器”列表框右边的下拉按钮，可以选择颜色取样方式是用 Windows 的拾色器还是用 Adobe 公司的拾色器。如果习惯了 Windows 的拾色器，可以设置为 Windows 操作系统的方式。默认采用 Adobe 公司的拾色器。

3）单击“图像插值”列表框右边的下拉按钮，可以选择“邻近”、“两次线性”、“两次立方”等几种方法。这些方法是 Photoshop 进行图像插值运算时用的。上述三种方法的插值精度依次提高，但精度越高，运算时间越长。

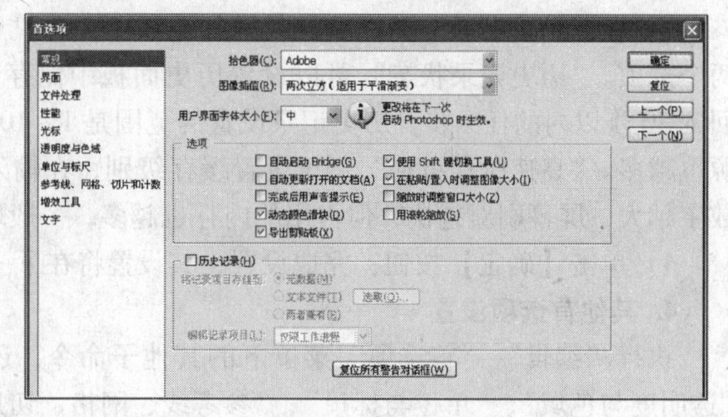
图 1-6 常规设置

4）“历史记录”复选框用于设置历史记录面板中记录项目的储存方式和编辑方式。

5）如果选中“自动更新打开的文档”复选框，当打开的图像文件被更新时，Photoshop 会自动更新图像文件。

6）特别注意最下方的【复位所有警告对话框】按钮，在操作中，经常将一些警告对话框勾选为不再显示，该按钮可以将所有警告对话框恢复到默认状态。

2. 界面设置

执行“编辑”→“首选项”→“界面”命令，弹出如图 1-7 所示的对话框。在该对话框中可进行 Photoshop 的界面设置，包括“显示菜单颜色”、“显示工具提示”、“记住调板位置”等。比如选中“记住调板位置”复选框，则下次启动 Photoshop 时，调板的位置即为上次退出时的位置。

3. 性能设置

Photoshop CS3 使用了图像缓存技术，以加速屏幕图像的刷新速度，设置内存可以改变 Photoshop 使用的物理内存数量。具体设置方法如下：

1）执行“编辑”→“首选项”→“性能”命令，弹出如图 1-8 所示的对话框。

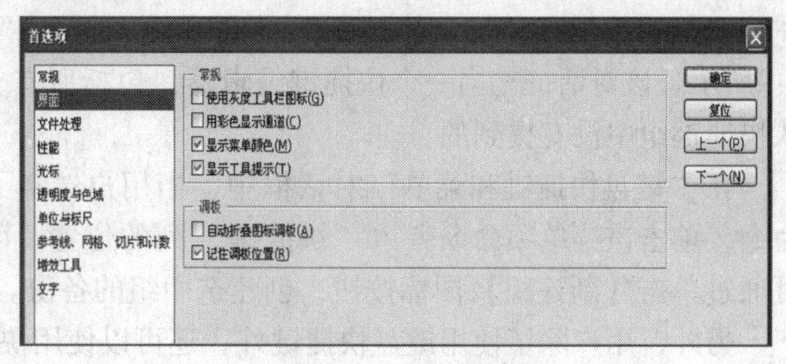
图 1-7 界面设置

2）在“内存使用情况”框架选项中，显示了可用内存空间等情况。用鼠标拖动“让Photoshop 使用”下面的滑块，可以调整 Photoshop 使用物理内存的百分比，也可以直接输入数字改变百分比。Photoshop 默认使用内存的百分比是 55%，如果只需使用 Photoshop 软件，可以适当调高内存分配比例；如果需要同时使用其他软件，则保留默认设置。

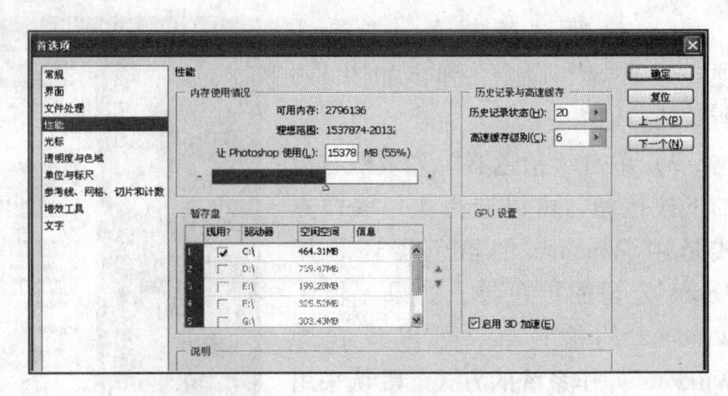

图 1-8　性能设置

3）在“历史记录与高速缓存”框架选项中，有“历史记录状态”和“高速缓存级别”两个选项。“历史记录状态”可以设置历史面板中储存记录的步骤，默认是 20 步，即可退回到 20 步以内的任一步。历史记录设置的范围是 1~100，设置的数量越大，占用的系统资源也越多。“高速缓存级别”用于设置缓存级别，在输入框中输入缓存级别的范围是 1~8，数字越大，屏幕刷新越快，但占用的内存也越多，一般取默认值即可。

4）单击【确定】按钮，完成设置，其设置将在下一次启动 Photoshop 时生效。

4. 其他首选项设置

执行“编辑”→“首选项”菜单下的其他子命令，还可以进行“文件处理”、“光标”、“透明度与色域”、“单位与标尺”、“参考线、网格、切片和记数”、“文字”等设置。

在 Photoshop CS3 中可以一次完成所有参数的设置，只需在“首选项”对话框中单击【下一个】或【上一个】按钮，即可在上述各项参数设置中循环，设置好所有的取值后，单击【确定】按钮完成设置。

5. 恢复调板为默认位置

Photoshop CS3 的三个调板窗口，默认时放在工作窗口的右边。默认情况下，如果用户在使用过程中移动或改变了调板窗口，下一次在启动时，Photoshop 会使用用户上一次关闭时的设置。

如果要恢复 Photoshop 调板的默认位置，执行“窗口”→“工作区”→“复位调板位置”命令，调板位置即可恢复为默认位置。

6. 自定义快捷键

执行“编辑”→“键盘快捷键”菜单命令，打开“键盘快捷键和菜单”对话框，如图 1-9所示。该对话框充当一个快捷键编辑器，包括所有支持快捷键的命令，其中有一些是默认快捷键组中没有提到的。

在“键盘快捷键和菜单”对话框中，当用户选择了要修改的组，展开要修改的菜单项命令，单击该菜单项命令旁边“快捷键”列的位置，可方便地修改或指定快捷键。用户还可通过单击【新建组】图标按钮，创建选中组的备份。

另外，用户除了使用键盘快捷键外，还可以使用快捷菜单访问许多命令。快捷菜单可以显示与现有工具、选区或调板相关的命令。要显示快捷菜单，只要在文档窗口或调板中单击鼠标右键。

7. 自定义菜单组

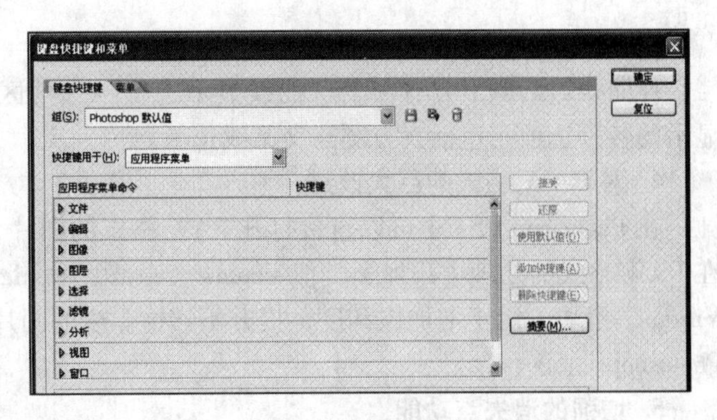

图 1-9 “键盘快捷键和菜单”对话框

在图 1-9 所示对话框中单击“菜单”选项卡，或执行“窗口”→“工作区”→“键盘快捷键和菜单”命令，可打开自定义“菜单”界面。

从“组”下拉列表框中选择一个菜单组，从“菜单类型”下拉列表框中选择“应用程序菜单”或“调板菜单”中的一种类型，单击应用程序菜单或调板菜单旁边的“可见性”按钮，可隐藏该菜单中的项目，这时按钮中的图案消失变成空白。再单击该空白按钮，又可显示该菜单中的项目。如要向菜单项添加颜色，单击“颜色”栏的【无】按钮并选择一种颜色即可，如图 1-10 所示。

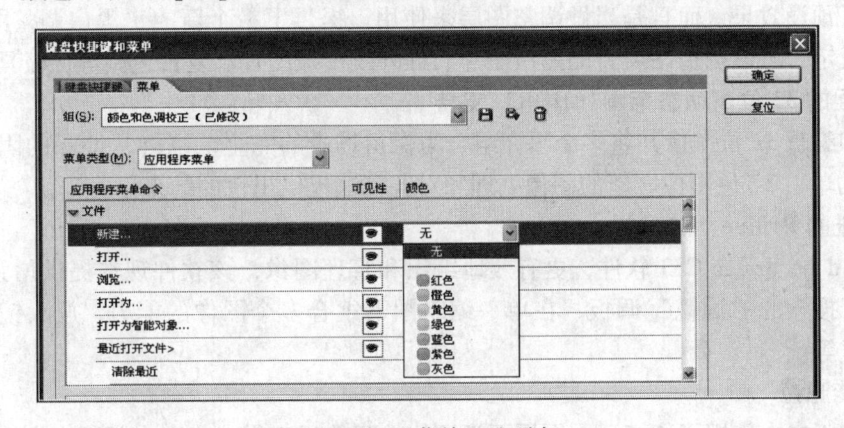

图 1-10 “菜单”选项卡

1.3 Photoshop CS3 的新增功能

Photoshop CS3 在原有 CS2 版本的基础上，增加了许多新的功能，使图形图像的处理变得更轻松、方便。下面介绍 Photoshop CS3 的新增加功能。

1. 全新的用户界面

在 Photoshop CS3 中采用了全新的工作界面，它最大的变化就是可以自定义界面上的任何部分。如可在单列和双列之间切换工具箱；调板将整齐地排列在屏幕右侧；打开调板后，单击其上方的双箭头，可以将调板缩小到很小后排列在右边；在 Photoshop CS3 的画布窗口处于全屏模式的情况下，当添加或者关闭控制调板时视窗的尺寸会自动调整。

2. 快速选择工具

Photoshop CS3 新增加了一个快速选择工具（Quick Selection Tool），放在魔术棒的下拉工具栏中。可以不用任何快捷键进行加选，按住不放就可以像绘画一样选择区域。当然选项栏也有新、加、减三种模式可选，快速选择颜色差异大的图像会非常的直观、快捷。

3. 改进的曲线调整对话框

在曲线对话框下方有一个“曲线显示选项”选项区域，在这个区域中可以选择在上方显示的各种选项，包括直方图与交叉线选项。

4. 对 RAW 格式的巨大改进

在 Photoshop CS3 中可以直接打开 RAW 格式的图片，进行色温、曝光值等参数的调整。在 RAW 格式的处理中添加了类似 shadow（暗部）和 highlight（高光）的处理。同时增加了 Vibrance 滑块，用于增加饱和度，提升不够饱和度的图片。Lightroom 中一些功能也增加到了 Photoshop。

5. 增强的消失点功能

通过画面的消失点概念进行设定，可以将原本是平面的图像变为立体的画面。增强的消失点功能使用户可以在一个图像内创建多个平面，以任何角度连接它们，然后围绕它们绕排图形、文本和图像来创建打包模仿等。

6. 制作黑白效果

添加了预设效果，而且是当做调整图层来使用。提供了一个新的“黑白调整图层”，通过丰富的设定，可以创造高反差的黑白图片、红外线模拟图片、复古色调等，极具新意。

7. 增强的 32 位高动态范围（HDR）支持

创建和编辑 32 位图像并将多个曝光组合为保留场景的完全范围（从最深的阴影到最亮的高光）的单一 32 位图像。新的图像处理和对齐算法提供出色的结果。

8. 改进的 Bridge

使用 Adobe Bridge CS3 软件，更有效地组织和管理图像，该软件现在提供增强的性能、一个更易于搜索的“滤镜”调板、在单一缩略图下组合多个图像的能力、放大镜工具、脱机图像浏览等。

9. 智能滤镜

在以前版本中使用了滤镜后，图层要返回修改只能重新做一次。在新版本中，可以将图片转换为智能化的格式，如同图层样式，整合多个不同的滤镜，使操作方便了很多。

10. 改进了的复制和修复工具

在 Photoshop CS3 中，通过新增的仿制源调板，用户可以更直观地控制需要复制或者修复的区域。

1.4 Photoshop CS3 的工作环境

启动 Photoshop CS3 之后，接着打开一幅图像文件，此时 Photoshop CS3 的工作环境如图 1-11 所示。它是一个标准的 Windows 窗口，可以进行移动、调整大小、最大化、最小化和关闭等操作。Photoshop CS3 的工作环境主要由标题栏、菜单栏、工具箱、选项栏、调板、画布窗口等组成。

1.4.1 菜单栏和快捷菜单

1. 菜单栏

Photoshop CS3 的菜单栏在标题栏的下边，有 9 个主菜单项：文件、编辑、图像、图层、选择、滤镜、视图、窗口和帮助（对于 Photoshop CS3 Extended 还有“分析”主菜单项）。单击主菜单项，便能调出它的子菜单。单击菜单之外的任何地方或按【Esc】键，则可以关闭已打开的菜单。

Photoshop 菜单的形式与其他 Windows 软件的菜单形式相同，都遵循以下的约定。

1）菜单中的菜单项名字是深色时，表示当前可用；是浅色时，表示当前不可用。

2）如果菜单名后边有省略号“…”，则表示单击该菜单项后会调出一个对话框，要求选定执行该菜单命令的有关选项。

3）如果菜单名后边有黑三角符号“▶”，则表示该菜单项有下一级联级菜单，会给出更进一步的菜单选项。

4）如果菜单名左边有标记“✓”，则表示该菜单选项已选定。若要去除“✓”标记（即不选定该项），再单击该菜单选项即可。

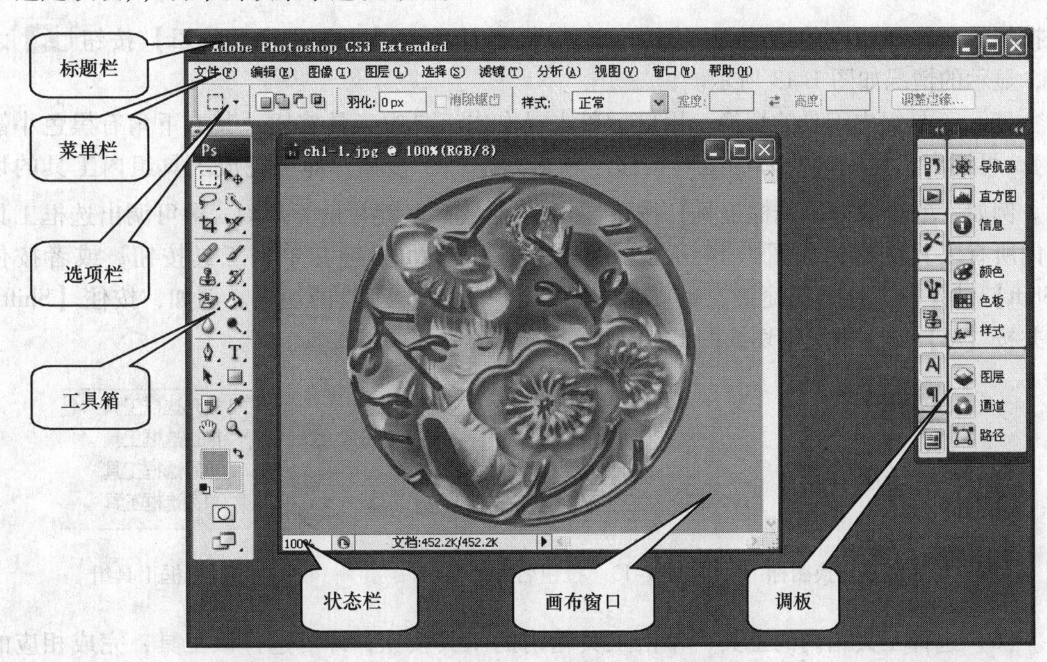

图 1-11　Photoshop CS3 的工作环境

5）组合按键名称在菜单名右边，它表示执行该菜单项的对应热键，按热键可以在不打开菜单的情况下直接执行相应的菜单命令，加快操作的速度。

2. 快捷菜单

将鼠标指针移到窗口、调板或其他地方，单击鼠标右键，会调出一个菜单，这就是快捷菜单。快捷菜单中列出了当前状态下最可能要进行的操作命令。单击该菜单中的一个菜单命令，即可执行一个相应的操作。快捷菜单的内容与当前状态（决定于选择的内容、使用的工具、鼠标右键单击的位置等）有关。

1.4.2　工具箱和选项栏

1. 工具箱

工具箱由 4 类工具组成，从上到下分别是：“图像编辑工具”栏、“切换前景色和背景色工具”栏、“切换标准和快速蒙版模式编辑工具”栏、“切换显示方式工具”栏。利用“图像编辑工具”栏内的工具，可以进行选择选区、移动图像、绘制图像、编辑图像、查看图像、输入文字和注释等操作。按【Tab】键可以关闭工具箱和所有调板，再按【Tab】键可以打开工具箱和所有调板。

（1）工具箱的显示与隐藏　执行“窗口”→“工具”菜单命令，取消“工具”菜单项左边的对钩，可将工具箱隐藏；再执行“窗口”→“工具”菜单命令，又可将工具箱显示。

（2）工具箱显示模式的切换　单击工具箱左上角的箭头图标（如图1-12所示），可以将工具箱在标准模式和单排模式之间切换，单排模式提供了更大的视图空间。

（3）工具箱的移动　用鼠标拖曳工具箱顶部的蓝色矩形条，可以将工具箱移动到屏幕上的任何位置。

（4）工具箱内按钮名称的显示　将鼠标移到工具箱内的按钮上，稍等片刻，即可显示该按钮的名称和相应的快捷键。例如，将鼠标指针移到【以标准模式编辑】按钮之上，显示的情况如图1-13所示。

（5）工具组内工具的切换　用鼠标单击或右击工具组工具按钮（其右下角有黑色小箭头），可调出工具组内所有的工具按钮。单击其中一个按钮，即可完成工具组内工具的切换。例如，单击【椭圆选框工具】按钮，按住鼠标左键并稍等片刻，即可调出选框工具组内所有工具图标，如图1-14所示。另外，按住【Alt】键并单击工具按钮，或者按住【Shift】键并按工具的快捷键，也可完成工具组内大部分工具的切换。例如，按住【Shift】键并按【M】键，也可以切换图1-14所示的选框工具组中的工具。

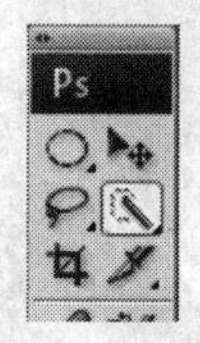

图1-12　模式切换图标

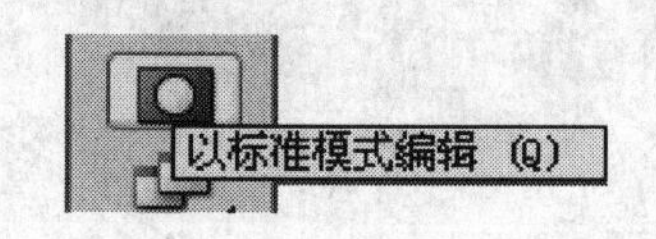

图1-13　按钮名称的显示

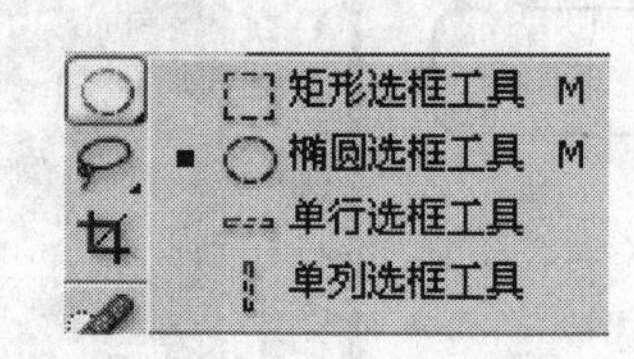

图1-14　选框工具组

（6）选择工具箱内的工具　单击工具箱内的工具按钮，即可选择该工具，完成相应的状态切换。

2. 选项栏

执行“窗口”→“选项”菜单命令，取消“选项”菜单项左边的对钩，可将选项栏隐藏；再执行“窗口”→“选项”菜单命令，又可将选项栏显示。在选择工具箱中“图像编辑工具”栏内的大部分工具后，选项栏会产生相应的变化。利用工具选项栏可以对选中的工具进行参数的设置。例如，单击【横排文字工具】按钮（即选择“文字工具”）后，其选项栏如图1-15所示。

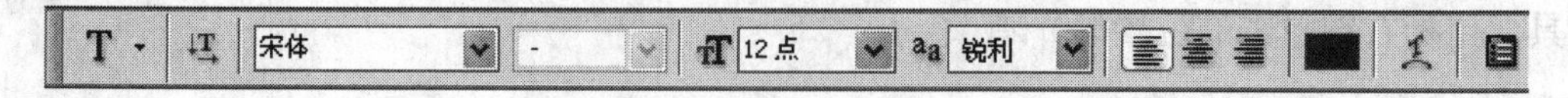

图1-15　“文字工具”选项栏

选项栏由以下几部分组成。

（1）头部区　头部区在选项栏的最左边，呈一深灰色小矩形状。用鼠标拖曳它，可以调整选项栏的位置。

（2）工具图标　工具图标在头部区的右边。例如，选择“画笔工具”后，单击工具图标，会调出一个“工具预设”调板，如图 1-16 所示。利用它可以保存工具的参数设置和选择某种参数设置的工具。

• 单击“工具预设”调板中的工具名称或图标，可选中相应的工具（包括相应的参数设置），同时关闭“工具预设”调板。单击该调板外部，可关闭该调板。

• 单击“工具预设”调板右上方的按钮，可以调出“工具预设调板”的菜单，如图 1-17 所示。利用该菜单，可以更换、添加、删除和管理各种工具。

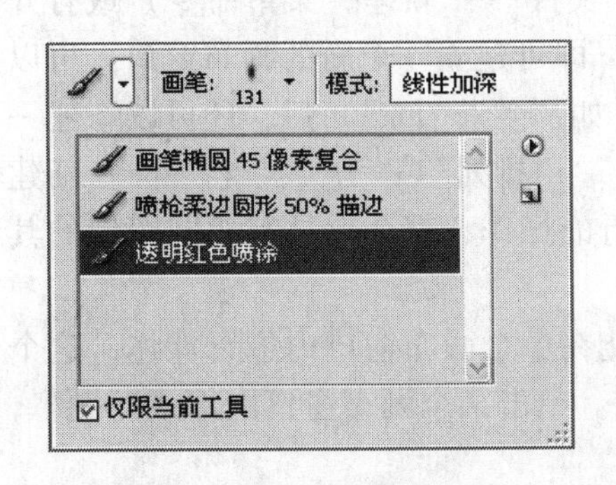

图 1-16 “工具预设”调板

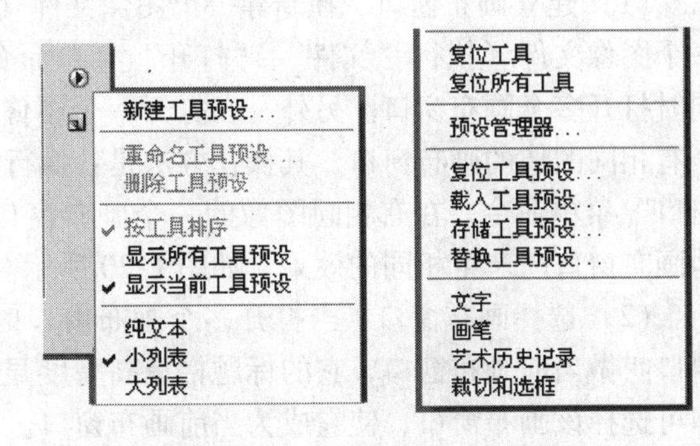

图 1-17 “工具预设”调板菜单

• 将鼠标指针移动到工具名称或图表上右击，弹出它的快捷菜单，有 3 个菜单选项，如图 1-18 所示。它与图 1-17 所示的面板菜单的前 3 个菜单项相同。

• 单击“工具预设”调板上右上方的按钮，与单击“新工具预设”菜单命令的作用一样，可以调出“新建工具预设”对话框，如图 1-19 所示。在“名称”文本框中输入工具的名称，再单击【确定】按钮，即可将当前选择的工具（包括设置的参数）保存在“工具预设”调板内。

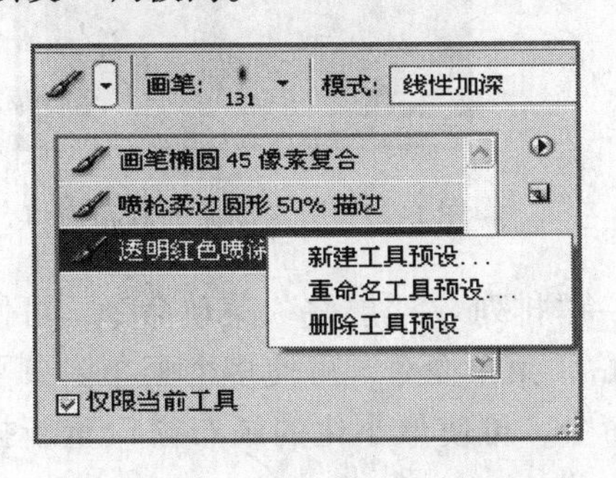

图 1-18 “工具预设”调板快捷菜单

图 1-19 “新建工具预设”对话框

• 如果选中“工具”面板内的“仅限当前工具”复选框，则“工具预设”调板内只显示应用于当前图像的工具。

（3）参数设置区　由一些按钮、复选框、下拉列表框等组成，用来设置工具的各种参数。例如，选择“文字工具”后，可以在参数设置区内设置文字的字体、大小等参数。

1.4.3 画布窗口和状态栏

1. 画布窗口

画布窗口也叫图像窗口，是用来显示图像、绘制图像和编辑图像的窗口。它是一个标准的 Windows 窗口，可以对它进行移动、调整大小、最大化、最小化、关闭等操作。画布窗口标题栏内的Ps图标右边显示出当前图像文件的名称、显示的比例、当前图层的名称和彩色模式等信息。将鼠标指针移到画布窗口的标题栏时，会显示打开图像的路径和文件名称等信息。

（1）建立画布窗口　在新建一个图像文件（执行“文件”→“新建”菜单命令）或打开一个图像文件（执行“文件”→“打开”菜单命令）后，即可建立一个新的画布窗口。可以同时打开多个画布窗口。另外，在打开一个图像文件（如“兰花. jpg”）后，还可以新建一个有相同图像的画布窗口，其操作方法是：执行“窗口”→“排列”→“为‘兰花. jpg’新建窗口”菜单命令。在有相同图像的一个画布窗口内进行的操作，都会在具有相同图像的其他画布窗口内产生相同的效果，如图 1-20 所示。

（2）选择画布窗口　当打开多个画布窗口时，只能在一个画布窗口内进行操作，这个窗口叫做当前画布窗口，它的标题栏呈高亮度显示状态。单击某个画布窗口内部或标题栏，即可选择该画布窗口，使它成为当前画布窗口。

（3）调整画布窗口的大小　将鼠标指针移到画布窗口的边缘处时，鼠标指针会呈双箭头状，此时拖曳鼠标即可调整画布窗口的大小。如果画布窗口小于窗口内的图像时，在画布窗口的右边和下边会自动出现滚动条，如图 1-21 所示。利用滚动条可滚动观察图像。

图 1-20　相同图像的两个画布窗口

图 1-21　有滚动条的画布窗口

（4）多个画布窗口相对位置的调整　执行“窗口”→“排列”→“层叠”菜单命令，可使多个画布窗口层叠放置。执行“窗口”→“排列”→“拼贴”菜单命令，可使多个画布窗口平铺放置。执行“窗口”→“排列”→“排列图标”菜单命令，可使最小化的画布窗口重新排列，但不排列没有最小化的画布窗口。

（5）关闭画布窗口　执行“文件”→“关闭”菜单命令，可关闭当前画布窗口。单击画布窗口右上角的【关闭】按钮，也可以关闭当前画布窗口。执行“文件”→“关闭全部”菜单命令，可以关闭全部画布窗口。

2. 状态栏

状态栏位于每个画布窗口的最底部，它由四个部分组成。状态栏主要用来显示当前图像

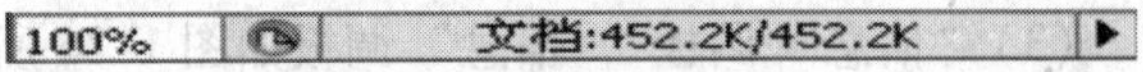

的放大比率和文件大小，以及有关使用工具的简要说明等信息。下面介绍如图1-22所示的状态栏中主要的3个部分。

图 1-22　状态栏

（1）第一部分　图像显示比例的文本框，该文本框内显示的是当前画布窗口内图像显示的百分比数。可以单击该文本框内部，然后输入图像显示的百分比数。

（2）第二部分　显示当前画布窗口内图像文件的大小、虚拟内存大小、效率、当前使用的工具等信息。将鼠标指针移到第二部分，按下左键，可以调出一个显示框，其中两条对角线覆盖的区域表示图像大小，灰色的矩形区域表示打印纸张的大小；若先按住【Alt】键，再按下鼠标左键，可以调出一个信息框，其中给出了图像的宽度、高度、通道数、颜色模式、分辨率等信息。

（3）第三部分　状态栏选项下拉菜单按钮▶。单击它可以调出状态栏选项的下拉菜单，如图1-23所示。选中该下拉菜单中的一个菜单选项，即可设置第二部分处显示的信息内容。执行“在 Bridge 中显示”菜单命令，可以在“Adobe Bridge”窗口内浏览该图像。“显示”下拉菜单中各项的含义如下。

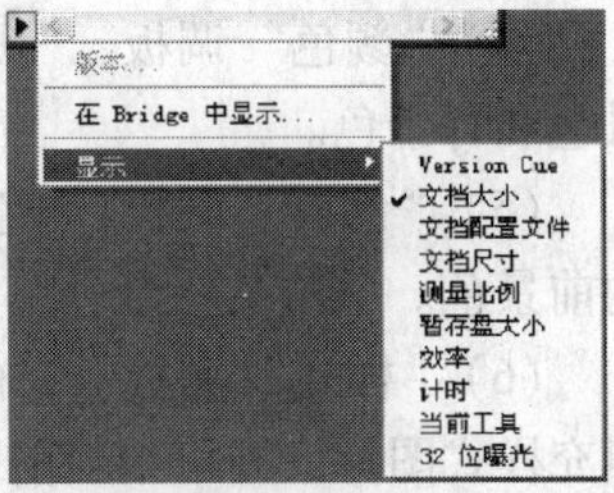

图 1-23　状态栏选项的下拉菜单

- Version Cue：显示 Version Cue 的信息。
- 文档大小：显示图像文件的大小信息，左边的数字表示不含任何图层和通道等时的大小，右边的数字表示全部图像的大小，数字的单位是字节。
- 文档配置文件：显示图像文件的颜色信息。
- 文档尺寸：显示图像文件的尺寸。
- 暂存盘大小：显示内存占用量信息，左边的数字表示所有打开的图像文件所占用的内存量，右边的数字表示当前图像文件所占用的内存量，单位是字节。
- 效率：以百分数的形式，显示 Photoshop CS3 的工作效率。
- 计时：显示前一次操作到目前操作所用的时间。
- 当前工具：显示当前工具的名称。
- 32 位曝光：用于调整预览图像，以便在计算机显示器上查看 32 位图像或通道高动态范围（HDR）图像的选项。

1.4.4　调板

调板又叫面板，是非常重要的图像处理辅助工具，具有随着调整即可看到效果的特点。每个调板的右上方都有一个【菜单】按钮，单击该按钮可调出该调板的菜单（称为调板菜单），利用调板菜单可扩充调板的功能。单击调板右上角的双箭头图标，可以将调板收缩；再次单击该图标，又可以将调板展开。

1. 调板简介

（1）“导航器”调板　“导航器”调板如图1-24所示。用鼠标拖曳“导航器”调板内的滑块或改变文本框内的数据，可以快速调整图像的大小。当图像大于画布窗口时，用鼠标拖曳“导航器”调板内的红色正方形，可调整图像的显示区域。

（2）“直方图”调板　“直方图”调板如图1-25所示。它可以显示当前图像的直方图。

（3）“信息”调板 “信息”调板如图 1-26 所示。它可以显示鼠标指针的当前坐标值，所在处颜色的 RGB 和 CMYK 数值，以及选择区域的大小与位置坐标值等。

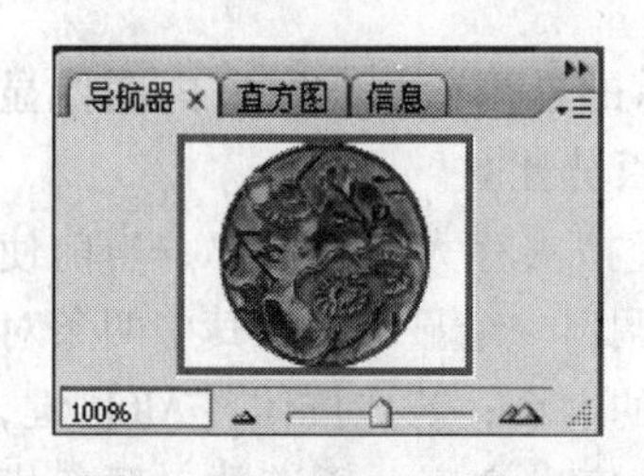

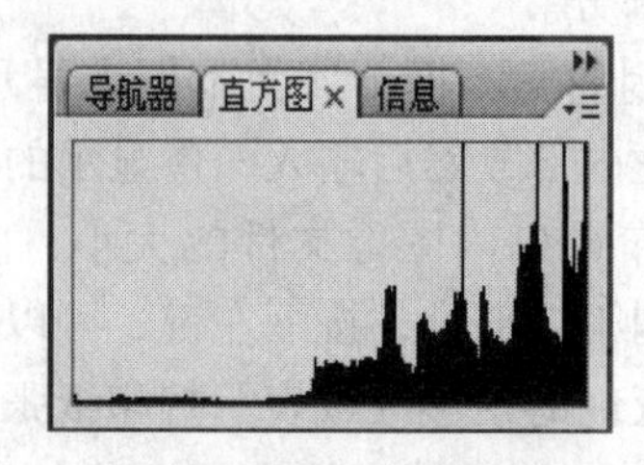

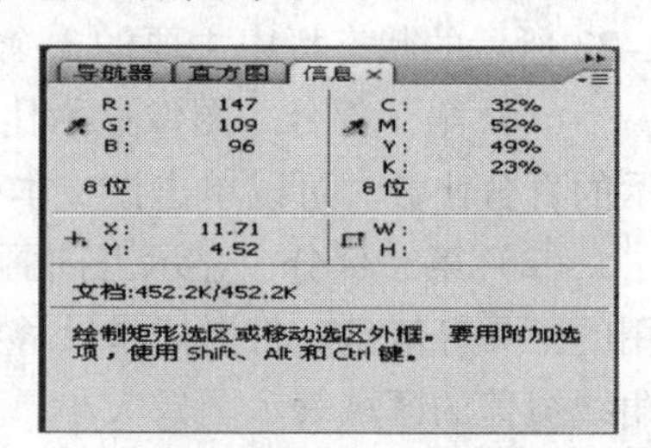

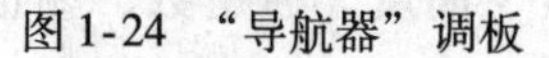

图 1-24 “导航器”调板　　图 1-25 “直方图”调板　　图 1-26 “信息”调板

（4）“颜色”调板 “颜色”调板如图 1-27 所示，通过它可以调整颜色，设置图像的前景色和背景色。

（5）“色板”调板 “色板”调板如图 1-28 所示，它以色块样式的方式，快速设置图像的前景色。单击某一个色块，即可改变图像的前景色。

（6）“样式”调板 “样式”调板如图 1-29 所示，它给出了几种典型的填充样式。单击填充样式图标，即可给当前图层内的文字和图像填充相应的内容，获得所需的特殊效果。

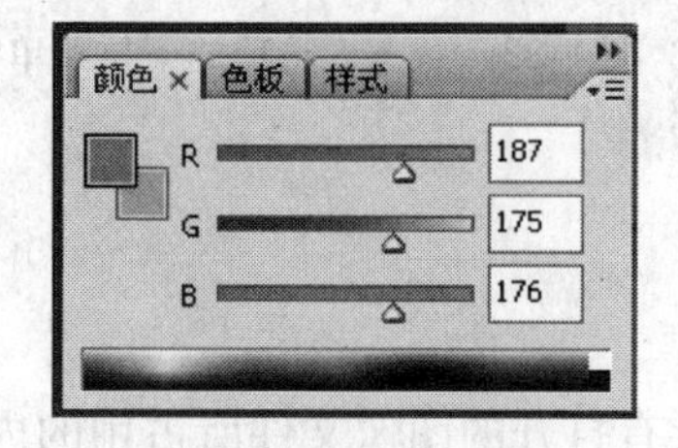

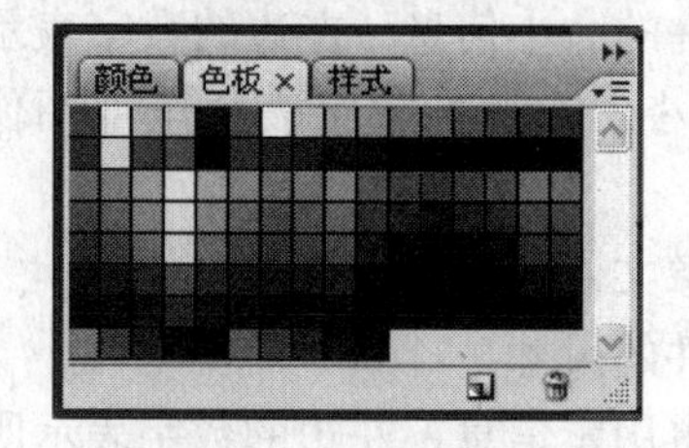

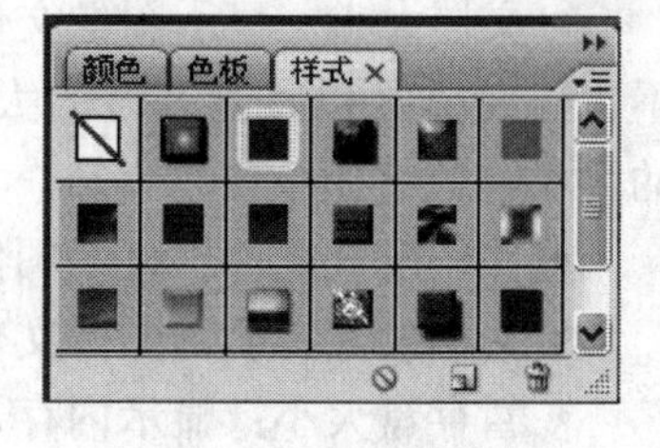

图 1-27 “颜色”调板　　图 1-28 “色板”调板　　图 1-29 “样式”调板

（7）“图层”调板 “图层”调板如图 1-30 所示，主要用来管理图层和对图层进行操作。利用它可以选择图层、新建图层、删除图层、复制图层、移动图层等。

（8）“通道”调板 “通道”调板如图 1-31 所示，主要用来管理通道和对通道进行操作。利用它可以选择通道、新建通道、删除通道、复制通道等。

（9）“路径”调板 “路径”调板如图 1-32 所示，主要用来管理路径和对路径进行操作。利用它可以选择路径、新建路径、删除路径、编辑路径等。

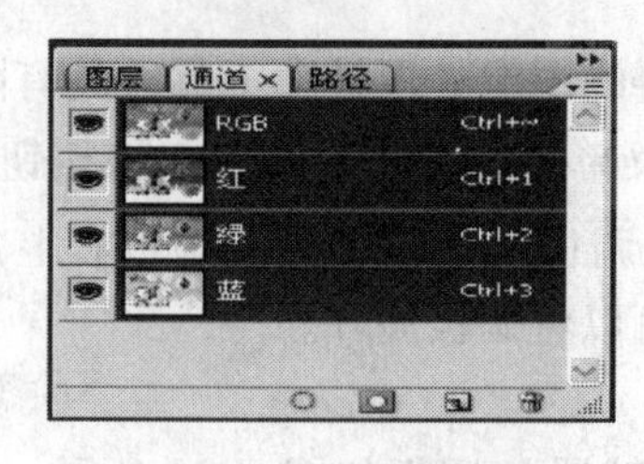

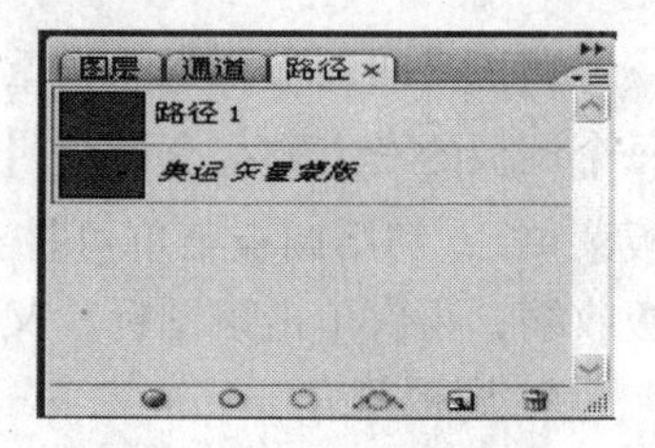

图 1-30 “图层”调板　　图 1-31 “通道”调板　　图 1-32 “路径”调板

（10）“历史记录”调板 “历史记录”调板如图 1-33 所示，主要用来记录用户进行操作的步骤，借助它用户可以恢复到以前某一步操作的状态。单击该调板中的【创建新快照】

按钮，可以为某几步操作后的图像拍快照，如图 1-34 所示。

（11）“动作”调板　“动作”调板如图 1-35 所示，主要用来记录一系列 Photoshop CS3 的动作，借助它，用户可重复执行这些动作。

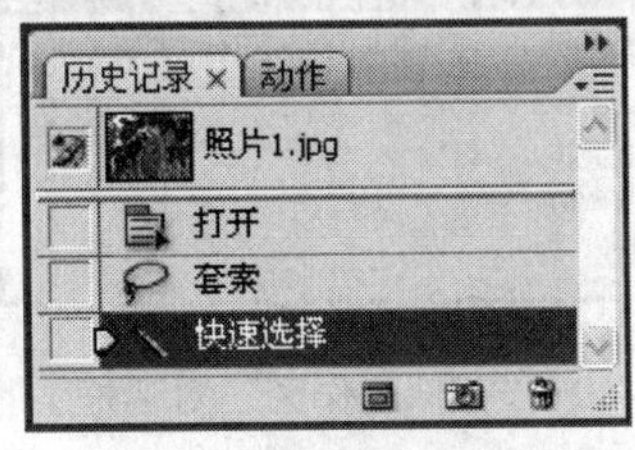

图 1-33　“历史记录”调板

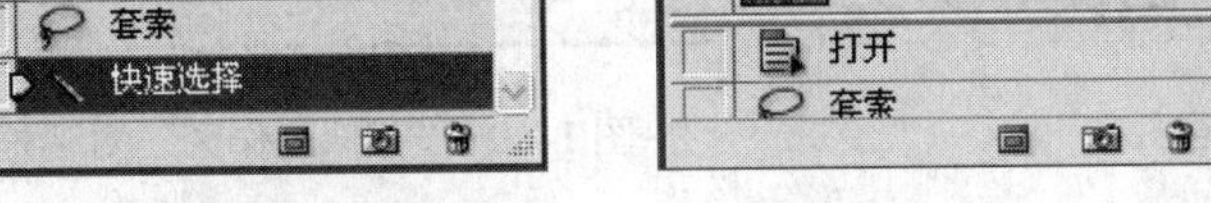

图 1-34　创建新快照

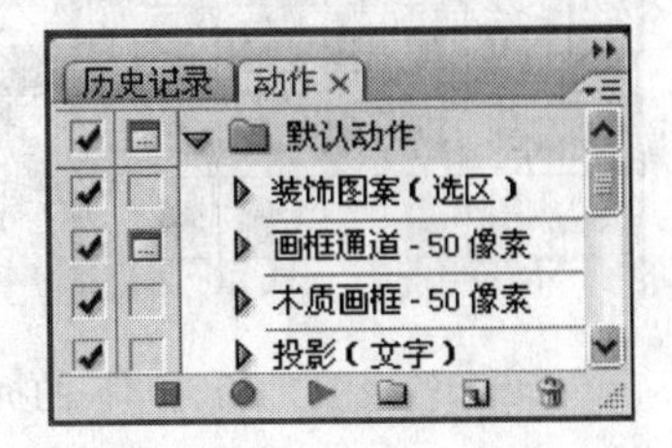

图 1-35　“动作”调板

（12）“字符”调板　“字符”调板如图 1-36 所示，它用来定义字符的属性。单击“文字工具”选项栏内的【显示 / 隐藏字符和段落调板】按钮，或执行“窗口”→“字符”菜单命令，均可以调出“字符”调板。

（13）“段落”调板　“段落”调板如图 1-37 所示，用来定义文字的段落属性。

（14）“仿制源”调板　“仿制源”调板是和仿制图章工具配合使用的，如图 1-38 所示。Photoshop CS3 允许定义多个仿制源，仿制源可以针对一个图层、上下两个图层或所有图层。“仿制源”调板用来对仿制源进行移位、旋转、混合等编辑操作。

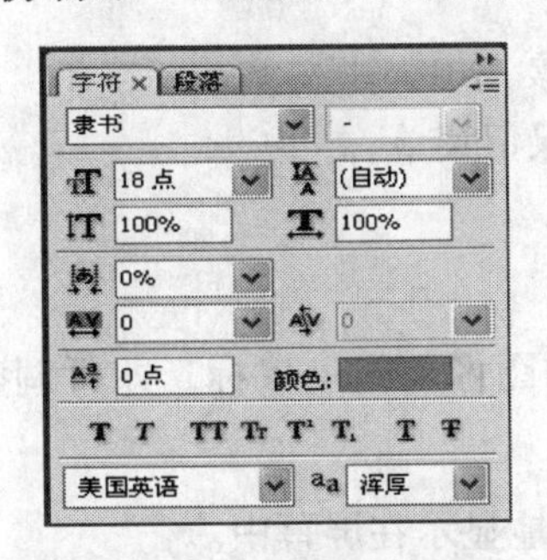

图 1-36　“字符”调板

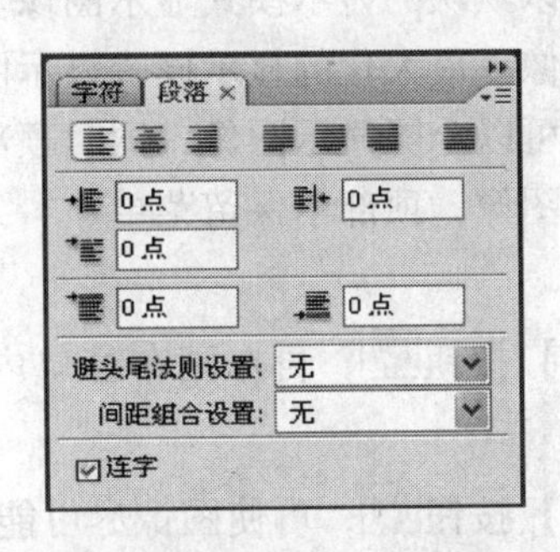

图 1-37　“段落”调板

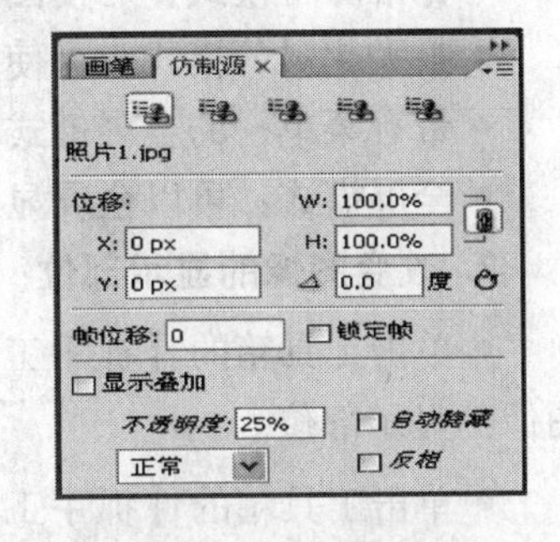

图 1-38　“仿制源”调板

2. 调板的调整

（1）调板的显示和隐藏　执行“窗口”→“调板名称”（如“导航器”）菜单命令，使菜单选项左边出现对钩，即可将相应的调板显示出来。执行“窗口”→“名称”菜单命令，取消菜单选项左边的对钩，即可将相应的调板隐藏起来。

（2）调板的拆分与合并　用鼠标拖曳调板组中要拆分的调板的标签，移出调板组，即可拆分调板，如图 1-39 所示。另一方面，用鼠标拖曳调板的标签到其他调板或调板组中，即可合并调板。

（3）调板位置和大小的调整　用鼠标拖曳调板的标题栏，可移动调板组或单个调板；将鼠标指针移到调板的边缘处，当鼠标指针呈双箭头状时，拖曳鼠标可调整调板的大小；执行“窗口”→“工作区”→“复位调板位置”菜单命令，可将所有调板复位到系统默认的状态。

3. 存储工作区

执行“窗口”→“工作区”→“存储工作区”菜单命令，可调出“存储工作区”对话框，如图 1-40 所示。在该对话框的“名称”文本框中输入工作区的名称后，单击【存储】按钮，即可将当前工作环境状态保存。以后执行“窗口”→“工作区”→“（工作区的名称）”菜单命令，即可按指定的状态恢复工作区。

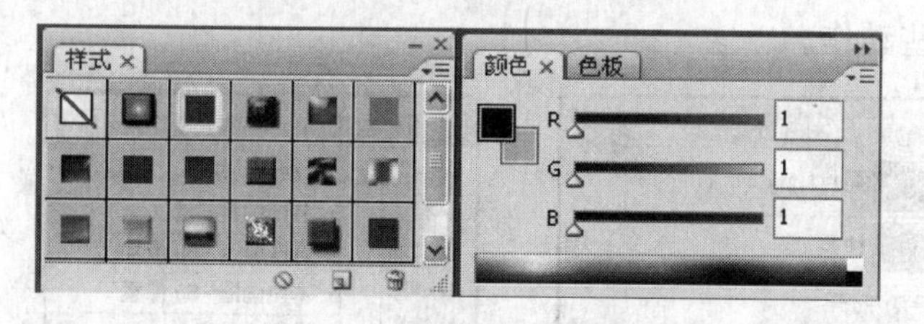

图 1-39 调板的拆分与合并

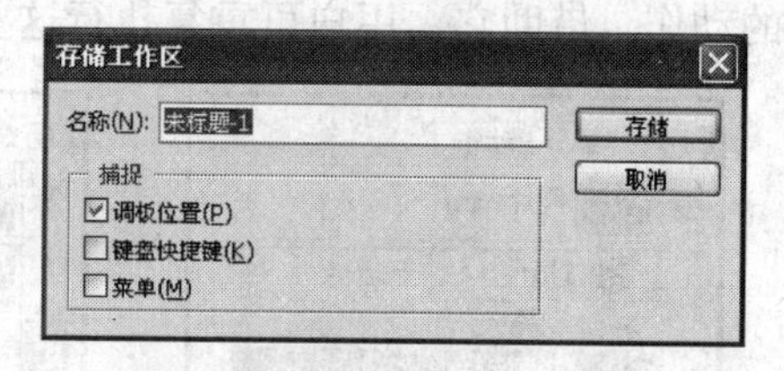

图 1-40 “存储工作区”对话框

1.5 图像显示与图像分析

1.5.1 图像显示

1. 改变图像的显示模式

在 Photoshop CS3 中，有 4 种图像显示模式，通过单击工具箱内的【更改屏幕模式（F）】按钮，或执行“视图”→“屏幕模式”菜单命令，均可改变图像的显示模式。

- 标准屏幕模式：可使图像以默认的显示模式显示图像。
- 最大化屏幕模式：可使图像以最大化的显示模式显示图像。
- 带有菜单栏的全屏模式：可以全屏显示图像，同时顶部保留菜单。
- 全屏模式：可以全屏显示图像，顶部不保留菜单。

2. 改变图像的显示部位

- 单击工具箱的【抓手工具】按钮，再在画布窗口内的图像上拖曳鼠标，即可调整图像的显示部位。
- 单击工具箱的【抓手工具】按钮，可使图像尽可能大地显示在屏幕中。
- 在已使用了工具箱内的其他工具后，按下【Space】键，可临时切换到“抓手工具”，并使用它。松开【Space】键后，又回到原来工具状态。
- 用鼠标拖曳“导航器”调板内的红色矩形，可调整图像的显示区域。

3. 改变图像的显示比例

（1）使用菜单命令

- 执行“视图”→“放大”（或“缩小”）菜单命令，可使图像显示比例放大（或缩小）。
- 执行“视图”→“按屏幕大小缩放”菜单命令，可使图像以画布窗口大小显示。
- 执行“视图”→“实际像素”菜单命令，可使图像以 100% 比例显示。
- 执行“视图”→“打印尺寸”菜单命令，可使图像以实际的打印尺寸显示。

（2）使用工具箱的“缩放工具”

- 单击工具箱的【缩放工具】按钮，此时的“缩放工具”选项栏如图 1-41 所示。

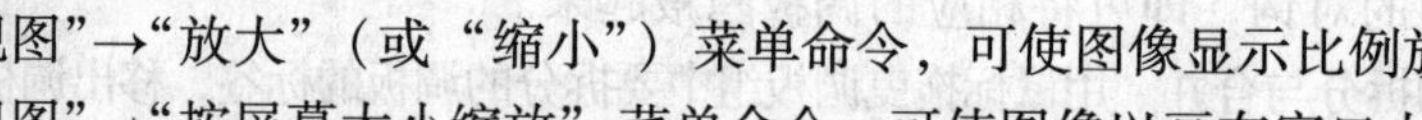

调整窗口大小以满屏显示 缩放所有窗口 实际像素 适合屏幕 打印尺寸

图 1-41 “缩放工具”选项栏

确定是否选择复选框，再单击选项栏中的不同按钮，可实现不同的图像显示。这时单击画布窗口内部即可调整图像的显示比例。

- 按住【Alt】键，单击画布窗口内部，即可将图像显示比例缩小。
- 用鼠标拖曳选中图像的一部分，即可使该部分图像布满整个画布窗口。

(3) 使用“导航器”调板　用鼠标拖曳“导航器”调板内的滑块或改变文本框内的数据，可以改变图像的显示比例。

1.5.2　图像分析

1. 在画布窗口内显示网格

执行“视图”→“显示”→“网格”菜单命令，使该菜单选项的左边显示对钩，即可在画布窗口内显示出网格。网格不会随图像输出。再执行“视图”→“显示”→“网格”菜单命令，就可取消取消画布窗口内的网格。

2. 在画布窗口显示标尺和参考线

- 执行“视图”→“标尺”菜单命令，即可在画布窗口内的上边和左边显示出标尺。再执行“视图”→“标尺”菜单命令，可取消标尺。
- 在标尺上按住鼠标左键并拖曳到窗口内，即可产生水平或垂直的蓝色参考线。参考线不会随图像输出。
- 执行“视图”→“新建参考线”菜单命令，调出“新建参考线”对话框。利用该对话框进行新参考线取向与位置设定后，单击【确定】按钮，即可在指定的位置增加新参考线。
- 执行“视图”→“清除参考线”菜单命令，即可清除所有参考线。
- 将鼠标指针移到参考线处，当鼠标指针变为带箭头的双线状时，拖曳鼠标可以调整参考线的位置。
- 执行“视图”→“锁定参考线”菜单命令后，即可锁定参考线。锁定的参考线不能移动。再执行“视图”→“锁定参考线”菜单命令，即可解除参考线的锁定。

3. 使用“标尺工具”

使用工具箱内的“标尺工具”，可以精确地测量出画布窗口内任意两点间的距离和两点间直线与水平直线的夹角。使用“标尺工具”的操作方法如下。

- 单击工具箱内的【标尺工具】按钮。
- 用鼠标在画布窗口内拖曳出一条直线，如图 1-42所示。此时观察“信息”调板内“A:”右边的数据，可获得直线与水平直线的夹角；观察“L:”右边的数据，可获得两点间的距离。
- 测量的结果也会显示在“标尺工具”选项栏内（当取消选项栏内的“使用测量比例”前的对钩，两者的数据一致）。单击选项栏内的【清除】按钮或单击工具箱内的其他工具按钮，即可清除用于测量的直线。该直线不会与图像一起输出。

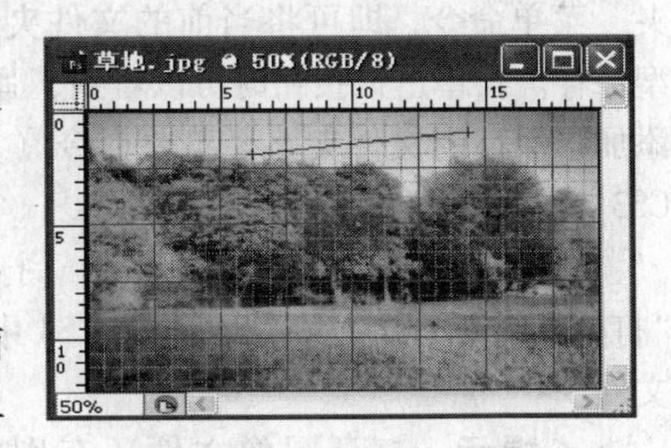

图 1-42　拖曳出一条直线

1.6 【案例1】改变图像的大小

本例是将图1-43a所示的图像调整为图1-43b所示的图像。通过本案例，可以掌握“裁剪工具”的使用、改变图像大小、打开和存储图像文件以及其他一些基本操作方法。

a)

b)

图1-43 “改变图像的大小”实例
a）原图 b）调整后的图

1.6.1 创作思路

通过利用“图像”→“图像大小”菜单命令和工具箱的【裁切工具】按钮，本案例得以实现。

1.6.2 操作步骤

1. 打开图像文件

1）把下载的本书的素材文件保存到计算机中。

2）执行“文件”→“打开”菜单命令，弹出“打开”对话框，如图1-44所示。在“打开”对话框内的“查找范围”下拉列表框中选择保存素材所在的文件夹，选中“第1章”子文件夹，然后在“文件类型”下拉列表框中选择文件类型（这里选择“所有格式”），在文件列表框中单击“风光. jpg”图像文件。

3）单击“打开”对话框右上角的【收藏夹】按钮，弹出一个菜单，单击该菜单中的“添加到收藏夹”菜单命令，即可将当前的文件夹和选择的文件类型保存。再单击该按钮时可以看到，弹出的菜单中已经添加了保存的文件夹路径菜单命令（如E：\Photoshop CS3\素材）。

4）单击“打开”对话框中的【打开】按钮，退出“打开”对话框，并在Photoshop CS3中打开选定的图像文件。

✍ **提示：**打开图像文件还有别的方法，如执行“文件”→“打开为”菜单命令，可弹出“打开为”对话框。“打开为”对话框与“打开”对话框基本一致，

图1-44 “打开“对话框

不同的是前者的右上角没有【收藏夹】按钮。另外，执行“文件”→“最近打开文件”菜单命令，也可从列出的最近打开的图像文件中打开相应的文件，如图 1-45 所示。

2. 改变图像大小

1）按住【Alt】键，单击选项栏第 2 部分，不松开鼠标左键，会弹出一个信息框，如图 1-46 所示，它给出了图像的宽度、高度、通道数、颜色模式和分辨率等信息。

2）执行“图像”→“图像大小”菜单命令，弹出“图像大小”对话框，如图 1-47 所示。利用该对话框，可以用两种方法调整图像的大小，还可以改变图像的清晰度及算法。

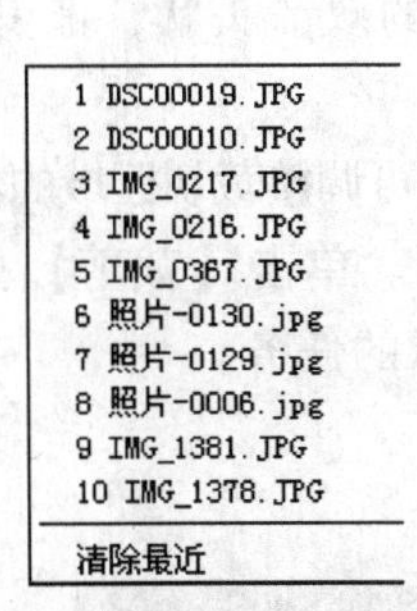

图 1-45　最近打开的文件菜单

宽度:640 像素(22.58 厘米)
高度:480 像素(16.93 厘米)
通道:3(RGB 颜色，8bpc)
分辨率:72 像素/英寸

图 1-46　状态栏显示的图像信息

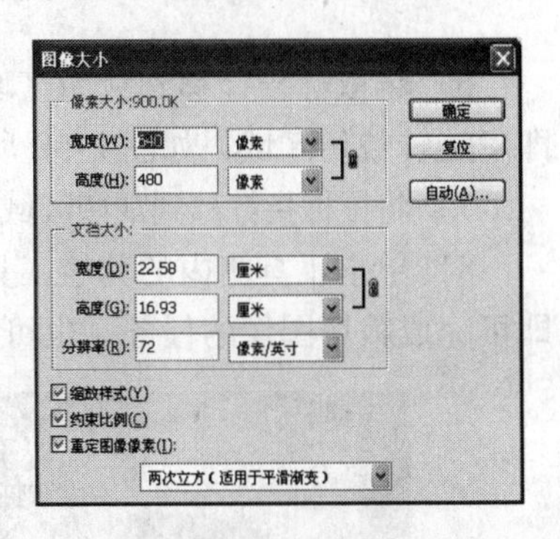

图 1-47　“图像大小”对话框

3）单击“图像大小”对话框内的【自动】按钮，弹出“自动分辨率”对话框。利用该对话框可以设置图像的品质为“好”（还可以选择“草图”或“最好”），单击【确定】按钮，即可自动设置分辨率，还可以设置“线/英寸”或“线/厘米”形式的分辨率。

4）在“像素大小”栏内的“宽度”下拉列表框中选择“像素”，在其文本框中输入“720”。可以看到“高度”栏中文本框的数据改为 540，这是因为选择了“约束比例”复选框的缘故。如果不选中“约束比例”复选框，则可以分别调整图像的高度和宽度，改变图像原来的宽高比。

5）设置好后，单击“图像大小”对话框中的【确定】按钮，完成图像大小的调整。

3. 裁切图像

1）单击“风光. jpg”图像所在的画布窗口的标题栏，使该图像所在的画布窗口成为当前窗口。

2）单击工具箱内的【裁剪工具】按钮，此时鼠标指针变为形状。在对应选项栏内的“宽度”文本框中输入“640px”（px 是像素），“高度”文本框中输入“480px”，其目的是为了保证裁切后的图像的宽高比为 640:480。

3）在图像上拖曳出一个矩形，创建出一个矩形裁切区域，如图 1-48 所示。松开鼠标左键，可以看到，创建的裁切区域的矩形边界线上有几个控制柄，裁切区域内有一个中心标记✧，如图 1-49 所示。

4）利用这些控制柄和中心标记，可以调整矩形裁切区域的大小、位置和旋转角度。在确定宽高比时，所得裁切区域的边界线上有 4 个控制柄；在不确定宽高比时则有 8 个控制柄。

5）将鼠标指针移到裁切区域四周的控制柄处，指针会变为直线的双箭头状，拖曳鼠标即可调整裁切区域的大小。

图 1-48 创建一个矩形裁切区域

图 1-49 裁切区域的控制柄和中心标志

6）将鼠标指针移到裁切区域四周的控制柄外，指针会变为弧线的双箭头状，拖曳鼠标即可旋转裁切区域，如图 1-50 所示（本例此时未旋转）。

7）将鼠标指针移到裁切区域内，指针会变为黑箭头状，拖曳鼠标即可调整裁切区域的位置。

8）单击工具箱内的其他工具，弹出一个提示框，如图 1-51 所示。单击【裁剪】按钮，即可完成裁切图像的任务。也可以直接按【Enter】键，完成裁切图像的任务。

图 1-50 旋转裁切区域

图 1-51 提示框

4. 存储图像文件

1）执行“文件”→“存储为”菜单命令，弹出“存储为”对话框，如图 1-52 所示。利用该对话框，可以选择文件夹、选择文件类型和输入文件名，还可以确定是否存储图像的图层、通道和 ICC 配置文件等。单击【保存】按钮，即可弹出相应的图像格式的对话框，利用该对话框可以设置与图像格式有关的一些选项，单击【确定】按钮，将图像保存。存储为 JPG 格式的图像时，弹出“JPEG 选项”对话框，如图 1-53 所示。

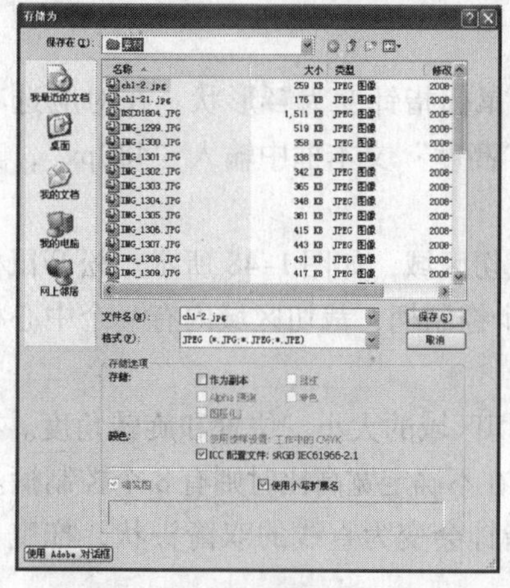

图 1-52 “存储为”对话框

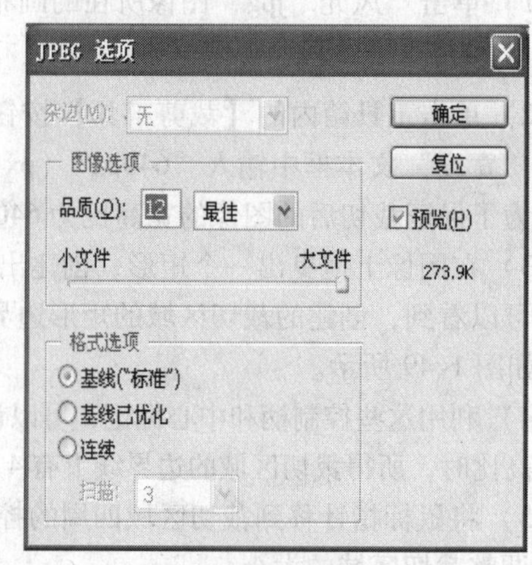

图 1-53 “JPEG 选项”对话框

2）执行“文件”→“存储”菜单命令，将不弹出“存储”对话框而直接进行图像文件的存储。如果图像文件是新建的，“存储”菜单命令不可选（只能选择“存储为”菜单命令）。

1.6.3　相关知识

☆ **新建图像文件**

执行“文件”→“新建”菜单命令，弹出的“新建”对话框，如图 1-54 所示。该对话框中各个选项的作用如下。

（1）“名称”文本框　用来输入图像文件的名称（这里输入“三原色混合”）。

（2）“预设”下拉列表框　用来选择预设的图像文件的参数。

（3）“大小”下拉列表框　用来设置图像的尺寸大小。注意：只有当在“预设”下拉列表框选择了“国际标准纸张”、“照片”等项时，该下拉列表框才可选。

（4）“宽度”和“高度”栏　以像素、厘米等为单位设置图像的尺寸大小。

（5）“分辨率”栏　用来设置图像的分辨率（单位有“像素/英寸”和“像素/厘米”）。

（6）“颜色模式”栏　用来设置图像的模式（有位图、灰度、RGB 颜色、CMYK 颜色和 Lab 颜色 5 种）及相应的位数（8 位、16 位等）。

（7）“背景内容”下拉列表框　用来设置画布的背景色为“白色、背景色或透明”。

（8）【存储预设】按钮　用来存储前面设定的值供以后使用。

（9）【删除预设】按钮　应用了“存储预设”并在“预设”下拉列表框中选择了所存储的预设后，【删除预设】按钮变为有效。该按钮可以在“预设”下拉列表框中删除选中的预设。

设置完后，单击【确定】按钮，即可在工作环境中增加一个新的画布窗口。

☆ **改变画布大小**

执行“图像”→“画布大小”菜单命令，弹出“画布大小”对话框，如图 1-55 所示。利用该对话框可以改变画布大小，同时对图像进行裁剪，其中各选项的作用如下。

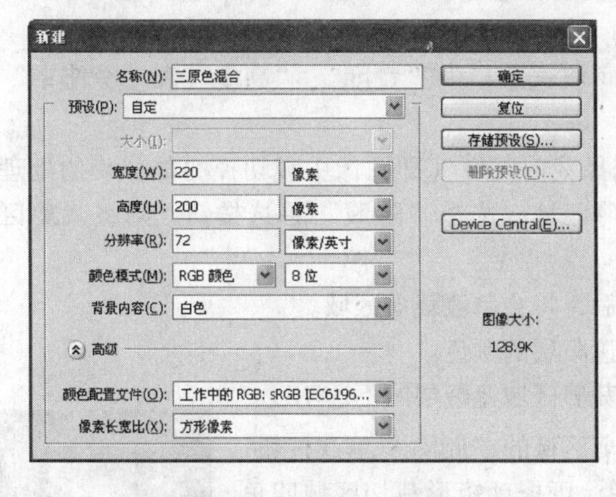

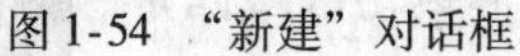
图 1-54　“新建”对话框

图 1-55　“画布大小”对话框

（1）“宽度”和“高度”栏　用来确定画布的大小。

（2）“定位”栏　通过单击其中的按钮，可以选择图像扩大或裁剪的部位。如果选中

“相对”复选框，则输入的数据是相对于原来图像的宽度和高度数据，此时可以输入正数(表示扩大）或负数（表示缩小和裁切图像)。

(3)“画布扩展颜色”下拉列表框　用来设置画布扩展部分的颜色。

设置完成后，单击【确定】按钮，如果设置的新画布比原画布小，会弹出如图 1-56 所示的提示框，单击该提示框内的【继续】按钮，即可完成画布大小的调整或图像的裁切。

图 1-56　提示框

☆“裁切工具”选项栏

单击工具箱内的【裁切工具】按钮，“裁切工具”选项栏如图 1-57 所示；当用鼠标在图像中拖曳出一个矩形，“裁切工具”选项栏如图 1-58 所示。这两个选项栏中各选项的作用如下。

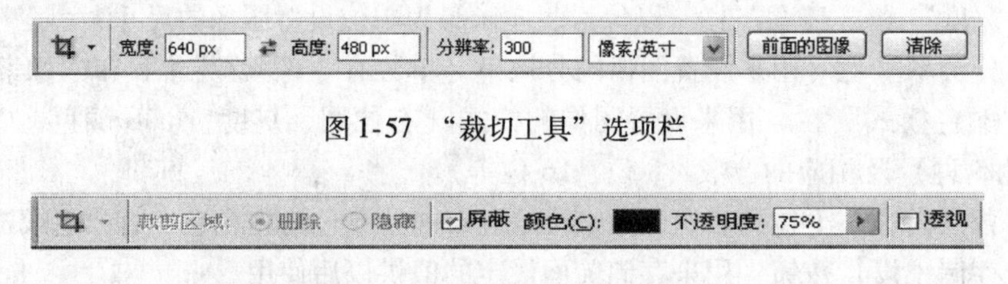

图 1-57　“裁切工具”选项栏

图 1-58　拖曳出一个矩形后的“裁切工具”选项栏

(1)“宽度”和“高度”文本框　用来确定矩形的裁切区域的宽高比。如果这两个文本框内无数据，拖动鼠标可以获得任意宽高比的矩形区域。单击“宽度”和“高度”两个文本框之间的按钮，可以交换“宽度”和“高度”文本框内的数据。

(2)“分辨率”文本框　用来设置裁切后的图像的分辨率，分辨率的单位可通过它右边的下拉列表框来选择。

(3)【前面的图像】按钮　单击该按钮后，选项栏中“宽度”、“高度”和“分辨率”中的数据由当前选中图像的相应数据填充。

(4)【清除】按钮　单击该按钮后，可将选项栏中“宽度”、“高度”和“分辨率”文本框内的数据清除。

(5)“裁剪区域”单选项栏　用来选择裁剪区域（即图像中裁切掉的部分）的处理方式。选择“删除”单选按钮，则删除裁剪区域；选择“隐藏”单选按钮，则将裁剪区域隐藏。

(6)“屏蔽”复选框　选中该复选框后，将会遮蔽裁剪区域。

(7)“颜色”块　用来设置裁剪区域遮蔽层的颜色。

(8)“不透明度”文本框　用来设置裁剪区域遮蔽层的不透明度。

(9)“透视”复选框　如果选择了裁剪区域的“删除”单选按钮，则该复选框有效。选中“透视”复选框后，可拖动矩形裁切区域四角的控制柄，使矩形裁剪变为透视裁剪，如图 1-59 所示。

图 1-59　透视裁剪

☆ 变换图像

执行“编辑”→“变换”菜单命令下的子菜单命令，可对图像做相应“变换”，如图 1-60 所示。执行“缩放”、“旋转”、“斜切”、“扭曲”或“透视”命令后，在选区四周会显示一个矩形框、8 个控制柄和中心点标记✧，将鼠标指针移到选区的控制柄处或矩形边框外边，拖动鼠标，即可按选定的方式调整选区内的图像；执行“变形”命令后，可在控制柄处或矩形内部拖动鼠标进行图像的变换。

执行“编辑”→“自由变换”菜单命令后，可按照上述缩放、旋转变换选区的方法自由变换选区内的图像。

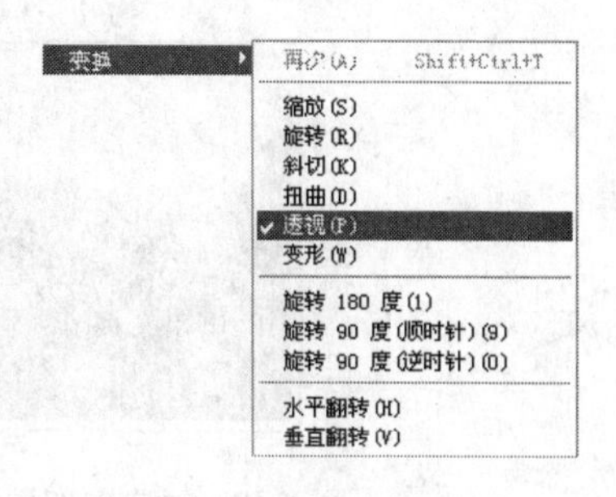

图 1-60　“变换”子菜单

☆ **移动、复制和删除图像**

（1）移动图像　将要移动的图像用选区围住，再单击工具箱内的【移动工具】按钮 ，鼠标指针在选区内变为带剪刀的黑箭头状，然后用鼠标拖动选区内的图像，即可移动选区内的图像。还可以将选区内的图像用鼠标拖动到其他目标图像内，但源图像仍然保留。

（2）复制图像　它与移动图像的操作方法基本一样，只是在用鼠标拖动选区内的图像时，同时按下【Alt】键，鼠标指针会变为重叠的黑白双箭头状。

（3）删除图像　将要删除的图像用选区围住，然后执行“编辑”→“清除”菜单命令或执行“编辑”→“剪切”菜单命令，均可将选区围住的图像删除。也可以按【Delete】键或【BackSpace】键，删除选区围住的图像。使用剪贴板也可以移动图像和复制图像。

1.6.4　案例拓展

☆ **“旋转画布”命令**

1）执行“图像”→“旋转画布”菜单命令，打开其下一级联级菜单，如图 1-61 所示。

2）执行“任意角度”菜单命令，会弹出“旋转画布”对话框，如图 1-62 所示。利用该对话框可设置旋转角度和旋转方向，单击【确定】按钮即可完成旋转整幅图像也就是旋转画布的任务。

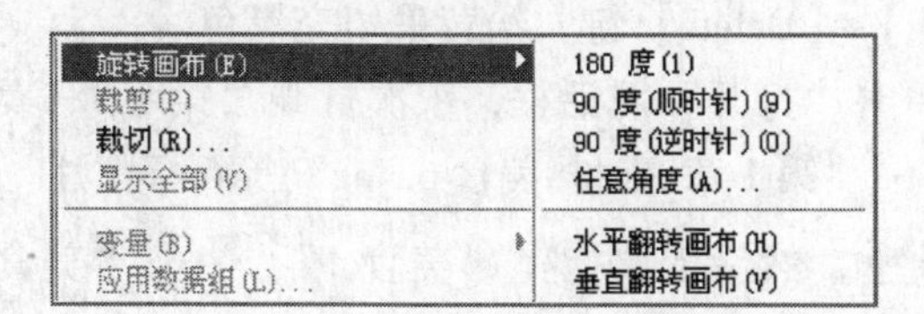

图 1-61　“旋转画布”子菜单

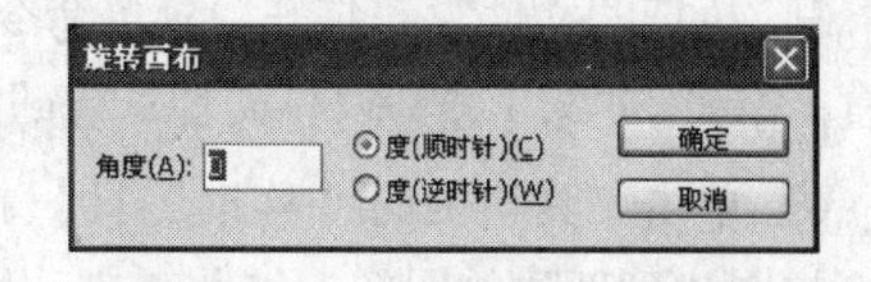

图 1-62　“旋转画布”对话框

☆ **“裁切”命令**

如果图像的四周有白边，可以通过“裁切”命令将这些白边删除掉。例如，先用“画布大小”对话框将画布向四周扩展 20 像素（注意设置“画布扩展颜色”为“白色”），如图 1-63 所示。

执行“图像”→“裁切”菜单命令，弹出“裁切”对话框，如图 1-64 所示。对话框中“基于”框架用来确定需要裁切掉的内容所依据的像素或像素颜色；“裁切掉”框架用来确定需要裁切掉的部位。单击【确定】按钮，就可以完成对白边的修整。

图 1-63　画布向四周扩展 10 个像素

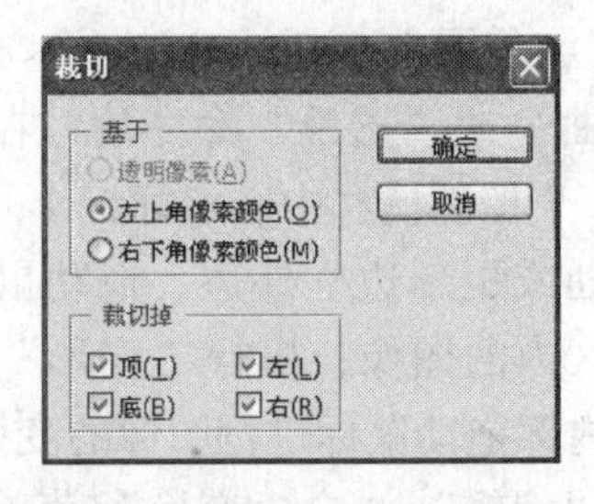

图 1-64　“裁切”对话框

☆【拓展案例 1】中国美食

本例要将几张美食图片合成到黑色的背景上，构成中国美食图像，效果如图 1-65 所示。通过本案例的学习，读者可以掌握移动和变换图像的方法以及“文字工具”的使用技巧。

图 1-65　“中国美食”效果图

（1）创作思路

新建一图像文件，将需要合成的图片依次打开，然后利用“移动工具”分别拖曳到新建的图像文件上，再执行“自由变换”命令，改变其大小和位置，最后加上文字说明即可。

（2）操作步骤

1）执行“文件”→“新建”菜单命令，弹出“新建”对话框，设置宽度为“1200 像素”，高度为“800 像素”，输入名称为“中国美食”，其余取默认值，然后单击【确定】按钮。

2）选择前景色为“黑色”，然后按【Alt】+【Delete】键，给背景填充黑色。

3）执行“文件”→“打开”菜单命令，弹出“打开”对话框，依次打开“第 1 章\素材\美食 1. jpg”，“第 1 章\素材\美食 2. jpg”，……“第 1 章\素材\美食 6. jpg”等 6 幅图片。

4）单击工具箱内的【移动工具】按钮，然后依次拖曳“美食 1”，……“美食 6”等 6 幅图片到新建的图像上。此时自动生成图层 1 至图层 6 这六个图层。

5）分别选择图层 1 至图层 6，执行“编辑”→“自动变换”菜单命令，按住【Shift】键，用鼠标左键拖曳边角的参考点，使其大小适宜，并摆放到合适的位置上。

6）单击工具箱内的【横排文字工具】按钮 T，在其选项栏上设置字体为“华文行楷”，字号为“80 像素”，文本颜色为“红色”，然后输入“中国美食”文字。

7）在选中“中国美食”文字图层的情况下，执行“图层”→“复制图层”菜单命令，取默认值，单击【确定】按钮，得到“中国美食副本”图层。再将“中国美食 副本”图层的文本颜色改为白色。

8）在图层调板中，再次选中“中国美食”图层，按键盘上的右方向键【→】和下方向键【↓】若干次，直至出现立体文字效果为止。

9）同时选中“中国美食”图层和“中国美食 副本”图层，单击图层调板左下角的“链接图层”按钮，将这两个图层链接起来。

10）把字体修改为“Blackadder ITC”，输入英文文字“Chinese food”，并用步骤 7 至步骤 9 的方法进行处理。

11）最后，用移动工具将各图层的位置调整好，就能得到最终效果图了。

1.7 【案例 2】三原色混合

本例要完成绘制一幅反映黄色、品红色和青色三原色混合效果的图像，如图 1-66 所示。通过本案例，可以进一步掌握前景色和背景色的设置方法，“颜色”、“色板”和“信息”调板的使用方法，以及“拾色器”对话框的使用方法和其他一些基本操作方法。

1.7.1 创作思路

分别将着色为三原色的圆建立在 3 个图层上。对上面的两个图层，将“图层”调板上的“设置图层的混合模式”选择为“正片叠底”，即可实现本案例。

1.7.2 操作步骤

1. 建立黄色的圆

1）执行“文件”→“新建”菜单命令，弹出“新建”对话框，按照前面图 1-54 所示进行设置后，单击【确定】按钮，在工作环境中增加一个新的画布窗口。

2）工具箱中的“切换前景色和背景色”工具如图 1-67 所示。前景色决定了用单色绘制和填充图像时的颜色；背景色决定了画布的背景颜色；默认的前景色为黑色、背景色为白色。单击【设置前景色】图标按钮，弹出“拾色器”对话框，如图 1-68 所示。

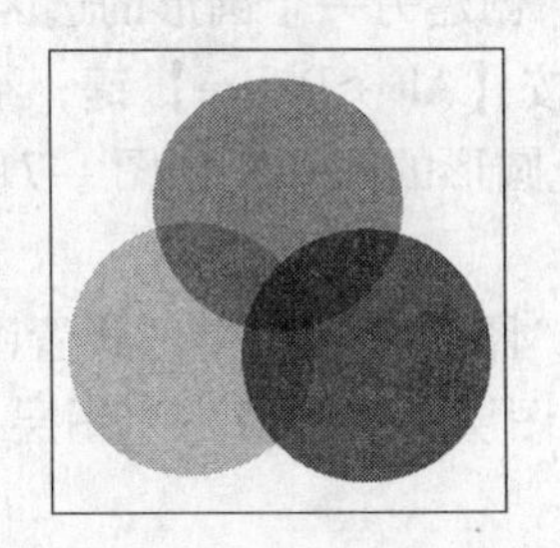

图 1-66 “三原色混合”效果图

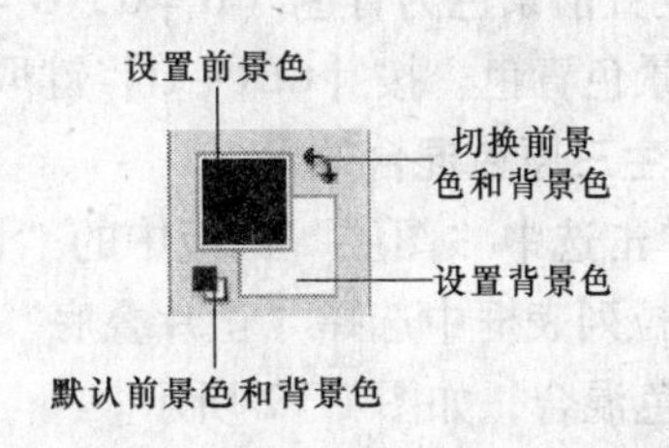

图 1-67 “设置前景色和背景色”工具

3）在“拾色器”对话框中，在“R”文本框内输入“255”，在“G”文本框中输入“255”，在“B”文本框中输入 0，单击【确定】按钮，即可设置前景色为黄色。

4）打开“图层”调板，单击该调板下边的【创建新图层】按钮，在“背景”图层之上创建一个名称为“图层 1”的新图层，单击选中该图层。

5）单击工具箱中的【椭圆选框工具】按钮，按住【Shift】键，用鼠标在画布窗口内拖动，创建一个圆形的选区，如图 1-69a 所示。

6）按【Alt + Delete】键，即可给圆形选区内填充前景色黄色，如图 1-69b 所示。单击鼠标左键或按【Ctrl + D】键取消选区，便建立了黄色的圆形图形，如图 1-69c 所示。

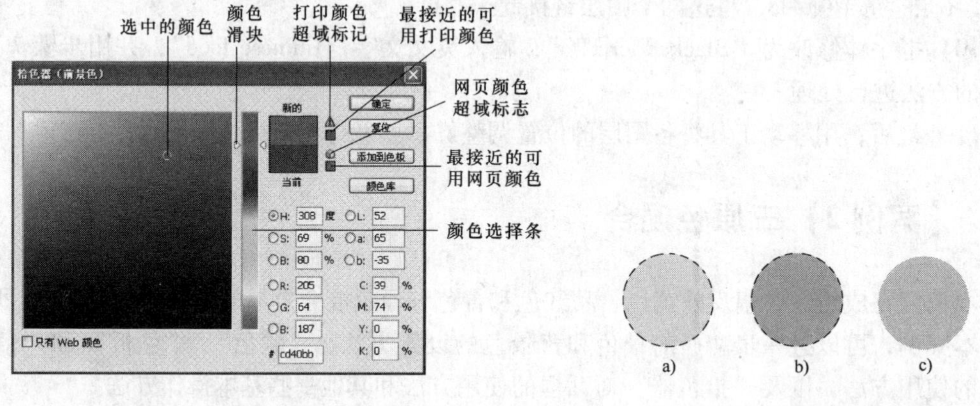

图 1-68 “拾色器”对话框　　图 1-69 建立黄色的圆

2. 建立品红色和青色的圆

1）单击“图层”调板内的【创建新图层】按钮，在“图层 1”图层之上创建一个名称为“图层 2”的新图层。单击选中“图层 2”图层，使用工具箱中的“椭圆选框工具”创建另一个圆形的选区。

2）单击工具箱内的【设置背景色】图标，弹出“拾色器”对话框。在“R”文本框中输入“255”，在“B”文本框中输入“255”，在“G”文本框中输入“0”，单击【确定】按钮，即可设置背景色为品红色。

3）按【Ctrl + Delete】键，即可给圆形选区内填充背景色品红色。按【Ctrl + D】键取消选区，便建立了品红色的圆形图形，如图 1-70 所示。

4）按照上述方法，在“图层 2”图层之上创建一个名称为“图层 3”的新图层。单击选中“图层 3”图层，使用工具箱中的“椭圆选框工具”，创建另一个圆形的选区。

5）设置前景色为青色（R = 0，G = 255，B = 255），按【Alt + Delete】键，给圆形选区内填充前景色青色。按【Ctrl + D】键取消选区，建立青色圆形的图形，如图 1-71 所示。

3. 产生三原色混合效果

1）单击选中“图层”调板中的“图层 3”图层。在“图层”调板中“设置图层的混合模式”下拉列表框中选择“正片叠底”项，使“图层 3”图层中的图像与“图层 2”图层中的图像颜色混合，如图 1-72 所示。

图 1-70 建立品红色的圆

图 1-71 建立青色的圆

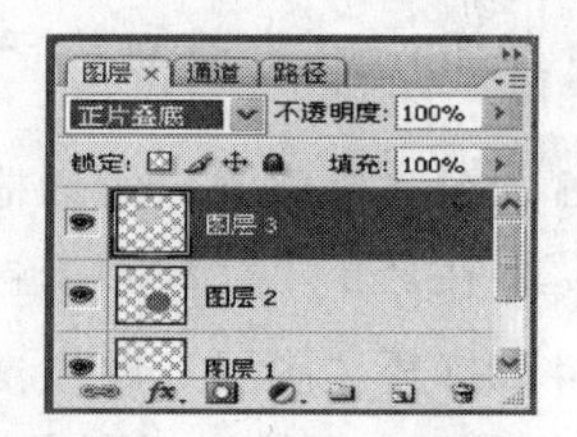

图 1-72 “图层”调板

2）单击选中“图层”调板中的“图层 2”图层。按上述方法选择“正片叠底”项，使

“图层 2”图层中的图像与“图层 1”图层中的图像颜色混合。这样便产生了如图 1-66 所示的效果。

1.7.3 相关知识

☆“拾色器”对话框

“拾色器”分为 Adobe“拾色器”和 Windows“拾色器”两种，默认的是 Adobe“拾色器”对话框，其对话框如图 1-68 所示。

使用 Adobe“拾色器”对话框选择颜色的方法如下。

1）粗选颜色。将鼠标指针移到“颜色选择条”内，单击一种颜色，这时“拾色器”左边的“颜色选择区域”的颜色也会随之变化。

2）细选颜色。在“颜色选择区域”内，单击要选择的颜色。

3）选择接近的打印颜色。要打印图像，单击【最接近的可用打印颜色】图标按钮。

4）选择接近的网页颜色。要作为网页输出，单击【最接近的可用网页颜色】图标按钮。

5）选择颜色库颜色。单击【颜色库】按钮，弹出“颜色库”对话框，如图 1-73 所示。利用该对话框可以选择“颜色库”中自定义的颜色。

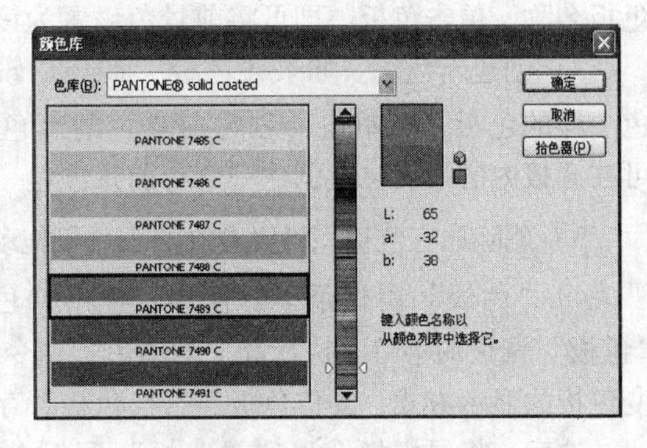

图 1-73 “颜色库”对话框

6）精确设置颜色。可在“拾色器”对话框右下角的各文本框内输入相应的数据来精确设置颜色。在“#”文本框内应输入 RRGGBB 6 位十六进制数。

☆“颜色”调板

“颜色”调板如图 1-74 所示，利用它设置前景色和背景色的方法如下。

1）选择设置前景色或设置背景色。单击选中“前景色”或“背景色”色块，确定是设置前景色还是设置背景色。

2）“颜色”调板菜单的使用。单击“颜色”调板右上角的【菜单】按钮，弹出“颜色”调板菜单，如图 1-75 所示。执行其中的菜单项命令，可进行相应的操作，主要是改变颜色滑块的类型（即颜色模式）和颜色选择条的类型。例如，执行“CMYK 色谱”菜单命令，可使“颜色”调板变为 CMYK 模式的“颜色”调板。

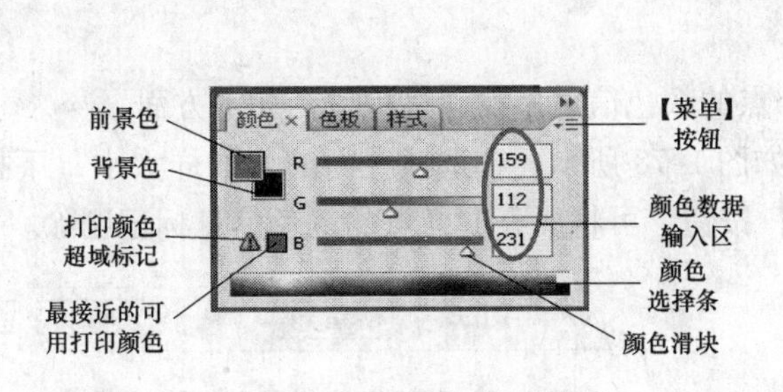

图 1-74 “颜色”调板

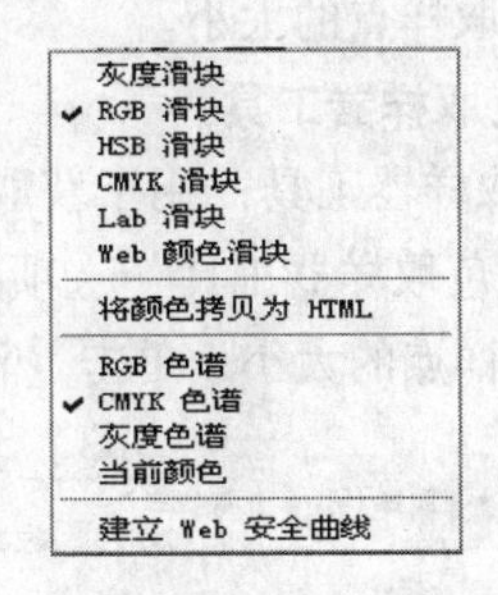

图 1-75 “颜色”调板菜单

3）粗选颜色。将鼠标指针移动到“颜色选择条”中，此时鼠标指针变为吸管状。单击一种颜色，可以看到其他部分的颜色和数据也随之发生了变化。

4）细选颜色。拖动 R、G、B 的 3 个滑块，分别调整 R、G、B 颜色的深浅。

5）精确设置颜色。在 R、G、B 的 3 个文本框内输入相应的数据（0～255），可精确设置颜色。

6）选择接近的打印颜色。要打印图像，如果出现“打印颜色超越标记”按钮，可单击【最接近的可用打印颜色】图标按钮。

7）双击（或首次单击）“前景色”或“背景色”色块，弹出“拾色器”对话框，按照上述方法进行颜色的设置。

☆“色板”调板

“色板”调板如图 1-76 所示。它除了具有设置前景色的功能外，还具有相关的功能。

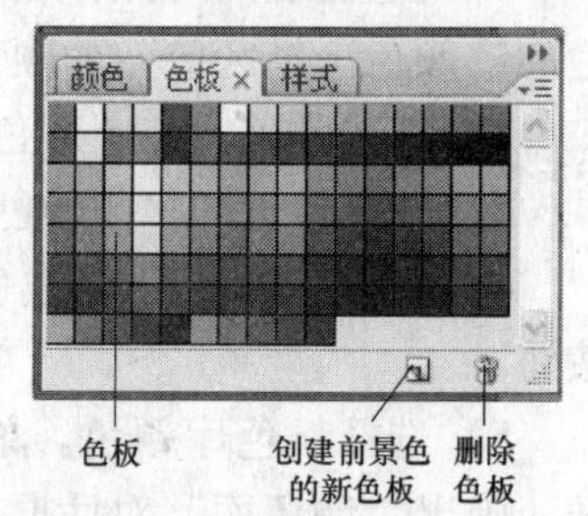

图 1-76 “色板”调板

1）设置前景色。将鼠标指针移到“色板”调板内的小色板上，此时的鼠标指针变为吸管状，稍等片刻，便会显示出该色板名称。单击色板，即可将前景色设置为该色板的颜色。

2）创建新色块。如果“色板”调板内没有与目前前景颜色一样的色板，可单击【创建前景色的新色板】按钮，就可在调板内的最后位置创建一个与前景颜色一样的色板。

3）删除原有色板。将要删除的小色板拖动到【删除色块】按钮之上，可删除该色板。

4）“色板”调板菜单的使用。单击“色板”调板右上角的【菜单】按钮，弹出“色板”调板的菜单。执行其中的菜单项命令，可进行相应的操作，主要包括新建色板、改变色板的显示方式、复位色板、替换色板、存储色板等。

注意：将鼠标指针移到“色板”调板内的小色板上，单击鼠标右键，弹出快捷菜单，可执行“新建色板”、“重命名色板”和“删除色板”的命令。

1.7.4 案例拓展

☆ 吸管工具

单击工具箱内的【吸管工具】按钮，将鼠标指针移动到画布窗口内部，此时鼠标指针变为吸管形状。单击画布中任一处，即可将单击处的颜色设置为前景色。

“吸管工具”选项栏如图 1-77 所示。选择“取样大小”下拉列表框内的选项，可以改变吸管工具取样点的大小。

☆ 颜色取样器工具

“颜色取样器工具”用于获取多个点的颜色信息，设计过程包括如下方面。

1）“颜色取样器工具”选项栏。如图 1-78 所示，在选项栏内的“取样大小”下拉列表框中选择取样点的大小；单击【清除】按钮，可将所有取样点的颜色信息标记删除。

图 1-77 “吸管工具”选项栏

图 1-78 “颜色取样器工具”选项栏

2）添加颜色信息标记。单击吸管工具组中的【颜色取样器工具】按钮，再将鼠标指针移到画布窗口内部，此时鼠标指针变为带标记的吸管形状。单击画布中要获取颜色信息的各点，即可在这些点处产生带数值序号的标记（如），如图 1-79 所示。同时“信息”调板给出各取样点的颜色信息，如图 1-80 所示。

图 1-79 获取颜色信息的各点

导航器 | 直方图 | 信息 ×

R:		C:	
G:		M:	
B:		Y:	
		K:	
8 位		8 位	
X:		W:	
Y:		H:	
#1 R:	76	#2 R:	84
G:	85	G:	70
B:	68	B:	61
#3 R:	43	#4 R:	82
G:	43	G:	99
B:	35	B:	63

文档:5.49M/5.49M

点按图像以置入新颜色取样器。要用附加选项，使用 Ctrl 键。

图 1-80 “信息”调板

3）删除一个取样点的颜色信息标记。将鼠标指针移动到要删除的标记之上右击，弹出它的快捷菜单，再执行该菜单中的“删除”菜单命令即可。

本章小结

本章首先着重介绍了图像的基本概念，包括图像的种类、颜色基础、主要参数以及图形和图像的文件格式，接着介绍了 Photoshop CS3 的安装、配置及工作环境，最后还介绍了图像的基本操作方法。

数字图像分为两大类：位图图像和矢量图形。

对于彩色光的混合来说，三原色是红（Red）、绿（Green）和蓝（Blue）这 3 种颜色。对于不发光的物体来说，三原色是黄、青、品红这 3 种颜色。

色彩三要素是色相、亮度和色饱和度。

图像的主要参数是分辨率、颜色深度和颜色模式。

习 题

一、填空题

1. 色彩的三要素是________、________和________。色光三原色是________、________和________。颜料三原色是________、________和________。
2. 颜色模式除了用于确定图像中颜色的数量外，还影响____________。
3. 颜色深度为 32 时，表示点阵像素中各像素的颜色为_____位，可以表示________种颜色。
4. 执行________→________→________菜单命令，可将所有调板复位到系统默认状态。
5. 单击历史记录调板，可以________________。

二、选择题

1. 下列各项中是 Photoshop 图像最基本的组成单元的是（ ）。

A. 路径　B. 色彩空间　C. 节点　D. 像素

2. 对于色彩模式 CMYK，字母 C、M、Y、K 分别代表（　）。

A. 青色、黄色、黑色和洋红　B. 蓝色、洋红、黄色和白色

C. 青色、洋红、黄色和黑色　D. 白色、洋红、黄色和黑色

3. 下列关于位图模式和灰度模式的描述，正确的是（　）。

A. 将彩色图像转换为灰度模式时，Photoshop 会舍弃原图像中的所有的彩色信息，而只保留像素的灰度级

B. 将图像转换为位图模式会使图像颜色减少到黑白两种

C. 灰度模式可作为位图模式和彩色模式间相互转换的中介模式

D. 在位图模式中为黑色的像素，在灰度模式中经过编辑后可能会是灰色，如果像素足够亮，当转换为位图模式时，它将成为白色

4. 在 Photoshop 中，修改图像文件画布尺寸的方法可以是（　）。

A. 给定选择区域然后执行“图像”→“裁切”菜单命令

B. 应用工具箱中的“裁切工具”

C. 执行“图像”→“图像大小”菜单命令

D. 执行“图像”→“画布大小”菜单命令

5. 若需将当前图像的视图比例控制为 100% 显示，可以（　）。

A. 选择工具箱中的“缩放工具”　B. 执行“图像”→“画布大小”菜单命令

C. 选择工具箱中的“抓手工具”　D. 执行“图像”→“图像大小”菜单命令

6. 当制作标志的时候，大多存成矢量图，这是因为（　）。

A. 矢量图颜色多，做出来的标志漂亮

B. 矢量图不论放大或是缩小其边缘都是平滑的，而且效果一样清晰

C. 矢量图的分辨率高，图像质量好

D. 矢量文件的兼容性好，可以在多个平台间使用，并且大多数软件都可以对它进行编辑

7. 文件菜单中的“打开为”菜单命令的作用是（　）。

A. 打开一个新的图片　B. 只能打开一个扩展名为 psd 的文件

C. 指定打开文件所使用的文件格式　D. 打开所有格式的图片文件

8. 在“新建”对话框中不包含的颜色模式是（　）。

A. RGB　B. CMYK　C. LAB　D. HSB

9. 前景色和背景色相互转换的快捷键是（　）。

A.【X】键　B.【Z】键　C.【A】键　D.【Tab】键

10. 在“颜色”调板中选择颜色时出现“!”说明（　）。

A. 所选择的颜色超出了 Lab 色域　B. 所选择的颜色超出了 HSB 色域

C. 所选择的颜色超出了 RGB 色域　D. CMYK 中将无法再现出此颜色

三、上机操作题

1. 打开一幅图像，用多种方法改变图像比例的大小，然后在不同的“屏幕模式”下观察图像的显示情况。

2. 新建一个宽 600 像素、高 400 像素、背景色为淡蓝色的画布窗口，在该画布上显示标尺、网格和参考线，并且设定标尺的单位为像素，然后取消标尺、网格和参考线。

3. 打开一幅 JPG 格式的图像，利用标尺工具将它均匀地裁切成 4 部分，然后分别以文件名为“Pho1. jpg”、“Pho2. jpg”、“Pho3. jpg”和“Pho4. jpg”保存。

4. 参考书本【案例 2】中的方法，制作“三原色混合”图像，如图 1-81 所示。向右扩展画布 50 像素，然后在画布右边输入文字“三原色混合”，如图 1-82 所示。

【操作参考】在黑色背景上的 3 个图层分别填充红、绿、蓝 3 种颜色，其中上面两个图层的“混合模式”均设置为“差值”。对输入的文字，添加渐变（红——绿——蓝）和白色描边效果。

图 1-81　“三原色混合”图像

图 1-82　添加文字“三原色混合”

第 2 章　选区的操作

本章学习目标：

1）掌握利用“选框工具”和“套索工具”等创建选区的各种方法和技巧。
2）掌握利用“渐变工具”和“油漆桶工具”填充选区的方法。
3）掌握“魔棒工具”和“快速选择工具”的使用方法。
4）掌握“填充选区”、“修改选区”等菜单命令的使用方法。
5）学会“自定形状工具”和“文字工具”的使用方法。

2.1 【案例 3】气泡

本例要完成绘制一幅有几个气泡的图像，如图 2-1 所示。通过本案例，可以初步掌握“选框工具”的使用方法、“选框工具”选项栏的作用、选区的基本操作和变换选区的方法等。

2.1.1 创作思路

利用“椭圆选框工具”可以方便地绘制一个圆，利用“拾色器”对话框可以设置这个圆的颜色，利用“椭圆选框工具”选项栏的【调整边缘】按钮可以柔化选区的边缘，利用“画笔工具”可以制作高光效果。

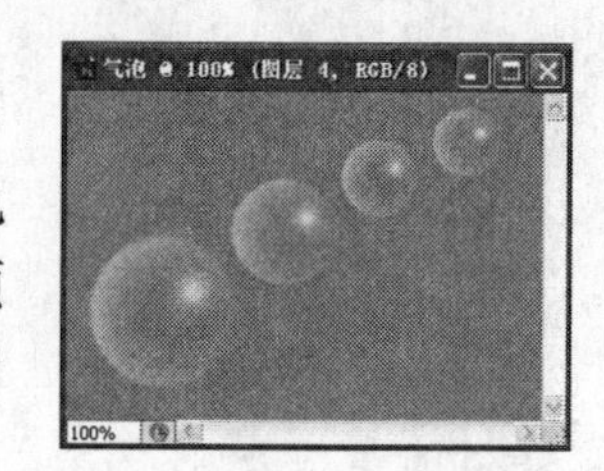

图 2-1 “气泡”效果图

2.1.2 操作步骤

1. 制作球体

1）单击工具箱中的【设置背景色】图标按钮，弹出“拾色器”对话框，设置背景色为浅蓝色。

2）执行“文件”→“新建”菜单命令，弹出“新建”对话框，在该对话框内的“名称”文本框内输入图形文件的名称为“气泡”，设置宽度为 300 像素，高度为 200 像素，分辨率为 72 像素/英寸，颜色模式为“RGB 颜色”，背景内容为“背景色”，单击【确定】按钮。

3）打开“图层”调板，单击该调板下边的【创建新图层】按钮，在“背景”图层之上创建一个名称为“图层 1”的新图层，单击选中该图层。

4）单击工具箱中的【椭圆选框工具】按钮，在图像窗口的左下方，按住【Shift】键拖动鼠标，创建一个正圆选区，将前景色设置为白色，按【Alt + Delete】键，用前景色填充选区，得到白色的圆选区，如图 2-2 所示。

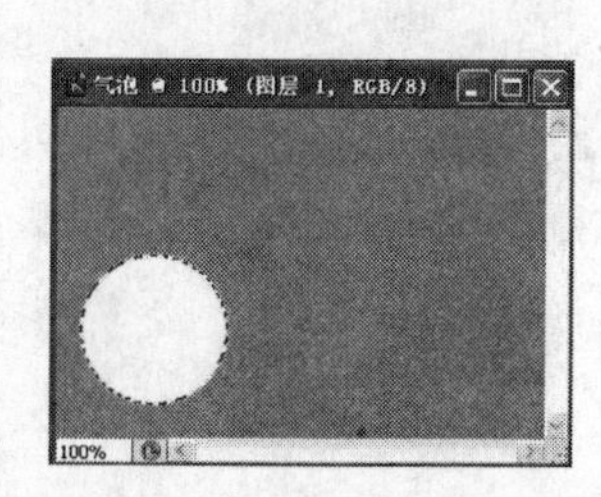

图 2-2 白色的圆选区

2. 为球体制作气泡效果

1）在如图2-3所示的"椭圆选框工具"选项栏中，单击【调整边缘】按钮，在弹出的"调整边缘"对话框中，设置"羽化"文本框的内容为20像素，单击【确定】按钮，然后拖动选区到如图2-4所示的位置。

图2-3　"椭圆选框工具"选项栏

2）按【Delete】键两次，将选区内的图像删除，取消选区，效果如图2-5所示。

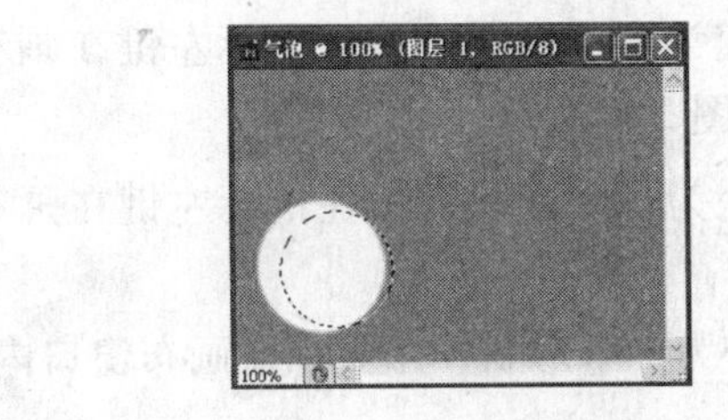

图2-4　拖动选区的位置

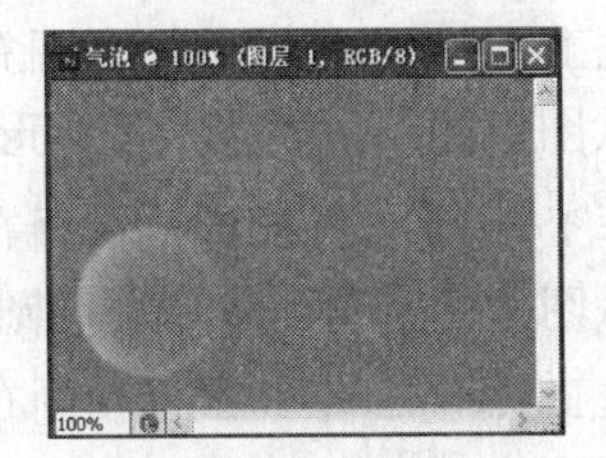

图2-5　取消选区

3）单击工具箱中的【画笔工具】按钮，在其选项栏中设置画笔主直径为"30px"，模式为"正常"，不透明度为100%，流量为80%，在气泡右上方单击鼠标左键，制作高光效果，如图2-6所示。至此，完成一个气泡的制作。

3. 制作更多的气泡

1）在"图层"调板中，右键单击"图层1"，选择"复制图层"命令，弹出"复制图层"对话框，单击【确定】按钮，建立"图层1的副本"图层，再选中该图层。

2）执行"编辑"→"自由变换"命令，调整气泡的形状，效果如图2-7所示。按【Enter】键确认。

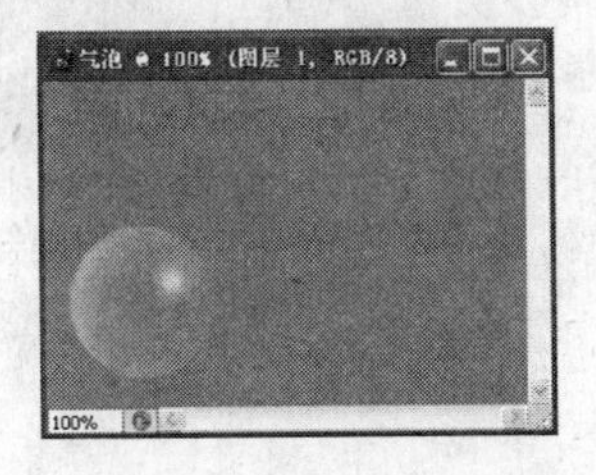

图2-6　制作高光效果

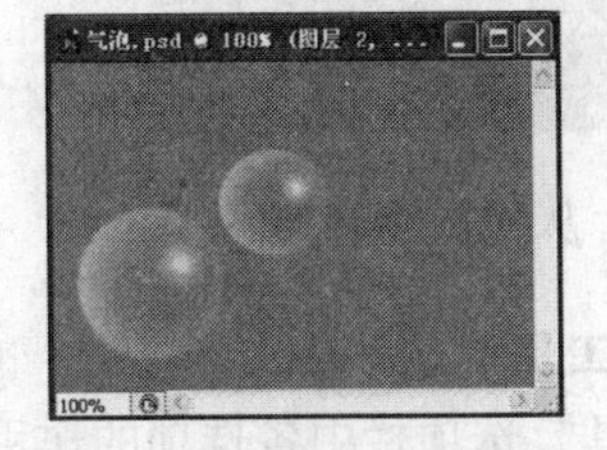

图2-7　制作第二个气泡

3）重复步骤1和2，制作另外两个气泡，得到如图2-1所示的效果。

2.1.3　相关知识

☆ 选框工具组及其使用

（1）选框工具组　用Photoshop处理图像时，常需要对图像的一部分进行操作，这就需要将这一部分图像选取出来，从而构成一个选区。选区也叫选框，是用一条流动的虚线围成的区域。创建了选区后，则当前所有的图像编辑操作只对选区内的图像起作用。如果没有创建选区，则对图像的编辑操作是针对整个图像，并且无法进行某些操作。

工具箱中提供了用于创建选区的多个选取工具，它们被放置在工具箱的上边。这些选取工具分为三组，分别是选框工具组、套索工具组和魔棒工具组。

除了使用工具箱中的选取工具创建选区外，也可以使用一些菜单命令来创建选区。另外，还可以使用路径、通道、蒙版和抽取等技术来创建选区，这些将在以后介绍。

选框工具组中有 4 个工具：矩形选框工具、椭圆选框工具、单行选框工具和单列选框工具。选框工具组的工具是用来创建规则选区的。可通过单击鼠标右键等方法来切换选框工具组内的选框工具。

（2）选框工具的使用

- 矩形选框工具：指针鼠标在画布窗口内变为十字形状，按住鼠标左键在画布窗口内拖动，即可从图像的一角创建一个矩形选区，如图 2-8 所示。
- 椭圆选框工具：鼠标指针在画布窗口内变为十字形状，按住鼠标左键在画布窗口内拖动，即可从图像的一角创建一个椭圆选区。
- 单行选框工具：指针鼠标在画布窗口内变为十字形状，用鼠标在画布窗口内单击，即可创建一个宽度为一个像素的行选区。
- 单列选框工具：指针鼠标在画布窗口内变为十字形状，用鼠标在画布窗口内单击，即可创建一个宽度为一个像素的列选区。

对于“矩形选框工具”和“椭圆选框工具”，按住【Shift】键，同时用鼠标在画布窗口内拖动，可创建一个正方形或圆形的选区。按住【Alt】键，同时用鼠标在画布窗口内拖动，可创建一个以鼠标单击点为中心的矩形或椭圆形的选区，如图 2-9 所示。按住【Shift + Alt】键，同时用鼠标在画布窗口内拖动，可创建一个以单击点为中心的正方形或圆形的选区。

图 2-8 从图像一角创建矩形选区

图 2-9 从图像中心创建矩形选区

☆“选框工具”选项栏

“选框工具”选项栏中各选项的作用如下。

（1）“设置选区形式”按钮组 由如下 4 个按钮组成。

- 【新选区】按钮：如果已经有了一个选区，单击该按钮后，再创建一个选区，则原来的选区消失。
- 【添加到选区】按钮：如果已经有了一个选区，单击该按钮后，再创建一个与之相互重叠一部分的选区，则该选区与原来的选区连成一个新的选区。例如，一个矩形选区和一个与之相互重叠一部分的椭圆选区连成一个新的选区，如图 2-10 所示。在已有选区的条件下，按住【Shift】键，用鼠标拖动出一个新选区，也可以完成相同的功能。
- 【从选区减去】按钮：如果已经有了一个选区，单击该按钮后，再创建一个与之相互重叠一部分的选区，则得到在原来选区上减去与新创建选区重合部分的新选区。例如，一个矩形选区和一个与之相互重叠一部分的椭圆选区连成一个新的选区，如图 2-11 所示。在已有选区的条件下，按住【Alt】键，用鼠标拖动出一个新选区，也可以完成相同的功能。

●【与选区交叉】按钮：如果已经有了一个选区，单击该按钮后，再创建一个与之相互重叠一部分的选区，则得到只保留该选区与原来选区重合的一个新选区。例如，一个椭圆选区与一个矩形选区重合部分的新选区，如图 2-12 所示。按住【Shift + Alt】键，用鼠标拖动出一个新选区，也可以得到只保留新创建选区与原来选区重合的部分的一个新选区。

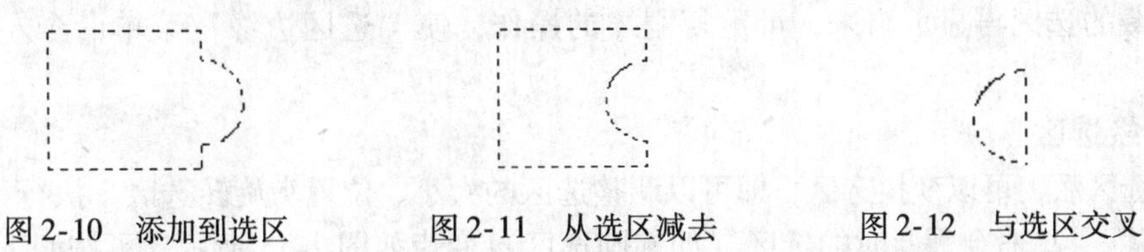

图 2-10　添加到选区　　图 2-11　从选区减去　　图 2-12　与选区交叉

（2）“羽化”文本框　在该文本框内可以设置选区边界线的羽化程度。数值的单位是像素，数字为 0 时，表示不进行羽化。图 2-13a 所示左边是在没有羽化时将选区内容复制后的效果图，图 2-13b 左边是在羽化 30 像素时将同样的内容复制后的效果图。

注意：仅在移动、剪切、复制或填充选区后，羽化效果很明显。

（3）“消除锯齿”复选框　单击【椭圆选框工具】按钮后，该复选框变为有效。选中它后，可使选区边界平滑。

（4）“样式”下拉列表框　单击【椭圆选框工具】按钮或【矩形选框工具】按钮后，该下拉列表框变为有效。它有 3 个样式，如图 2-14 所示。

a)　　b)

图 2-13　羽化

a）没有羽化时的复制效果　b）羽化 30 像素时的复制效果

正常
正常
固定比例
固定大小

图 2-14　“样式”下拉列表框

●“正常”样式：可以创建任意大小的选区。

●“固定比例”样式：选中该样式后，“样式”列表框右边的“宽度”和“高度”文本框变为有效，可在这两个文本框内输入“宽度”和“高度”的数值，以确定长宽比，使以后创建的选区符合该长宽比。

●“固定大小”样式：选中该样式后，“样式”列表框右边的“宽度”和“高度”文本框变为有效，可在这两个文本框内输入“宽度”和“高度”的数值，以确定选区的尺寸，使以后创建的选区符合该尺寸。

☆ 移动、取消和隐藏选区

（1）移动选区　在选择选框工具组工具的情况下，将鼠标指针移到选区内部（此时鼠标指针变为三角箭头状，而且箭头右下角有一个虚线小矩形），再拖动鼠标，即可移动选区。如果按住【Shift】键，同时再拖动鼠标，可以使选区在水平、垂直或45°斜线方向移动。

（2）取消选区　执行“选择”→“取消选择”菜单命令或按【Ctrl + D】键，也可取消选区。另外，在“与选区交叉”或“新选区”状态下，单击画布窗口内选区外任意处，也可以取消选区。如果要重新恢复取消的选区，可执行“选择”→“重新选择”菜单命令或按【Ctrl + Shift + D】键。

（3）隐藏选区　执行“视图”→“显示”→“选区边缘”菜单命令，取消它左边的对钩，即可使选区边界的流动线消失，隐藏选区。虽然选区隐藏了，但对选区的操作仍可进行。如果要使隐藏的选区再显示出来，可重复刚才的操作，使“选区边缘”菜单命令左边的对钩出现。

☆ 变换选区

创建选区后，可以变换选区，即可以调整选区的大小、位置和旋转选区。执行“选择”→“变换选区”菜单命令，此时的选区（如椭圆选区）变为如图2-15所示，再按照下述方法变换选区。

（1）调整选区的位置　将鼠标指针移到选区内，指针会变为黑箭头状，再用鼠标拖动，即可调整选区的位置。

（2）调整选区大小　将鼠标指针移到选区四周的控制柄处，指针会变为直线的双箭头状，再用鼠标拖动，即可调整选区的大小。

（3）旋转选区　将鼠标指针移到选区四周的控制柄外，指针会变为弧线的双箭头状，再用鼠标拖动，即可旋转选区。旋转后的选区如图2-16所示。将鼠标指针移到选区中间的中心点图标处，拖动鼠标改变其位置，即可改变旋转的中心点位置。

（4）变换选区的其他方式　对于没有选择图像的选区，可以执行“编辑”→“变换”的下级子菜单命令，进行选区的缩放、旋转、斜切、扭曲、透视、变形等操作。

选区变换完后，单击工具箱内的其他工具，会弹出一个提示对话框，如图2-17所示。单击【应用】按钮，即可完成选区的变换。单击【不应用】按钮，可取消选区变换。

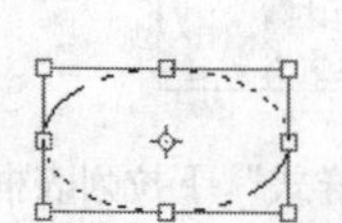

图2-15　椭圆选区

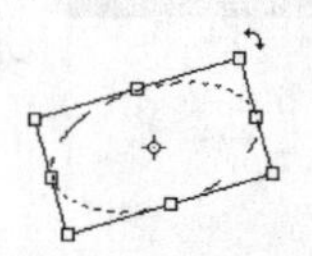

图2-16　旋转选区

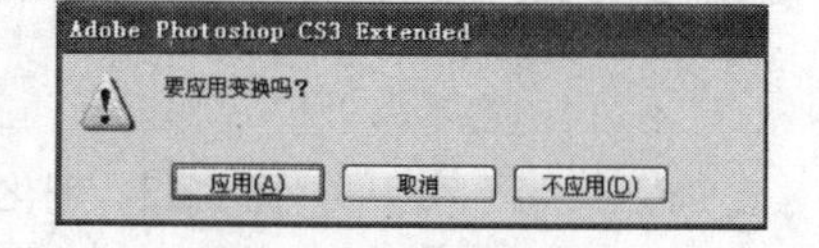

图2-17　提示框

选区变换完后，按【Enter】键，可以直接应用选区的变换。

2.1.4　案例拓展

☆【拓展案例2】花姐妹

本例要将两张少女照片合成到一张樱花背景的照片上，如图2-18所示。通过本案例的学习，读者可掌握使用选区命令制作柔和图像效果、使用反选命令制作选区反选效果、使用“矩形选框工具”移动选区等方法。

（1）创作思路

将需要合成的照片依次打开，分别置于不同的图层，利用选区工具，设置一定的羽化值，选取这些照片的部分内容置于背景的相应位置即可。

图 2-18　照片合成效果图

（2）操作步骤

1）按【Ctrl + O】组合键，打开素材文件“第 2 章\素材\樱花. jpg”，如图 2-19 所示。

2）按【Ctrl + O】组合键，打开“第 2 章\素材\人像 1. jpg”文件，单击工具箱内的【移动工具】按钮，将人物图片拖曳至背景图像的左侧，在“图层”控制调板中将自动生成名称为“图层 1”的新图层。

3）选择“椭圆选框工具”，按住【Shift】键，在图像窗口中拖曳鼠标绘制圆，如图 2-20 所示。执行“选择”→“修改”→“羽化”命令，弹出“羽化选区”对话框，设置羽化值为 30，单击【确定】按钮。按【Ctrl + Shift + I】组合键，将选区反选，按【Delete】键，删除选区中的图像，按【Ctrl + D】组合键取消选区，图像效果如图 2-21 所示。

图 2-19　背景图像

图 2-20　在“图层 1”上绘制圆选区

4）按【Ctrl + O】组合键，打开“第 2 章\素材\人像 2. jpg”文件，单击工具箱内的【移动工具】按钮，将人物图片拖曳到背景图像的右侧，在“图层”控制调板中会自动生成名称为“图层 2”的新图层。

5）选择“椭圆选框工具”，在图像窗口中绘制椭圆选区，如图 2-22 所示。按【Ctrl + Alt + D】组合键，在弹出的“羽化选区”对话框中，设置羽化值为 50，单击【确定】按钮。按步骤 3 的方法，将选区反选后删除选区中的图像，再取消选区。

图 2-21　删除相反选区后的效果

图 2-22　在“图层 2”上绘制椭圆选区

6）选择“移动工具”，分别移动图层 1 和图层 2 的位置，如果在图像中出现多余的图像区域，可用选框工具选中后，再按【Delete】键删除之。此时，得到如图 2-18 所示的效果。保存文件为“花姐妹 . psd”。

✍ **提示**：在照片的合成中，如果需要缩小某图层的图像，可以先选中该图层，然后执行“编辑”→“自由变换”命令来实现；如果要改变选区的大小，则可在选区内单击鼠标右键，在弹出的菜单中选择“变换选区”命令，拖曳选区周围的控制手柄便可实现。

☆【拓展案例3】窗前凝望

“窗前凝望”效果如图2-23所示。它是利用如图2-24、图2-25所示的“窗户”图像和“女士”图像制作而成的。通过本案例的学习，读者可以进一步掌握选区的操作、“魔棒工具”的使用以及与图层有关的一些操作。

图2-23 “窗前凝望”效果图

图2-24 “窗户”图像

图2-25 “女士”图像

（1）创作思路

先选中窗户图像中的玻璃部分，执行“通过剪切的图层”命令，可生成只含玻璃部分的“图层1”（背景图层将不再包含玻璃部分）。接着选出“女士”图像中的人像部分，并执行“复制”命令。重新回到窗户图像，选出背景图层中的黑色窗户部分，然后将“女士”图像中的人像部分“贴入”进去。最后将含玻璃部分的“图层1”的透明度减少即可。

（2）操作步骤

1）执行“文件”→“打开”菜单命令，打开素材文件“第2章\素材\窗户.jpg”和“第2章\素材\女士.jpg”。

2）先选择“窗户”图像。选择工具箱中的“魔棒工具”，在其选项栏上设置容差为“20”，按住【Shift】键，单击选中“窗户”图像中的玻璃部分，如图2-26所示。

3）设置背景色为黑色。执行“图层”→“新建”→“通过剪切的图层”菜单命令，在图层调板中，系统将生成名字为“图层1”的新图层，其内容是剪切的玻璃图像。

4）选择“女士”图像。继续使用“魔棒工具”，修改容差为“80”，单击选中“女士”图像中的白色部分，然后执行“选择”→“反向”菜单命令，将人像部分选出，如图2-27所示。再执行“编辑”→“复制”菜单命令，将人像部分复制到剪贴板中。

5）重新选择“窗户”图像。在图层调板中，选中背景图层，并使图层1不可见（其前面的眼睛图标不可见）。再次使用“魔棒工具”，设置容差为20，按住【Shift】键，单击选中“窗户”图像内黑色部分的图像，如图2-28所示。

6）执行“编辑”→“贴入”菜单命令，即可在选区内填充剪贴板中的人物图像，如图2-29所示。执行“编辑”→“自由变换”菜单命令，调整粘贴图像的大小和位置，按【Enter】键，效果如图2-30所示。

图2-26　玻璃选区

图2-27　人像选区

图2-28　黑色窗户选区

7）使图层1重新可见（其前面的眼睛图标重新出现），图像效果如图2-31所示。将图层1的不透明度改为“60%”，即能得到如图2-28所示的效果。将图像保存为“窗前凝望.psd”，完成本案例的制作。

图2-29　贴入人像

图2-30　调整人像的大小和位置

图2-31　使图层1重新可见

2.2 【案例4】圆管

本例要制作的图像是一个粗细不同且带有阴影的圆管，如图2-32所示。通过本案例的学习，读者可以掌握套索工具组和魔术棒工具组中各工具的使用方法，以及变换图像等方法。

2.2.1 创作思路

首先利用“选框工具”、“魔棒工具”、“渐变工具”等创建一个圆柱体，接着用“选框工具”、“渐变工具”等制作圆管效果，最后利用“选框工具”、“油漆桶工具”等制作阴影，即可完成本案例。

2.2.2 操作步骤

1. 制作圆柱体图形

1）执行“文件”→“新建”菜单命令，弹出“新建”对话框。在该对话框内的“名称”文本框中输入图形的名称为“圆管”，设置宽度为300像素、高度为150像素，模式为“RGB颜色”，背景为白色。单击【确定】按钮，完成画布

图2-32　“圆管”效果图

的设置。

2）执行“视图”→“标尺”菜单命令，使画布窗口左边和上边显示标尺。选择“移动工具”，用鼠标从左边的标尺处向右拖动，从上边的标尺处向下拖动，分别创建垂直的和水平的参考线各一条（关于创建参考线也可参看本书1.5.2节的内容）。

3）单击“图层”调板中的【创建新图层】按钮，创建一个新的名称为“图层1”的常规图层，单击选中该图层。

4）单击工具箱中的【椭圆选框工具】按钮，注意在选项栏上选中“新选区”，按住【Alt】键在两条参考线的交点处画一个椭圆选区。在椭圆选区的上下端再添加两条水平参考线。设置前景色为灰色（R=100，G=100，B=100），按【Alt+Delete】键，给选区填充前景色，如图2-33所示。

5）单击工具箱中的【移动工具】按钮，按住【Alt】键，同时水平拖动绘制的灰色椭圆图形，复制一份灰色的椭圆图形，如图2-34所示。

6）单击工具箱中的【矩形选框工具】按钮，按住【Shift】键，拖动鼠标，创建一个矩形选区，同时与原来的椭圆选区相加，如图2-35所示。

7）单击工具箱中的【魔棒工具】按钮，在选项栏中勾选“连续”和“对所有图层取样”复选框，然后按住【Alt】键，单击选区内左边灰色椭圆图形，创建一个新选区，同时与原来的椭圆选区相减，效果如图2-36所示。

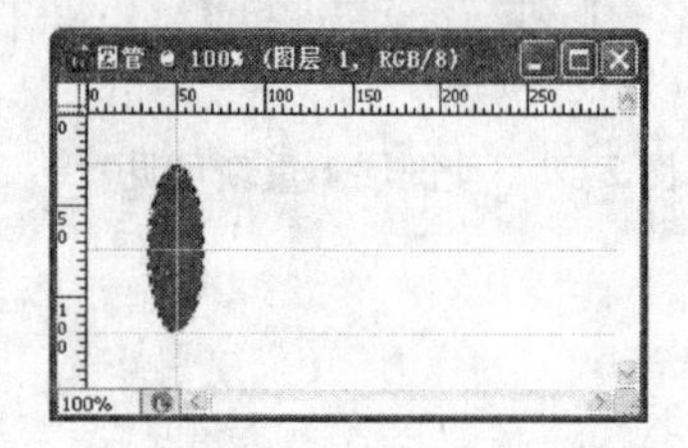

图2-33 为椭圆选区填充前景色

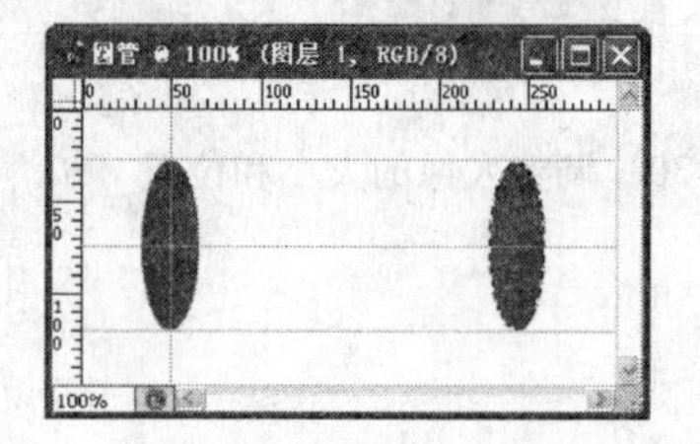

图2-34 复制一份椭圆

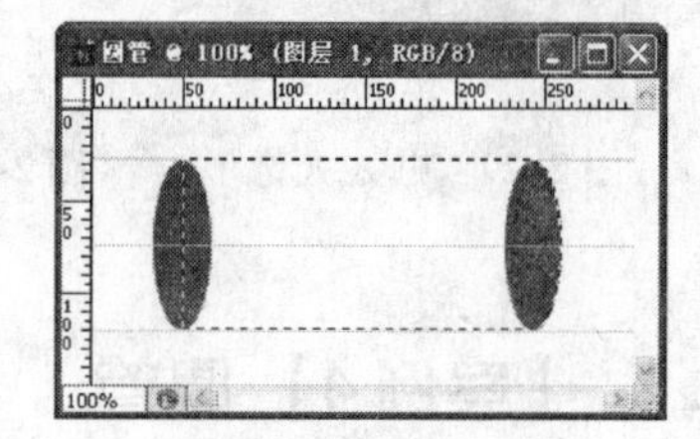

图2-35 矩形选区与椭圆选区相加

8）设置前景色为浅灰色（R=230，G=230，B=230），背景色为黑色。

9）单击工具箱内的【渐变工具】按钮，再单击其选项栏内的【线性渐变】按钮，设置渐变填充方式为“线性渐变”填充方式。单击选项栏内【编辑渐变】按钮的下拉箭头，弹出“渐变拾色器”对话框，单击选中该对话框内的“前景到背景”渐变色。

10）按住【Shift】键，在选区内从上向下拖动鼠标，给图2-36所示的选区填充线性渐变色，如图2-37所示。按【Ctrl+D】键取消选区。

2. 制作圆管图形

1）继续选中图层1。单击工具箱中的【椭圆选框工具】按钮，按住【Alt】键，同时用鼠标在圆柱体左边的椭圆中心处往外拖动，创建一个椭圆选区，如图2-38所示。

2）采用前面设置的前景色与背景色。单击工具箱内的【渐变工具】按钮，设置填充“前景到背景”渐变色，即从浅灰色到黑色线性渐变色。

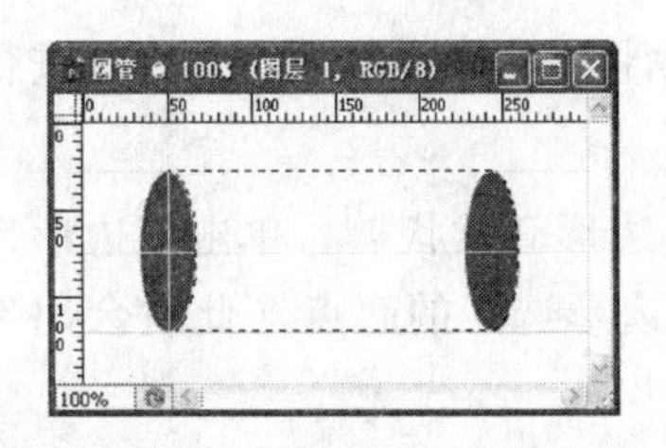

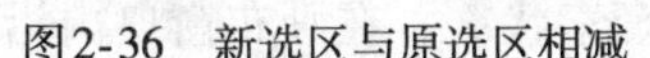
图 2-36　新选区与原选区相减

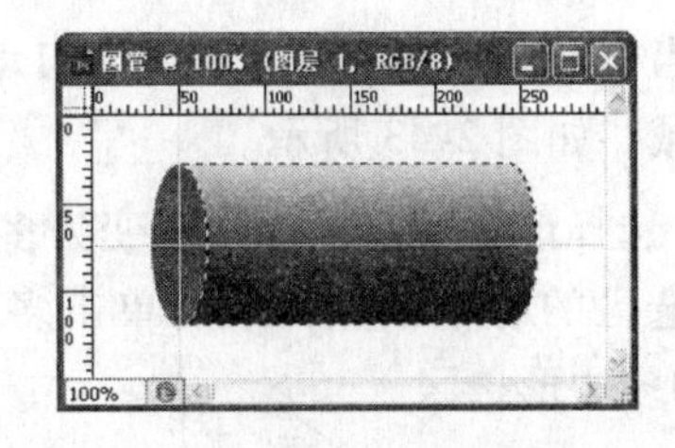

图 2-37　选区填充线性渐变色

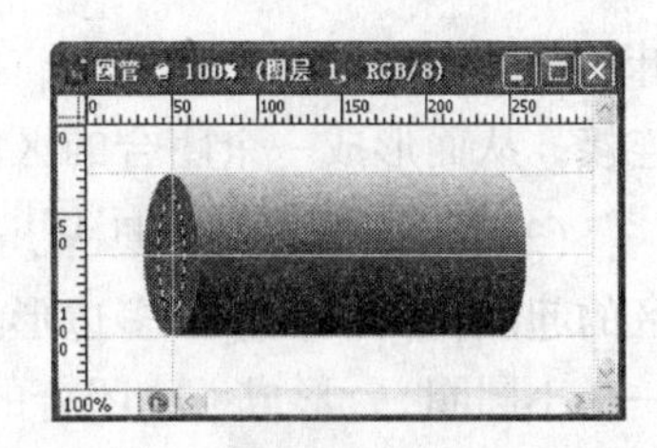

图 2-38　创建一个椭圆选区

3）按住【Shift】键，在选区内从下到上拖动鼠标，给图 2-38 所示的选区填充线性渐变色，如图 2-39 所示。按【Ctrl + D】键取消选区。

3. 制作粗细不一的效果

1）继续选中图层 1。执行“编辑”→“变换”→“斜切”菜单命令，调整圆管图形右边的形状，如图 2-40 所示。

2）按【Enter】键确认。

4. 制作阴影图形

1）单击“图层”调板中的【创建新图层】按钮，创建一个新的常规图层（图层 2），将该图层拖动到图层 1 的下面。

2）选中图层 2，选择工具箱中的“椭圆选框工具”，在其选项栏内的“羽化”文本框中输入“10”，设置选区羽化 10 像素。在画布窗口内拖动鼠标，创建一个羽化的椭圆选区，如图 2-41 所示。

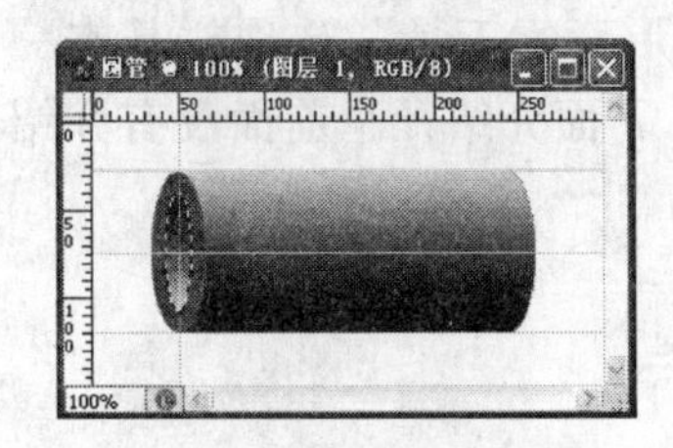

图 2-39　填充线性渐变色

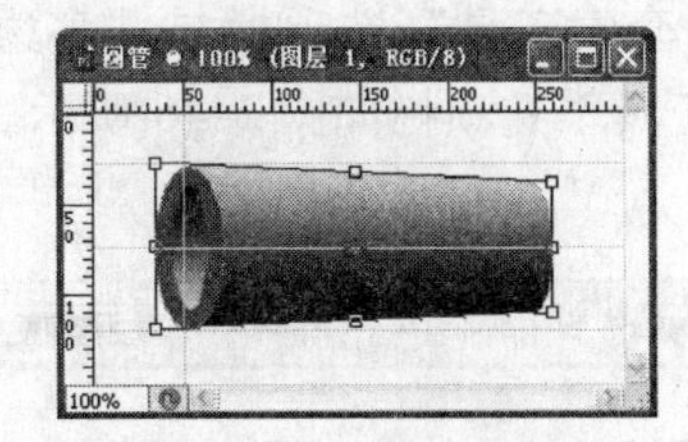

图 2-40　制作粗细不一的效果

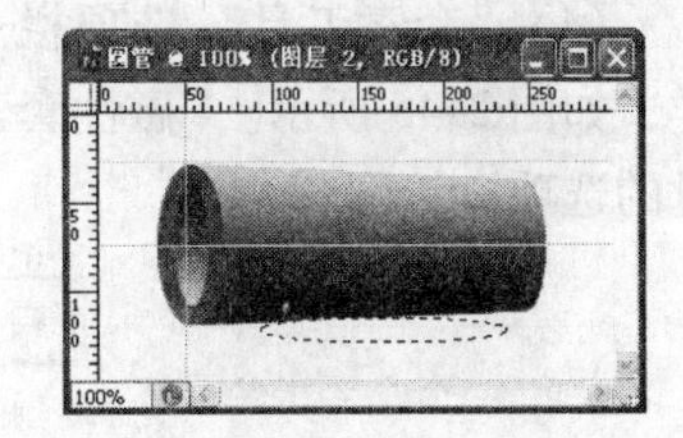

图 2-41　创建一个羽化的椭圆选区

3）设置前景色为灰色（R = 80，G = 80，B = 80）。然后，单击工具箱内的【油漆桶工具】按钮，在其选项栏内的“填充”下拉列表框中选择“前景”，设置用前景色填充。然后，单击选区内部，即给羽化的选区填充灰色。

4）按【Ctrl + D】键取消选择，可得到阴影效果。如果效果不理想，可执行“编辑”→“自由变换”菜单命令，调整阴影图形的大小和位置，使它位于圆柱体图形下方偏右的位置。最后，执行“视图”→“清除参考线”命令，可得到如图 2-32 所示的效果。

2.2.3　相关知识

☆ 套索工具组

套索工具组有 3 个工具：套索工具、多边形套索工具和磁性套索工具，如图 2-42 所示。套索工具组的工具是用来创建不规则选区的。

（1）套索工具　选择该工具，鼠标指针变为套索状，如在画布窗口内沿着一片树叶的轮廓按住鼠标左键拖动，当松开鼠标左键时，系统会自动将鼠标拖动的起点与终点进行连接，从而形成一个闭合的区域，如图2-43所示。

（2）多边形套索工具 选择该工具，鼠标指针变为多边形套索状，单击多边形选区的起点，再依次单击多边形选区的各个顶点，最后单击多边形选区的起点（此时会出现一个小圆圈），形成一个闭合的多边形选区。

（3）磁性套索工具 选择该工具，鼠标指针变为磁性套索状，在画布窗口内沿着一片树叶的轮廓移动（无须按住鼠标左键），最后在终点处双击，即可创建一个不规则的选区，如图2-44所示。

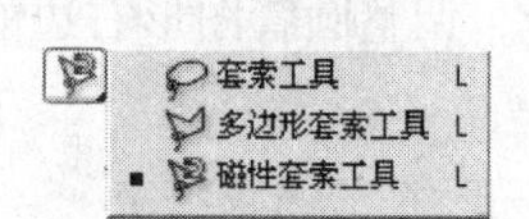

图2-42 套索工具组

图2-43 利用“套索工具”创建的选区

图2-44 利用“磁性套索工具”创建的选区

“磁性套索工具”与“套索工具”不同之处在于系统会自动根据鼠标拖动出的选区边的色彩对比度来调整选区的形状。因此，对于选取区域外形比较复杂，同时又与周围图像的彩色对比度反差比较大的图像，采用“磁性套索工具”创建选区是很方便的。

（4）“套索工具”选项栏 “套索工具”选项栏与“多边形套索工具”选项栏基本一样，如图2-45所示。“磁性套索工具”选项栏如图2-46所示。下面介绍几个前面没有介绍过的选项。

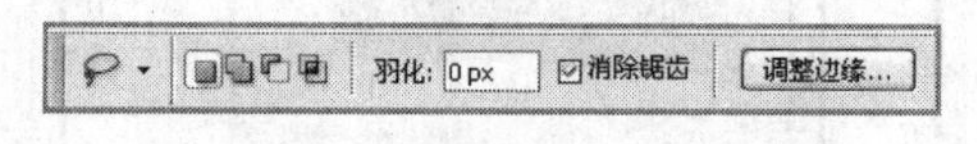

图2-45 “套索工具”选项栏

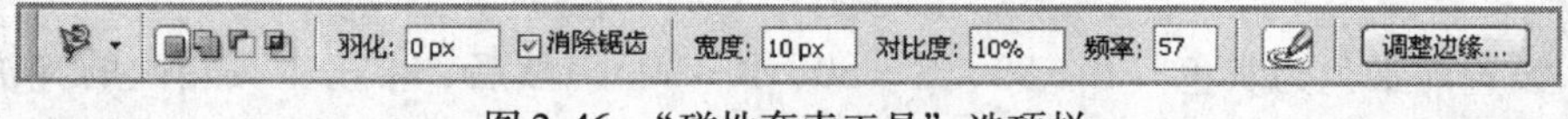

图2-46 “磁性套索工具”选项栏

在使用“磁性套索工具”的过程中，按键盘上的【[】键或【]】键，可以改变“宽度”的取值大小。

- “宽度”文本框：用来设置系统检测的范围，单位为像素（px），其取值范围是1~256。当用户选取选区时，系统只检测从指针开始指定距离以内的边缘。
- “对比度”文本框：用来设置系统检测选区边缘的灵敏度，其取值范围是1%~100%。当用户用鼠标选取选区时，系统将认为在设定的对比度百分数范围内的对比度是一样的。该数值越大则系统能识别的选区边缘的对比度也越高。
- “频率”文本框：用来设置选区边缘关键点出现的频率，其取值范围是0~100。此数值越大，系统创建关键点的速度越快，关键点出现的次数也越多。

✍ **提示**：在边缘精确定义的图像上，可试用更大的宽度和更高的对比度，然后大致地跟踪边缘。在边缘较柔和的图像上，可试用较小的宽度和较低的对比度，然后更精确地跟踪边缘。

●【使用绘图板压力以更改钢笔宽度】按钮：单击该按钮选中该选项时，增大光笔压力将导致边缘宽度减小。再单击该按钮，可取消选中。注意：只有使用光笔绘图板绘图时该按钮才有效。

☆ **魔棒工具组**

魔棒工具组有两个工具：魔棒工具和快速选择工具。

(1) 魔棒工具 用于选取图像中颜色相似的区域。单击工具箱中的【魔棒工具】按钮，鼠标指针变为魔棒状，在要选取的图像处单击，系统会自动根据鼠标指针处像素的颜色创建一个选区，该选区将是与鼠标指针点相连处（或所有）颜色相同或相近的图像像素区域。

“魔棒工具”选项栏如图 2-47 所示，前面没有介绍过的选项的作用如下。

图 2-47　“魔棒工具”选项栏

●“容差”文本框：用来确定选定像素的相似点差异。容差的单位是像素，其取值范围是 0 ~ 255。容差值较低，系统会选择与所单击像素非常相似的少数几种颜色；容差值较高，会选择范围更广的颜色。

●“连续”复选框：当选中该复选框时，系统只选择使用相同颜色的邻近区域。否则，将会选择整个图像中使用相同颜色的所有像素。

●“对所有图层取样”复选框：当选中该复选框时，系统在创建选区时，会将所有可见图层考虑在内；否则，系统只将当前图层考虑在内。

(2) 快速选择工具 用于为具有不规则形状的对象建立快速准确的选区。它比魔棒工具更加直观和准确，用户无须在要选取的整个区域中涂画。使用快速选择工具的方法是：在将要选取的选区按住鼠标左键拖动，选区会向外扩展并自动查找和跟随图像中定义的边缘。

快速选择工具与画笔相似，用户可以“画”出所需的选区。使用大一些的画笔大小，可以选取离边缘比较远的较大区域；反之，则选取比较近的较小区域，这样能尽量避免选取背景像素。

“快速选择工具”选项栏包括选取方式、画笔、对所有图层取样、自动增强和调整边缘，如图 2-48 所示。

图 2-48　“快速选择工具”选项栏

选取方式分为“新选区”、“添加到选区”和“从选区减去”3 种。在未选择任何选区的情况下，默认选项是“新选区”；创建初始选区后，此选项将自动更改为“添加到选区”。

2.2.4 案例拓展

☆【拓展案例4】海边旅游

本例要利用一张“郊外”图片（如图2-49所示）和一张“海滨”图片（如图2-50所示）制作出一张到“海滨旅游”的留念照片，如图2-51所示。通过本案例的学习，读者应能掌握使用“磁性套索工具”选取图像，使用“选框工具”增、减选区，使用“移动工具”移动选区等方法。

图2-49 “郊外”图片

图2-50 “海滨”图片

图2-51 “海滨旅游”效果图

（1）创作思路

先将一张照片上的人像利用磁性套索工具勾勒出选区，接着用选框工具对该选区进行修补，然后把它移动到另一张作为背景的图片的适当位置上即可。

（2）操作步骤

1）在Photoshop中，依次打开“第2章\素材\郊外.jpg”和“第2章\素材\海滨.jpg”文件。

2）选中“郊外”图片。选择工具箱内的“磁性套索工具”，先用鼠标在人像边缘处单击，接着用鼠标在人像边缘处缓慢移动（无须按住左键），回到起点处再次单击，可得到人像选区，如图2-52所示。

3）选择工具箱中的“椭圆选框工具”或“矩形选框工具”，按住【Alt】键（此时鼠标指针处出现一个减号），同时在选区中的背景图像处拖动，可以将新选区与原选区相交处的选区删除；按住【Shift】键（此时鼠标指针处出现一个加号），同时在没有选中的人像图像处拖动，可以使没有选中的人像图像重新选中。重复进行上述操作，直至得到满意的人像选区，如图2-53所示。

图2-52 人像选区

图2-53 加工后的人像选区

✍ 提示：修改选区时，可以把图像适当放大，修改完后再把它设置为适当的大小。

4）单击工具箱中的【移动工具】按钮，拖动选区内的人像选区到在步骤 1 中打开的“海滨”图片上的合适位置，即可得到如图 2-51 所示效果图。

2.3 【案例 5】彩虹 1

本例要在一张背景照片上制作出彩虹图形，如图 2-54 所示。通过本案例的学习，读者可以掌握“渐变工具”、“油漆桶工具”、“快速选择工具”等工具的使用方法。

2.3.1 创作思路

在本例中，先用“快速选择工具”选中水面，接着用“油漆桶工具”将水的颜色改变为山峰的颜色，然后用“渐变工具”画出彩虹，并做相应的调整即可。

2.3.2 操作步骤

1. 改变水面的颜色

1）在 Photoshop 中，打开“第 2 章\素材\湖畔. jpg”文件，如图 2-55 所示。

2）单击工具箱内的【快速选择工具】按钮，按住鼠标左键在水面上从左往右拖动（也可从右往左拖动），大致选中水面，如图 2-56 所示。

图 2-54 “彩虹”效果图

图 2-55 “湖畔”图片

图 2-56 水面选区

✍ 提示：若对选区不满意，按住【Shift】键或【Alt】键并单击鼠标左键，可分别增加或减少选区。

3）单击工具箱内的【吸管工具】按钮，在图像中部的山峰附近处单击左键，将前景色设置为山峰的颜色。

4）单击工具箱内的【油漆桶工具】按钮，在其选项栏上，选择前景色，设置不透明度为 50，其余取默认值。在水面选区处单击左键，将水面的颜色改变为山峰的颜色。

5）按【Ctrl + D】键取消选区。

2. 绘制彩虹

1）单击“图层”调板中的【创建新图层】按钮，创建一个新的名称为“图层 1”的常规图层，单击选中该图层。

2）选择工具箱内的【渐变工具】按钮，单击选项栏内【编辑渐变】按钮，打开“渐变编辑器”对话框，在“预设”选框中选择“色谱”渐变，并将渐变颜色条下方的所有色标依次拉向右边，如图 2-57 所示。

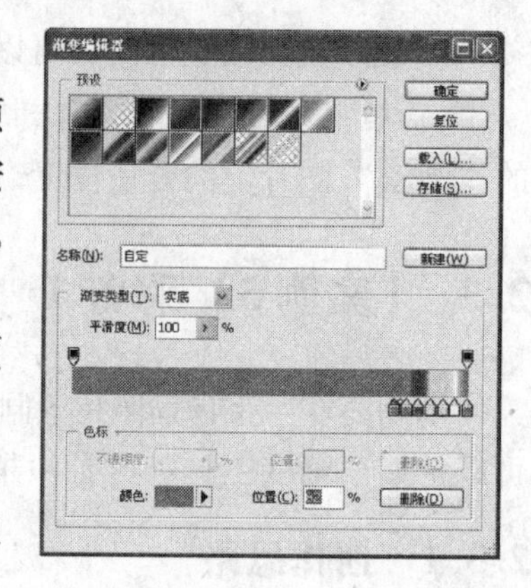

图 2-57 “渐变编辑器”对话框

3）单击工具栏内的【径向渐变】按钮，取消选项栏内的“反向”选项。然后，在画布中央稍右下方处，按住【Shift】键向外拖动出一个圆形选区，如图 2-58 所示。如果效果不好，可以多试几次。

4）单击工具箱内的【魔棒工具】按钮，取消选项栏内的“连续”选项，在画布上的红色处单击左键。

5）按【Alt + Ctrl + D】键，弹出“羽化选区”对话框，设置羽化半径为 5。按键盘的【Delete】键，将画布上的红色区域删除，如图 2-59 所示。

✍ **提示**：由于设置了羽化半径，在画布的四周会出现红色的阴影。可以先用“矩形选框工具”选中这些阴影，再按键盘的【Delete】键将这些阴影删除。

6）按【Ctrl + D】键取消选区。单击工具箱内的【矩形选框工具】按钮，拖动出一个矩形选区，如图 2-60 所示。按照步骤 5 的方法设置羽化半径为 10，再按【Delete】键删除选区的内容。

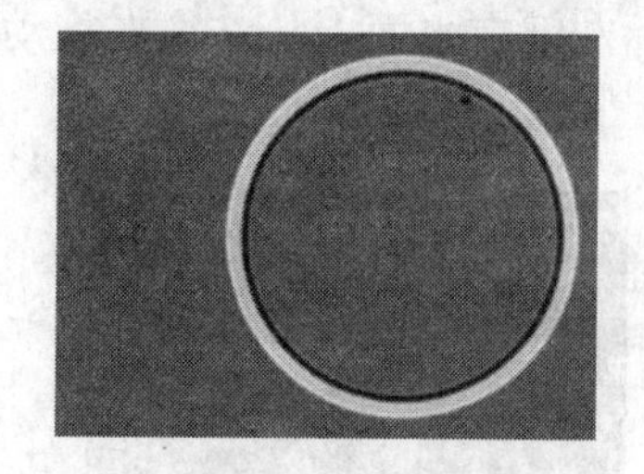
图 2-58 拖动出一个圆形选区

图 2-59 删除红色区域

图 2-60 拖动出一个矩形选区

✍ **提示**：由于设置了羽化半径，不能将选区内右方和下方的内容删除干净，这时可再次按【Delete】键。

7）按【Ctrl + D】键取消选区。在“图层”调板中，设置“不透明度”为 50%，便得到如图 2-54 所示彩虹风景图片。

✍ **提示**：对不同的背景，彩虹的位置有所不同，这时可以单击工具箱中的【移动工具】按钮，移动彩虹到合适的位置。还可以通过按【Ctrl + T】键，改变彩虹的形状和角度。

2.3.3 相关知识

☆ 油漆桶工具

使用“油漆桶工具”可以给选区内的颜色容差在设置范围内的区域填充颜色或图案。选定前景色或图案后，单击选区，就可以给单击处和与该处颜色容差在设置范围内的区域填充颜色或图案。没有设置选区时，则是针对当前图层的整个图像填充颜色或图案。

“油漆桶工具”选项栏如图 2-61 所示。有关选项的作用如下。

图 2-61　“油漆桶工具”选项栏

- ：其下拉列表可选择填充的是前景色或是图案。
- ：当前面的选项选择了“图案”后，该选项可用。它用于选择定义好的图案。单击它，会弹出如图 2-62 所示的调板，用户可从中选择或单击其右上角箭头新建图案。

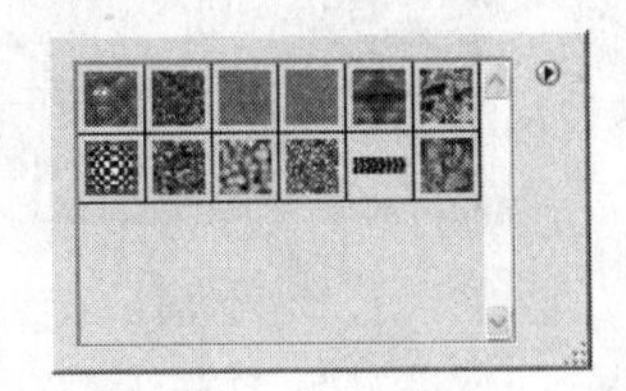

图 2-62　“图案”调板

- 模式：用于选择着色的模式，包括“溶解”、“变暗”、“变亮”、“正片叠底”等。
- “所有图层”复选框：用于选择是否对所有可见层进行填充。

☆ **渐变工具**

选择工具箱中的“渐变工具”，此时的选项栏如图 2-63 所示。前面没有介绍过的有关选项的作用如下。

图 2-63　“渐变工具”选项栏

- ：用于选择和编辑渐变的色彩。
- ：用于选择各类型的渐变工具，包括线性渐变工具、径向渐变工具、角度渐变工具、对称渐变工具、菱形渐变工具。
- “反向”复选框：用于反转渐变填充中的颜色顺序。
- “仿色”复选框：用于使用较小的带宽创建较平滑的混合。
- “透明区域”复选框：用于产生不透明度。

如果自定义渐变形式和色彩，可单击【编辑渐变】按钮的中部，在弹出的“渐变编辑器”对话框中进行设置。

在“渐变编辑器”对话框中，颜色编辑器上方的是“不透明度色标”，如图 2-64 所示；下方的是颜色“色标”，如图 2-65 所示。单击颜色编辑框上方或下方的适当位置，可以增加相应的色标，如图 2-66、图 2-67 所示。另外，选择了一个不透明度色标或颜色色标，单击对话框下方的【删除】按钮或按【Delete】键，可以将其删除。

要调整颜色，可以在对话框下方的“颜色”选项中选择颜色，或双击刚建立的颜色色标，弹出“选择色标颜色”对话框，在其中选择适合的颜色，单击【确定】按钮，颜色即可改变。颜色的位置也可以进行调整，在“位置”选项的数值框中输入数值或用鼠标直接拖曳颜色色标，都可以调整颜色的位置。

在如图 2-64 所示的对话框中，单击颜色编辑框左上方黑色的“不透明度色标”，调整“不透明度”选项的数值，可以使开始的颜色到结束的颜色显示为半透明的效果；单击新增加的“不透明度色标”，调整“不透明度”选项的数值，可以使新色标的颜色向两边的颜色出现过度式的半透明效果。

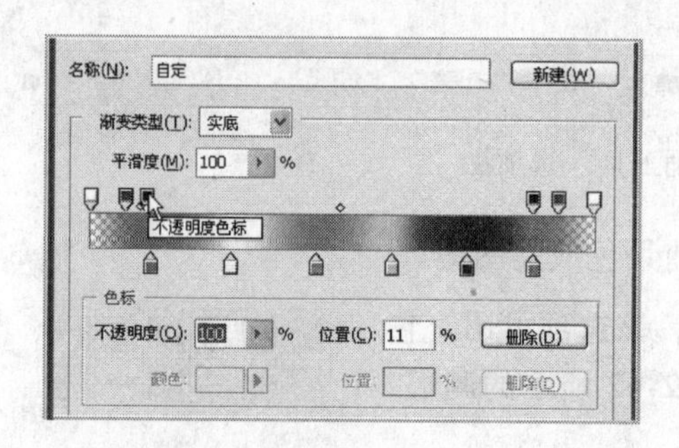

图 2-64　不透明度色标

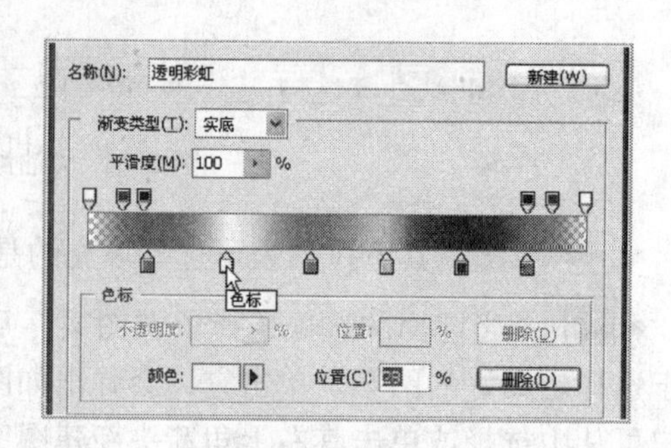

图 2-65　色标

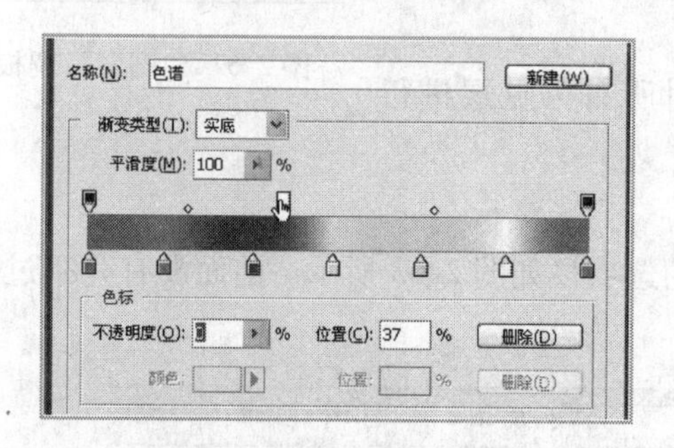

图 2-66　增加“不透明度色标”

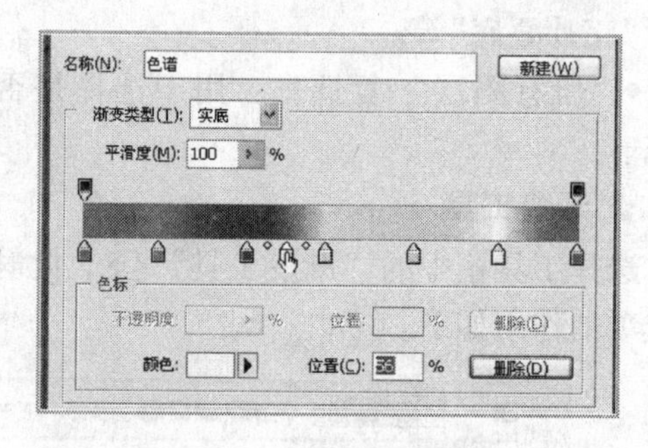

图 2-67　增加颜色“色标”

2.3.4　案例拓展

☆【拓展案例 5】光盘封面 1

本例要制作一张光盘的封面，如图 2-68 所示。通过本案例的学习，读者应能掌握填充图案、创建选区、选区边缘处理、渐变填充和文字输入等方法。

图 2-68　光盘封面

（1）创作思路

首先在背图景图层上填充图案；接着把一张图片拖入作为新图层，在该图层上创建圆环选区，并对选区内外边缘进行处理；最后在圆环区域上添加文字即可。

（2）操作步骤

1）新建 340×340 像素白色背景的“RGB 模式”文件，将其命名为“光盘封面”。

2）选择工具箱中的“油漆桶工具”，在其选项栏上选择“木质”图案，如图 2-69 所示。然后单击背景图层，效果如图 2-70 所示。

3）打开素材“第 2 章\素材\植物.bmp”文件，利用工具箱的“移动工具”将其移到背景图层上，生成“图层 1”，按【Ctrl + R】键显示标尺，用移动工具从标尺栏拖出两条辅助线到中央，如图 2-71 所示。

4）选择工具箱中的“椭圆选框工具”，在选项栏中单击【新选区】按钮，设置羽化为 0，样式为“固定比例”，宽度和高度均为 1。按住【Alt】键，在两条辅助线的交叉处向外拖出一个圆选区。执行“选择”→“反向”命令后，按【Delete】键删除选区，如图2-72所示。

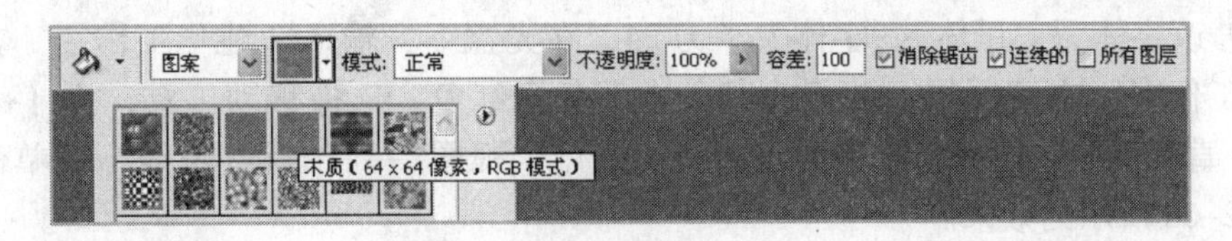

图2-69　“渐变工具”选项栏

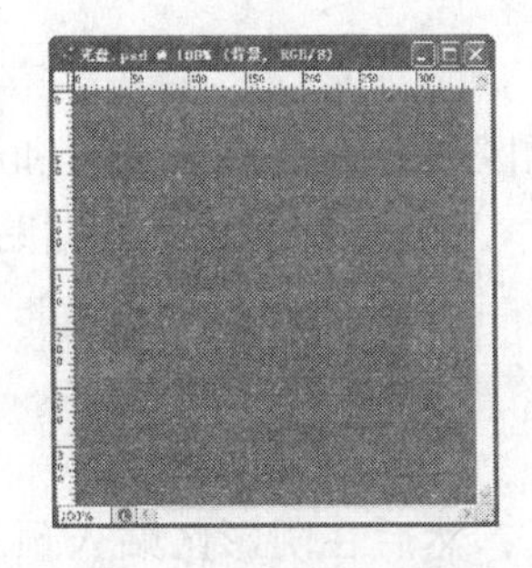

图2-70　光盘封面背景

图2-71　图层1

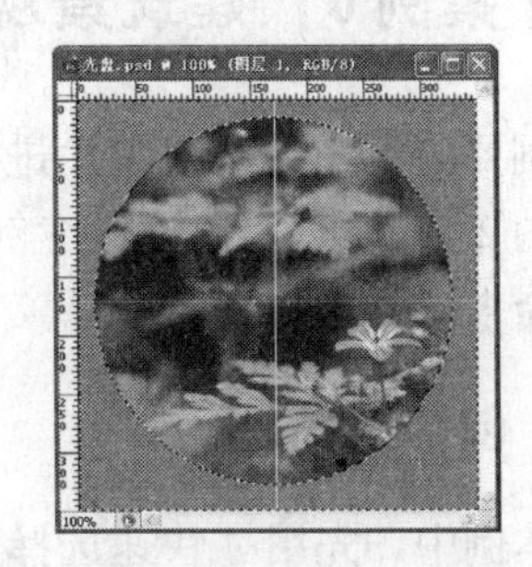

图2-72　删除选区后的图层1

5）按【Ctrl + D】键取消选择。右键单击图层调板上的图层1，选择“混合模式”，在弹出的“图层样式”对话框中，选择“内发光”样式，取默认值即可，效果如图2-73所示。

6）单击工具箱中【设置前景色】图标按钮，设置颜色为浅灰色（R = 230，G = 230，B = 230）；单击工具箱中【设置背景色】图标按钮，设置颜色为灰色（R = 150，G = 150，B = 150）。

7）选择工具箱中的“渐变工具”，在其选项栏上调出“渐变编辑器”，在“预设”框中选择“从前景到背景”渐变色。设置渐变方式为“线性渐变”。

8）选择工具箱中的“椭圆选框工具”，注意选择固定比例样式，按住【Alt】键，在两条辅助线的交叉处向外拖出一个小圆选区。然后选择工具箱中的“渐变工具”，在在小圆选区内，用鼠标左键从下到上绘制渐变，效果如图2-74所示。

9）按【Ctrl + D】键取消选择。选择工具箱中的“椭圆选框工具”，仍然选择固定比例样式，按住【Alt】键，在两条辅助线交叉处向外拖出一个较上一步稍微小的圆选区。按【Delete】键删除选区，再按【Ctrl + D】键取消选择，效果如图2-75所示。

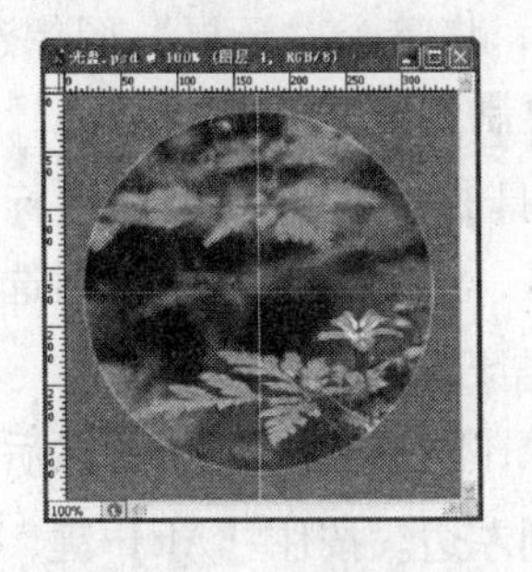

图2-73　选择“内发光”样式后

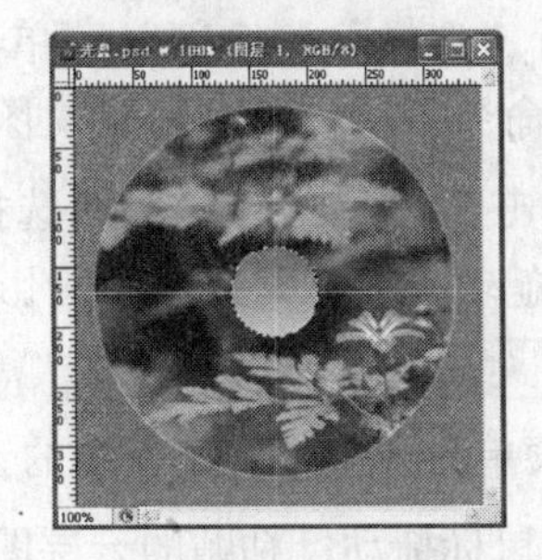

图2-74　小圆内应用线性渐变

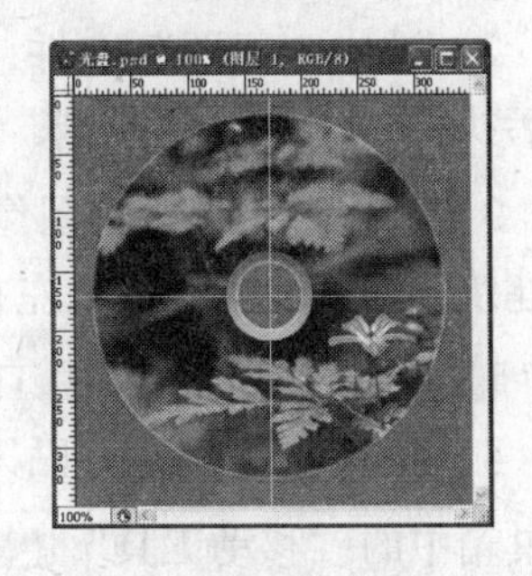

图2-75　删除较小的小圆

10）选择工具箱中的“横排文字工具”[T]，在其选项栏中设置字体为“隶书”，字体大小为48，文本颜色为白色，单击光盘上部，输入“植物观赏”文字。

11）修改字体为“黑体”，字体大小为24，在光盘下方输入“建华工作室”文字。复制“建华工作室”文字图层，并修改其文本颜色为红色。选择移动工具，按【←】键和【↑】键，直至出现立体文字效果为止。最后执行“视图”→“清除参考线”菜单命令，即得到如图2-68所示的效果。

2.4 【案例6】建筑景观的美化

本例要对一张建筑物照片进行处理，使其后部和前部的黑色区域分别替换为云图和脚印，如图2-76所示。通过本案例的学习，读者可以掌握“填充”、“自定义图案”、“粘贴”等菜单命令的使用方法。

2.4.1 创作思路

在本例中，先用“快速选择工具”选中建筑物后面的阴影区，然后在阴影区贴入预先复制好的云层。接着选中建筑物前面的阴影区，再用预先制作好的脚印图案填充该阴影区。

2.4.2 操作步骤

1. 给建筑物后景添加云层

1）在Photoshop中，分别打开“第2章\素材\建筑物.jpg”（如图2-77所示）和“第2章\素材\云图.jpg”（如图2-78所示）文件。

图2-76 美化景观后的建筑物

图2-77 建筑物

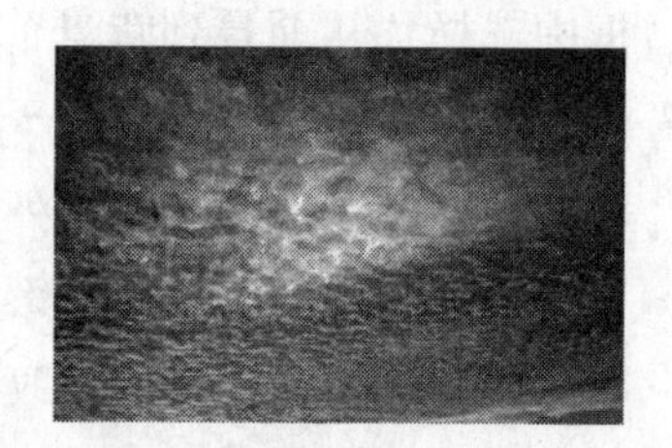

图2-78 云图

2）选中“云图”文件，执行“选择”→“全部”菜单命令，将整个“云层”图像选中。然后执行“编辑”→“复制”菜单命令，将整个“云层”图像复制到剪贴板中。

3）单击选中建筑物图像，单击工具箱内的【快速选择工具】按钮，按住鼠标左键在建筑物后面的阴影区从左往右拖动一下，大致选中阴影选区，然后通过“添加到选区工具”或“从选区中减去工具”的操作来细化选区，最后结果如图2-79所示。

4）执行“编辑”→“贴入”菜单命令，将剪贴板中的云层图像粘贴到选区中。然后使用工具箱中的“移动工具”，用鼠标拖动已粘贴的云层图像到左边。按住【Alt】键，同时拖动已粘贴的“云层”图像，复制并移到原图像的右边，如图2-80所示。

图2-79　建筑物后面的阴影选区

图2-80　贴入云层后的建筑物

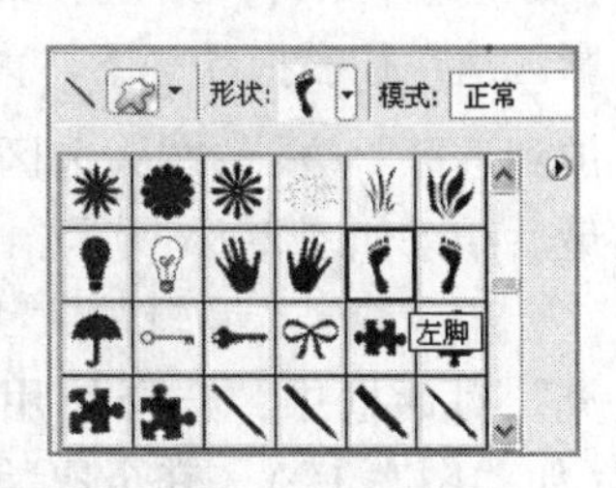

图2-81　选中左脚图形

2. 制作脚印图案

1）单击工具箱中【设置背景色】图标按钮，设置背景色为棕色（R=130，G=90，B=30）。按【Ctrl+N】组合键新建一个文件："宽度"和"高度"各为100像素，"颜色模式"为RGB，"背景内容"为背景色，其余取默认值，单击【确定】按钮。

2）单击工具箱中【设置前景色】图标按钮，设置前景色为淡黄色（R=250，G=210，B=130）。单击"图层"调板下方的【创建新图层】按钮，生成新的图层"图层1"。

3）单击工具箱中的【自定形状工具】按钮，再单击选项栏中的【填充像素】按钮。单击选项栏中的"形状"右边的按钮，弹出"自定形状"调板，单击右上方的按钮，在弹出的菜单中选择"全部"命令，弹出提示框，单击"追加"按钮。此时，在"自定形状"调板中选中"左脚"图形，如图2-87所示。按住【Shift】键的同时，在图像窗口中拖曳鼠标绘制图形，效果如图2-82a所示。

4）单击"图层"调板下方的【创建新图层】按钮，生成新的图层"图层2"。单击选项栏中的"形状"右边的按钮，在弹出的"自定形状"调板中选中"右脚"图形。按住【Shift】键的同时，在左脚右边中部拖曳鼠标绘制图形。按【Ctrl+T】组合键，在图形周围出现变换框，将鼠标光标放在变换框的控制手柄外边，当光标变为弧线的双箭头状时，拖曳鼠标将图形旋转到适当的角度，按【Enter】键确定操作，效果如图2-82b所示。

5）选择"矩形选框"工具，在图像窗口中绘制矩形选区，如图2-82c所示。执行"编辑→定义图案"菜单命令，弹出"图案名称"对话框，单击【确定】按钮。

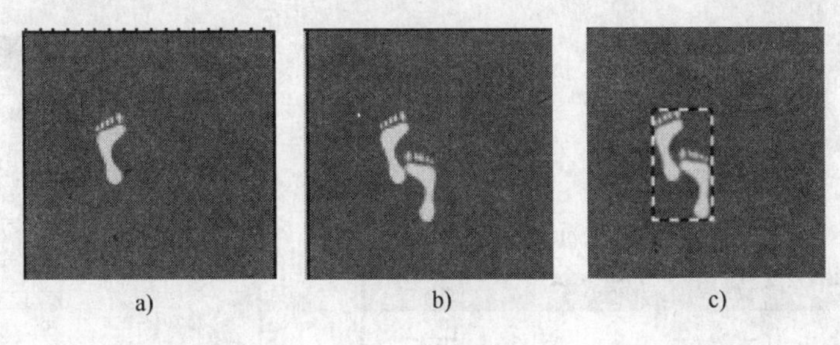

a)　b)　c)

图2-82　脚印
a）左脚脚印　b）左右脚脚印　c）脚印选区

3. 给建筑物前景添加脚印

1）单击选中建筑物图像，在图层调板中，单击选中"背景"图层。单击工具箱内的

【快速选择工具】按钮，按住鼠标左键在建筑物前面的阴影区从左往右拖动一下，大致选中阴影选区，然后通过“添加到选区”或“从选区中减去”的操作来细化选区，最后结果如图 2-83 所示。

图 2-83 建筑物前面的阴影选区

2）执行“编辑”→“填充”菜单命令，在弹出的“填充”对话框中，选择使用“图案”，选中前面定义的图案（如“图案 1”），其余取默认值，单击【确定】按钮便得到最终效果图。将图像保存为“建筑景观.psd”。

2.4.3 相关知识

☆ 填充命令

执行“编辑→填充”菜单命令，弹出“填充”对话框，如图 2-84 所示。

- 使用：用于选择填充方式，包括使用前景色、背景色、颜色、图案、历史记录、黑色、50% 灰色、白色进行填充。
- 模式：用于设置填充模式。
- 不透明度：用于调整不透明度。

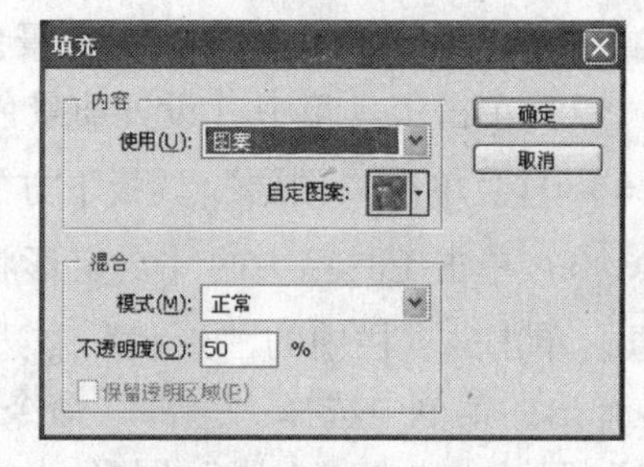

图 2-84 “填充”对话框

✍ **提示**：“填充”命令和“油漆桶工具”的作用基本一致，但后者通常与鼠标单击的位置有关，并受“容差”值控制。

☆ 定义图案

在图像上绘制出要定义为图案的选区，或从导入的图像中选取选区，执行“编辑→定义图案”菜单命令，弹出“图案名称”对话框，如图 2-85 所示。单击【确定】按钮，便完成了定义图案的工作。此时，在“图案”样式调板内的最后会增加一个新的图案。

☆ 描边命令

执行“编辑→描边”菜单命令，弹出“描边”对话框，如图 2-86 所示。

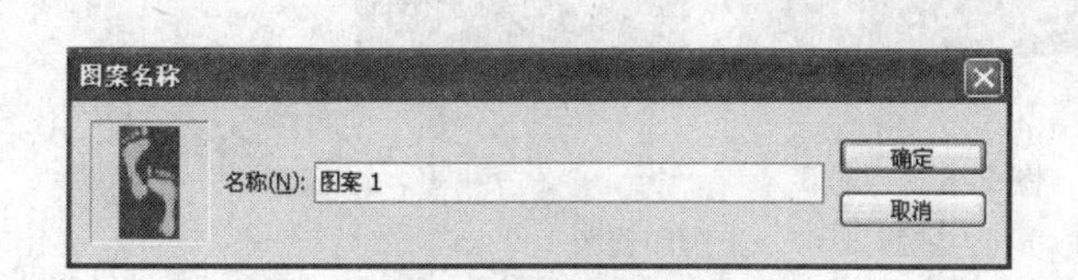

图 2-85 “图案名称”对话框

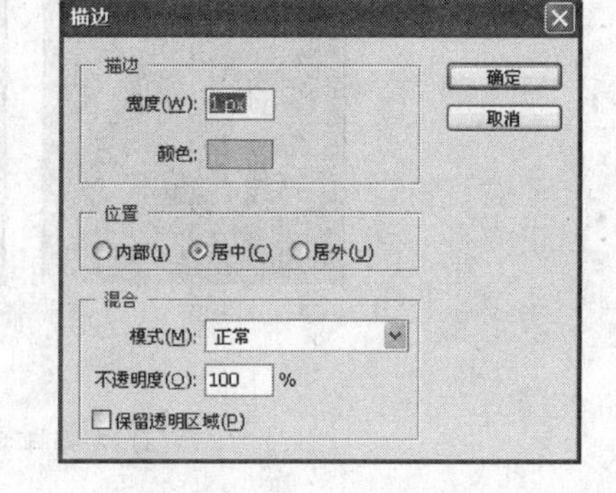

图 2-86 “描边”对话框

- 描边：用于设定边线的宽度和边线的颜色。

● 位置：用于设定所描边线相对于区域边缘的位置，包括内部、居中和居外3个选项。

● 混合：用于设置描边模式和不透明度。

注意：若要对文字描边，可利用“横排文字蒙版工具”或“直排文字蒙版工具”。

☆ 使用“贴入”菜单命令填充图像

1）在一幅图像中创建一个选区。执行“编辑”→“复制”菜单命令，将选区中的图像复制到剪贴板中。

2）在另一幅图像中创建一个选区。执行“编辑”→“贴入”菜单命令，即可将剪贴板中的图像粘贴到该选区中。如果执行“编辑”→“粘贴”菜单命令，则将剪贴板中的图像粘贴到当前图像中。

2.4.4　案例拓展

☆【拓展案例6】贺卡

本例要制作一张贺卡，如图2-87所示。通过本案例的学习，读者应能掌握图案的填充和描边、自定形状的绘制、“文字蒙版工具”的使用等方法。

图2-87　“贺卡”效果图

（1）创作思路

先利用“渐变工具”在背景图层上绘制背景；再移入一朵作为装饰的玫瑰花图片；接着利用“横排文字工具”或“横排文字蒙版工具”依次输入文字，利用自定形状工具添加饰物，并且用到填充、描边命令和图层样式的变化加强效果。

（2）操作步骤

1）执行“文件”→“新建”菜单命令，打开“新建”对话框，设置名称为“贺卡”，预设为“国际标准纸张”，大小为A6，其余取默认值，单击【确定】按钮。

2）执行“图像”→“旋转画布”→“90度（顺时针）”菜单命令，把图像转换为横向。

3）设置前景色为白色，背景色为粉红色（R=220，G=22，B=220）。选择工具箱中的“渐变工具”，单击选项栏内“渐变类型”左边的“可编辑渐变颜色”图标按钮，弹出“渐变编辑器”对话框，在“预设”选框中选择“前景色到背景色”。

4）在选项栏内设置渐变类型为“径向渐变”，按住鼠标左键，从图像的左下角向右上角拖动鼠标，效果如图2-88所示。

5）执行“文件”→“打开”菜单命令，打开图像文件“第2章\素材\玫瑰.jpg”。按住【Alt】键双击“图层”调板上的“背景”图层，将背景图层变为普通图层“图层0”，如图2-89所示。

6）单击工具箱内的【魔棒工具】按钮，在选项栏内取消“连续”项，在画布上的白色处点击一下，然后按【Shift+Ctrl+I】组合键反选选区，得到玫瑰选区。

7）选择工具箱中的“移动工具”，用鼠标拖动玫瑰选区图像到“贺卡”图像的左下方，如图2-90所示。此时，在“图层”控制调板中会自动生成新的图层“图层1”。如果“图层1”中的玫瑰图像的大小不合适，可通过按【Ctrl+T】键调整其大小。

图 2-88 背景

图 2-89 背景图层变为“图层 0”

图 2-90 移入玫瑰后的背景

8）选择工具箱中的“横排文字工具” ，在选项栏中设置字体大小为 36，输入文字“情人节”。用鼠标选中已输入的“情人”文字，设置字体为“隶书”，文本颜色为黄色；选中“节”文字，设置字体为“华文新魏”，文本颜色为青色（R = 0，G = 255，B = 255），效果如图 2-91 所示。

9）单击“图层”调板下方的【创建新图层】按钮 ，生成新的图层“图层 2”。用鼠标拖动图层 2 到“情人节”文本图层的下方，单击选中“图层 2”，如图 2-92 所示。

10）选择工具箱中的“自定形状工具” ，单击选项栏中的【填充像素】按钮 。单击选项栏中的“形状”右边的按钮，在弹出“自定形状”调板中选中“红桃”形状❤。设置前景色为红色，按住【Shift】键，用鼠标在“情人”文字上拉出一个红桃形（心形），效果如图 2-93 所示。

图 2-91 输入“情人节”

图 2-92 “情人节”图层在上方

图 2-93 绘出心形图案

11）右键单击“图层”调板的“图层 2”，选择“混合选项”，在弹出的“图层样式”对话框中勾选“斜面和浮雕”和“等高线”两项，单击【确定】按钮。

12）单击“图层”调板下方的【创建新图层】按钮 ，生成新的图层“图层 3”。选择工具箱中的“横排文字蒙版工具” ，在选项栏中选择字体为“方正舒体”，字体大小为 60，在图层 3 上输入文字“快乐”。

13）按键盘上的【Ctrl + Enter】组合键完成文字的输入，得到文字选区。执行“编辑”→“填充”菜单命令，在弹出的“填充”对话框中，设置“使用”为前景色，模式为正常，不透明度为 100%，单击【确定】按钮；执行“编辑”→“描边”菜单命令，在弹出的“描边”对话框中，设置宽度为 5px，颜色为黄色，位置为居外，其余取默认值，单击【确定】按钮。按【Ctrl + D】键取消选择，效果如图 2-94 所示。

14）右键单击“图层”调板的“图层 3”，选择“混合选项”，在弹出的“图层样式”对话框中，选择“投影”项（注意在前面要有勾选），作如图 2-95 所示的设置后，单击【确定】按钮。

图 2-94　对“快乐”进行填充和描边

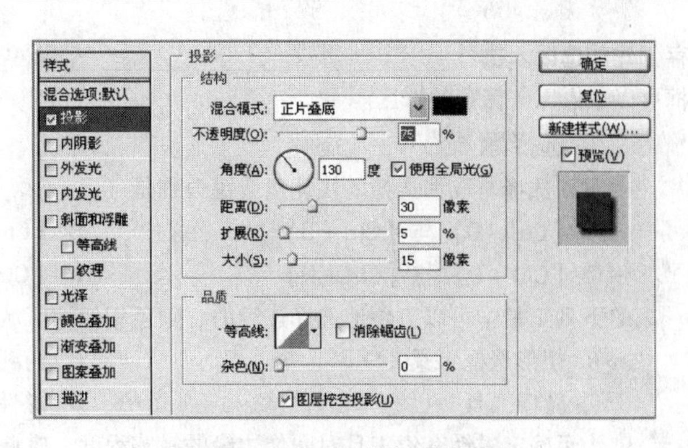

图 2-95　对“投影”项的设置

15）选择工具箱中的“横排文字工具” T，在选项栏中设置字体为“Brush Script Std”，字体大小为 30，文本颜色为蓝色，输入文字“Happy Valentine's day”。用鼠标选中已输入的“Happy”文字，设置字体大小为 18，单击【确定】按钮。

16）右键单击“图层”调板的“Happy Valentine's day”文本图层，选择“混合选项”，在弹出的“图层样式”对话框中，勾选“内阴影”选项，单击【确定】按钮，便得到如图 2-87 所示的结果。

本章小结

在 Photoshop 中，常需要对图像的一部分进行操作，这就需要将该部分选取出来，构成一个选区。创建选区后，当前所有的图像编辑操作只对选区内的图像起作用。如果没有创建选区，则对图像的编辑操作是针对整个图像的，并且有些操作无法进行。工具箱中提供了用于创建选区的 3 组工具：选框工具组、套索工具组和魔棒工具组。选框工具组主要用于创建规则选区；套索工具组主要用于对图形中不规则部分的选取；魔棒工具组可根据画笔的绘制快速生成选区，或根据单击点的像素和给出的容差来决定选区的大小。此外，使用路径、通道和蒙版等技术也可以创建选区，这些将在以后介绍。

对选区的填充可以用“渐变工具”和“油漆桶工具”（前者可以生成丰富的色彩或色调的变化），利用“填充”菜单命令也可以给选区填充颜色或图案。

利用“修改”或“变换选区”等菜单命令，也可以方便地对选区进行修改。

习　题

一、填空题

1. 工具箱中用于创建自由选区的工具是______工具组，分别是______、______和______。

2. 执行______→______菜单命令，可将剪贴板中的图像粘贴到选区中。

3. 使用工具箱中的“渐变工具”，在图像选区内拖动鼠标，可以给______填充渐变颜色。若图像中没有选区，在图像中拖动鼠标，可以给______填充渐变颜色。

4. 按______键或______键，可将前景色填充选区。按______键或______键，可将背景色填充选区。

5. 执行______→______菜单命令，弹出“存储选区”对话框，利用该对话框可以保存创建的选区。执行________→____________菜单命令，弹出“载入选区”对话框，利用该对话框可以载入以前保存的选区。

二、选择题

1. 重新选择与取消选择的快捷组合键分别是（　　）。

A.【Ctrl + D】与【Ctrl + B】　　B.【Ctrl + Shift + D】与【Ctrl + B】

C.【Ctrl + D】与【Ctrl + H】　　D.【Ctrl + Shift + D】与【Ctrl + D】

2. 下列工具中可以方便地选择连续的、颜色相似的区域的是（　　）。

A. 矩形选框工具　　B. 椭圆选框工具

C. 魔棒工具　　D. 磁性套索工具

3. 为了确定磁性套索工具对图像边缘的敏感程度，应调整下列数值中的（　　）。

A. 容差　　B. 对比度　　C. 颜色容差　　D. 套索宽度

4. 变换选区命令不可以对选择范围进行的编辑是（　　）。

A. 缩放　　B. 变形　　C. 不规则变形　　D. 旋转

5. 移动图层中的图像时，如果每次需移动 10 个像素的距离，应该（　　）。

A. 按住【Alt】键的同时按键盘上的箭头键

B. 按住【Tab】键的同时按键盘上的箭头键

C. 按住【Ctrl】键的同时按键盘上的箭头键

D. 按住【Shift】键的同时按键盘上的箭头键

6. 要方便地选取图像中颜色相似的但并不相连的区域时，应执行“选择”菜单中的（　　）命令。

A. 修改　　B. 全选　　C. 重新选择　　D. 选取相似

7. 扫描一张照片，人像头是朝下的，如果要头朝上，应该执行（　　）菜单命令

A. 编辑→变换→旋转 180　　B. 编辑→变换→水平翻转

C. 图像→旋转画布→旋转 180　　D. 图像→旋转画布→垂直翻转

8. 如果要使用矩形选框工具画出一个以鼠标单击点为中心的矩形选区，应按住（　　）键。

A.【Shift】　　B.【Ctrl】　　C.【Alt】　　D.【Tab】

9. 下面有关“扩大选取”和“选取相似”命令的描述中，错误的是（　　）。

A.“扩大选取”命令是以现在所选择范围的颜色与色阶为基准，由选择范围接邻部分找出近似颜色与色阶最终形成选区

B. 对于同一幅图像执行“扩大选取”和“选取相似”命令结果是一致的

C.“选取相似”命令是由全部图像中寻找出与所选择范围近似的颜色与色阶部分，最终形成选区

D.“扩大选取”和“选取相似”命令在选择颜色范围时，范围的大小是受“容差”来控制的

10. 下列关于“变换选区”命令的描述中，错误的是（　　）。

A. 选择“变换选区”命令后，按住【Ctrl】键，可将选择范围的形状改变为不规则形状

B.“变换选区”命令可对选择范围进行缩放和变形

C.“变换选区”命令可对选择范围及选择范围内的像素进行缩放和变形

D.“变换选区”命令可对选择范围进行旋转

三、上机操作题

1. 制作一幅“太极图”图像，如图 2-96 所示。

2. 制作如图 2-97 所示的“圆管”图像。

【操作参考】画红色圆柱的方法。先制作圆环选区，设置渐变色：红——淡红——白——淡红——红（白色部分尽量少，并且不要居中），设置渐变填充方式为“线性渐变”，沿着直径方向绘出渐变色，保持选区，按住【Ctrl + Alt】组合键，不断地按方向键【↑】，直到形成圆柱图形，然后给选区填充深红色。最后选出形成边界的内圆选区，沿着与原来绘制的方向相反的方向再次填充渐变色。

3. 制作如图 2-98 所示的“按钮”图像。

图 2-96 “太极图”图像

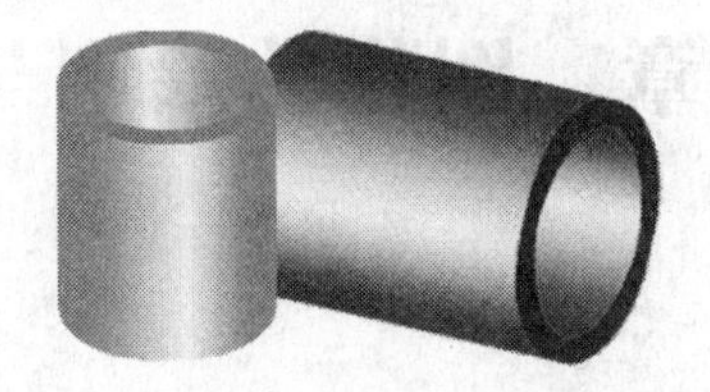

图 2-97 “圆管”图像

图 2-98 “按钮”图像

4. 按照【案例 3】和【案例 5】的方法，依次制作气泡和彩虹，然后合成起来，效果如图 2-99 所示。

5. 根据给出的“建筑 1”（图 2-101）、“云图 1”（图 2-102）和“风景 1”（图 2-103）素材，制作如图 2-100 所示的“美化环境”图像。

图 2-99 “气泡 2”图像

图 2-100 “美化环境”效果图

图 2-101 “建筑 1”图像

6. 将如图 2-104 左图所示的素材图片制作卷页效果，如图 2-104 右图所示。

图 2-102 “云图 1”图像

图 2-103 “风景 1”图像

图 2-104 制作“卷页效果”

【操作参考】卷页效果的制作方法。设置渐变色为：黑色——白色——黑色，方式为线性渐变。新建一个图层。在画布上绘制出一个小矩形选区，然后往宽的方向绘制渐变。将矩形选区调整为等腰三角形选区，再用椭圆选区将底边选中，按【Delete】键做成凹进的效果，即得到卷页形状。将该卷页形状放置于右下角，再用多边形套索工具选出右下角选区，填充白色即可。

第3章　图像的绘制与处理

本章学习目标：

1）掌握“图章工具”及“修复工具”的使用方法。

2）掌握“橡皮擦工具”和“历史记录画笔工具”的使用方法。

3）掌握“画笔工具”的设置及使用方法。

4）掌握“形状工具”的使用方法。

5）理解“切片工具”在网页上的应用。

3.1 【案例7】修复照片

本案例主要是将一张有皱纹的图片进行修复翻新，效果如图3-1所示。通过本案例的学习，读者可以进一步掌握图像的颜色的调整，“修复工具”、“图章工具”及“涂抹工具”等各个工具的使用方法。

a)　　b)

图3-1　照片修复对比效果图

a）修复前　b）修复后

3.1.1　创作思路

放大需修改部分，使用“修补工具”和“仿制图章工具”等将图片调整达到最终效果。

3.1.2　操作步骤

1）在Photoshop中，执行“文件”→“打开”菜单命令，打开“第3章\素材\女士. jpg文件”，并放大眼睛部分，如图3-2所示。

2）选择工具箱的“修补工具”，按下鼠标左键，拖动出如图3-3所示的眼袋区域。

3）在眼袋区内按下鼠标左键，并向下拖动鼠标，眼袋处即被下方光滑皮肤覆盖，如图3-4所示。

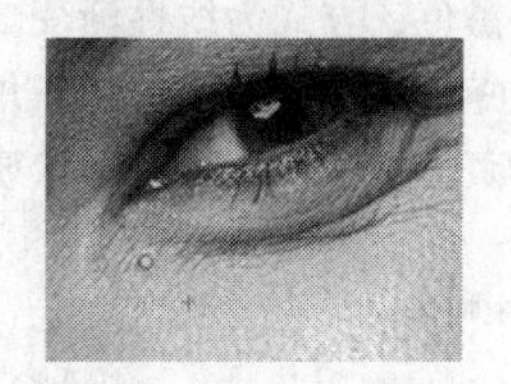

图3-2　放大眼睛部分

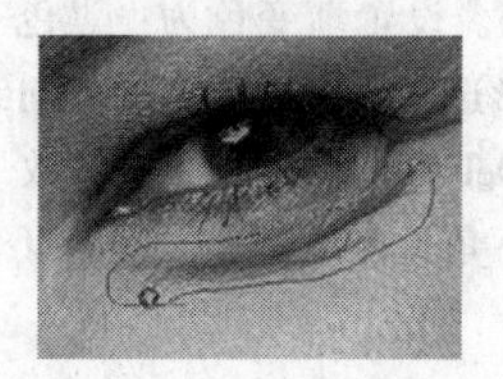

图3-3　选择眼袋

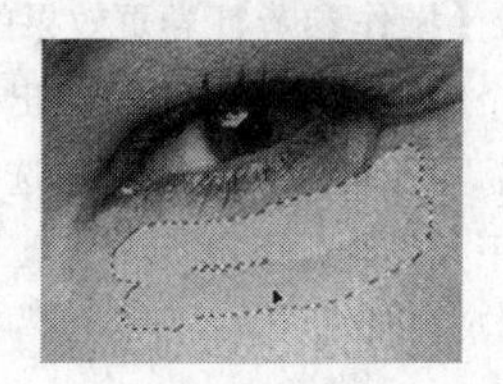

图3-4　修补眼袋

4）重复步骤3修复斑点，如图3-5所示。

5）选择工具箱的“修复画笔工具”，把鼠标指针移至邻近的光滑皮肤处，按住

【Alt】键并单击鼠标左键，再释放【Alt】键；再把鼠标指针移至眼睛下方的细纹处，按下鼠标左键涂抹，如图 3-6 所示。对眼睛的鱼尾纹部分做同样的处理。

6）选择工具箱的“仿制图章工具”，模式设为“变亮”，不透明度为“40%”，对细节进行修复。方法是在邻近的光滑皮肤处，按住【Alt】键并单击鼠标左键，释放【Alt】键后，在需修复的地方单击或拖动左键，如图 3-7 所示。

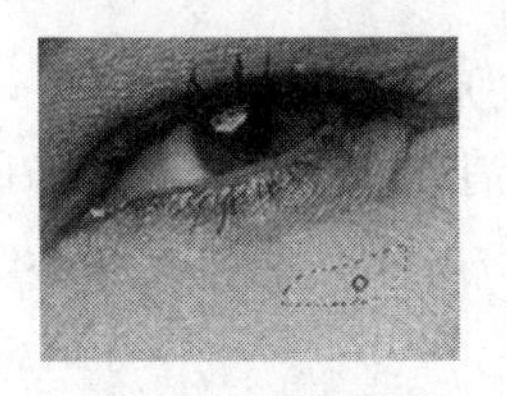

图 3-5　修补斑点

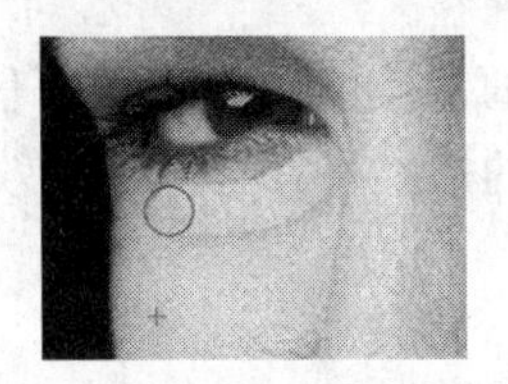

图 3-6　修补皱纹

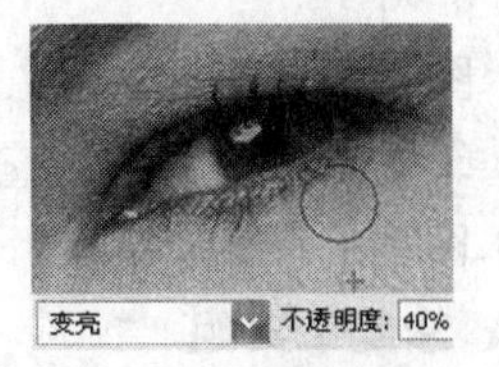

图 3-7　细节修补

3.1.3　相关知识

☆ 图章工具组

图章工具组包括两个工具，分别是“仿制图章工具”和“图案图章工具”，如图 3-8 所示。

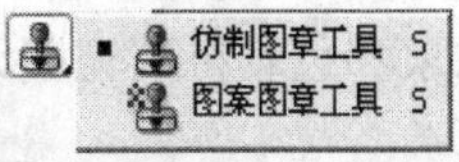

仿制图章工具　S
图案图章工具　S

图 3-8　图章工具组

（1）仿制图章工具

使用“仿制图章工具”可以用作图的方式复制图像的局部。通常该工具用于复制原图像的部分细节以弥补图像在局部显示的不足，或通过复制图像的局部使得图像在整体视觉上更丰富。“仿制图章工具”选项栏如图 3-9 所示。

图 3-9　“仿制图章工具”选项栏

- 画笔：用于选择需要的笔头并设置其大小。单击其右边的按钮，可打开一个调板菜单。
- 模式：用于设置笔头和图像的颜色合成效果。
- 不透明度：用于设置画笔的透明性。
- 对齐：勾选该选项，在复制过程中不管停画了多少次，如中间因更改笔刷的软硬及大小等原因而停顿，重新复制时都能保持复制图形的连续性。取消此选项，在每次停笔后再画，则都重新从原起点画起。

选用“仿制图章工具”时需将鼠标指针移至图中某点，按下【Alt】键，这时指针就变成“⊕”形，表示该位置是复制点，单击鼠标后再松开【Alt】键就确定了复制点，然后选择合适的笔刷大小，在要复制的地方按下鼠标左键并拖动，就能以复制点进行复制，图中出现的“+”形指针表示复制的取样点。

（2）图案图章工具

“图案图章工具”是用来复制系统预设的图案或自定义的图案，它与“仿制图章工具”位于同一工具组。

“图案图章工具”选项栏与“仿制图章工具”选项栏较为相似，不同之处在于添加了“图案”和“印象派效果”选项，如图 3-10 所示。

图 3-10 “图案图章工具”选项栏

● 图案：单击此选项，在打开的“图案”调板中可任意选择所需要复制的样本。

● 印象派效果：勾选它，绘制的样本将具有印象派效果；取消该选项，绘制图像时将保持样本图案的原貌。

☆ **修复工具组**

修复工具组包括 4 个工具，分别是“污点修复画笔工具”、“修复画笔工具”、“修补工具”和“红眼工具”，如图 3-11 所示。

图 3-11 修复工具组

（1）修复画笔工具

“修复画笔工具”的操作对象可以是有皱纹或者雀斑等的照片，也可以是污点、划痕的图像。此工具能够根据修改点周围的像素和色彩将其完美无缺地复原。其工具选项栏如图 3-12 所示。

图 3-12 “修复画笔工具”选项栏

● 画笔：在该选项中，可任意选取笔头的样式及大小。

● 模式：此选项中包含了 8 种模式，可以根据图形的需要确定任意一种合适的模式。

● 源：包含样本和图案 2 种类型，可复制所定义的样本。

● 图案：在其属性栏中打开“图案”对话框，可任意选择一种样本图案进行复制。

在使用“修复画笔工具”时，首先需要按住【Alt】键并在完好的图像内单击，以定义修复的源图像，然后在要修复的区域进行单击或涂抹即可。

（2）污点修复画笔工具

“污点修复画笔工具”主要是可快速移去照片中的污点和其他不理想部分，其工具选项栏如图 3-13 所示。

图 3-13 “污点修复画笔工具”选项栏

● 模式：与修复画笔工具相似。

● 近似匹配：选择该选项后，在修复图像时，将根据当前图像周围的像素来修复瑕疵。

● 创建纹理：选择该选项后，在修复图像时，将根据当前图像纹理自动创建一个相似的纹理，从而在修复瑕疵的同时保证不改变原图像的纹理。

“污点修复画笔工具”是使用图像或图案中的样本像素进行绘画，并将样本像素的纹理、光照、透明度和阴影与所修复的像素相匹配。“污点修复画笔工具”不要求指定样本点，自动从所修饰区域的周围取样。如果需要修饰大片区域或需要更大程度地控制来源取样，可以使用“修复画笔工具”。可以在污点上单击一次，或单击并拖移以消除区域中的不理想部分。

（3）修补工具

比起“修复画笔工具”只能对图像中的某一点进行修复处理，使用“修补工具”效率提高很多，此工具能够按照区域的形式对图像进行修补。“修补工具”选项栏如图3-14所示。

图3-14　“修补工具”选项栏

- 源：选择此项，则拖动选区并释放鼠标后，选区内的图像将被选区释放时所在的区域所替代。
- 目标：选择此项，则拖动选区并释放鼠标后，释放选区时的图像将被原选区的图像所替代。
- 透明：勾选此项后，被修饰的图像区域内的图像效果呈半透明状态。
- 【使用图案】按钮：在此右侧的样本图案中，可以选择一种合适的样本图案，再单击该按钮，可用选定的样本对所选的区域进行修复。

通过使用“修补工具”，可以用其他区域或图案中的像素来修复选中的区域。像“修复画笔工具”一样，“修补工具”会将样本像素的纹理、光照和阴影与源像素进行匹配。还可以使用“修补工具”来仿制图像的隔离区域。修复图像中的像素时，选择较小区域以获得最佳效果。

（4）红眼工具

“红眼工具”可以说是真正做到了功能上的“简单、实用”，甚至在其工具选项栏中的参数也只有2个，如图3-15所示。

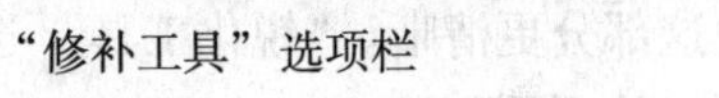

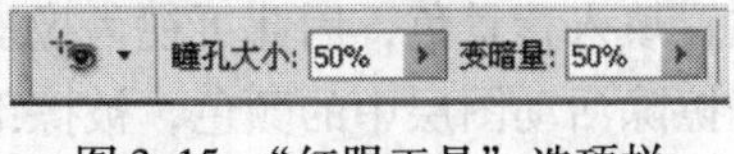

图3-15　“红眼工具”选项栏

在工具箱中选择“红眼工具”，然后单击眼睛的红色区域即可将其校正。如果对结果不满意，执行“编辑”→“后退一步”菜单命令，并使用不同的“瞳孔大小”和“变暗量”设置再次尝试。可以在应用程序窗口顶部的选项栏中更改这些设置。污点修复画笔可以轻松地移去瑕疵、统一背景中不想要的对象以及其他缺陷。

☆ 渲染工具组

渲染工具组主要包括3个工具，分别是“模糊工具”、“锐化工具”和“涂抹工具”，如图3-16所示。

图3-16　渲染工具

（1）模糊工具

利用“模糊工具”在图像中涂抹，可以使图像变得模糊，以突出清晰的局部，其工具选项栏如图3-17所示。

图3-17　“模糊工具”选项栏

- 画笔：在此下拉列表中可以选择一个画笔，此处选择的画笔越大，被模糊的区域也越大。

● 模式：在此下拉列表中可以选择操作时的混合模式，它的意义与图层混合模式相同。

● 强度：设置此数据框中的数值，可以控制模糊工具操作时笔画的压力值。数值越大，一次操作得到的模糊效果越明显。

● 对所有图层取样：选择此选项，将使模糊工具的操作应用于图像的所有图层。否则，操作效果只作用于当前图层中。

(2) 锐化工具

“锐化工具” 的作用与“模糊工具”的作用刚好相反，它用于锐化图像的部分像素，使这部分更清晰。“锐化工具”选项栏与“模糊工具”选项栏完全一样，其参数的含义也相同，故不再赘述。

(3) 涂抹工具

“涂抹工具” 的效果就好像在一幅未干的油画上用手指涂抹一样。如果勾选“手指绘画”选项，就好像手指先染一些颜料再在画面中涂抹一样，绘画的颜色就是前景色。其选项栏的内容与“模糊工具”选项栏相似，只是多了一个“手指绘画”选项，故不再赘述。

☆ **橡皮擦工具组**

橡皮擦工具组包括“橡皮擦工具”、“背景橡皮擦工具”和“魔术橡皮擦工具”，如图 3-18 所示。它是一种多功能的编辑工具，不仅可以用来擦除图像中不需要的部分，还可以进行填充、选择等操作。

图 3-18 橡皮擦工具组

(1) 橡皮擦工具

“橡皮擦工具” 是用来擦除图像中颜色的工具。对于图像的背景层来说，它在擦除位置填入背景色，因此可视为橡皮擦是用背景色上色的工具，故应事先选择合适的背景色。若擦除活动图层中的颜色，被擦部分将变为透明。“橡皮擦工具”选项栏如图 3-19 所示。

图 3-19 “橡皮擦工具”选项栏

● 模式：此选项包含三种模式，即画笔、铅笔、方块。

● 抹到历史记录：勾选该复选框，将与历史记录调板配合使用。启用此功能橡皮擦不再使用背景色，而是直接用历史记录调板中的图像覆盖当前图像。

(2) 背景橡皮擦工具

“背景橡皮擦工具” 与“橡皮擦工具”为同一组，它是一种可以擦除指定颜色的橡皮擦，这个指定色叫做样本色，在工具箱里表示为背景色。也就是说，可以用它进行选择性擦除图中的某颜色部分，被擦除部分变为透明。其工具选项栏如图 3-20 所示。

图 3-20 “背景橡皮擦工具”选项栏

● 限制：用于设置擦除的误差范围，其值越大，擦除时的范围大小。

● 容差：表示颜色相差的程度，可通过输入数字或拖动滑块，进行调节。容差小，擦除范围接近样本色；容差大，会将擦除与样本色不很接近的其他颜色。

● 保护前景色：勾选此选项，前景色被保护，不会被擦除。

● 取样：为选择样本色的方法，有“临近”、“一次”和“背景色板”3 种。

☆ **历史记录画笔工具组**

历史记录画笔工具组包括“历史记录画笔工具”和“历史记录艺术画笔工具”，如图 3-21 所示。

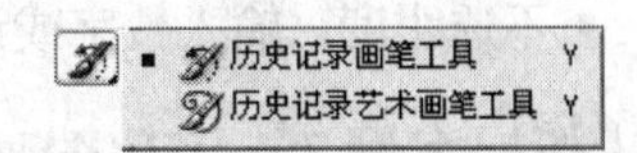

图 3-21　历史记录画笔工具组

(1) 历史记录画笔工具

“历史记录画笔工具” 是配合“历史记录”调板一起工作，用于图像恢复操作。它的重要特点是可以将图像的部分区域进行恢复，从而能创造出奇特的艺术效果。

当启用工具箱中的“历史记录画笔工具”时，选项栏将变为与“画笔工具”选项栏完全相同，故各选项不再介绍。

(2) 历史记录艺术画笔工具

“历史记录艺术画笔工具” 是从 6.0 版本开始新增加的工具，它也是和“历史记录”调板相配合使用的。与其说它是恢复工具，还不如说它是一种特殊的艺术创作工具，它能创作出类似印象派艺术风格的作品。该工具与“历史记录画笔工具”位于同一个工具组，其工具选项栏如图 3-22 所示。

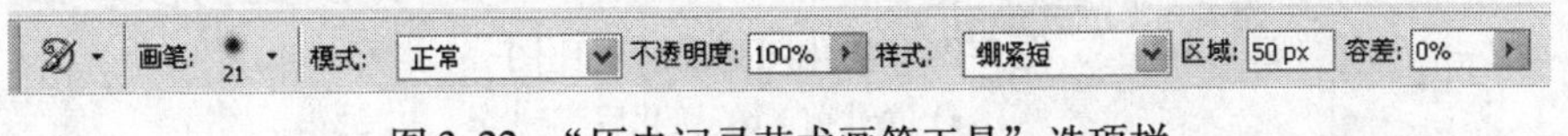

图 3-22　“历史记录艺术画笔工具”选项栏

● 样式：在“样式”列表框单击右边箭头可下拉出“绷紧短”、“绷紧中”、“绷紧长”、“松散中等”、“松散长”、“轻涂”、“绷紧卷曲”、“绷紧卷曲长”、“松散卷曲”、“松散卷曲长”等共 10 种恢复样式。

● 区域：此选项数值决定用画笔单击图像时，笔刷散开的程度，数值越大，散开程度越大。

● 容差：此选项值也影响笔刷的作用范围。取值为 0 时，使用“历史记录艺术画笔工具”在图像中可以不受限制地涂抹；若取值较大，笔刷作用范围会受到它所描绘的图像颜色的限制。

3.1.4　案例拓展

☆ **魔术橡皮擦工具**

橡皮擦工具组除了上面介绍过的“橡皮擦工具”和“背景橡皮擦工具”外，还有“魔术橡皮擦工具” 。该工具能自动擦除相邻颜色区域，使擦除部分变为透明。其选项栏如图 3-23 所示。

● 容差：可在 0 ~ 255 之间选取，其作用与“背景色橡皮擦工具”中“容差”相同，数值越大，擦除的颜色相邻范围就越大。

● 消除锯齿：勾选此复选框可以消除擦除边缘的锯齿现象。

图 3-23　“魔术橡皮擦工具”选项栏

- 临近：勾选此复选框，只能擦除相邻的颜色相同区域；不勾选时，将擦除图像中所有颜色相同的部分。
- 用于所有图层：勾选此项，将把所有图层作为一层擦除。
- 不透明度：输入数字或调节滑块可以使擦除部分变为半透明。

☆【拓展案例7】美化图画

本案例要对一幅图画进行美化，美化前后的对比如图 3-24 所示。通过本案例的学习，读者可以进一步掌握选区的操作，局部图像的复制和移动，“吸管工具”、“橡皮擦工具” 以及“仿制图章工具”的使用方法。

a)　　b)

图 3-24　美化图画前后对比图
a）美化前　b）美化后

（1）创作思路

先用“矩形选框工具”将部分图像复制到图像中残缺空白处；再用“橡皮擦工具”擦去因复制而造成的不规则边缘；接着用“仿制图章工具”对新复制的区域及其与原图的边界部分进行完善，使得该区域与原图融为一体；最后将原图右边的白色羽毛复制到左边。

（2）操作步骤

1）在 Photoshop 中，打开图像文件“第 3 章\素材\肖像画.jpg”，如图 3-24a 所示。

2）选择“矩形选框工具”，在图像的左侧绘制如图 3-25 所示的选区，然后按住【Alt + Shift】键，用“移动工具”向上拖动图像，直至如图 3-26 所示的位置，按【Ctrl + D】键取消选择。

图 3-25　绘制选区

图 3-26　移动选区中的图像

3）选择工具箱中的“设置背景色工具”，弹出“拾色器（背景色）”对话框后，将鼠标移动到图画中的白色区域，利用“吸管工具”将背景颜色设为图画边缘的白色。

4）选择“橡皮擦工具”，然后把鼠标移动到如图 3-27 所示的边缘突出处，单击或拖动鼠标，将突出部分擦去，如图 3-28 所示。

图 3-27 鼠标移动到边缘突出处

图 3-28 将突出部分擦去

✍ **提示**：如果不小心擦错了，可以执行“编辑”→“后退一步”菜单命令，然后重做。

5）选择“仿制图章工具”，在其工具选项栏中设置适当的画笔大小等参数。在新粘贴图像块与原图像的上下接合处附近，按住【Alt】键单击以定义源图像，如图 3-29 所示。

6）使用“仿制图章工具”，在图像块与原图像的上下接合处附近进行涂抹，直至得到类似如图 3-30 所示的效果。

图 3-29 定义源图像

图 3-30 在接合处附近进行涂抹

7）为了使上一步复制的图像不会显得过于单调，下面将复制一些左下方的文字图像。设置“仿制图章工具”的不透明度为 50%，按住【Alt】键在图像左下方的文字上单击以定义源图像，然后在上一步复制的图像区域中进行涂抹，直至得到类似如图 3-31 所示的效果。

8）在“仿制图章工具”选项栏中设置其不透明度为 100%，混合模式为“点光”，按住【Alt】键在右上角的羽毛图像上单击鼠标左键，然后在图像左侧中间处进行涂抹，直至复制得到如图 3-32 所示的羽毛为止。

图 3-31 复制文字图像

图 3-32 复制羽毛图像

9）按照上述方法，将“仿制图章工具”的不透明度设置为 50%，在图像的左下方文字上再复制一个羽毛图像，最终得到如图 3-24b 所示的效果。将图像文件保存为“肖像优化.psd”。

3.2 【案例8】水墨画

本例要利用“画笔工具”制作一幅图像，如图 3-33 所示。通过本案例的学习，读者可以进一步掌握前景色和背景色的设置方法，“颜色”、“色板”和“图层”调板的使用，画笔的使用方法，“画笔”调板的使用方法以及其他一些基本操作方法。

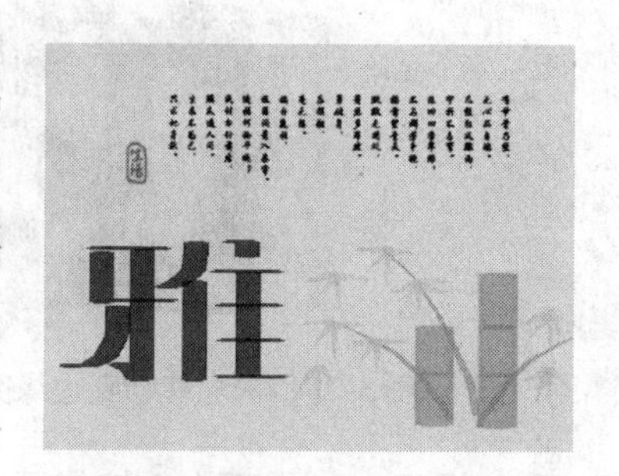

图 3-33 “水墨画”效果图

3.2.1 创作思路

使用不同的画笔在不同的图层上绘制不同的图案，并将所绘制的图案结合，最后添加印章实现本案例。

3.2.2 操作步骤

1）执行“文件”→“新建”菜单命令，在弹出的“新建”对话框中，选择预设“默认 Photoshop 大小”，颜色模式为 RGB，其余选项取默认值，单击【确定】按钮，在工作环境中增加一个新的画布窗口。

2）设置背景色的“R”、“G”、“B”分别为 249、225、179，按【Ctrl + Delete】键给画布填充背景色。

3）选择“画笔工具”，在其选项栏中设置参数如图 3-34 所示。

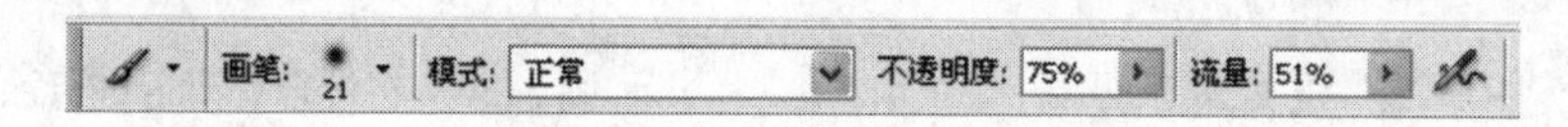

图 3-34 “画笔工具”参数设置

4）打开“画笔”调板，选择“画笔笔尖形状”，勾选“湿边”，取消其他选项，并设置如图 3-35 所示的参数。

5）设置前景色为绿色，其参数“R”、“G”、“B”分别为 74、181、32。在图像右下角绘制图形，如图 3-36 所示。

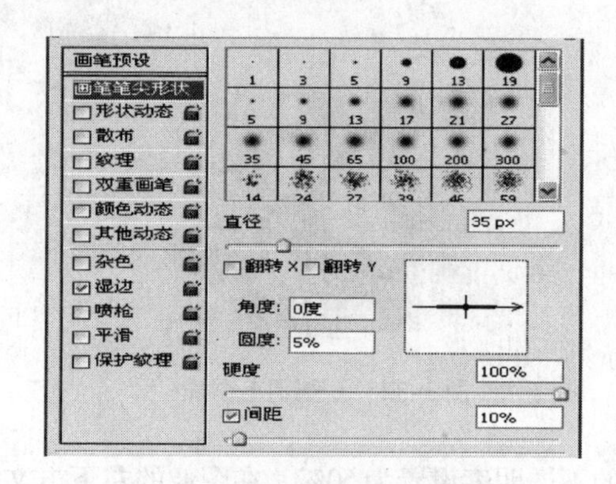

图 3-35 “画笔”面板参数设置

图 3-36 绘制图形

6）打开“画笔”调板，选择“画笔笔尖形状”项，并对参数作如下修改：直径为6px，圆度为100%。

7）选择“形状动态”项，设置如图3-37所示的参数。

注意：“渐隐”是指画笔由粗变细，150是距离。

8）在文件中绘制竹干图形，效果如图3-38所示。

9）重复步骤7，修改参数：将距离150改为30，最小直径25%改为10%。

10）设置前景色为浅绿色（R=131、G=230、B=92）。选择“画笔工具”，在文件中绘制叶子，如图3-39所示。

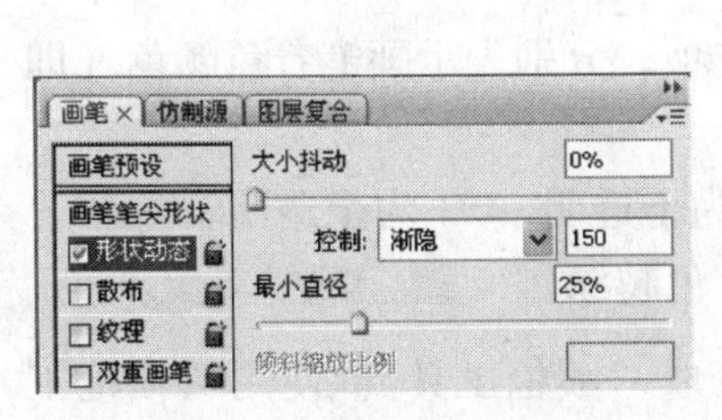

图3-37　设置画笔参数

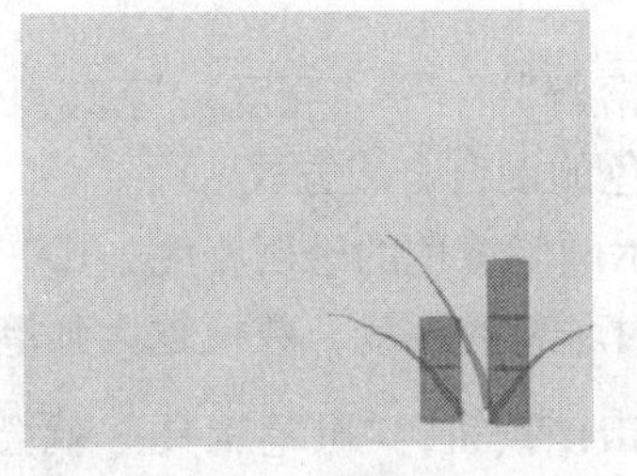

图3-38　绘制竹干

图3-39　绘制竹叶

11）设置前景色为黑色（“R”、“G”、“B”分别为0、0、0）。选择“画笔工具”，重复步骤6，修改参数：取消“形状动态”项，直径改为20px，圆度改为3%。

12）选择“画笔工具”，输入文字“雅”，效果如图3-40所示。

13）选择“直排文字工具”，随便输入一些文字，像在Word中一样全选并设置字体，本例设为“华文行楷”，字体大小设为9，效果如图3-41所示。

14）设置前景色为红色（“R”、“G”、“B”分别为255、0、0）。选择“画笔工具”，重复步骤6，修改参数：取消“形状动态”项，直径改为2px，圆度改为100%。

15）选择“缩放工具”，在前面输入的直排文字后面单击几次，放大到500%。拖动滚动条定位到直排文字后面。

16）选择背景图层，在背景图层上绘制一个印章，效果如图3-42所示。

17）将图像以100%比例显示并查看效果。

图3-40　输入文字“雅”

图3-41　输入直排文字

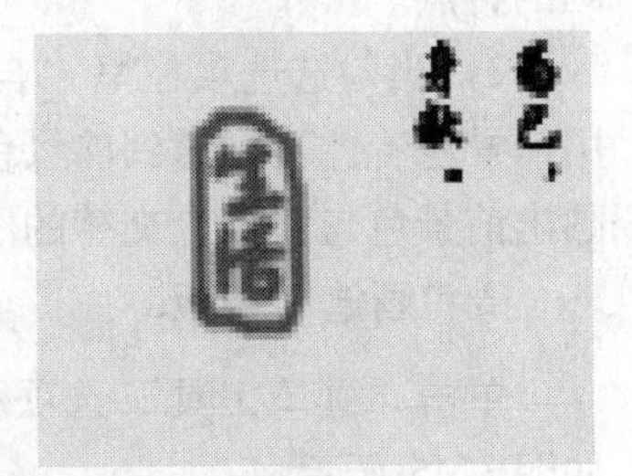

图3-42　绘制“生活”

3.2.3　相关知识

☆“画笔工具”与“铅笔工具”

“画笔工具”和“铅笔工具”主要用于绘制一些常见的图形。其中，用“画笔工具”可以绘制出较柔和的线条，而“铅笔工具”则用来绘制一些棱角突出的线条。

（1）“画笔工具”选项栏

选择工具箱中的“画笔工具”，打开“画笔工具”选项栏，如图 3-43 所示。

图 3-43 “画笔工具”选项栏

● 画笔：显示当前所选用笔刷的形状与大小，图示为大小为 3 的硬笔刷（硬度为 100%）。

● 模式：有“正常”、“溶解”……“亮度”等 27 个选项，分别表示画笔着色颜色（即原始颜色）与画笔下底部颜色的混合合成方式。

● 不透明度：该选项表示画笔着色的透明程度，100% 为不透明，0% 为全透明。

● 流量：表示画笔绘画时颜料的流量，数值越大画笔着色越深。

●【喷枪】按钮：单击该按钮，“画笔工具”就会变成“喷枪工具”。使用“喷枪工具”作图的特点是颜料在随画笔移动涂抹时还同时向外扩散浸润，好像喷枪向外喷绘。如果在图像中按住鼠标左键但不移动，会明显看到颜色逐渐向外扩散。为观测方便，可选用较大直径的笔刷。

（2）“铅笔工具”选项栏

“铅笔工具”与“画笔工具”为同一组工具，它主要是用前景色着色，但勾选“自动抹掉”复选框后也能用背景色上色，故使用铅笔前，应先选取合适的前景色与背景色。选择工具箱中的“铅笔工具”，会自动弹出其工具选项栏，如图 3-44 所示。

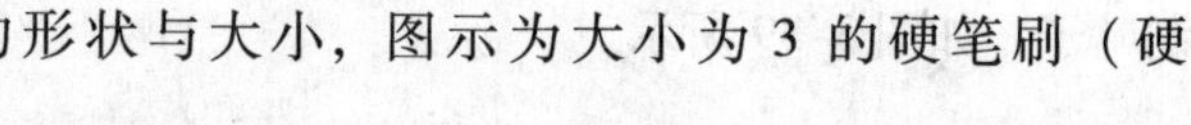

图 3-44 “铅笔工具”选项栏

“铅笔工具”选项栏与“画笔工具”选项栏相似，在此不作详细介绍。

“铅笔工具”与“画笔工具”的区别在于：

1）“铅笔工具”的笔刷框里只有刚性的硬笔刷，而没有柔性的软笔刷，这符合铅笔作画的特点。

2）当勾选选项栏里“自动抹掉”复选框后，在图像窗口里作图时，“铅笔工具”首先用前景色着色，当遇到前景色时单击鼠标便改为背景色着色。利用这一功能，可以很方便地画出前景色与背景色交替的图画。

☆“画笔”调板

单击“画笔工具”选项栏里右边的【切换画笔调板】按钮，可打开“画笔”调板，如图 3-45 所示。

● 画笔预设：单击“画笔预设”项，可以在调板右侧的“画笔选择框”中单击选择所需要的画笔形状。

● 动态参数区：在该区域中列出了可以设置动态参数的选项，其中包括“画笔笔尖形状”、“形状动态”、“散布”、“纹理”、“双重画笔”、“颜色动态”和“其他动态”7 个选项。

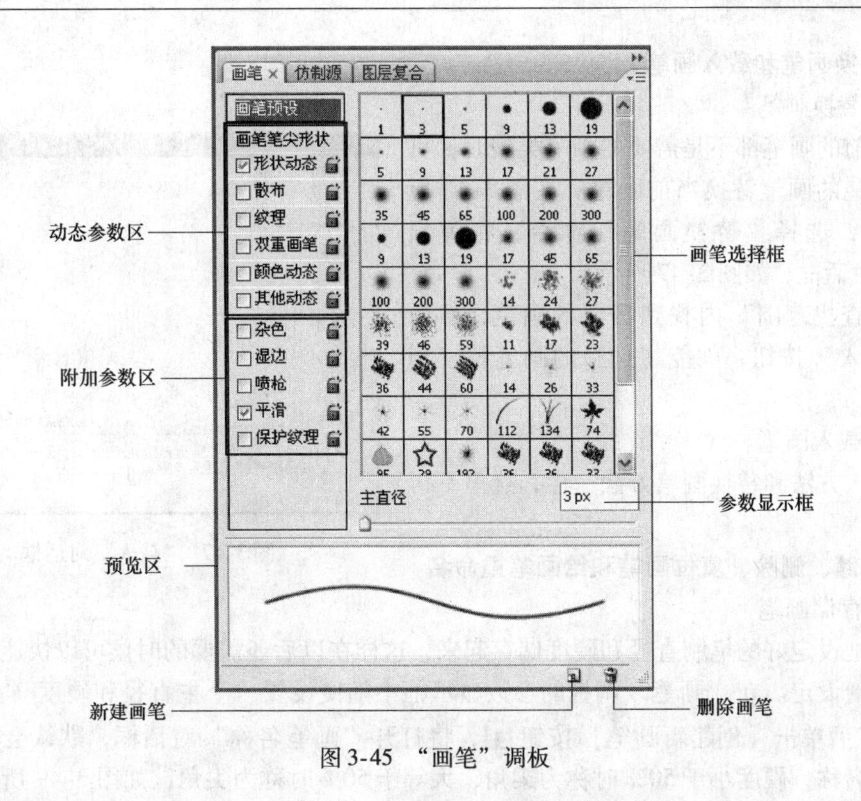

图 3-45 “画笔”调板

● 附加参数区：在该区域中列出了一些选项，选择它们可以为画笔增加杂色及湿边等效果。

● 预览区：在该区域可以看到根据当前的画笔属性而生成的预览图。

● 画笔选择框：该区域在选择“画笔笔尖形状”选项时出现，在该区域中可以选择要用于绘图的画笔。

● 参数显示框：该区域中列出了与当前所选的动态参数相对应的参数，在选择不同的选项时，该区域所列的参数也不相同。

●【创建新画笔】按钮：单击该按钮，在弹出的对话框中单击【确定】按钮，按当前所选画笔的参数创建一个新画笔。

●【删除画笔】按钮：在选择“画笔预设”选项的情况下，选择一个画笔后，该按钮就会被激活，单击该按钮，在弹出的对话框中单击【确定】按钮即可将该画笔删除。

●【调板菜单】按钮：单击“画笔”调板右上角的菜单按钮，在右侧将弹出“画笔”调板的下拉菜单，如图 3-46 所示。在下拉菜单中可以设置“画笔选择框”中画笔的显示方式，并能够调出 Photoshop 预设的画笔类型；可以替换画笔、载入画笔、存储画笔等。

✍ **提示：**在“画笔工具”或“铅笔工具”选项栏中，单击“画笔”右边的下拉按钮，将出现“画笔类型”面板，单击右上角的按钮，将出现类似图 3-46 所示的下拉菜单。

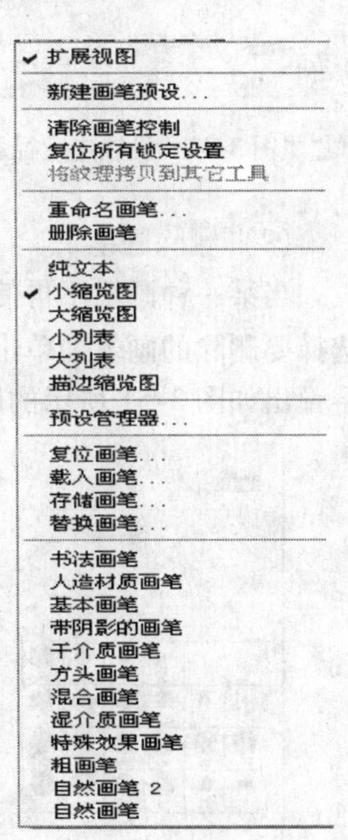

图 3-46 “画笔”调板下拉菜单

☆ **替换画笔和载入画笔**

（1）替换画笔

若当前的画笔都不是需要的画笔类型时，可以选择其他的画笔替换当前画笔。在图 3-46 所示菜单中，选择“替换画笔”命令，将弹出“载入”对话框，如图 3-47 所示。

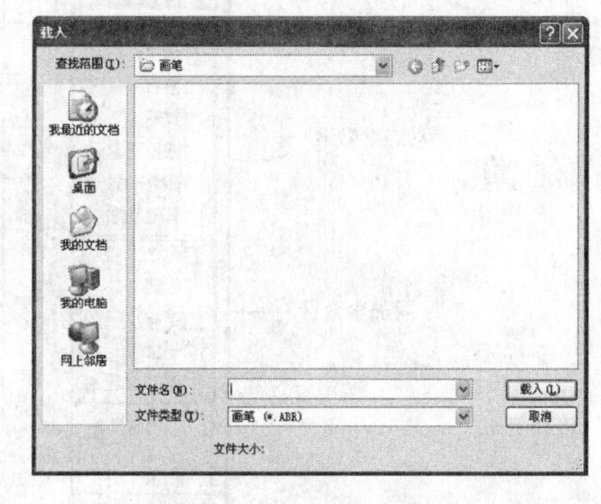

图 3-47 “载入”对话框

在“查找范围”内找到需要的画笔，然后单击“载入”按钮，就能将选择的画笔替换当前画笔。

（2）载入画笔

其载入方法和替换画笔方法一样，这里不再赘述。

☆ **存储、删除、复位画笔和给画笔重命名**

（1）存储画笔

可以把设定好的笔刷直径和硬度储存起来，这样在以后还需要的时候可以快速地找到而不需要重新设定。在“画笔”调板的参数显示框中随便设置一个主直径和硬度（如图 3-48 所示），然后单击【创建新画笔】按钮，将打开“画笔名称”对话框，默认会将直径和硬度作为名称，硬度小于 50% 时称为柔角，大等于 50% 时称为尖角，如图 3-49 所示。也可以自己输入想要的名称，储存后的笔刷将位于预设列表的最后。

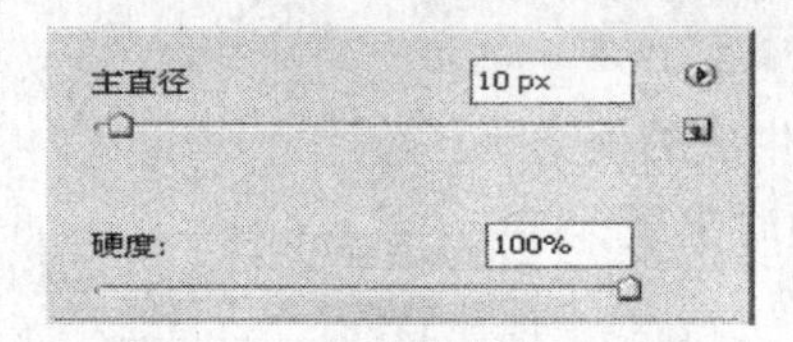

图 3-48 设置主直径和硬度

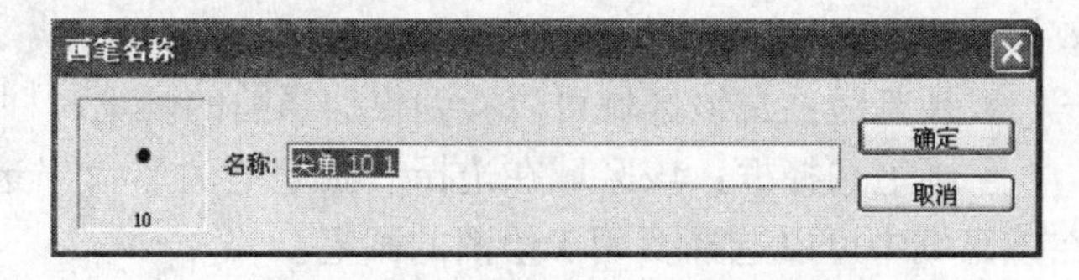

图 3-49 “画笔名称”对话框

（2）删除画笔

当某一种画笔不再使用时，可以将它删除。在如图 3-50 所示的“画笔类型”面板中，选择要删除的画笔，单击右上角的按钮，弹出画笔设置菜单，选择“删除画笔”命令，将弹出如图 3-51 所示的删除提示框，单击【确定】按钮，即可删除当前画笔。

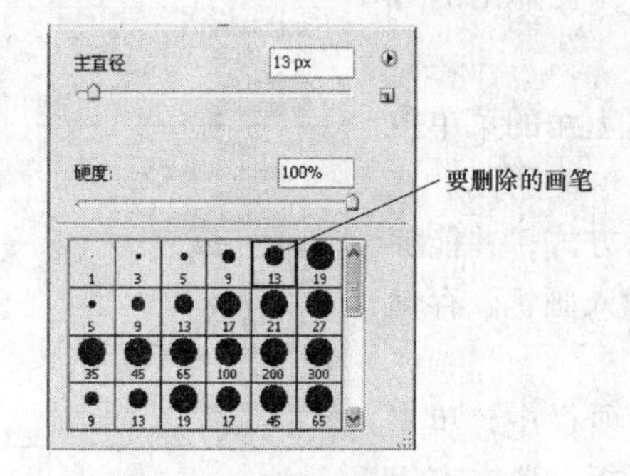

图 3-50 “画笔类型”面板

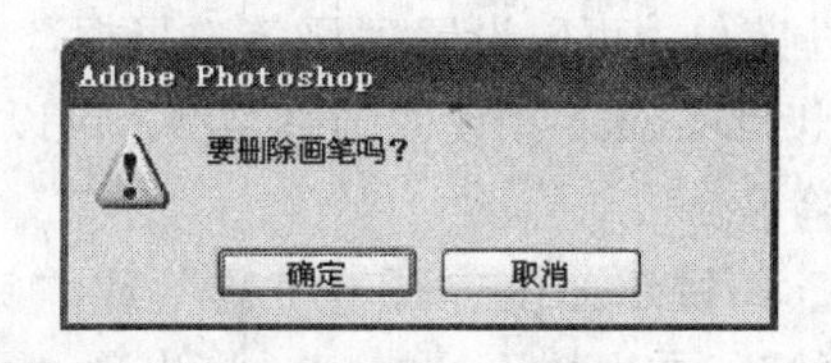

图 3-51 删除提示框

（3）复位画笔

如果当前画笔中没有需要的画笔类型，可以添加新的画笔。另一方面，需要复位画笔。在图 3-50 所示面板中，单击按钮，在弹出的画笔设置菜单中选择“复位画笔”命令，将弹出复位画笔提示框，如图 3-52 所示。单击【确定】按钮，即可复位当前画笔。

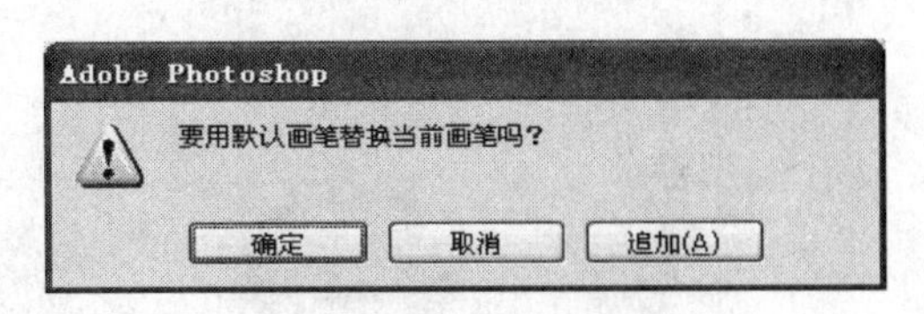

图 3-52　复位画笔提示框

（4）给画笔重命名

如果经常使用某些画笔，用户可以根据自己的爱好定义画笔的名称。在图 3-50 所示面板中，选择要重命名的画笔，单击按钮，弹出画笔设置菜单，选择“重命名画笔”命令，将弹出“画笔名称”对话框输入想要的名称，单击【确定】按钮即可。

3.2.4　案例拓展

☆【拓展案例 8】珍珠项链

本案例要制作一条珍珠项链，如图 3-53 所示。通过本案例的学习，读者可以进一步掌握图层样式的设置，“椭圆工具”、“画笔工具”以及“定义画笔预设”命令的使用方法。

图 3-53　“珍珠项链”效果图

（1）创作思路

先利用“椭圆工具”制作一个小圆；再对小圆所在图层的图层样式进行修改，使小圆逐渐变成一颗珍珠；然后利用“定义画笔预设”菜单命令保存画笔；最后选用“画笔工具”，修改画笔间距后，便可以画出一条项链了。

（2）操作步骤

1）执行“文件”→“新建”菜单命令，在弹出的“新建”对话框中，设置宽度为 320 像素，高度为 160 像素，颜色模式为 RGB，背景色为白色，输入名称为“珍珠项链”，其余选项取默认值，单击【确定】按钮。

2）执行“编辑”→“首选项”→“单位与标尺”菜单命令，在弹出的“首选项”对话框中，选择标尺的单位为“像素”，单击【确定】按钮。

3）单击工具箱中的“设置前景色”按钮，设置前景色为淡蓝色（R = 152，G = 154，B = 237）。

4）打开“信息”调板。在工具箱中选择“椭圆工具”，在其选项栏中选择“形状图层”（同时注意选中“创建新的形状图层”），按住【Shift】键，在画面上拖出一个直径为 24 像素的圆。

✍ **提示：**在拖动过程中观察“信息”调板，“W”和“H”的值为 24 即可，如图 3-54 所示。

5）打开“图层”调板，可以看到，由于绘制圆而生成了“形状 1”图层，如图 3-55 所示。右键单击“形状 1”左边的“图层缩览图”图标按钮，选择“混合选项”命令，弹出“图层样式”对话框。

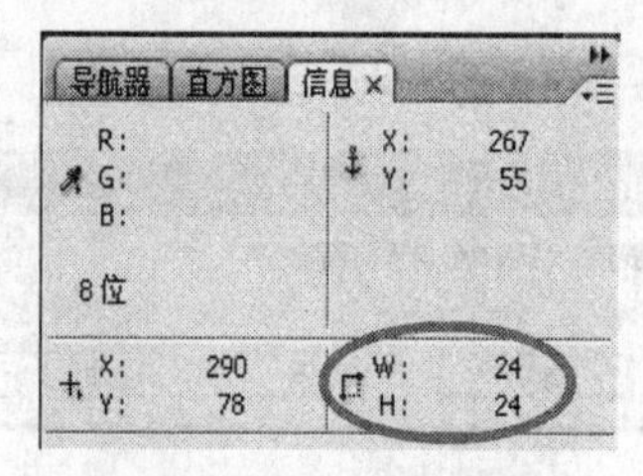

图 3-54 直径为 24 像素

图 3-55 “形状 1” 图层

6）在“图层样式”对话框中选择“投影”样式，在“结构”框中将距离改为 3 像素，大小为 6 像素，其他保持默认不变，如图 3-56 所示。

7）在“图层样式”对话框中，选择“内发光”样式。在“结构”框中，将混合模式改为正片叠底，不透明度改为 40%，光源色改为黑色。在“图素”框中，将大小改为 1 像素。在“品质”框中，将范围改为 75%，其他保持不变，如图 3-57 所示。

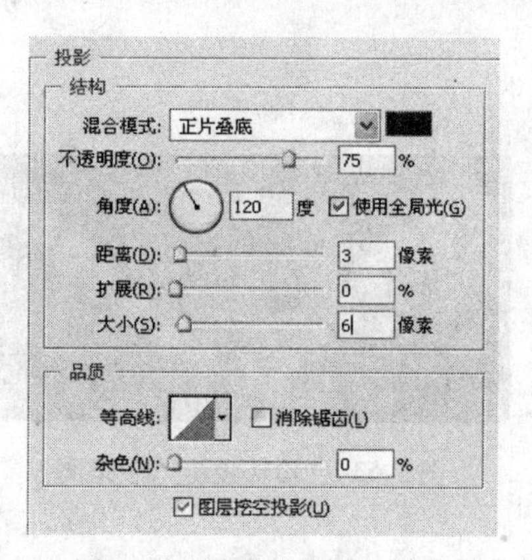

图 3-56 设置“投影”样式

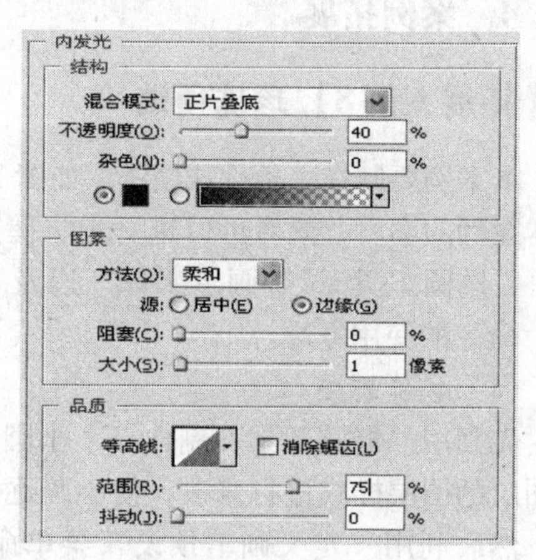

图 3-57 设置“内发光”样式

8）在“图层样式”对话框中，选择“斜面和浮雕”样式。在“结构”框中，将方法改为雕刻清晰，深度为 610%，大小为 9 像素，软化为 3 像素。在“阴影”框中，先取消勾选“使用全局光”项，再将角度改为 -60 度（注意：顺序不能搞错，否则会影响“投影”样式中的角度），高度改为 65 度；接着单击“光泽等高线”图标按钮右边的下拉箭头，选择“起伏斜面 - 下降”模式（如图 3-58 所示），然后单击“光泽等高线”图标按钮，弹出“等高线编辑器”对话框，按图 3-59 所示修改映射曲线；取消勾选“消除锯齿”项，将高光模式和阴影模式的不透明度分别改为 90% 和 50%，如图 3-60 所示。

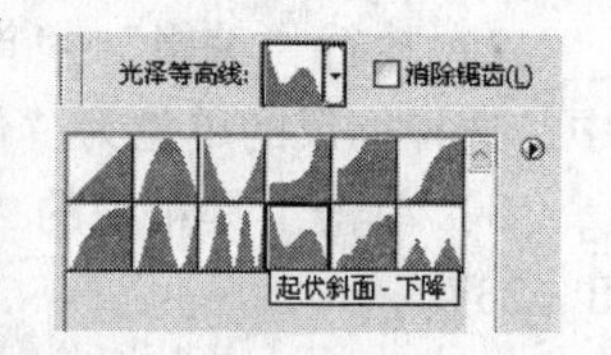

图 3-58 选择光泽等高线

9）在“图层样式”对话框中，选择“等高线”样式，单击“等高线”图标按钮，弹出“等高线编辑器”，将等高线曲线设为和图 3-61 相似的形状。

10）单击“图层样式”对话框的【确定】按钮；在“图层”调板中，单击“形状 1”图层的“矢量蒙版缩览图”图标按钮，使得所绘圆周围的虚线去掉，就能得到圆润的、具有强烈反光效果的珍珠，如图 3-62 所示。

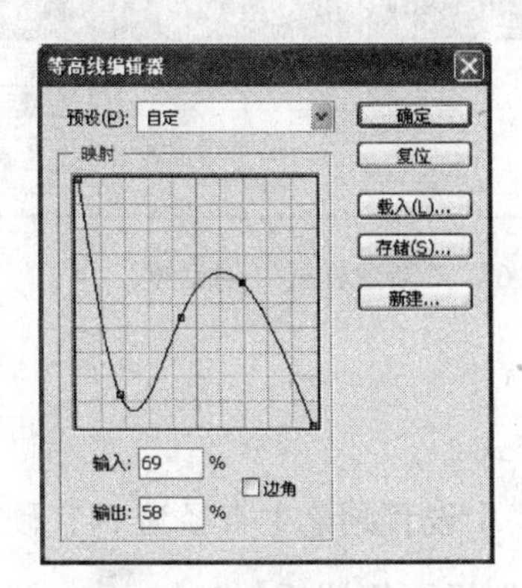

图 3-59　设置光泽等高线

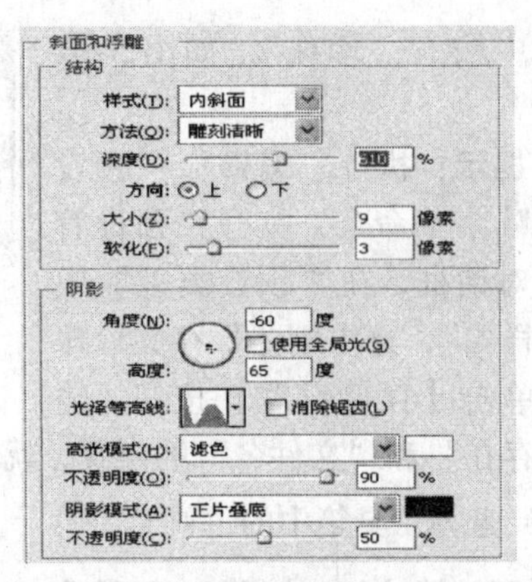

图 3-60　设置“斜面和浮雕”样式

11）双击“图层缩览图”图标按钮，弹出“拾取实色”编辑器。改变图层的颜色，可以得到不同颜色的珍珠，如图 3-63 所示。同时注意到，当颜色设置较深时，珍珠的效果不够好。下面的步骤可以解决这个问题。

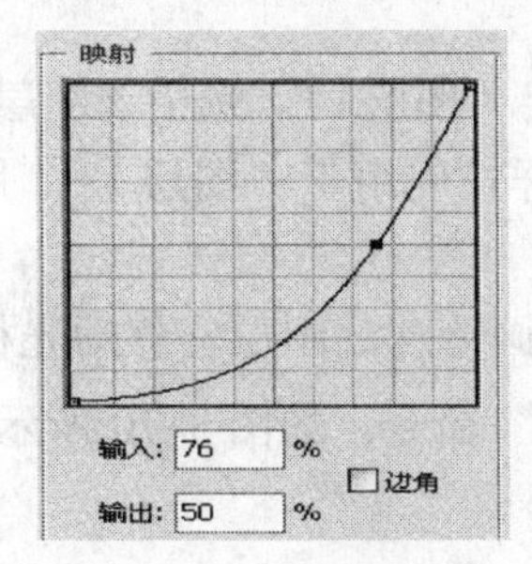

图 3-61　设置等高线

图 3-62　珍珠效果图

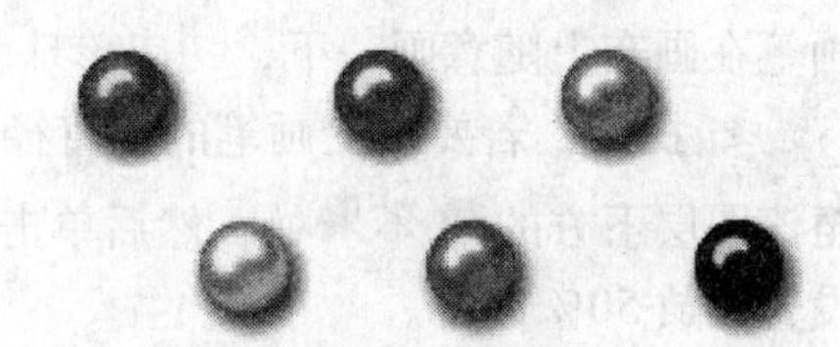

图 3-63　不同颜色的珍珠

12）再次打开“图层样式”对话框，选择“颜色叠加”样式，设置混合模式为变亮，颜色为白色，不透明度为 52%，如图 3-64 所示。

13）选择“渐变叠加”样式，按照默认设定，如图 3-65 所示。

14）选择“光泽”样式。在结构的混合模式中选择“叠加”，颜色为浅红色（R = 225，G = 159，B = 159），不透明度为 72%，角度为 135 度，距离为 8 像素，大小为 9 像素，在等高线样式中选择“锥形—反转”，选择消除锯齿选项，如图 3-66 所示。单击【确定】按钮，就能得到有光泽效果的珍珠了。

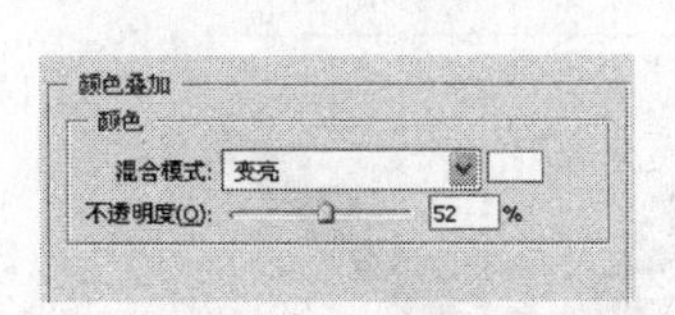

图3-64　设置“颜色叠加”样式

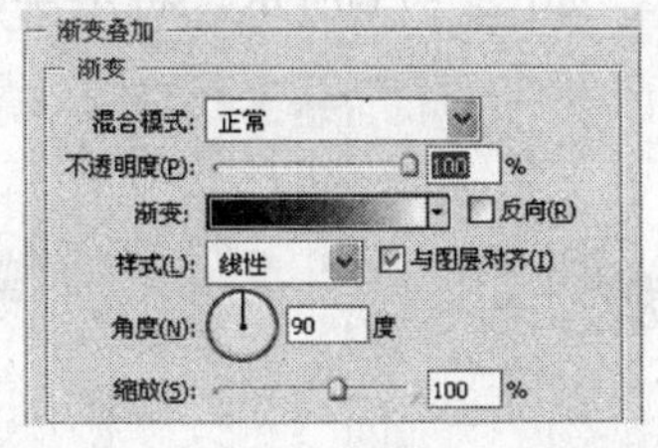

图 3-65　设置“渐变叠加”样式

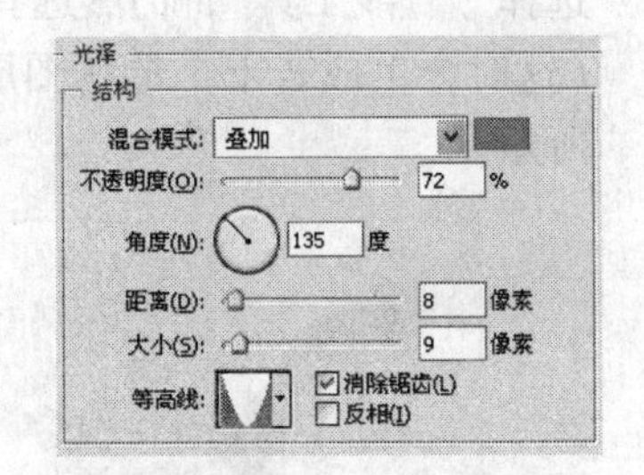

图 3-66　设置“光泽”样式

15）打开“样式”调板，单击【创建新样式】按钮，弹出“新建样式”对话框，在名称框中输入“珍珠”，如图 3-67 所示。

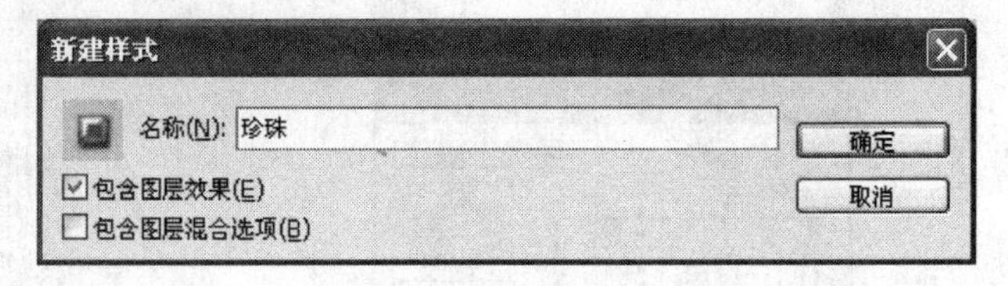

图 3-67 “新建样式”对话框

✍ **提示：** 执行“编辑”→“预设管理器”菜单命令，打开“预设管理器”对话框，在“预设类型”中选择“样式”，选中刚才保存的珍珠图标，单击【存储设置】按钮，输入“保存在”和“文件名”的内容，就能永久保存该样式了。

16）选择工具箱中的“画笔工具”，在其选项栏中设置画笔主直径为 24，硬度设为 100，启用喷枪功能，如图 3-68 所示。再单击右边的【切换画笔调板】按钮，打开“画笔”调板，选择“画笔笔尖形状”，设置画笔间距为 109%。

图 3-68 “画笔工具”选项栏

17）在“图层”调板中，删除“形状 1”图层，新建一个图层“图层 1”。选中该图层，打开“样式”调板，在刚才保存的珍珠图标上单击一下，将这种样式应用于“图层 1”。用画笔在画布上随意画一下，一串珍珠就出现了，如图 3-69 所示。

✍ **提示：** 若要改变画笔的主直径，如改为 12，则先要选中要画珍珠的图层，移动光标至该图层下方的 效果 处，然后单击鼠标右键，选择“缩放效果”命令，如图 3-70 所示，设置缩放 50% 即可。

图 3-69 在图层 1 上画一串珍珠

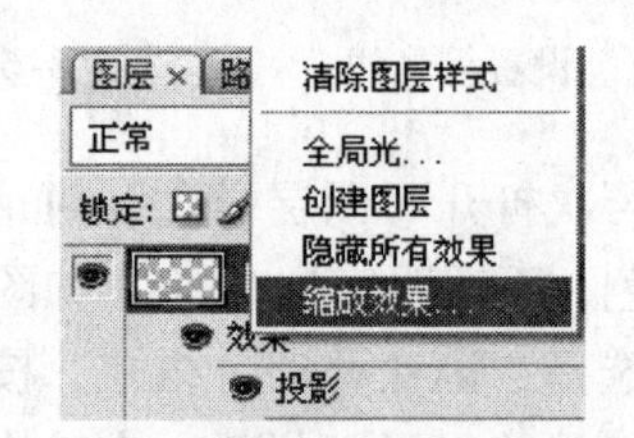

图 3-70 选择“缩放效果”命令

18）下面为珍珠加上一根链子。设置前景色为淡黄色（R = 214，G = 200，B = 163），选择“直线工具”，仍然选择“形状图层”，设置粗细为 3 像素，在珍珠上画出直线（这时会生成若干个形状图层），如图 3-71 所示。将图层 1 移动至最顶层，效果如图 3-72 所示。

图 3-71 在珍珠上画出直线

图 3-72 图层 1 移动至最顶层的效果

19）最后，为背景加上丝绒衬底效果。选择背景图层，执行“编辑”→“填充”命令，使用“颜色”，设置颜色为深蓝色（R=13，G=13，B=97）；然后执行“滤镜”→“杂色”→“添加杂色”命令，设置数量为3，其余取默认值；再执行“滤镜”→“模糊”→“高斯模糊”命令，设置半径为0.5，即能得到如图3-53所示的效果。

3.3 【案例9】花花宝贝

本例要利用“多边形工具”制作花形，从而制作宝贝花边的效果，如图3-73所示。通过本案例的学习，读者可以进一步掌握“图层”调板、“自定形状工具”、“描边”菜单命令的使用方法。

3.3.1 创作思路

先选择“多边形工具”绘制形状，对形状进行调整，然后将形状转换成选区。对多边形选区进行描边，再与背景图片进行拼合即可完成本案例。

3.3.2 操作步骤

1）执行“文件”→“新建”菜单命令，在弹出的“新建”对话框中，设置宽度383像素，高度430像素，颜色模式为RGB，背景内容为透明，输入名称为花花宝贝，单击【确定】按钮，系统自动生成“图层1”图层。

2）打开图像文件“第3章\素材\女孩.jpg”，用“移动工具”将它拖曳到“花花宝贝”图像上来，系统自动生成“图层2”图层，效果如图3-74所示。

图3-73 “花花宝贝”效果图

图3-74 将“女孩.jpg”拖曳上来

3）设置前景色为白色。在工具箱中选择“自定形状工具”，在选项栏中选择“形状图层”，打开“自定形状”拾色器，单击右上角的下拉按钮，在弹出的菜单中选择“全部”命令，如图3-75所示。选择喜欢的形状（这里选择“思考2”形状）。

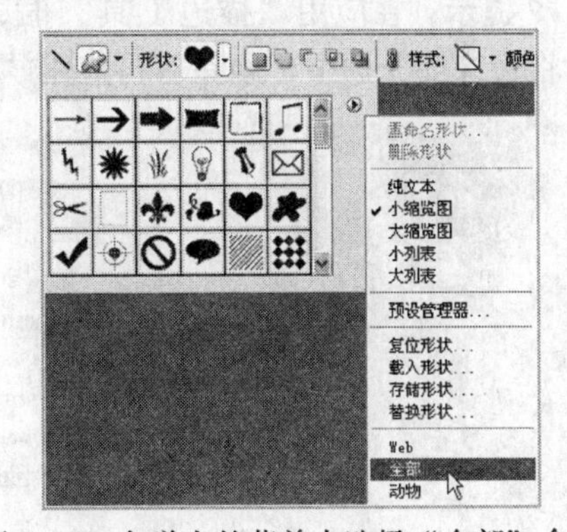

图3-75 在弹出的菜单中选择“全部”命令

4）单击选项栏中的【几何选项】按钮，选择“自定形状选项”为“不受约束”（如图3-76所示），在画面上拉出大小合适的形状，这时得到“形状1”图层，如图3-77所示。

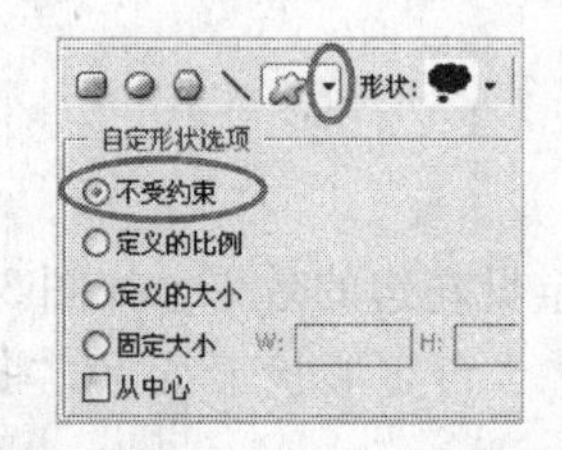

图3-76 选择“不受约束”项

图3-77 拉出大小合适的形状

5）调整形状1图层的透明度为50%左右，用“移动工具”将形状调整到合适的位置，如图3-78所示。

6）按住【Ctrl】键，用鼠标左键单击“形状1”图层的图标，得到相应的选区，如图3-79所示。

图3-78 调整形状1图层的透明度

图3-79 得到形状选区

7）将形状1图层删除，此时系统自动选中图层2。执行“编辑”→“反向”菜单命令，然后按【Delete】键删除选区，再按【Ctrl + D】组合键取消选择，效果如图3-80所示。

8）执行“编辑”→“描边”菜单命令，在弹出的“描边”对话框中，设置宽度为2，颜色为白色，位置居中，如图3-81所示。再次执行“编辑”→“描边”，设置宽度为5，颜色为绿色，位置居外，如图3-82所示。此时效果如图3-83所示。

✍ **提示：**在应用“描边工具”时，如果在边缘处出现多余的描边，可先用“选框工具”将边缘部分选中，删除后再应用“描边工具”。

图3-80 删除选区后的效果

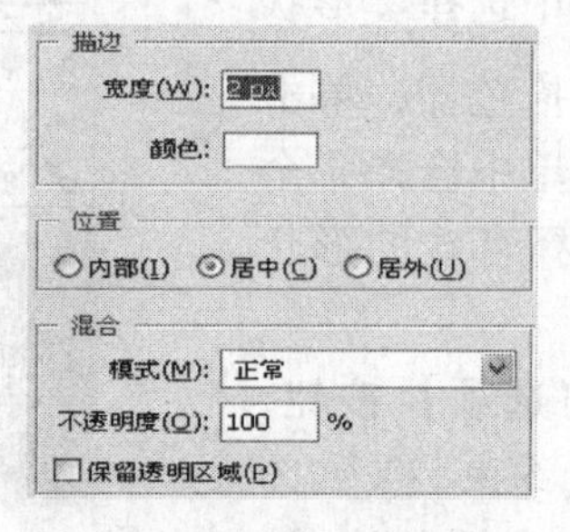

图3-81 设置描边参数之一

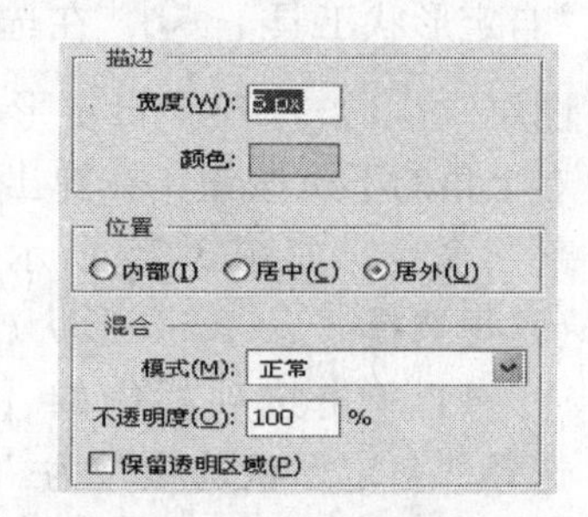

图3-82 设置描边参数之二

9）打开图像文件“第3章\素材\花朵图片.jpg”，如图3-84所示。用“移动工具”将它拖曳到“花花宝贝”图像上来，系统自动生成“图层3”图层。将图层3移动到图层2下面，然后调整图层3在画布上的位置，如图3-85所示。

图3-83　描边后的效果

图3-84　素材“花朵图片.jpg”图像

10）选中图层2，按【Ctrl+T】组合键对其进行自由变换，调整其位置和角度。然后选择“横排文字工具”，设置字体为“华文彩云”，字体大小为55，文本颜色为白色，在图像下方输入“花花宝贝”文字，再设置文字变形样式为拱形，其中弯曲为30%。此时图像效果如图3-86所示。

图3-85　将图层3移动到图层2下面

图3-86　在图像下方输入文字

11）最后，选择“裁剪工具”，对“花花宝贝”图像的左右两边进行适当的裁剪，即能得到如图3-73所示的效果。

3.3.3　相关知识

☆ 形状工具组

利用Photoshop CS3中的形状工具组中的工具，可以非常方便地创建各种规则的几何形状或路径。选择任意一种形状工具，其选项栏的显示都类似于图3-87所示。

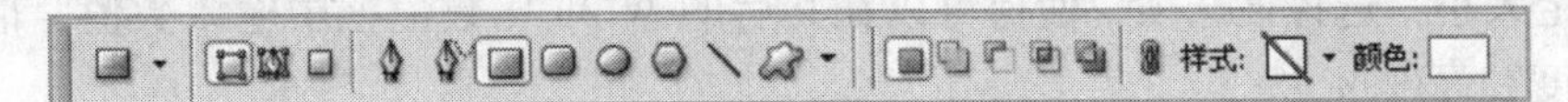

图3-87　“形状工具”选项栏

右键单击工具箱中的形状工具组，将弹出如图3-88所示的隐藏菜单。可见，形状工具组包括6个工具。选择任何一个形状工具都可以创建以下3种类型的对象：

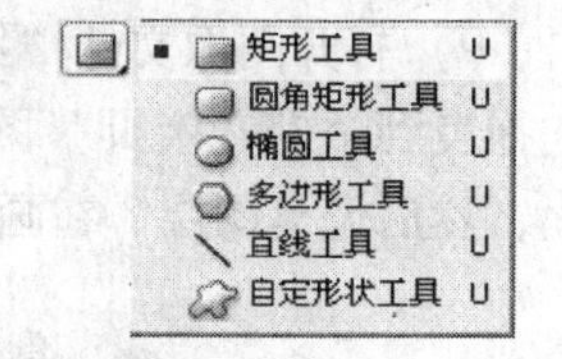

图 3-88 形状工具组菜单

• 单击选项栏中的“形状图层”按钮后，使用形状工具绘制时，将创建一个形状图层。

• 单击选项栏中的“路径”按钮后，使用形状绘制时将创建一条路径。

• 单击选项栏中的“填充像素”按钮后，使用形状绘制时将在当前图层中创建一个图形。

(1) 直线工具

选择“直线工具”可以绘制不同形状的直线，根据需要还可以为直线增加箭头，其选项栏如图 3-89 所示。

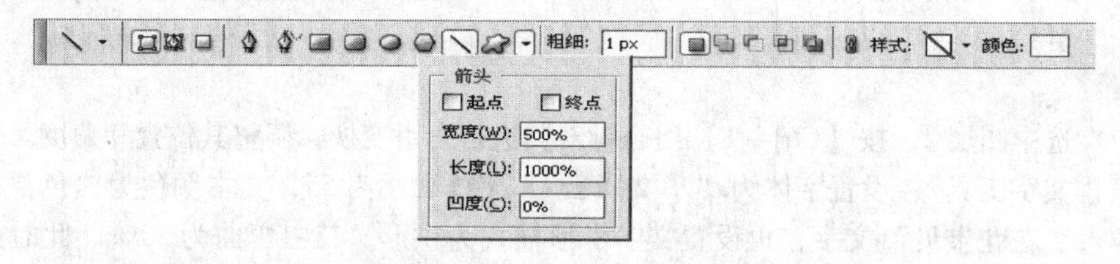

图 3-89 “直线工具”选项栏

• 粗细：在此输入数值，可以确定直线的宽度，数值范围在 1～1000 像素。

• 起点、终点：勾选“起点”或“终点”复选框，可以指定在直线的起点和终点创建箭头，如果同时勾选这两个复选框，可以在直线的两端均创建箭头。

• 宽度：在此数值框中输入数值，可以设置箭头宽度的百分比。

• 长度：在此数值框中输入数值，可以设置箭头长度的百分比。

• 凹度：在此数值框中输入数值，可以设置箭头最宽处的尖锐程度，箭头和直线在此相接，凹度范围为 -50% ~ +50%，正数向内凹陷，负数向外凸起。

(2) 矩形工具

选择“矩形工具”，将显示矩形工具选项栏，其中可以设置绘制形状的绘图模式、颜色及样式等参数。单击选项栏中【几何选项】下拉按钮，将弹出如图 3-90 所示的“矩形选项”面板，其中可设置相应的选项。

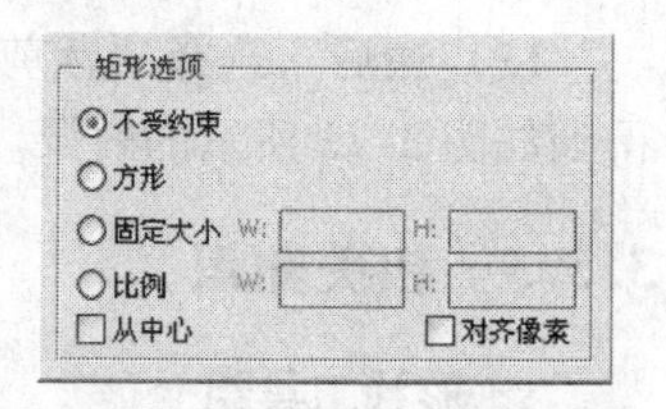

图 3-90 “矩形选项”面板

• 不受约束：选择该选项，可以任意的绘制矩形，其长宽不受限制。

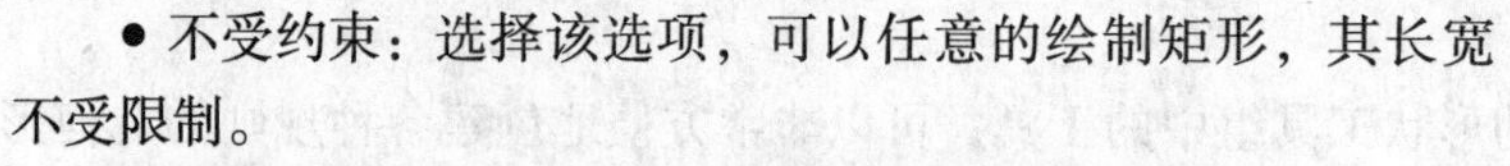

• 方形：选择该选项，绘制的所有形状都是正方形。

• 固定大小：选择该选项，使得可以在其后的 W 和 H 数值框中输入数值，以精确定义矩形的宽度和高度尺寸。

• 比例：选择该选项，使得可以在其后的 W 和 H 数值框中输入数值，定义矩形的宽度和高度比例值。

• 从中心：不管选择以上 4 种绘制方式中的哪一种，都可以勾选“从中心”复选框。勾选该选项后，绘制矩形时将从中心向外扩展。

• 对齐像素：勾选该复选框，使绘制的矩形边缘与像素对齐，没有模糊的像素；如果不选择该选项，则图形放大后会出现模糊边缘。

✍ **提示**：在使用矩形绘制图形时，按住【Shift】键可以直接绘制出正方形，按住【Alt】键可以实现从中心开始向四周扩散绘图的效果。在【Alt】键与【Shift】键同时被按下的情况下，可实现从中心绘制出正方形的效果。

(3) 圆角矩形工具

选择“圆角矩形工具”，可以绘制圆角矩形，其工具属性栏与“矩形工具”选项栏相似，选项设置几乎一样，如图 3-91 所示。

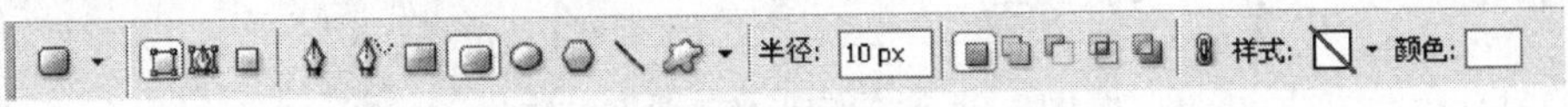

图 3-91　“圆角矩形工具”选项栏

与“矩形工具”不同的是，“圆角矩形工具”选项栏多了一个“半径”项，在该项中输入数值，可以设置圆角的半径值。数值越大角度越圆滑，如果“半径”数值为 0px，可以创建矩形。

(4) 椭圆工具

利用“椭圆工具”可以绘制出圆和椭圆，其使用方法和设置与“矩形工具”一样，其选项栏与“矩形工具”选项栏也基本相同。单击选项栏中【几何选项】下拉按钮，将弹出如图 3-92 所示的“椭圆选项”面板，其中可设置相应的选项。

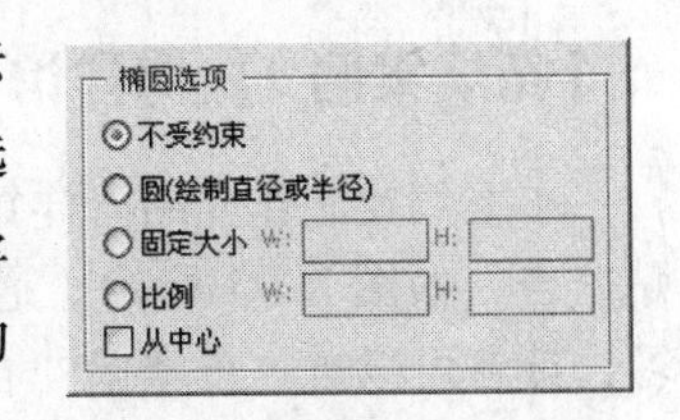

图 3-92　“椭圆选项”面板

可以看出，其工具选项与“矩形工具”的选项基本相同，故不再赘述。

(5) 多边形工具

“多边形工具”用于绘制不同边数的多边形或星形，其选项栏如图 3-93 所示。

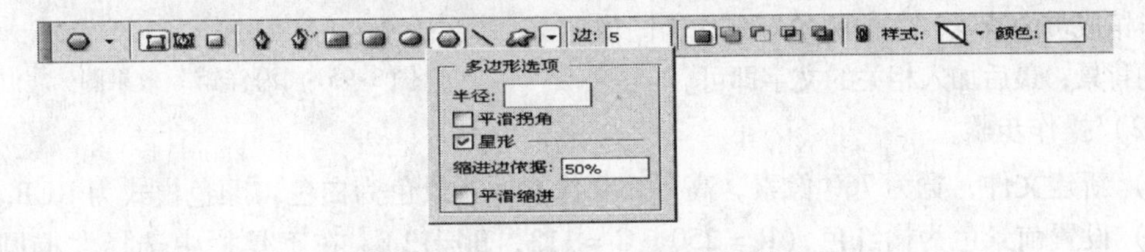

图 3-93　“多边形工具”选项栏

在选项栏中的“边”数值框中输入数值，可设置多边形或星形的边数，边数范围为 3 ~ 100。

• 半径：在该数值框中输入数值，可以设置多边形或者星形的半径值。

• 平滑拐角：勾选该复选框，所绘制的多边形或星形都具有圆滑型拐角。

• 星形：勾选该复选框，使用“多边形工具”将可以绘制出星形效果，且“缩进边依据”和“平滑缩进”两个选项将被激活。

• 平滑缩进：勾选该复选框，可使星形平滑缩进。

(6) 自定形状工具

在“自定形状工具”选项栏中提供了大量的特殊形状。只要单击“形状”右边的图案或下拉按钮▾，就能浏览并使用这些特殊形状。利用该工具可以非常方便地在页面中创建相应的形状和路径，其选项栏如图3-94所示。

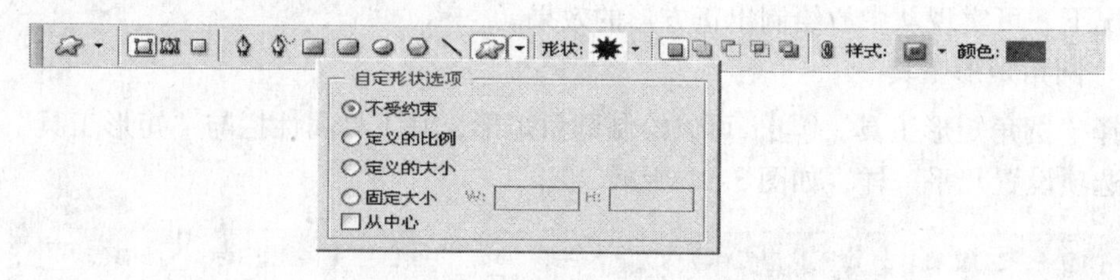

图3-94 “自定形状工具”选项栏

“自定形状选项”面板中的选项和“矩形选项”面板相似，区别在于“自定形状选项”面板中，选择“定义的比例”选项创建的形状均维持原图形的比例，选择“定义的大小”选项创建的形状是原图形的大小。

3.3.4 案例拓展

☆【拓展案例9】海洋馆

本案例要制作介绍海洋馆家族成员的招贴广告，如图3-95所示。通过本案例的学习，读者可以进一步掌握“自定形状工具”、“椭圆工具”、“图层样式”命令以及“文字变形”命令的使用。

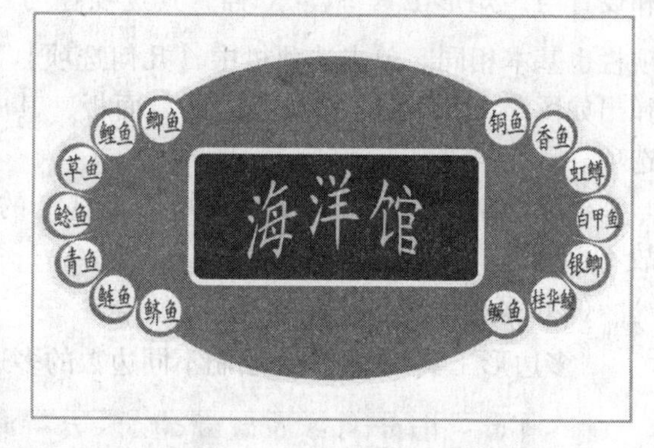

图3-95 “海洋馆”效果图

(1) 创作思路

先利用“椭圆工具”和“自定形状工具”制作背景；然后添加施以渐变的小椭圆作为介绍海洋馆成员的背景，添加圆角矩形作为图像主题的背景；最后加入相关的文字即可。

(2) 操作步骤

1）新建文件，宽为760像素，高为500像素，背景色为白色，颜色模式为RGB。

2）设置前景色为橘红色（R=250，G=113，B=12)。在工具栏中选择“椭圆工具”，在其选项栏中选择“形状图层”，同时选择“创建新的形状图层”，在画布上绘制一个椭圆，如图3-96所示。系统自动生成“形状1”图层。

3）选择“自定形状工具”，形状下拉框中选择“花6”形状，根据椭圆大小绘制一个花形，如图3-97所示。系统自动生成“形状2”图层。

4）复制“形状2”图层（在“图层”面板中，将“形状2”图层拖到【创建新图层】按钮上)。再选择“移动工具”，分别移动各形状图层，使之形成如图3-98所示的图形。

图 3-96　绘制椭圆

图 3-97　绘制自定形状图形

图 3-98　复制自定形状图形

5）将“背景”图层隐藏（单击“背景”图层左侧的“眼睛”图标按钮 ）。执行菜单中的“图层”→“合并可见图层”命令，使 3 个图层合并成 1 个，并改变其名字为“图层 1”。取消隐藏背景图层，让背景图层重新出现。

6）选择“图层 1”，执行“图层”→“图层样式”→“描边”菜单命令，在弹出的“描边”对话框中，将大小改为 8 像素，颜色改为黄色，其余取默认值，如图 3-99 所示。

7）设置前景色为黄色，背景色为白色。选择“渐变工具” ，在其选项栏中打开“渐变编辑器”对话框，设置预设“从前景到背景”。

8）新建图层“图层 2”。选择“椭圆选框工具” ，在图层 2 画一个椭圆选区，在椭圆选区内由下往上填充渐变色，如图 3-100 所示。

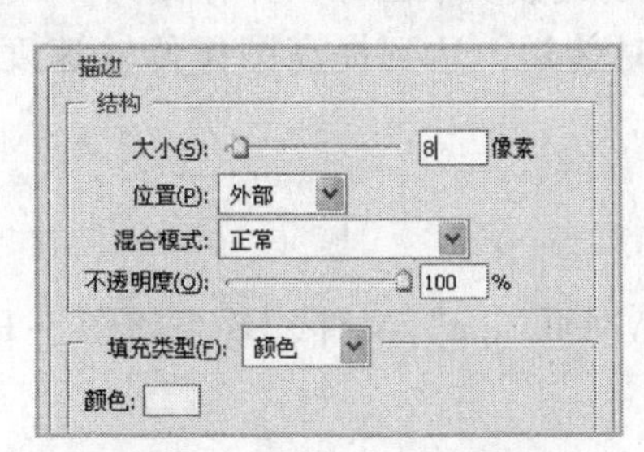

图 3-99　设置“描边”参数

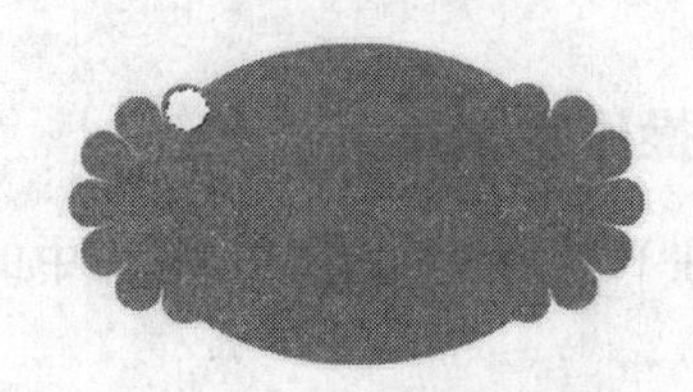
图 3-100　画一个小椭圆选区并填充渐变色

9）复制图层 2，共复制 13 份，用“移动工具” 把这些小椭圆型摆放到合适位置上，如图 3-101 所示。将图层 2 及其副本选中，拖曳到【创建新组】按钮 上，得到“组 1”，改名为“组图层 2”。

✍ **提示：**如果用鼠标摆放小椭圆时不好控制，可用键盘上的方向键进行处理。

10）设置前景色为棕色（R = 135，G = 62，B = 8）。选择“圆角矩形工具” ，在选项栏中设置半径为 10 像素，仍然选择“形状图层” ，然后在中间位置画一个圆角矩形，如图 3-102 所示。此时系统生成“形状 1”图层。

11）按住【Alt】键，用鼠标左键将“图层”调板上图层 1 的描边效果拖曳到“形状 1”图层上，这样可以复制图层 1 的描边效果。

12）选择“横排文字工具”，设置字体为“楷体”，字体大小为 72，文本颜色为黄色，在圆角矩形处输入“海洋馆”文字，然后对文字创建“拱形”样式，并设置弯曲为 30%，效果如图 3-103 所示。

13）修改字体大小为 24，文本颜色为棕色（圆角矩形的颜色），输入各种鱼的名称，然后依次摆放在各个椭圆的位置上内，最终效果如图 3-95 所示。

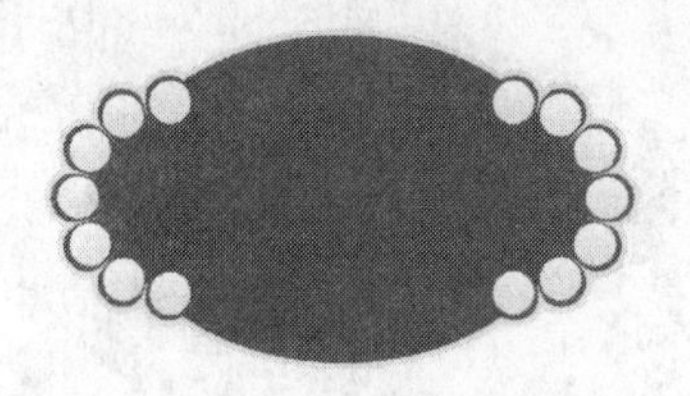
图 3-101 复制并摆放小椭圆

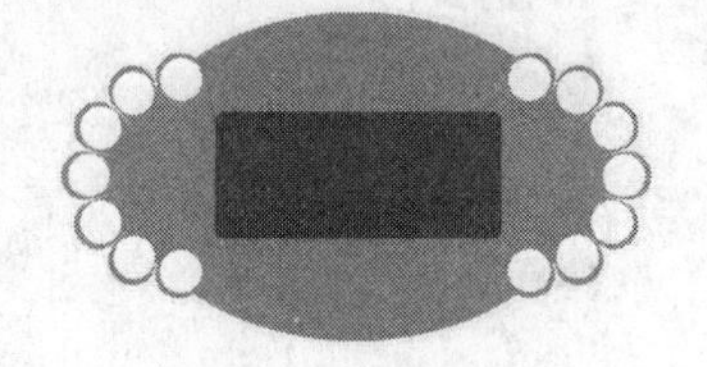
图 3-102 画一个圆角矩形

图 3-103 输入变形文字

3.4 【案例 10】提高网页访问效率

制作网页时，为了追求更好的视觉效果，往往采用一整幅图片来布局网页。但这样做的结果是用户在登录网站的时候，这张图片需要很长时间才能读取出来，使下载速度变慢。如果用 Photoshop 的“切片工具”来处理，可以提高图片的传输速度，从而提高网页的访问效率。

3.4.1 创作思路

用“切片工具”对图像进行分块，将一幅大图像分割成数块小图像，并存储为 Web 格式，就可以充分利用网络带宽的资源，将多幅图像同时传送，达到提高图像传输速度的目的。

3.4.2 操作步骤

1）在 Photoshop 中打开素材库中的“第 3 章\素材\网页. jpg”文件，效果如图 3-104 所示。

2）选择工具箱中的“切片工具”，在图像上进行切割，从左上角开始切割，得到用户切片“01”，同时得到占据图像的其余区域的自动切片“02”和“03”，如图 3-105 所示。

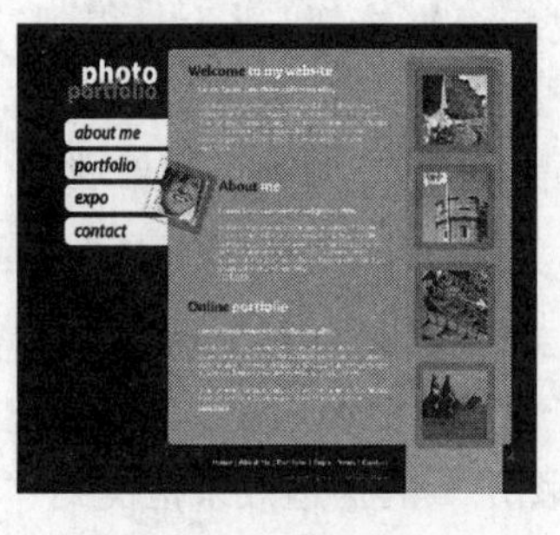

图 3-104 网页. jpg

图 3-105 切割出用户切片“01”

3）选择“切片选择工具”，在“02”切片上单击鼠标右键，选择“提升到用户切片”命令，此时“02”切片的边界由虚线变为实线。把鼠标移动到下侧边界，指针变为上下箭头，如图 3-106 所示。按下鼠标左键，拖曳下侧边界至图像的上方，再将右侧边界向左拖曳少许，如图 3-107 所示（注意：此时的自动切片布局将会相应发生变化）。

图 3-106　光标变为上下箭头

图 3-107　使“02”切片变为纯色区域

4）用步骤 3 的方法，依次将自动切片“03”和“04”提升为用户切片。对“04”切片，分别拖曳其下侧边界和右侧边界，使该切片缩小。

5）按上述方法继续切割，最终效果如图 3-108 所示。其中切片“06”和“07”的下侧边界必须在同一条直线上（可将图像放大处理）。切片“13”和“14”，切片“18”和“19”也是如此。

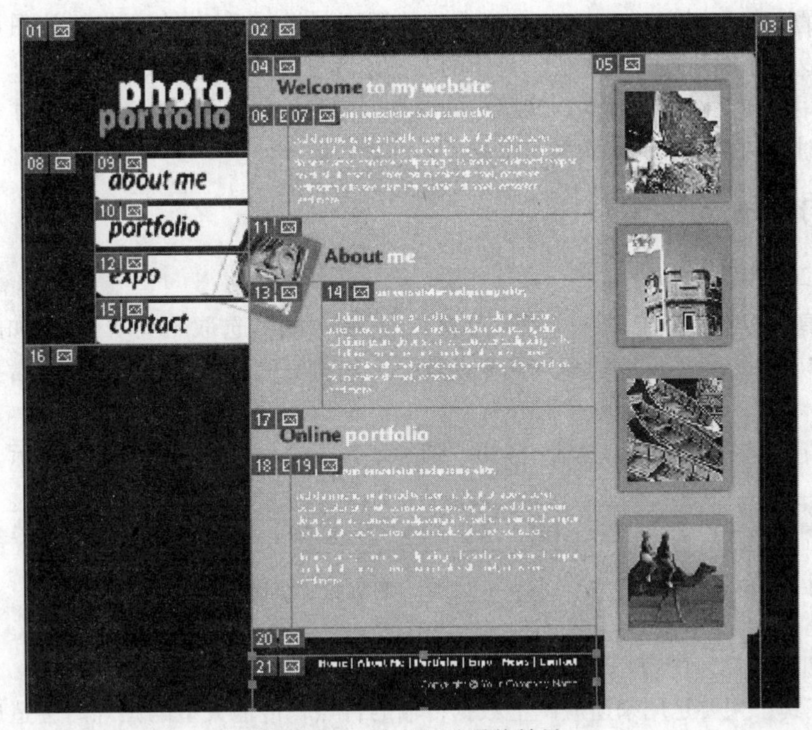

图 3-108　本例切片最终效果

切片“08”可按纯色处理，方法如下：在“08”切片上单击鼠标右键，选择“编辑切片选项”命令。在弹出的“切片选项”对话框中，选择切片类型为“无图像”，切片背景类型为“其他”，背景色为深红色（R = 18，G = 0，B = 0），如图 3-109 所示。这样，该切片输出成网页后将由透明占位符和深红色背景色代替。

6）执行“文件”→“存储为 Web 和设备所用格式”菜单命令，该命令用于将 PSD 源文件输出成网页或是手机等设备所使用格式的文件。在对话框中进行简单的优化设置，单击【存储】按钮，弹出“将优化结果存储为”对话框，在该对话框中设置保存类型为“HTML 和图像（*. html）”，并且要输出“所有切片”，如图 3-110 所示。

至此，利用 Photoshop 对图片的切片处理工作完成。打开存放的 html 网页文件，可以看到这样用切片做出来的图片效果和一张完整的图片出来的效果是一样的。

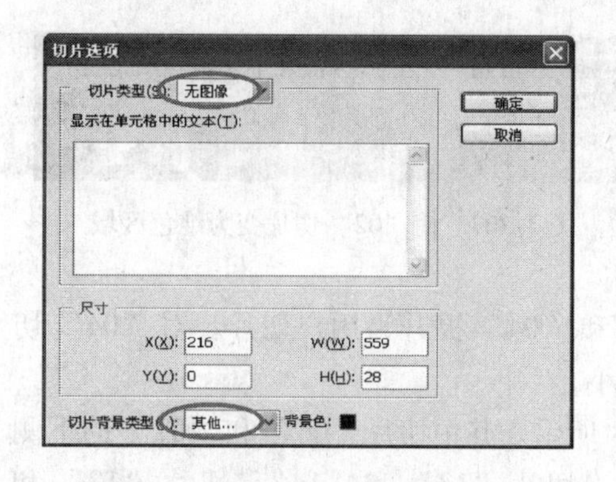

图3-109 “切片选项”对话框

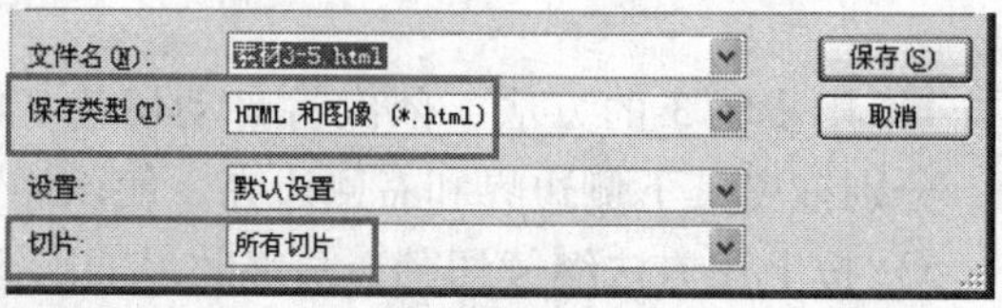

图3-110 “将优化结果存储为”对话框

下一步的工作是打开Dreamweaver（或其他网页制作工具），在原来要放图片的地方插入表格，把这些小图片逐个放进去。具体的方法读者可自行参阅相关书籍。

这样，用户在上网站的时候，这些小的图片会同时读取，不会出现用户为了看一张照片而等待很长时间的现象了，从而大大提高了访问效率。

3.4.3 相关知识

☆ 切片工具组

切片工具组包括两个工具：“切片工具”和“切片选取工具”，如图3-111所示。提起“切片工具”，可能很多人都不太熟悉，其实切片在网页制作中是很常见的一种图片处理的技术。

在工具箱中选择“切片工具”，打开“切片工具”选项栏，如图3-112所示。

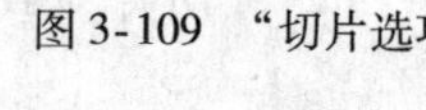

图3-111 切片工具组

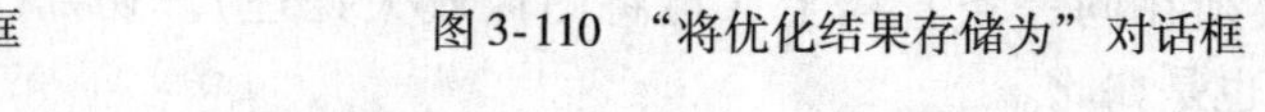

图3-112 “切片工具”选项栏

（1）“切片工具”的应用

“切片工具”主要是用来适应网上数据传输的特点，传输大型的图片时会造成了网页的时间延迟。而用“切片工具”切割图片，图片切割的块数越多，网页显示速度越快。

（2）“切片工具”的使用方法

1）用“切片工具”在图片上进行切割，每一个分割区域都有一个数字标签，数字即表示切割的块数。

2）执行“文件”→“存储为Web和设备所用格式”菜单命令，在弹出的对话框的左侧选择“切片选择工具”项。

3）在视图中任意选择一块切片，外框变色，表示选中状态，然后保存为所需的格式（JPG或GIF均可），可选择保存“所有切片”和“所有用户切片”。于是在刚刚保存的地方就会出现一个名为“images”（默认命名）的文件夹，里面保存所切割的切片。

☆ 切片选取工具

利用“切片工具”对图片进行切割，然后通过“切片选取工具”实现对切片的选取。

通过“切片选取工具”的拖曳，可以随意改变切片选取的大小以及数量。“切片选取工具”选项栏如图3-113所示。

图3-113　“切片选取工具”选项栏

☆ **附注工具**

“附注工具”的作用是在文件中写入一段文字注释内容，主要应用在将文件交与其他人使用的时候，也可以作为自己的备忘录。在画面中单击即可出现文字输入框，如图3-114所示。可在选项栏中设定作者、附注的文本大小和标签颜色，也可以改变文字框大小。输入完成后单击输入框右上角的白色方块即可关闭。关闭后只在画面上留下一个小标签记号，双击标签即可展开文字框，此时可以修改文字内容。若要删除注释，可选择后按【Delete】键，或在小标签上点击右键选择“删除注释”命令。需要注意的是，标签的位置与文字框的位置并不需要同在一处，可以将两者分离。双击标签后文字框将以最后一次的位置和大小出现。“文本注释工具”可以为图像增加文字注释，从而起到提示作用。

☆ **语音批注工具**

“语音批注工具”的作用是录制一段声音，在双击标签之后可以播放所录制的声音，不方便使用文字注释的时候可使用它进行注释。可在选项栏中设置作者和标签颜色。单击要放置批注图标的位置，弹出“语音批注”对话框，如图3-115所示。在对话框中单击【开始】按钮，然后对着麦克风讲话。完成之后，单击【停止】按钮，即完成语音批注的工作。

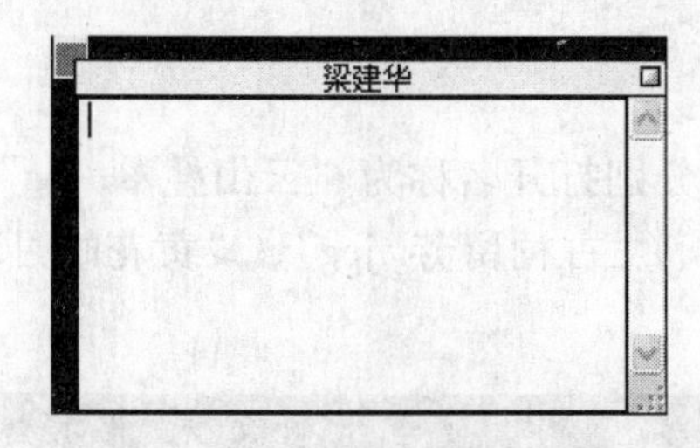

图3-114　附注文字输入框

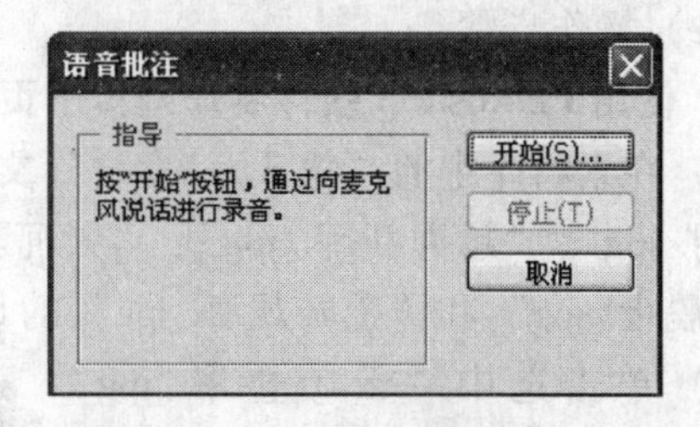

图3-115　“语音批注”对话框

3.4.4　案例拓展

☆【拓展案例10】羊城八景网页

本案例利用Photoshop制作出“羊城八景网页”，如图3-116所示。当把鼠标放在各张图片上时，鼠标变成小手状，这时单击鼠标左键，可打开一张内容相同的较大的图片。再单击【后退】按钮，返回“羊城八景网页”。通过本案例，读者可进一步掌握使用Photoshop将图像保存为网页文件的方法、制作切片的方法、将切片和网页建立链接的方法以及文字工具的使用方法等内容。

(1) 创作思路

打开羊城八景的8幅图片，利用“存储为Web和设备所用格式”命令将各幅图片依次

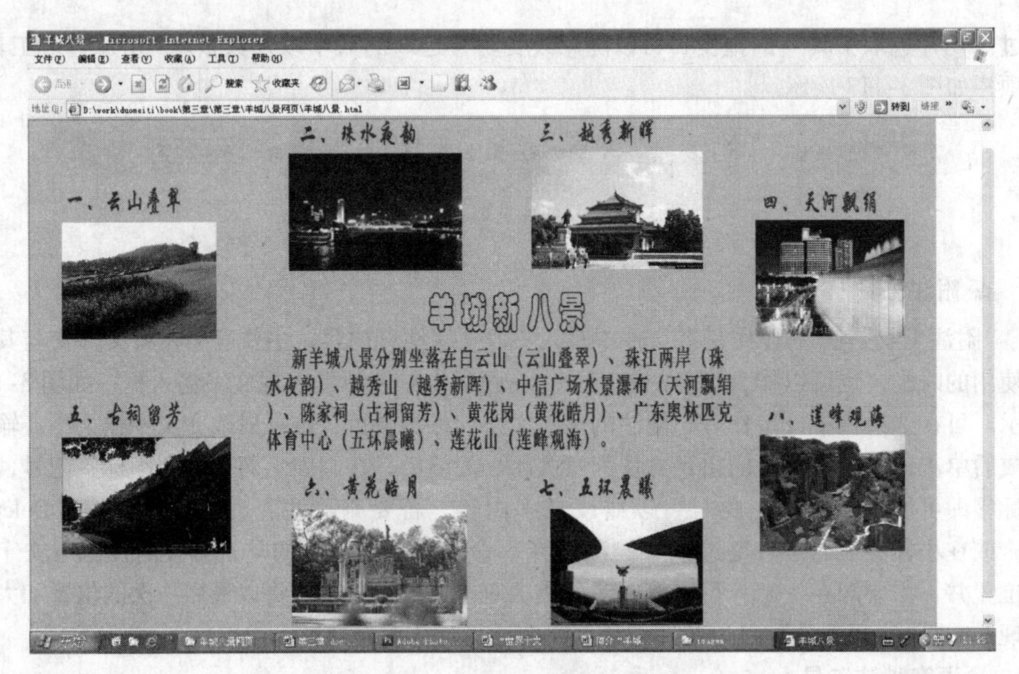

图 3-116 “羊城八景网页”效果图

保存为网页文件；建立主页文件图像，将羊城八景图片分别等比例地缩小高度，然后放置到主页文件图像中；对主页文件图像上的图片分别创建切片，然后与相应的网页文件建立链接；最后将主页文件图像保存为网页文件即可。

（2）操作步骤

1. 使用 Photoshop 软件制作网页子页

1）在素材库中的“第 3 章\素材”文件夹中，分别打开名称为“云山叠翠. jpg”、“珠水夜韵. jpg”、“越秀新晖. jpg”、“天河飘绢. jpg”、“古祠留芳. jpg”、“黄花皓月. jpg”、“五环晨曦. jpg”和“莲峰观海. jpg”的 8 幅图像。

2）单击选中“云山叠翠. jpg”图像，执行“文件”→“存储为 Web 和设备所用格式”菜单命令，调出“存储为 Web 和设备所用格式”对话框。

3）单击【存储】按钮，调出“将优化结果存储为”对话框。在该对话框内选择“第 3 章\效果图\羊城八景网页”文件夹作为文件保存的文件夹，在“保存类型”列表框中选择“HTML 和图像（＊. html）”选项，在“文件名”文本框中输入文件的名字“云山叠翠”，如图 3-117 所示。

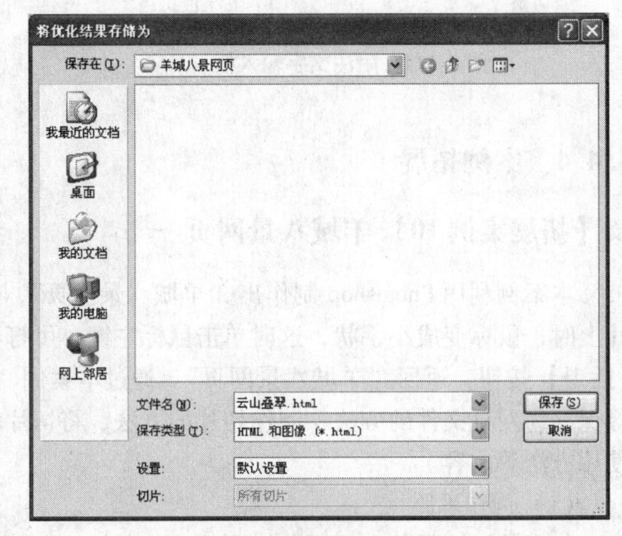

图 3-117 “将优化结果存储为”对话框

4）单击【保存】按钮，生成网页文件“云山叠翠. html”以及相关的

GIF图像文件。利用“存储为Web和设备所用格式”对话框可以将图像优化，减少文件的字节数。

5）按照上述方法，将其他7幅图像也保存为网页文件（HTML文件和GIF图像文件），HTML文件名分别为“珠水夜韵. html”、“越秀新晖. html”、“天河飘绢. html”、“古祠留芳. html”、“黄花皓月. html”、“五环晨曦. html”和“莲峰观海. html”。

2. 制作主页画面

1）选中“云山叠翠. jpg”图像，执行“图像”→“图像大小”命令，在打开的“图像大小”对话框中，勾选“约束比例”复选框，修改高度为150像素，单击【确定】按钮后，再执行“文件”→“存储为”命令，在弹出的“存储为”对话框中，将文件名改名为“云山叠翠1”，其余选项不变，单击【保存】按钮。

2）按照上述方法，将其他7幅图像的高度均修改为150像素，分别保存为网页文件“珠水夜韵1. html”、“越秀新晖1. html”、“天河飘绢1. html”、“古祠留芳1. html”、“黄花皓月1. html”、“五环晨曦1. html”和“莲峰观海1. html”。

3）新建宽度为1200像素、高度为700像素，模式为RGB颜色，背景为淡黄色（R=206、G=170、B=115）的画布。以名字“羊城八景.psd”保存在“羊城八景网页”中。

4）使用工具箱中的“移动工具”，将“云山叠翠1. html”等8幅高度为150像素的图像拖曳到“羊城八景.psd”图像上，适当调整它们的位置，如图3-118所示。

图3-118　将各张小图像摆放到“羊城八景.psd”图像上

✍ **提示：**为使各图像的摆放整齐，可使用参考线。

5）选择“横排文字工具”，设置字体为“华文彩云”，字体大小为36，在“羊城八景”图像的中间输入“羊城新八景”；修改字体为“华文中宋”，字体大小为20，在“羊城新八景”文字的下方输入介绍羊城新八景地理位置的文字；修改字体为“华文行楷”，字体大小为24，在画布上的各幅图像上方依次输入“一、云山叠翠”、“二、珠水夜韵”、……“八、莲峰观海”文字。

6）单击“图层”面板中“背景”图层的“眼睛”图标按钮，使“眼睛”图标消失。再执行“图层”→“合并可见图层”菜单命令，将除“背景”图层外的所有图层合并，然后命名为“图层 1”。再单击“背景”图层的“眼睛”图标按钮处，使“眼睛”图标再次出现。

3. 制作切片和建立网页链接

1）在图层调板中选中“图层 1”，单击工具箱中的【切片工具】按钮，在“样式”下拉列表框中选择“正常”选项，再在画布窗口内拖曳鼠标，选中第 1 幅图像“云山叠翠 1”，即可创建切片。按照相同的方法，再使用“切片工具”，为其他 7 幅图像创建独立的切片，最后效果如图 3-119 所示。注意：这里选择“显示自动切片”。

图 3-119　对 8 幅图片创建切片

2）将鼠标指针移到第 1 幅图像之上，单击鼠标右键，调出一个快捷菜单，执行该菜单中的“编辑切片选项”命令，调出“切片选项”对话框。在该对话框的“URL”文本框中输入要链接的网页名称，此处输入“云山叠翠. html”，如图 3-120 所示。然后，单击【确定】按钮，即可建立该切片与当前目录下名称为“云山叠翠. html”网页文件的链接。

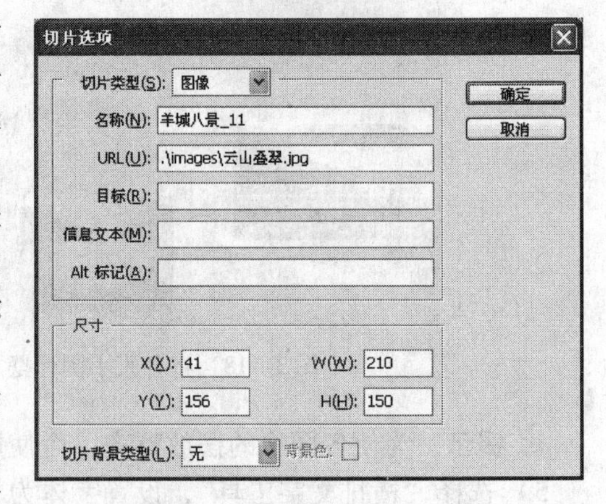

图 3-120　“切片选项”对话框

3）按照上述方法，建立其他 7 幅图像切片与“珠水夜韵. html”、“越秀新晖. html”、“天河飘绢. html”、“古祠留芳. html”、“黄花皓月. html”、“五环晨曦. html”和“莲峰观海. html”网页文件的链接。

4）执行“文件”→“存储为 Web 和设备所用格式”菜单命令，调出“存储为 Web 和设备所用格式”对话框。然后，按照上述方法，将该图像保存为名字为“羊城八景网页”的网页文件。

本章小结

图章工具组和修复工具组在实际应用中较为广泛，使用这些工具可以方便地修改图片，最终达到预期效果；橡皮擦工具组、历史记录画笔工具组和渲染工具组需要结合其他工具共同使用；利用“画笔工具”和“铅笔工具”可以绘制想要的图像和线条，并结合其他工具使用；利用形状工具组可以绘制各种图像，并且可以绘制路径；切片是网页应用中的一门技术，在网页处理中应用较为广泛。

习　题

一、填空题

1. 橡皮擦工具组包括＿＿＿＿＿＿＿＿、＿＿＿＿＿＿和“魔术橡皮擦工具”。
2. 形状工具组包括＿＿＿＿＿、＿＿＿＿＿、＿＿＿＿＿、＿＿＿＿＿、＿＿＿＿＿及“多边形工具”。
3. ＿＿＿＿用于创建比较柔和的线条，＿＿＿＿＿用来绘制一些棱角突出的线条。
4. “历史记录画笔工具”是配合＿＿＿＿＿一起工作的，主要是用于图像恢复操作。
5. ＿＿＿＿主要是用来适应网上数据传输的特点，大型的图片传输时造成了网页的时间延迟。

二、选择题

1. 如果使用“矩形选框工具”画出一个以鼠标单点点为中心的矩形选区，应按住（　　）键。
   A.【Shift】　B.【Ctrl】　C.【Alt】　D.【Shift + Ctrl】
2. “画笔工具”的用法和“铅笔工具”的用法基本相同，唯一不同的选项是（　　）。
   A. 软硬程度　B. 模式　C. 喷枪功能　D. 不透明度
3. 自动抹除选项是（　　）的选项栏中的功能。
   A. 画笔工具　B. 矩形工具　C. 铅笔工具　D. 直线工具
4. 使用“仿制图章工具”在图像中取样应当（　　）。
   A. 在取样的位置单击鼠标并拖拉
   B. 按住【Shift】键的同时单击取样位置来选择多个取样像素
   C. 按住【Alt】键的同时单击取样位置
   D. 按住【Ctrl】键的同时单击取样位置
5. 在 Photoshop 中按住（　　）键可保证“椭圆选框工具”绘出的是正圆形。
   A.【Shift】　B.【Alt】　C.【Ctrl】　D.【Tab】
6. 当“涂抹工具”中的“手指绘画”不选中时（　　）。
   A. 以前景色来着色　B. 以背景色来着色
   C. 以鼠标单击处的颜色来着色　D. 不着色
7. 在“画笔工具”选项栏中不可以设定的内容是（　　）。
   A. 喷枪　B. 透明度　C. 压力　D. 容差
8. 在“修复画笔工具”选项栏中有很多选项，下列说法错误的是（　　）。
   A. 选择“图案”选项，并在“模式”弹出菜单中选择“正常”模式时，该工具和图案图章工具使用效果完全相同
   B. 选择“取样”选项时，在图像中必须按住【Alt】键用工具取样，在“模式”弹出菜单中可选择“替换”，“正片叠底”，“滤色”等模式
   C. 选择“图案”选项，并在“模式”弹出菜单中选择“替换”模式时，该工具和图案图章工具使

用效果完全相同

D. 选择“对齐”选项时，对连续修复一个完整的图像非常有帮助，如果不选择此选项，一次取样后，每次松开和按下鼠标键，鼠标都会以起点重新进行修复

9. 被广泛应用于网络上的图像文件的格式有（　　）。

A. JPG、GIF　　B. PSD、PDD　　C. PSP、JPG　　D. BMP、PDD

10. 下面工具中，可以减少图像饱和度的是（　　）。

A. 海绵工具　　B. 模糊工具　　C. 加深工具　　D. 锐化工具

三、上机操作题

1. 参考【案例7】的方法，将如图3-121所示的“旧画像”中的瑕疵进行修复。

2. 参考【拓展案例8】的方法，制作出主直径为12的项链。

3. 画出如图3-122所示的“按钮图像”（操作提示：选择“形状工具组”，在其选项栏上选择“形状图层”，依次画出相关形状，然后添加相关样式即可）。

4. 参考【拓展案例10】的方法，制作“广州美食”图像。

图3-121 “旧画像”

图3-122 按钮图像

第 4 章　文字处理和图层

本章学习目标：

1）掌握文本输入和文本编辑的方法。

2）掌握图层的创建和编辑方法。

3）掌握图层样式的使用方法。

4）掌握图层组和图层剪贴组的使用方法。

4.1 【案例 11】“众志成城”立体字

本案例要完成制作“众志成城”立体字。通过本案例的学习，读者可以进一步掌握“横排文字工具”、“渐变工具”、“文字”调板的使用方法。

4.1.1 创作思路

在输入文字后，Photoshop 将自动为文字创建一个文本图层。选取文字选区后，再将文本图层删除，留下空白的文字选区。对这个空白的文字选区进行“渐变”填充，移动复制这个选区；再次对选区进行反向的渐变填充即可。

4.1.2 操作步骤

1）新建宽度为 400 像素、高度为 200 像素、模式为 RGB 颜色、背景色为白色的画布。

2）执行“窗口”→“字符”菜单命令，调出“字符”调板，设置字体为“黑体”，大小为 80，颜色为黑色，单击【仿粗体】按钮和【仿斜体】按钮，设置消除锯齿方法为平滑，如图 4-1 所示。

3）单击工具箱中的【横排文字工具】按钮，然后在画布内输入文字“众志成城”，如图 4-2 所示。

4）按住【Ctrl】键，同时在“图层”调板中单击文本图层的图标，将文字选中，形成

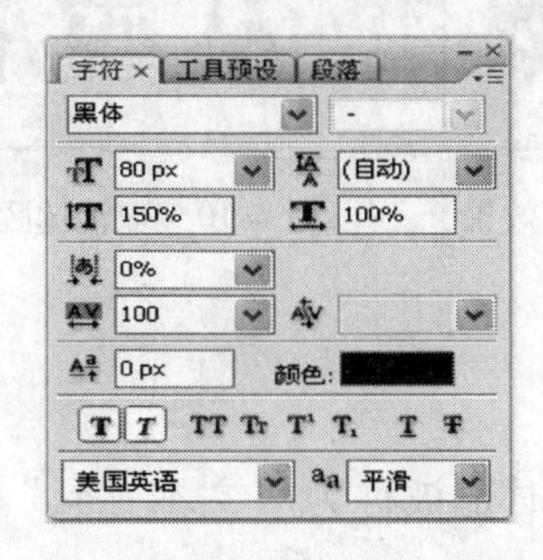

图 4-1　设置“字符”调板

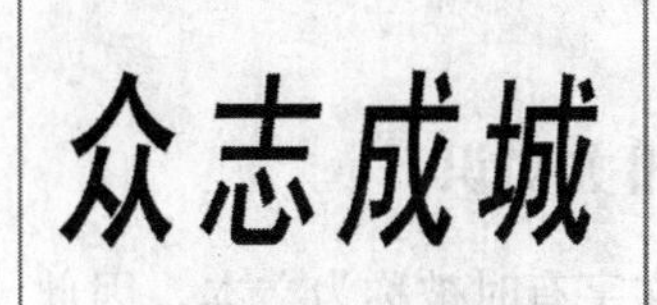

图 4-2　输入文字“众志成城”

文字选区，如图 4-3 所示。

5）单击“图层”调板中的【删除图层】按钮，将文本图层删除。此时还保留着空白的文字选区，如图 4-4 所示。

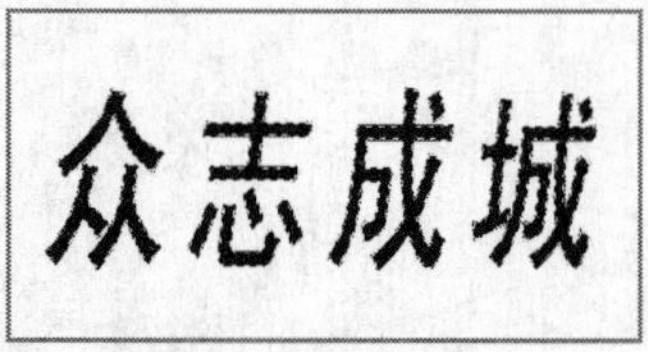

图 4-3　形成文字选区

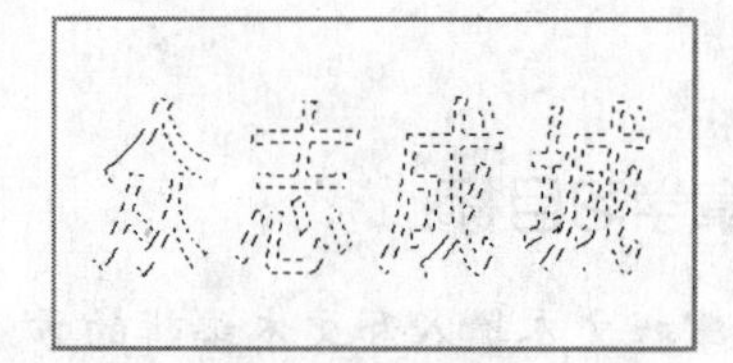

图 4-4　“空白”的文字选区

6）单击“图层”调板中的【创建新图层】按钮，建立一个新图层“图层 1”。然后在工具箱中选择“渐变工具”，在其选项栏中，单击【打开渐变拾色器】按钮，在下拉列表中选择“铜色”选项。

7）在图像中第一个文字处从左至右拖曳，水平填充渐变颜色，如图 4-5 所示。填充后的效果如图 4-6 所示。

8）执行“编辑”→“描边”命令，给文字添加颜色为淡棕色（R = 180，G = 132，B = 112），宽度为 1 像素的描边。然后按【Alt + Ctrl + ↑】组合键移动复制选区内的图像，如图 4-7 所示。

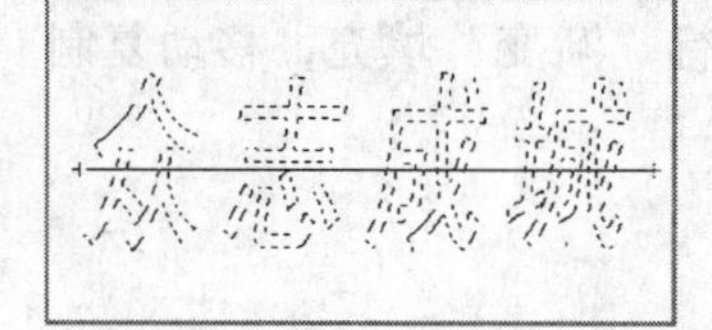

图 4-5　从左至右填充渐变色

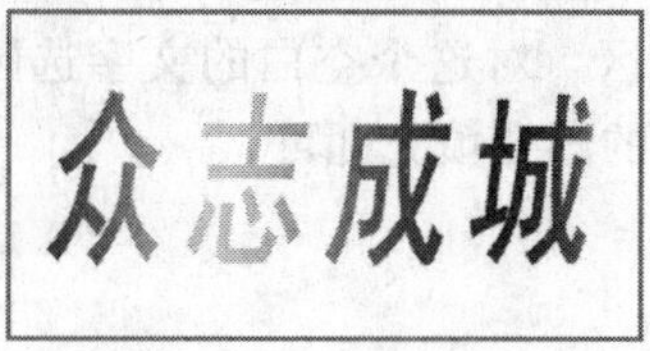

图 4-6　填充渐变色后的效果

图 4-7　向上移动复制图像

9）使用“渐变工具”在图像中从上到下拖曳，再次填充渐变颜色，如图 4-8 所示。填充后的效果如图 4-9 所示。

10）按下【Ctrl + D】组合键取消选区，完成立体字的制作，如图 4-10 所示。

图 4-8　从上到下填充渐变色

图 4-9　填充渐变色后的效果

图 4-10　取消选区后完成的效果

4.1.3　相关知识

因为文字有时被称为文本，因此“文字工具”有时也被称为“文本工具”。“文字工具”共有 4 个，分别是“横排文字工具”、“直排文字工具”、“横排文字蒙版工具”

、"直排文字蒙版工具"。下面以横排文字工具为典型来介绍。

☆ **横排文字工具**

选择"横排文字工具"后，在画面中单击，在出现输入光标后即可输入文字，如图 4-11 所示。按【Enter】键可换行，若要结束输入可按【Ctrl + Enter】组合键或单击选项栏的【提交】按钮。Photoshop 将文字以独立图层的形式存放，输入文字后将会自动建立一个文字图层，图层名称就是文字的内容，如图 4-12 所示。文字图层具有和普通图层一样的性质，如图层混合模式、不透明度等，也可以使用图层样式。

如果要更改已输入文字的内容，在选择了"文字工具"的前提下，将鼠标停留在文字上方，指针将变为I，单击后即可进入文字编辑状态。编辑文字的方法就和使用通常的文字编辑软件（如 Word）一样。可以在文字中拖动选择多个字符后单独更改这些字符的相关设定，如图 4-13 所示。需要注意的是，如果有多个文字层存在且在画面布局上较为接近，那就有可能单击编辑了其他的文字层。遇到这种情况，可先将其他文字图层关闭（隐藏），被隐藏的文字图层是不能被编辑的。

图 4-11　在画面上输入文字

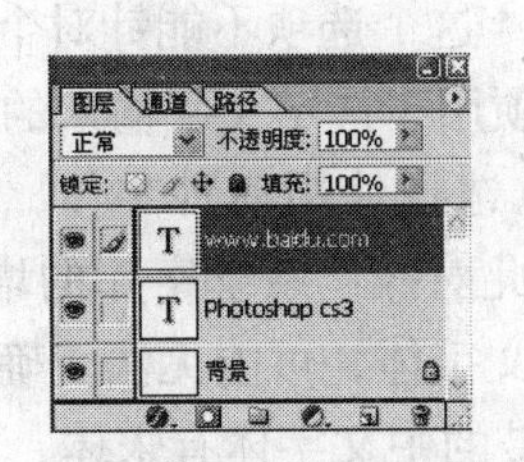

图 4-12　文字图层

图 4-13　在文字中拖动选择

☆ **直排文字工具**

选择"直排文字工具"并从"文字工具"选项栏中选择字体颜色、字体大小、字形后，输入字母或文字，顺序输入的字母或文字竖向排列，并自动产生一个文字图层，如图 4-14 所示。

☆ **文字蒙版工具**

"文字蒙版工具"分为"横排文字蒙版工具"和"直排文字蒙版工具"。

选择"横排文字蒙版工具"输入字母或文字后，顺序输入的内容以选区形式横向排列。用户可以选择任意颜色对文字进行填充，如图 4-15 所示

选择"直排文字蒙版工具"，输入字母或文字后，顺序输入的内容以选区形式竖向排列字母。用户可以选择任意颜色对文字进行填充，如图 4-16 所示。

图 4-14　直排文字

图 4-15　横排文字蒙版

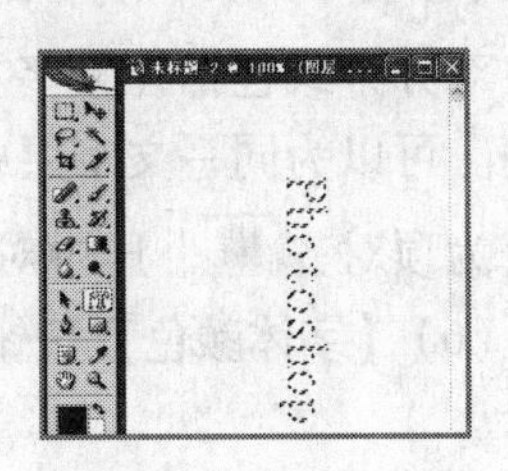

图 4-16　直排文字蒙版

☆ **“文字工具”选项栏**

“文字工具”选项栏如图 4-17 所示。

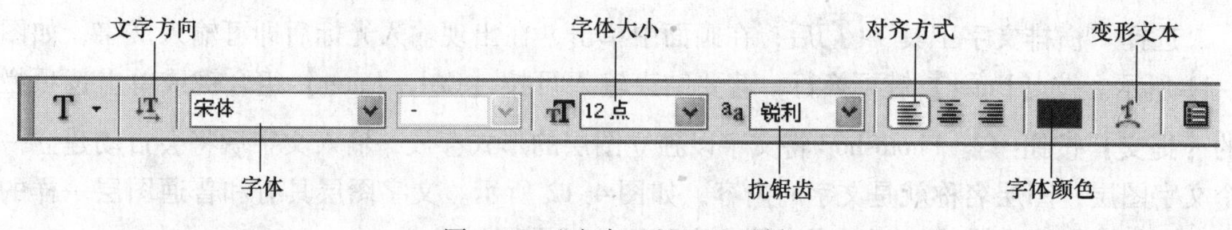

图 4-17 “文字工具”选项栏

(1)【文字方向】按钮 该按钮用于选择文字输入的方向。

排列方向决定文字以横向排列（即横排）还是以竖向排列（即直排），因此其实选用“横排文字工具”还是“直排文字工具”都无所谓，因为随时可以通过这个按钮来切换文字排列的方向。使用时文字层不必处在编辑状态，只需要在“图层”调板中选择即可生效。需要注意的是，即使将文字层处在编辑状态，并且只选择其中一些文字，但该选项还是将改变该层所有文字的方向。也就是说，这个选项不能针对个别字符。

(2)“字体”下拉列表框 该项用于选定文字输入的字体。

在“字体”下拉列表框中可以选择使用何种字体，不同的字体有不同的风格。Photoshop 使用操作系统带有的字体，因此对操作系统字库的增减会影响 Photoshop 能够使用到的字体。需要注意的是，如果选择英文字体，可能无法正确显示中文。因此，输入中文时应使用中文字体。Windows 系统默认附带的中文字体有宋体、黑体、楷体等。可以为文字层中的单个字符指定字体。

(3)“字体大小”下拉列表框 该项用于输入所选文字的大小。

字体大小也称为字号，下拉列表中有常用的几种字号，也可通过手动自行设定字号。字号的单位有“像素”、“点”、“毫米”，可在 Photoshop 的首选项（按【Ctrl + K】组合键）的“单位与标尺”项目中更改。作为网页设计来说，应该使用像素单位。如果是印刷品的设计，则应该使用传统长度单位。

(4)“抗锯齿”下拉列表框 该项用于选择消除文字的锯齿。

“抗锯齿”下拉列表框控制字体边缘的羽化效果。一般如果字号较大的话应开启该选项以得到光滑的边缘，这样文字看起来较为柔和。但对于较小的字号来说开启抗锯齿可能造成阅读困难的情况。这是因为较小的字本身的笔画就较细，在较细的部位羽化就容易丢失细节，此时关闭抗锯齿选项反而有利于清晰地显示文字。该选项只能针对文字层整体有效。

(5)【对齐方式】按钮 该按钮用于设置文字的对齐方式。

对齐方式包括让文字左对齐、中对齐或右对齐，这对于多行的文字内容尤为有用。可以为同一文字层中的不同行指定不同的对齐方式。如果文字方向为直排，对齐方式将变为顶对齐、居中对齐、底对齐。

(6)【字体颜色】按钮 该项用于设置字体的颜色。也可以对单个字设置颜色，如图 4-18 所示。

(7)【变形文本】按钮 该按钮用于设置字体的变形。

变形功能可以令文字产生变形效果，可以选择变形的样式及设置相应的参数，如

图 4-19 所示。需要注意的是，其只能针对整个文字图层而不能单独针对某些文字。如果要制作多种文字变形混合的效果，可以通过将文字分次输入到不同文字层，然后分别设定变形的方法来实现。

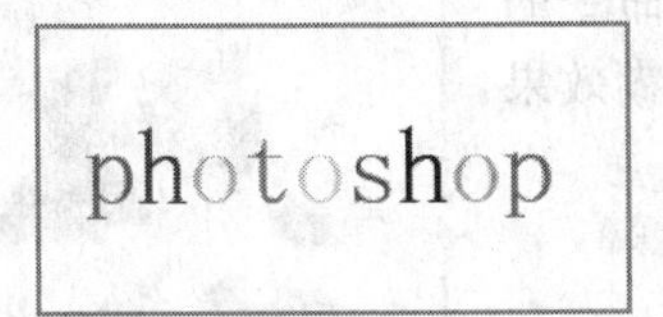

图4-18　设置单个字符的颜色

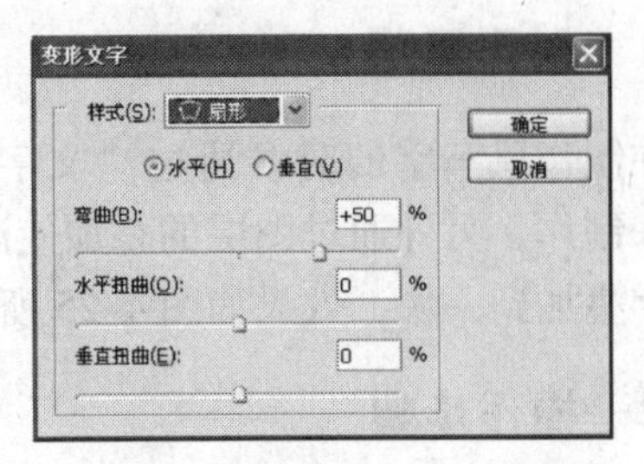

图 4-19　“变形文字”对话框

4.1.4　案例拓展

☆【拓展案例 11】“中国加油”凸起文字

实例效果如图 4-20 所示。

（1）创作思路

本案例的制作相当简单，仅仅是输入文字后，给文字添加“斜面与浮雕”样式，然后修改填充值为 0 即可。

（2）操作步骤

1）在 Photoshop 中，打开素材库中的“第 4 章\素材\奥运背景. jpg”文件，如图 4-21 所示。

图 4-20　“中国加油”效果图

图 4-21　背景图片

2）用任意颜色输入“中国加油”字样，并调整文字大小如图 4-22 所示。

3）给文字添加“斜面与浮雕”效果，参数按照默认值设定，效果如图 4-23 所示。

4）在图层调板中把填充值降到 0，如图 4-24 所示。

图 4-22　输入“中国加油”文字

图 4-23　添加“斜面与浮雕”效果

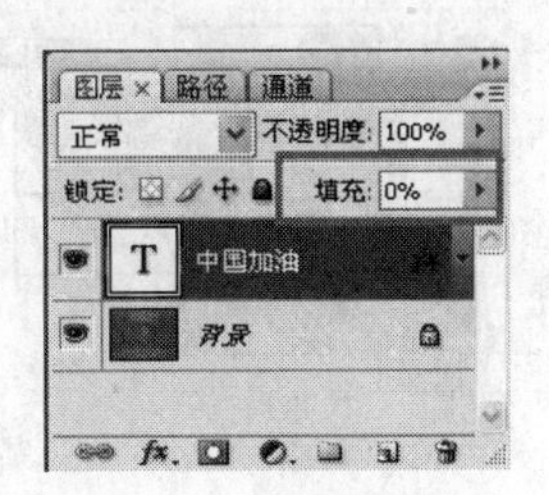

图 4-24　把填充值降到 0

4.2 【案例12】“八面来风”风车字

4.2.1 创作思路

在制作风车字的时候通过“文字工具”和“滤镜”命令的结合来制作，另外通过图层的叠加使清晰效果的文字与模糊效果的文字叠加到一块，效果如图4-25所示。

图4-25 风车字效果图

4.2.2 操作步骤

1）新建一个宽度和高度相同的图像文件，选择工具箱中的“横排文字工具” T，设置字体为“华文行楷”，在图像上输入“八面来风”四个字，如图4-26所示。

2）执行“编辑”→“自由变形工具”命令，将文字拉伸变形为接近正方形（注意：要展宽至几乎整个画布），如图4-27所示，在框内双击鼠标完成变形。

3）执行“图层”→“栅格化”→“文字”命令。

4）执行“滤镜”→“扭曲”→“极坐标”命令变形滤镜，在弹出的“极坐标”对话框中选择“平面坐标到极坐标”选项，如图4-28所示。

图4-26 在图像上输入文字

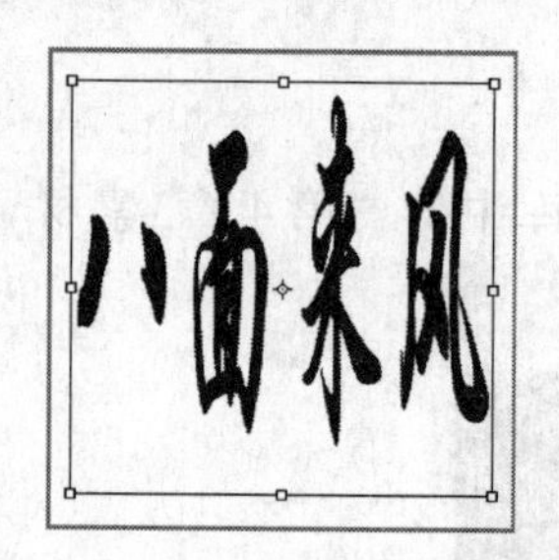

图4-27 将文字拉伸变形

图4-28 “极坐标”对话框

5）在“图层”调板中，按住【Ctrl】键单击文本图层，得到文字选区。将文字图层删除，但选区仍然保留。然后新建一个图层“图层1”，并选中该图层。

6）选择工具箱中的“渐变工具”，在工具栏中单击按钮右边的下拉箭头，在弹出的对话框中选择“色谱”渐变，如图4-29所示；选择“线性渐变”填充方式。从文字的中心向外拉一条路径，如图4-30所示。渐变后的效果如图4-31所示。

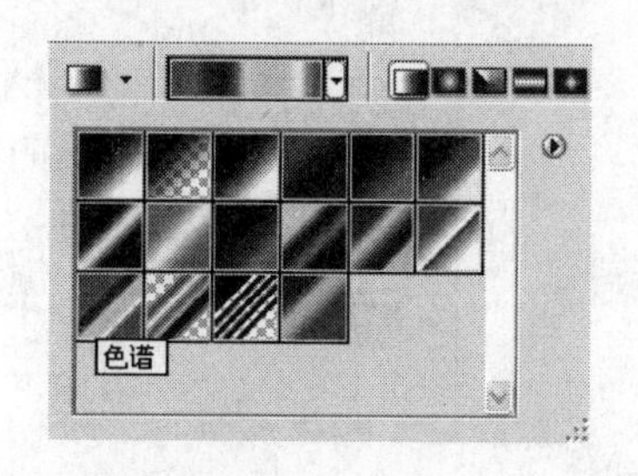

图4-29 选择“色谱”渐变

图4-30 从中心向外拉一条路径

图4-31 渐变后的效果

7）在“图层”调板中，用鼠标将图层1拖动到调板下方的【创建新图层】按钮上，复制该层，如图4-32所示。选取下面一层为当前操作层，选择“椭圆选框工具”，在按住【Alt+Shift】键的同时，在文字中间向外拉出一个大小和位置刚好包围所有文字的圆形框，如图4-33所示。执行“滤镜”→“模糊”→“径向模糊”命令，在弹出的“径向模糊”对话框中按图4-34所示进行设置。按【Ctrl+D】组合键取消选区，便得到如图4-25所示的效果。

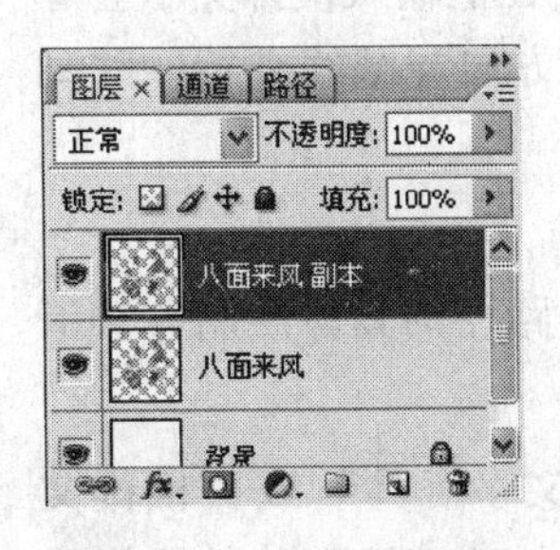

图4-32　复制文本图层

图4-33　拉出一个圆形框

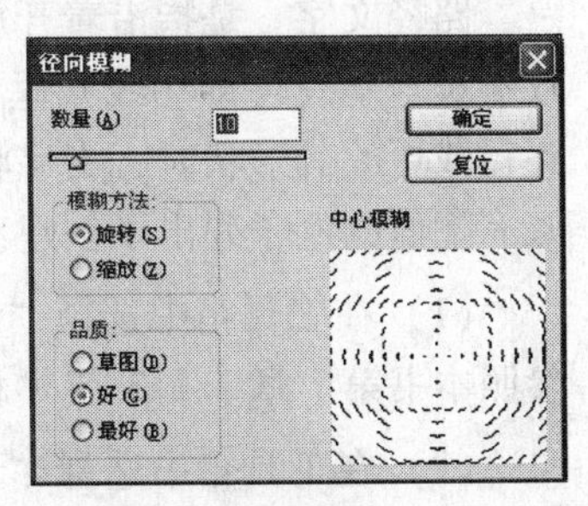

图4-34　“径向模糊”对话框

4.2.3　相关知识

☆ 变形文字

Photoshop中允许变形文字以适应各种形状，如图4-35所示。变形样式是文字图层的一个属性，可以随时更改图层的变形样式，以更改变形的整体形状。

下面介绍如何设置变形文字。

1）从工具箱中选择“横排文字工具”，输入文字。

2）在选项栏上单击【创建文字变形】按钮，弹出“变形文字”对话框，分别选择“扇形”、“拱形”、“旗帜”、“鱼形”几种变形样式，如图4-36所示。

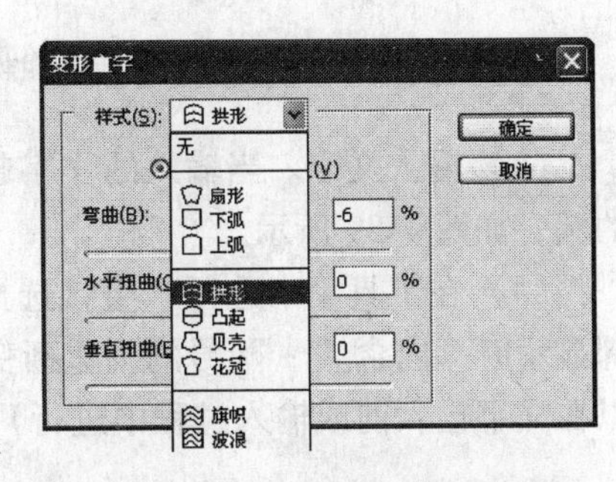

图4-35　“变形文字”对话框

“扇形”效果

“拱形”效果

“旗帜”效果

“鱼形”效果

图4-36　几种变形样式

☆ 点文字和段落文字

点文字　是一个水平或垂直文本行，它起始于鼠标在图像中单击的位置。要向图像中添加少量文字，在某个点输入文本是一种有用的方式。前面讨论的都属于点文本。

段落文字　是用于水平或垂直方式控制字符流的边界。想要创建一个或多个段落（比如为宣传手册创建）时，采用这种方式输入文本十分有用。

输入段落文本时，文字基于外框（选择“文字工具”拖曳出来的矩形框）的尺寸换行。调整外框的大小，文字会在矩形内重新排列。可以在输入文字时或创建文字图层后调整外框。也可以使用外框来旋转、缩放和斜切文字。段落文字的例子参考本书第 8 章 8.3 节。

点文字与段落文字之间可以互相转换。在“图层”调板中选择文字图层后，执行“图层”→“文字”→“转换为点文本”或“图层”→“文字”→“转换为段落文本”命令即可。

☆ **路径文字**

路径文字　是指沿着开放或封闭的路径的边缘流动的文字。在路径上输入横排文字会导致字母与基线（即切线）垂直。在路径上输入直排文字会导致文字方向与基线平行。移动路径或更改其形状时，文字将会适应新的路径位置或形状。

下面的例子列出了创建和编辑路径文字的方法。

（1）在工具箱中选择“钢笔工具”，绘制一条开放的路径（路径的具体绘制方法请参照本书第 7 章 7.1.3 节“相关知识”中的“创建路径”部分）。

（2）在工具箱中选择“横排文字工具”T（也可以是“直排文字工具”或“横排文字蒙版工具”或“直排文字蒙版工具”）。把鼠标置于路径上，使“文字工具”的基线指示符出现，如图 4-37 所示。单击左键，此时路径上会出现一个插入点以及相应的文字路径范围，如图 4-38 所示。

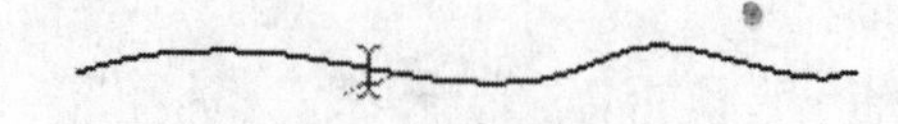

图 4-37　出现“文字工具”的基线指示符

图 4-38　出现相应的文字路径范围

（3）输入文字。当输入的文字超出文字路径范围，边界处的空心圆变成内含“+”号的圆，如图 4-39 所示。

（4）在工具箱中选择“直接选择工具”，把鼠标置于边界处，向外拖动边界，当文字全部显示时，内含“+”号的圆重新变成空心圆，如图 4-40 所示（注意：拖动边界的工作可以在文字输入前或输入过程中进行）。最后删除路径就行了。

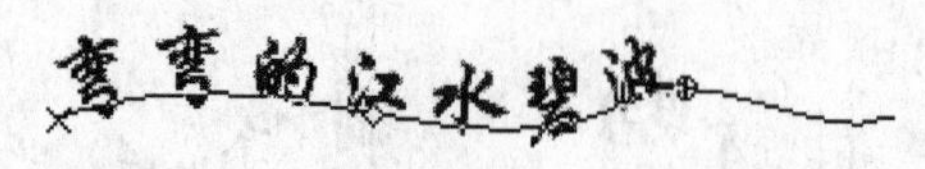

图 4-39　边界为内含“+”号的圆

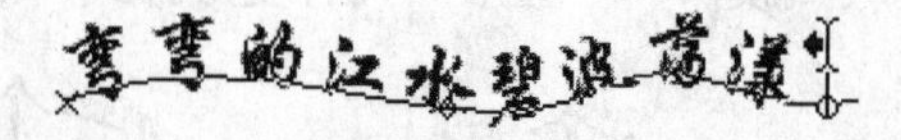

图 4-40　向外拖动边界

4.2.4　案例拓展

☆【拓展案例 12】宣传海报

实例效果如图 4-41 所示。通过本案例的学习，读者可以进一步掌握“文字工具”、“渐变工具”、“选框工具”的使用方法。

（1）创作思路

打开背景图片后，依次输入文字，在需要处设置文字的样式，然后拖放到相关位置。对顶部文字的背景设置，还要用到“选框工具”及“渐变工具”。

图4-41　宣传海报效果图

（2）操作步骤

1）在Photoshop中，打开素材库中的“第4章\素材\音乐背景.jpg”文件，如图4-42所示。

2）选择“横排文字工具”，在其选项栏上设置字体为“Bookman Old Style”，颜色为草绿色（R=175，G=220，B=75），在画布上输入“music”。利用【创建文字变形】按钮设置变形文字样式为“增加”，并按如图4-43所示修改参数，调整文字大小，如图4-44所示。

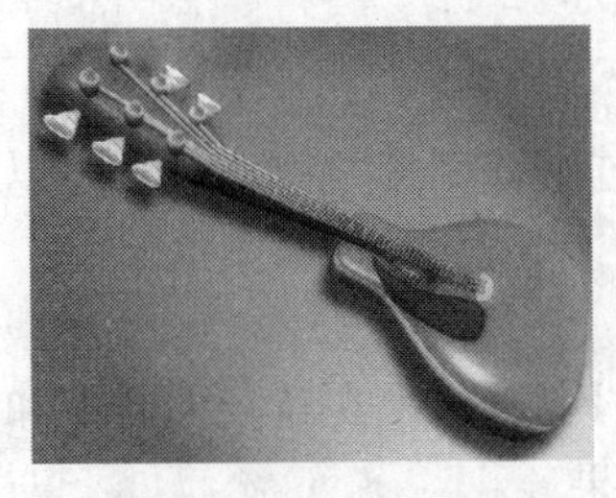

图4-42　背景图片

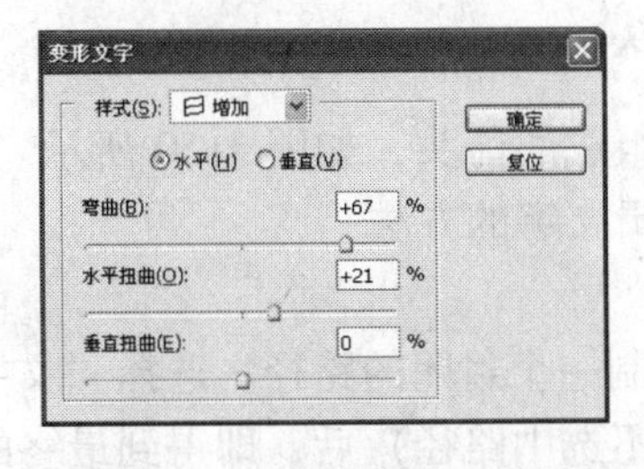

图4-43　“变形文字”对话框

图4-44　“music”图层

3）选择“横排文字工具”，设置字体为“华文行楷”，颜色为白色，输入“青春校园歌手大赛”几个字。设置变形文字样式为“拱形”，并按如图4-45所示修改参数，然后添加“斜面与浮雕”和“投影”效果，按照默认值设置，效果如图4-46所示。

✍ **提示：**由于music图层所占区域较大，要输入新的文字，可先将music图层隐藏（使其前面的眼睛图标不显示），输入文字后再打开music图层。这同样适用于下面的步骤。

4）分别输入文字“为丰富同学们的校园生活，学院精心策划”、“此次校园歌手大赛，欢迎踊跃报名！”和“主办：信息工程系”、“地点：2号教学楼103”放到指定位置，如图4-47所示。

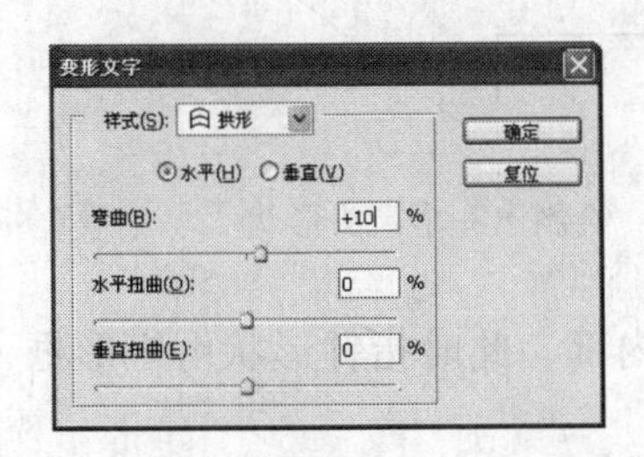

图4-45　“变形文字”对话框

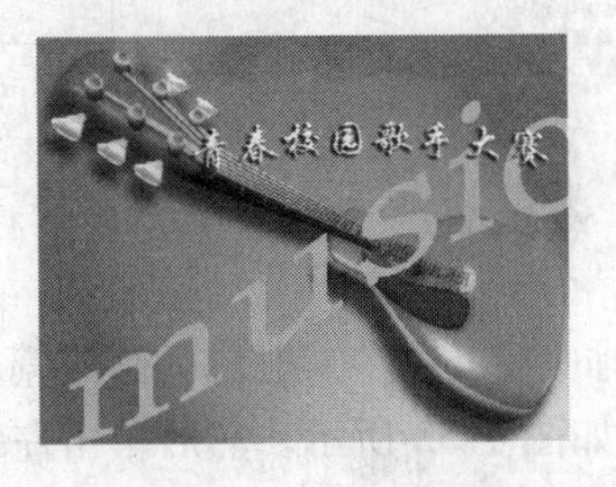

图4-46　文字图层1

图4-47　文字图层2

5）设置前景色为靠近该矩形左下角的颜色，背景色为画布中下部光亮处的颜色；选中背景图层，用“矩形选框工具”拉出一个矩形选区，如图4-48所示。选择“渐变工具”，选择预设为“从前景到背景”，然后从右到左填充渐变色，效果如图4-49所示。

6）选择“横排文字工具”，设置颜色为白色，变形文字样式为“旗帜”。在刚才的选区中，输入“超越梦想，想唱就唱”，并调整文字大小，最后得到如图4-41所示的效果。

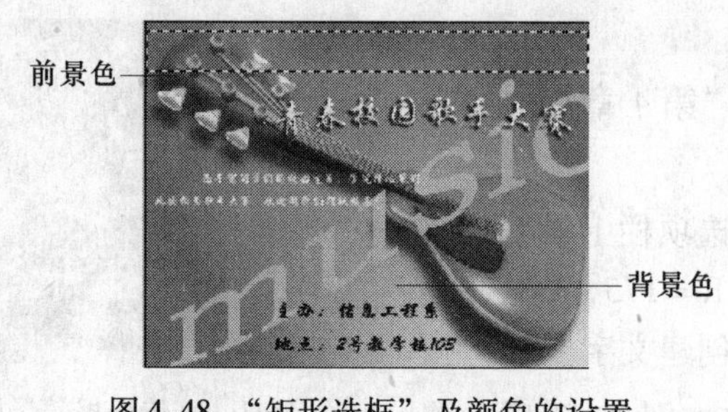

图 4-48　“矩形选框”及颜色的设置

图 4-49　填充渐变色后

☆【拓展案例 13】文字箭头

本案例要制作一个由文字组成的箭头，如图 4-50 所示。通过本案例的学习，读者可以进一步掌握在路径上创建和编辑文字的方法。

（1）创作思路

利用“自定形状工具”绘制一个封闭的路径。选择“文字工具”，依次在路径的内部和边缘写入文字，删除路径（或不选中路径）后，即得到最终的效果。

（2）操作步骤

1）新建名称为“文字箭头”的文件，采用“默认 Photoshop 大小”，颜色模式为“RGB 颜色”，背景内容为“白色”。

2）在工具箱中选择“自定形状工具”，在其选项栏上选择“路径”模式，设置形状为“形状 9”，然后在画布上绘制出一个箭头形状，如图 4-51 所示。

图 4-50　“文字箭头”效果图

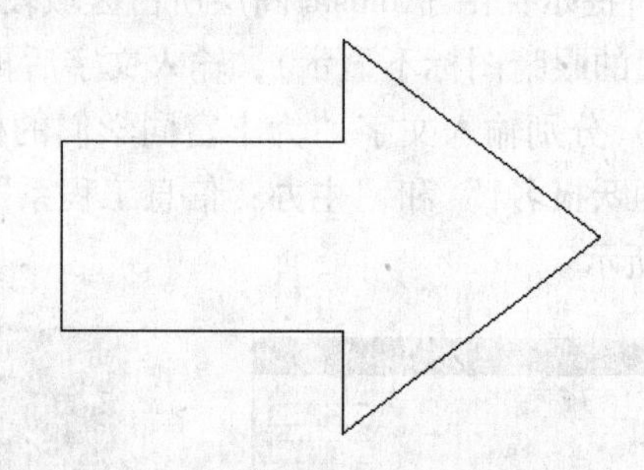

图 4-51　绘制出一个箭头形状

3）在工具箱中选择“横排文字工具”，把鼠标移进箭头内部，此时指针形状由矩形框线包围变为由椭圆框线包围，如图 4-52 所示。然后单击左键。

4）打开“字符”调板，设置字体大小为 12 像素，文本颜色为黑色，行距为“自动”。然后输入文字“由此路进”，如图 4-53 所示。复制所输入的文字，不断粘贴，直至文字贴满箭头内部，如图 4-54 所示。

5）打开“图层”调板，选中“背景”图层。再打开“路径”调板，选中前面绘制的“工作路径”，然后选择工具箱中的“横排文字工具”，修改文本颜色为红色。把鼠标置于路径边缘，使“文字工具”的基线指示符出现，如图 4-55 所示。单击鼠标左键。

6）输入文字“由此路进”，如图 4-56 所示。对该路径文字进行复制粘贴，直至贴满整条路径，如图 4-57 所示。单击“路径”调板的空白部分，即不选中任何路径，就得到如图

4-50 所示的效果。保存文件，完成本案例的制作。

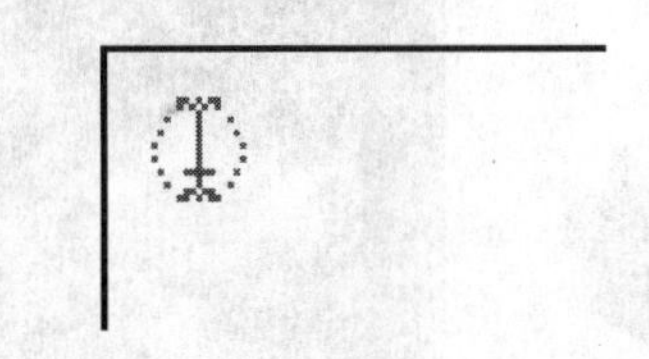

图 4-52　指针形状变为由椭圆框线包围

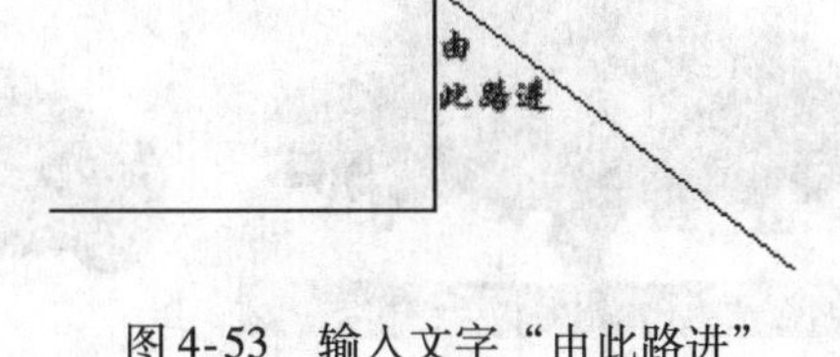

图 4-53　输入文字“由此路进”

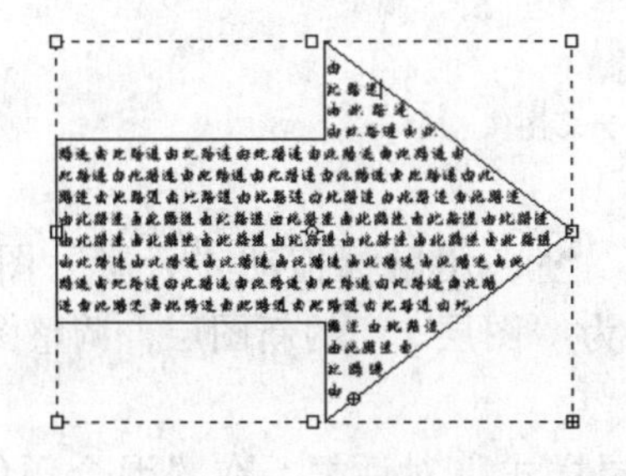

图 4-54　粘贴文字直至贴满箭头内部

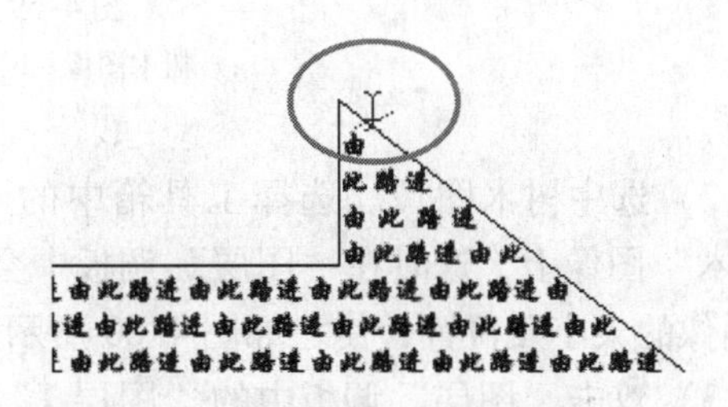

图 4-55　“文字工具”的基线指示符出现

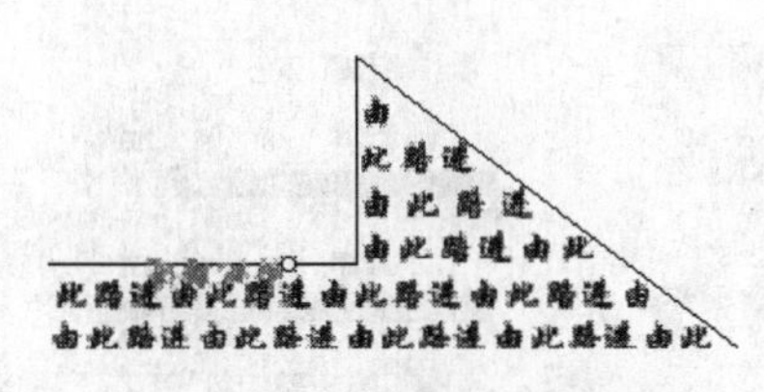

图 4-56　输入文字“由此路进”

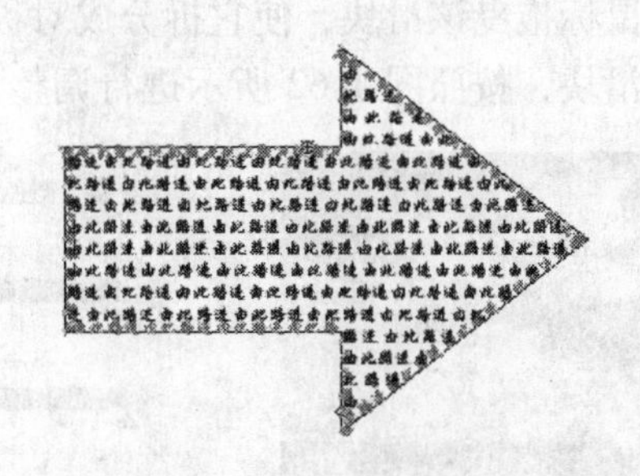

图 4-57　粘贴文字直至贴满整条路径

4.3　【案例 13】树荫下的汽车

本案例要将“树木”、“汽车”、“云彩”3 幅图像合并成一幅图像，并且使得汽车的前身位于树干的后面，如图 4-58 所示。通过本案例的学习，读者可以进一步掌握图层的使用方法，主要掌握“通过剪切的图层”菜单命令和“图层”调板中图层顺序的调整方法。

4.3.1　创作思路

制作该图像的关键是将树干的一部分裁切到新的图层，再将该图层移至“汽车”图像所在图层的上面。

图 4-58　“树荫下的汽车”效果图

4.3.2　操作步骤

1）在 Photoshop 中，分别打开“第4 章\素材”文件夹中的 3 幅图像：“树木. jpg”，“汽车. jpg”和“云彩. jpg”，如

图 4-59 所示。

a)

b)

c)

图 4-59　打开 3 幅图像

a）树木图像　b）汽车图像　c）云彩图像

2）选中树木图像。选择工具箱中的“移动工具”，用鼠标拖动“云彩”图像到“树木”图像上，这时在“图层”调板中会有一个名称为“图层 1”的新图层，调整图层 1 中图像的大小及位置，使之如图 4-60 所示。

3）双击“图层”调板中的“图层 1”，调出“图层样式”对话框。在“混合颜色带”选框中，先把鼠标放在“下一图层:”左端点滑块的右边，如图 4-61 所示；然后按下【Alt】键，用鼠标拖曳该滑块，使它拆分成对称的两个黑色实心小滑块。接着分别拖曳移动这两个实心小滑块，按照图 4-62 所示进行调整。调整后的效果如图 4-63 所示。

图 4-60　调整图层 1 中的图像

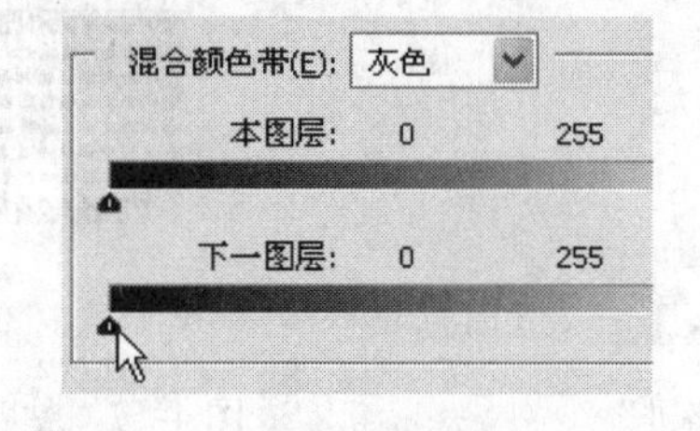

图 4-61　鼠标放在滑块的右边

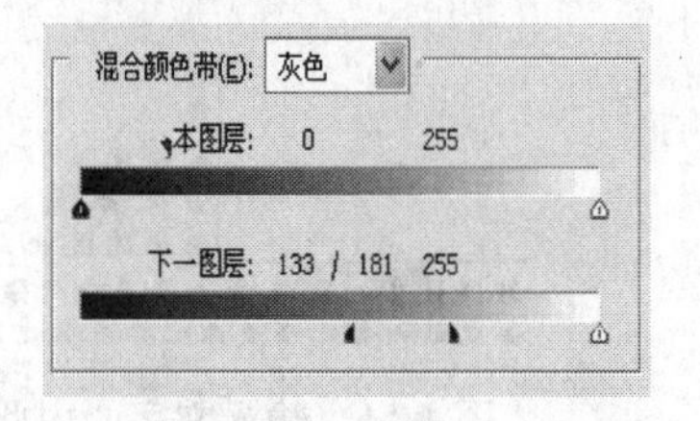

图 4-62　调整两个小滑块的位置

4）选中“背景”图层，使用“磁性套索工具”建立选区，如图 4-64 所示。

5）执行菜单栏中的“图层”→“新建”→“通过拷贝的图层”命令，在“图层”调板中会生成一个名称为“图层 2”的新图层，用来放置上一步中选区中的图像。

✍ **提示：**也可选择“通过剪切的图层”命令，但从实践中可看出，若采用这种方法，在树干的拼合部分会出现一条白色的细线。

图 4-63　对图层 1 调整后的效果

6）选中汽车图像。选择“魔棒工具”，在选项栏上设置容差为 10，勾选“连续”复选框，然后用鼠标单击图像中的白色处，再执行菜单栏中的“选择”→“反向”命令，将汽车选中。

7）选择“移动工具”，用鼠标将“汽车”图像拖曳到“树木”图像中，得到图层 3。按【Ctrl + T】键调整“汽车”图像的大小，再将汽车的前身部分移到刚才复制的树干处。

8）最后调整图层的顺序，从下到上依次为：背景、图层 1、图层 3、图层 2，如图 4-65 所示。此时即得到如图 4-58 所示的效果。

图 4-64　对背景图层建立选区

图 4-65　调整各图层的顺序

4.3.3　相关知识

☆ **图层调板**

进入 Photoshop 工作环境后，如在窗口中未出现“图层”调板，可执行“窗口”→“图层”命令，打开“图层”调板。“图层”调板各部分的含义如图 4-66 所示。

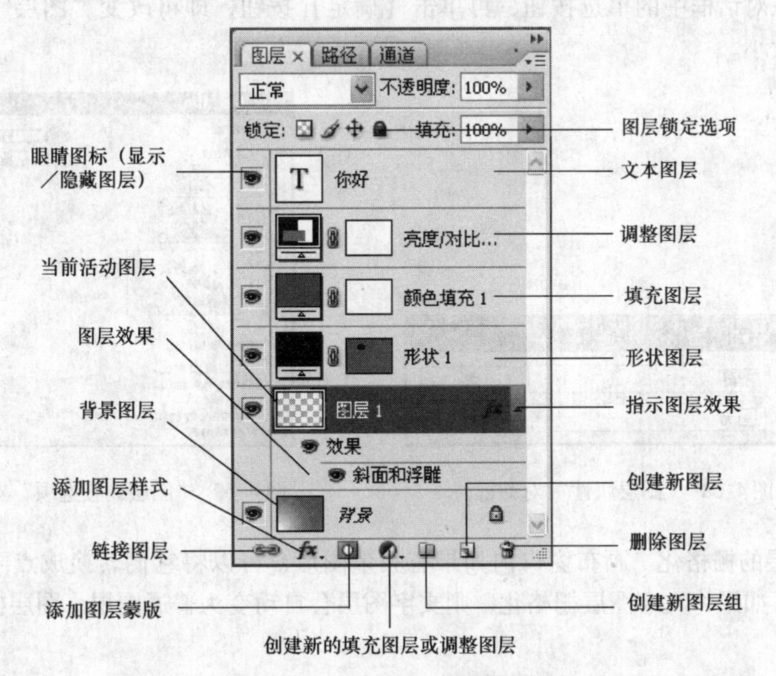

图 4-66　“图层”调板各部分的含义

☆ **创建背景图层和普通图层**

（1）创建背景图层　执行“图层”→“新建”→“背景图层”命令，打开“新建图层”对话框，如图 4-67 所示。利用该对话框，可以改变图层的颜色和图层的名称。

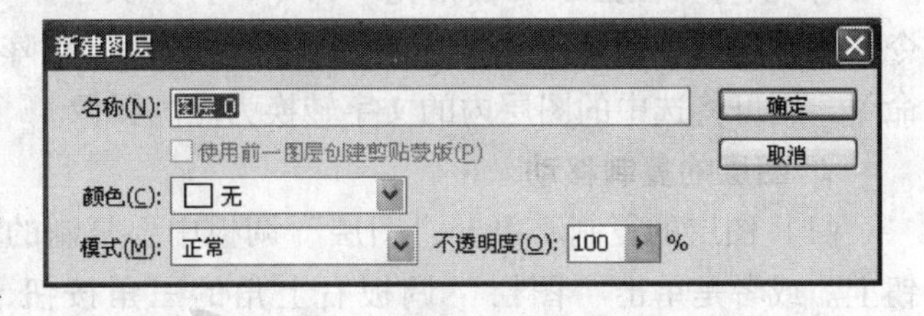

图 4-67　“新建图层”对话框

（2）创建普通图层　执行“图层”→“新建”→“图层”命令，打开与图 4-67 类似的对话框，不同之处在于该对话框中“使用前一图层创建剪贴蒙版”选项可用。或者在“图层”调板中单击【创建新图层】按钮，也可以建一个新的普通图层。

☆ **创建填充图层和调整图层**

（1）创建填充图层　执行“图层”→“新建填充图层”命令，然后选择一种样式。这里的样式一共有 3 种，分别是纯色、渐变和填充。

（2）创建调整图层　执行“图层”→“新建调整图层”命令，然后选择一种样式。

☆ **图层属性和图层栅格化**

（1）图层属性的修改

1）改变“调板”中图层的颜色和名称。执行“图层”→“图层属性”命令，打开“图层属性”对话框，如图 4-68 所示。利用该对话框，可以改变“图层”调板中图层的颜色和图层的名称。

2）改变“图层”调板中图层预览缩图的大小。单击“图层”调板右上角的按钮，在弹出的调板菜单中，选择“调板选项”命令，打开“图层调板选项”对话框，如图 4-69 所示。单击该对话框中的单选按钮，再单击【确定】按钮，即可改变“图层”调板中图层预览缩图的大小。

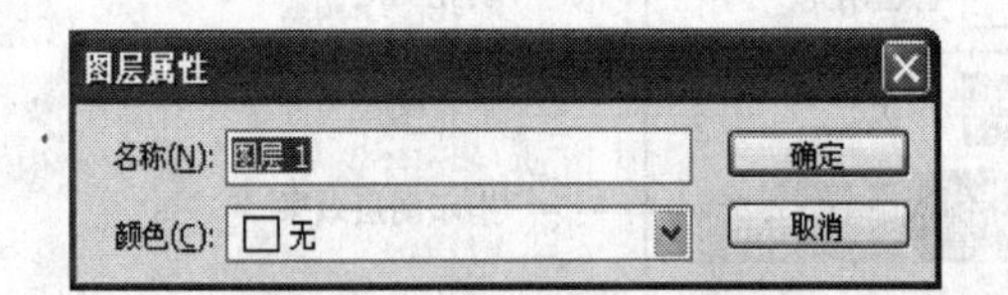

图 4-68 “图层属性”对话框

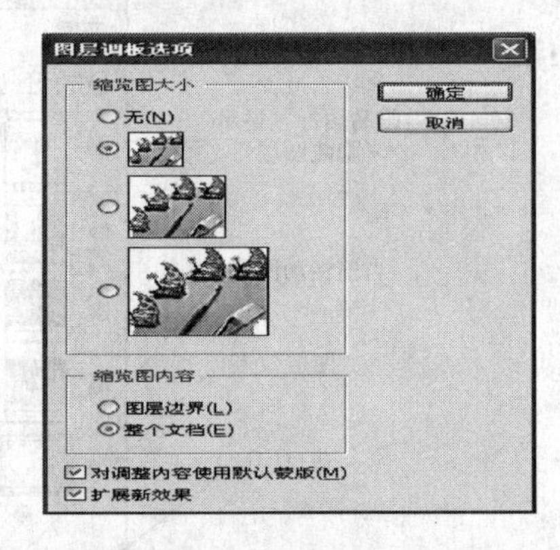

图 4-69 “图层调板选项”对话框

（2）图层的栅格化　画布窗口内如果有矢量图形，可以将它们转换成点阵图像，称为图层栅格化。如果将文字图层栅格化，则文字图层会自动变为普通图层。图层栅格化的方法如下。

1）单击选中有矢量图形的图层或文字图层。

2）执行“图层”→“栅格化”命令，打开其子菜单。如果执行子菜单中的“图层”命令，即可将选中的图层内的所有矢量图形转换为点阵图像。如果执行子菜单中的“文字”命令，则可将选中的图层内的文字转换为点阵图像。

☆ **图层的复制移动**

（1）图层的复制　单击“图层”调板中要复制的图层，然后用鼠标拖曳到新建图层按钮上。或者是单击“图层”调板右上角的三角按钮，在弹出的菜单中执行“复制图层”命令。

（2）图层的移动

1）单击“图层”调板中要移动的图层，选中该图层。使用工具箱内的“移动工具”或在使用其他工具时按住【Ctrl】键，然后用鼠标拖曳画布中的图层。

2）如果勾选了“移动工具”选项栏中的“自动选择图层”复选框，则单击非透明区内的图像时，可自动选中相应的图层，拖曳鼠标可移动该图层。

☆ 图层的排列和合并

（1）图层的排列

1）在“图层”调板内，用鼠标上下拖曳图层，可调整图层的相对位置。

2）执行“图层”→“排列”命令，调出其子菜单。再执行子菜单中的菜单命令，可以移动当前图层。

（2）图层的合并

1）合并可见图层。执行“图层”→“合并可见图层”命令，即可将所有可见图层合并为一个图层。如果有可见的背景图层，则将所有可见图层合并到背景图层中；如果没有可见的背景图层，则将所有可见图层合并到当前可见图层中。

2）合并选定的图层。通过按下【Ctrl】键，同时用鼠标单击相应图层，可以选定若干图层，再执行“图层”→“合并图层”命令，即可将选定的图层合并。

3）合并所有图层。执行“图层”→“拼合图像”命令，即可将所有图层合并到背景图层中。

图层的合并也可以利用“图层”调板中的菜单命令。图层合并后，会使图像所占用的内存变小，图像文件变小。

☆ 图层的不透明度

1）单击“图层”调板中要改变不透明度的图层，选中该图层。

2）单击“图层”调板中“不透明度”带滑块的文本框内部，再输入不透明度数值。也可以单击它的黑色箭头按钮，再用鼠标拖曳滑块，调整不透明度数值。

3）观察各图层的不透明度：单击“图层”调板中的图层，即可在“不透明度”带滑块的文本框内看到该图层的不透明度数值。也可以采用如下方法：使背景图层不显示，单击“信息”调板中的“吸管”图标按钮，调出命令菜单，执行其中的“不透明度”命令，再将鼠标指针移到画布窗口内图像之上，即可在“信息”调板中看到各个图层的不透明度的数值（即 Op：的值）。

4.3.4　案例拓展

☆【拓展案例 14】小司机

本案例要将“汽车”图像和“小孩”图像合并成一幅小孩驾驶汽车的图像，如图 4-70 所示。

（1）创作思路

先将汽车风窗玻璃裁切到新的图层，接着把“小孩”图像贴入到玻璃选区中，再将放置“玻璃”图像的图层移动到“小孩”图像的图层的上面，最后将“玻璃”图像的图层的透明度设为 40% 即可。

（2）操作步骤

1）在 Photoshop 中，分别打开“第 4 章\素材”文件夹中的“汽车.jpg”（如图 4-71 所示）和“小孩.jpg”文件（如图 4-72 所示），选中“汽车”图像。

图 4-70 “小司机”效果图

图 4-71 “汽车”图像

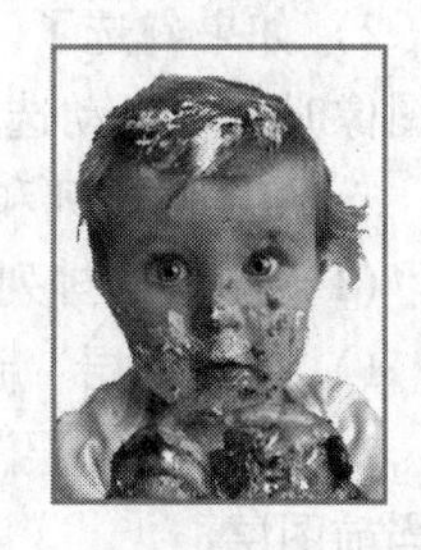

图 4-72 “小孩”图像

2）选择“魔棒工具”，设置容差为 30，在风窗玻璃处单击（要用“添加到选区”的方式，多次单击才能完成），得到风窗玻璃选区（也可以利用“磁性套索工具”绘出风窗玻璃选区），如图 4-73 所示。然后执行“选择”→“存储选区”命令，将风窗玻璃选区保存起来，如图 4-74 所示。

图 4-73 风窗玻璃选区

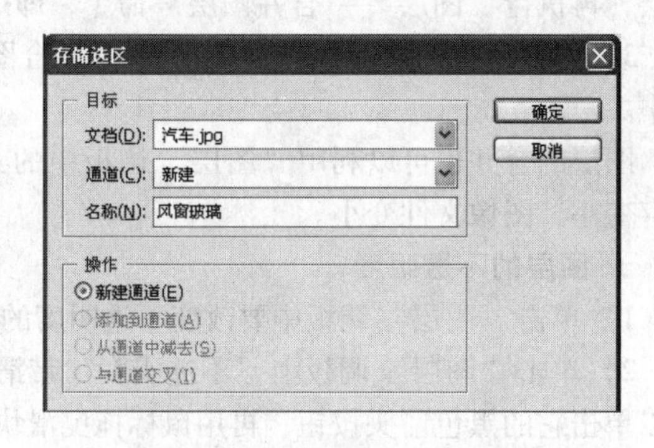

图 4-74 “存储选区”对话框

3）执行“图层”→“新建”→“通过剪切的图层”命令，“图层”调板中会生成一个名称为“图层 1”的新图层，它用来放置选区中的玻璃图像。

4）选中“小孩”图像。仍然使用“魔棒工具”，修改容差为 10，用鼠标单击图像中的白色处，再执行菜单中的“选择”→“反向”命令，将小孩选中。然后执行“编辑”→“复制”命令，将“小孩”图像复制到剪贴板中。

5）重新选择汽车图像。执行“选择”→“载入选区”命令，将保存起来的“风窗玻璃”选区重新选择，如图 4-75 所示。

6）执行“编辑”→“贴入”命令，将剪贴板中的“小孩”图像粘贴到“汽车”图像的风窗玻璃选区中。这时“图层”调板内自动生成“图层 2”图层，用来放置粘贴的“小孩”图像。

7）选中“图层 2”图层。按【Ctrl + T】组合键，调整“小孩”图像的大小，并使其位于方向盘的位置上，如图 4-76 所示。按【Enter】键完成调整。

8）将“图层 2”图层移到“图层 1”图层的下面。选中“图层 1”图层，在“图层”

调板中调整该图层的不透明度为45%，如图4-77所示。至此，本案例制作完成。

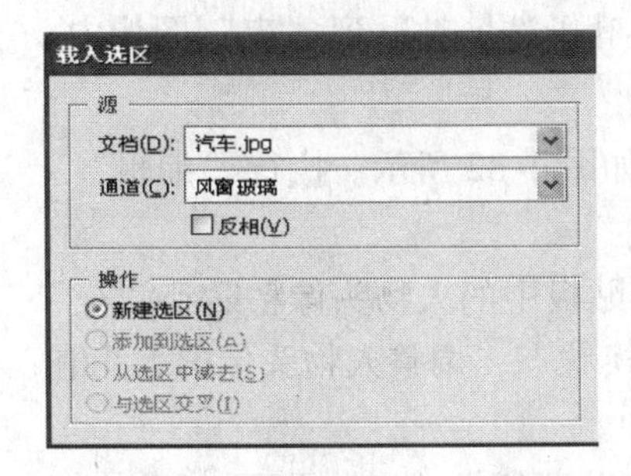

图4-75 “载入选区”对话框

图4-76 调整“小孩”图像的大小

图4-77 调整图层顺序

4.4 【案例14】叶中观月

本案例要完成一个树叶状的卡通人物看夜景的效果图，如图4-78所示。通过本案例的学习，读者能进一步地掌握选区的操作、图像大小及位置的调整和“图层”菜单命令的使用方法。

图4-78 “叶中观月”效果图

4.4.1 创作思路

制作该图像的关键是：在“图层”调板中，“夜”图像所在图层最下边，将“卡通人物”图像所在的图层放置在“叶子”图像所在的图层之上。执行“图层”→“创建剪贴蒙版”菜单命令，将两个图层组成剪贴组。制作该图像还用到了图层的复制及自由变换等技术。

4.4.2 操作步骤

1）在Photoshop中，分别打开“第4章\素材”文件夹中的“夜.jpg”、“卡通人物.jpg”和“叶子.jpg”3幅图像，如图4-79所示。先选中“叶子”图像。

2）选择“魔棒工具”后，先将选项栏上“连续”复选框前的勾选去掉，再用鼠标单击图像中的白色处，然后执行菜单栏中的“选择”→“反向”命令，将整片叶子选中。

3）选择“椭圆选框工具”，在其选项栏上选中“从选区减区”，用鼠标拖动叶子的叶柄部分，使得叶子选区不包含叶柄，如图4-80所示。

a)

b)

c)

图4-79 打开3幅图像

a)“夜”图像 b)“卡通人物”图像 c)“叶子”图像

图4-80 叶子选区

4）执行“编辑”→“复制”命令，将叶子选区复制到剪贴板中。

5）选中“夜”图像。执行“编辑”→“粘贴”命令，将叶子选区粘贴到“夜”图像中。用“移动工具”调整叶子的大小与位置，如图4-81所示。

6）单击选中“卡通人物”图像，创建一个椭圆选区，如图4-82所示。执行“编辑”→“复制”命令，将选中的人物头像复制到剪贴板中。

7）单击选中“夜”图像。按【Ctrl+V】组合键，将剪贴板中的人物头像粘贴到“夜”图像中，如图4-83所示。按【Ctrl+T】组合键进入自由变换状态，调整人物头像的大小和位置（与叶子的位置一样），调整好后，双击鼠标进行确认。

8）单击选中“图层2”图层。执行“图层”→“创建剪贴蒙版”命令，即可获得如图4-78所示的图像。此时“夜”图像的“图层”调板如图4-84所示。

图4-81　调整叶子的位置

图4-82　人物选区

图4-83　粘贴人物头像

图4-84　“图层”调板

4.4.3　相关知识

☆ 图层的链接

图层建立链接后，许多操作可以对所有建立链接的图层一起进行，如图层的移动等。

单击选中要链接的第一个图层，按下【Ctrl】键，单击选中其他的图层，然后单击图层调板中【链接】按钮，或者是选中图层以后执行“图层”→“链接图层”命令，即可在选中的图层之间建立链接，如图4-85所示。

☆ 图层组

图层组是若干图层的集合，就像文件夹一样。当图层较多时，可以将一些图层组成图层组，便于观察和管理。在“图层”调板中，可以移动图层组与其他图层的相对位置，改变图层组的颜色和大小。同时，其内的所有图层的属性也将随之改变。

1）单击“图层”调板下方的【创建新组】按钮，新建图层组，自动命名为“组1”。

2）执行“图层”→“新建”→“图层组”命令，弹出如图4-86所示的“新建组”对话框，其中各选项的含义如下。

图4-85　在选中的图层之间建立链接

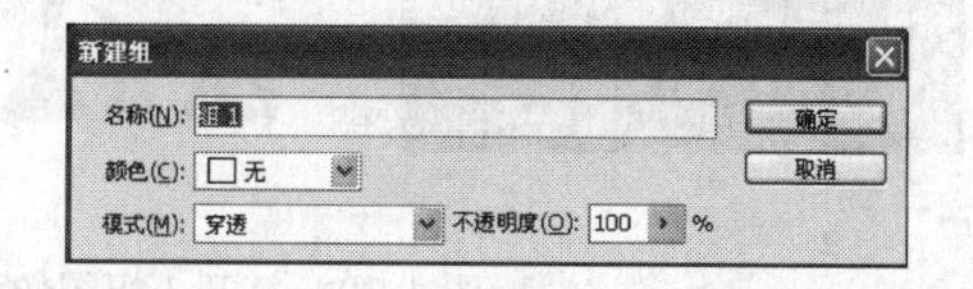

图4-86　“新建组”对话框

- 名称：可指定图层或图层组的名称。
- 颜色：可为图层组指定颜色。
- 模式：可为图层组指定混合模式，默认为穿透模式。
- 不透明度：可为图层组指定不透明度。

3）在“图层”调板菜单中执行“新图层”或“新图层组”命令。

4）执行“图层”调板右侧菜单内的“新组自链接的…”命令。

5）执行“图层”→“新建”→“图层组来自链接的图层”命令。

☆ **图层剪贴组**

图层剪贴组是若干图层的组合，利用剪贴组可以使多个图层共用一个蒙版。只有上下相邻的图层才可以组成剪贴组，一个剪贴组中可以包含多个连续的图层。在剪贴组中，最下边的图层叫“基底图层”，它的名字下边有一条下划线，其他图层的缩览图是缩进的，而且缩览图左边有一个↓标记。基底图层是整个图层剪贴组中其他图层的蒙版，上面各层的图像只能通过基底图层中有像素的区域显示出来，并采用基底的不透明度。

创建和删除剪贴组的操作方法如下。

（1）与前一个图层编组　与前一个图层编组就是将当前图层与其下边的图层建立剪贴组，下边的图层称为基底图层。例如，前面【案例14】中，“图层2”和“图层1”两个图层组成了剪贴组，“图层1”图层是基底图层，它是“图层2”图层的蒙版。执行“图层”→“释放剪贴蒙版”命令，即可取消剪贴蒙版。

另外，如果要将上面的图层（注意：必须是相邻的图层）也组合到该剪贴组中。可单击选中该图层，然后执行“图层”→“创建剪贴蒙版”命令，即可完成任务。

（2）编组链接图层　编组链接图层就是将当前图层和与它链接的图层组成一个剪贴组，最下边的图层是该剪贴组的基底图层。执行“图层”→“图层编组”命令，即可完成任务。

（3）取消剪贴组　单击选中剪贴组中的一个图层，再执行“图层”→“取消图层编组”命令，即可取消选中的剪贴组，但不会删除剪贴组中的图层。

☆ **用选区选择图层中的图像**

如果要对某个图层的所有对象进行操作，往往需要先用选区选中该图层的所有图像。用选区选取某个图层的所有图像可采用下面两种方法。

1）按住【Ctrl】键，同时单击“图层”调板中要选取的图层。

2）单击选中“图层”调板中要选取的图层，再执行“选择”→“载入选区”命令，打开“载入选区”对话框，采用选项的默认值，再单击【确定】按钮即可。如果选中了“载入选区”对话框中的“反相”复选框，则单击【确定】按钮后选择的是该图层内透明的区域。

4.4.4　案例拓展

☆【拓展案例15】封面的制作

实例效果如图4-87所示。

（1）创作思路

新建一空白文档后，依次将素材复制进文档中；对粘贴进来的素材进行“自由变换”，调整其大小及位置；修改“不透明度”及添加“投影效果”；最后加入相关文字。

（2）操作步骤

1）执行“文件”→“新建”命令，或者使用【Ctrl + N】快捷键，在打开的对话框中，设置宽度为700像素，高度为900像素，颜色模式设置为“RGB颜色”，其余选项取默认值。单击【确定】按钮新建一个空白文档。

2）为新建的文档填充背景颜色。执行“编辑”→“填充”命令，或者使用【Shift + F5】组合键打开“填充”对话框，将“使用”设置为“颜色”，如图4-88所示。在弹出的“颜色拾取器”中选择一种喜欢的颜色（这里选择紫色），单击【确定】按钮。

3）在Photoshop中，打开素材库中“第4章\素材\花朵.jpg”图片文件，如图4-89所示。执行“选择”→“全部”命令，或者按下【Ctrl + A】组合键选择图片的全部内容，再按下【Ctrl + C】组合键将选中的内容复制到系统剪贴板中。

图4-87 “封面”效果图

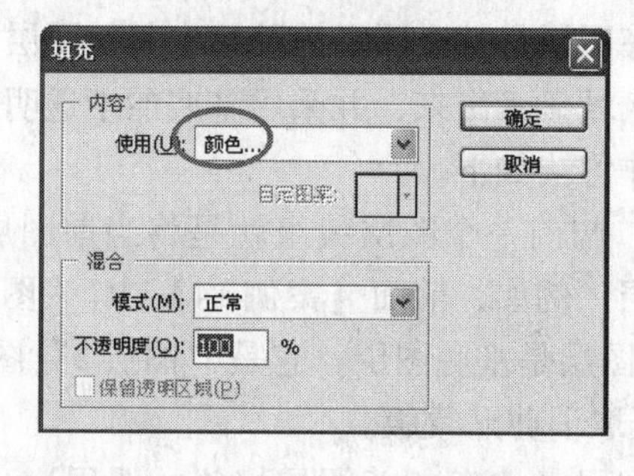

图4-88 “填充”对话框

图4-89 花朵图片

4）返回到新建的文档中，执行“编辑”→“粘贴”命令，或者使用【Ctrl + V】组合键将系统剪贴板中的内容粘贴到该文档中，如图4-90所示。该操作会自动建立一个名称为“图层1”的新图层。

5）将图层1的“不透明度”调整为75%，此时，图像的效果如图4-91所示。

6）打开素材库中“第4章\素材\动物.jpg”图片文件，然后在工具箱中选择“椭圆选框工具”，在图片中创建一个椭圆选区，如图4-92所示。

7）执行“编辑”→“复制”命令，或者使用【Ctrl + C】组合键将选中的图像部分复制到系统剪贴板中。

图4-90 粘贴剪贴板的内容

图4-91 调整“不透明度”的效果

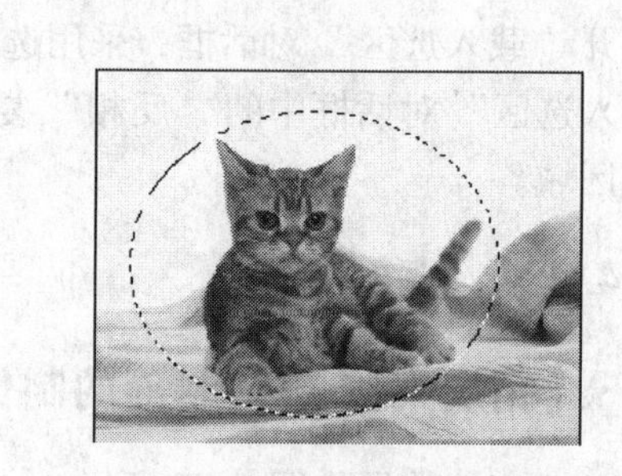

图4-92 创建一个椭圆选区

8）返回到新建的文档中，执行“编辑”→“粘贴”命令，或者使用【Ctrl + V】组合键将剪贴板中的内容粘贴到系统自动新建的图层（图层2）中，如图4-93所示。

9）执行“编辑”→“自由变换”命令，或者使用【Ctrl+T】组合键进入自由变换状态，调节圆周的控制点，将图片调整到合适的大小，按下【Enter】键确认变换，如图4-94所示。

10）对“图层2”执行“图层”→“图层样式”→“投影”命令，参数采用默认值即可。

11）选择“图层1”，用步骤9的方法，修改该图层的位置和大小，如图4-95所示。

12）选择工具箱中的“横排文字工具”，输入杂志的名称和出版社的名称等内容。其中杂志名称采用了内容相同的两个图层，仅仅是颜色和位置不同，图像效果如图4-87所示。

13）执行“图层”→“拼合图像”命令，将图层拼合在一起，保存文件。至此案例完成。

图4-93 粘贴剪贴板的内容

图4-94 调整“图层2”图片

图4-95 调整“图层1”图片

4.5 【案例15】“2008”牵手字

图4-96 “2008”牵手字

案例效果如图4-96所示。通过本案例的学习，读者可以掌握删格化文字、旋转选区、选区相交、选区相减、图层样式、定义及填充图案等技术。

4.5.1 创作思路

制作的“牵手文字”图像使用了多个图层。图层可以看成是一张张透明胶片。当多个没有图像的图层叠加在一起时，可看到最下面的背景图层。当多个有图像的图层叠加在一起时，可以看到各图层图像叠加的效果。图层有利于实现图像的分层管理和处理，可以分别对不同图层的图像进行加工处理，而不会影响其他图层内的图像。各图层相互独立，但又相互联系，可以将各图层进行随意的合并操作。在同一个图像文件中，所有图层具有相同的属性。各图层可以合并后输出，也可以分别输出。

4.5.2 操作步骤

1. 定义背景图案

1）打开素材库中“第4章\素材\奥运会标.jpg”图像文件，将图像调整为80像素宽和64像素高。

2）执行“编辑”→“定义图案”命令，打开“图案名称”对话框。在“名称”文本框中输入“奥运会标”文字，再单击【确定】按钮。

2. 制作五彩的图像文字

1）新建宽度为400像素、高度为200像素，模式为RGB，颜色为白色的画布。

2）在画布上输入一个字体为“Arial”、大小为180点的数字“2”，同时在“图层”调板中创建了“2”文字图层，如图4-97所示。再将该数字移到画布的左边。

3）单击选中“图层”调板中的“2”文字图层，执行“图层”→“栅格化”→“文字”命令，将“2”文字图层改为普通图层，如图4-98所示。

4）使用工具箱中的“横排文字工具”，再按照上述方法创建“0”普通图层，其内有文字“0”图像。此时的“图层”调板如图4-99所示，画布内容如图4-100所示。

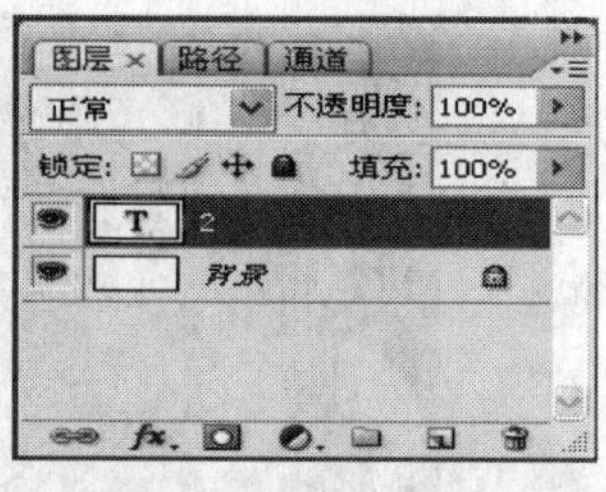

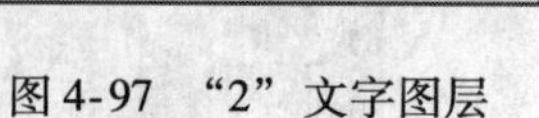

图4-97　“2”文字图层

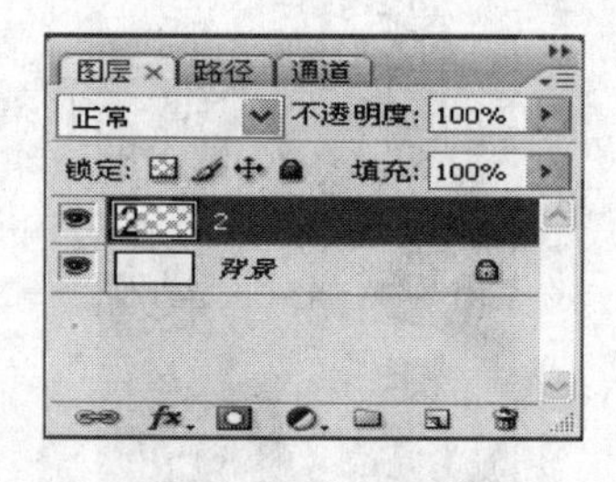

图4-98　“2”普通图层

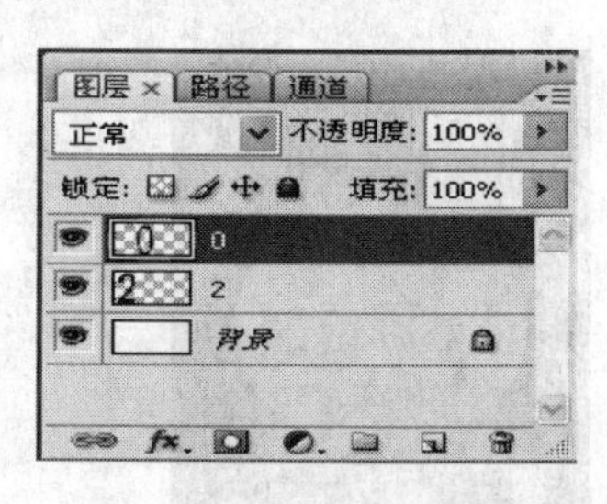

图4-99　“0”普通图层

5）单击选中的“图层”调板中的“2”图层，再执行“编辑”→“变换”→“旋转”命令，然后将“2”字图像旋转。然后，单击选中“图层”调板中的“0”图层，再执行“编辑”→“变换”→“旋转”命令，将“0”字图像旋转。此时的画布内容如图4-101所示（注意到“2”和“0”有一部分是重叠的）。

6）按住【Ctrl】键，单击“图层”调板中的“2”图层，创建选区，选中“2”图像文字。

7）单击工具箱内的【渐变工具】按钮，单击其选项栏内的“线性渐变工具”按钮，再单击列表框，打开“渐变编辑器”，设置预设为“色谱”，然后单击【确定】按钮。

8）用鼠标从图像文字“2”的左上角向文字右下角拖曳出一条直线，松开鼠标左键，即可给“2”文字图像填充七彩颜色。然后，按【Ctrl+D】组合键，取消图像文字的选取。

9）按照同样的方法给图像文字“0”填充七彩颜色。此时的画布内容如图4-102所示。

图4-100　文字“2”和“0”图像

图4-101　分别旋转“2”和“0”

图4-102　对“2”和“0”填充颜色

3. 制作牵手文字

1）单击选中“图层”调板中的“0”图层。再按住【Ctrl】键，单击“2”图层，选中

“2”图层中的图像文字“2”，如图 4-103 所示。此时的“图层”调板如图 4-104 所示。

2）按住【Ctrl + Shift + Alt】组合键，单击当前图层，即“0”图层，即可获得“2”图层和“0”图层中图像相交处的上下两个选区，如图 4-105 所示。

图 4-103　选中“2”图层中的文字

图 4-104　“图层”调板

图 4-105　“2”和“0”图层相交选区

3）使用工具箱内的“矩形选框工具”，再按住【Alt】键，在图 4-105 所示的下边的选区处拖曳鼠标，选中选区，松开鼠标左键后，即可将下边的选区取消，如图-106 所示。

4）按【Delete】键，删除选区内“0”文字图像的内容。然后按【Ctrl + D】键取消选区，这样就完成了“2”和“0”两个文字图像互相牵手的操作，其效果如图 4-107 所示。

5）按照上述方法，再输入一个“0”字，再将新的“0”文字图层转换为普通图层，然后完成新的图像文字“0”与前一个图像文字“0”的牵手，效果如图 4-108 所示。

图 4-106　减去下边的选区

图 4-107　删除选区的内容

图 4-108　输入新的“0”图像

6）按照上述方法，再输入一个“8”字，再将新的“8”文字图层转换为普通图层，然后完成新的图像文字“8”与前一个图像文字“0”的牵手，效果如图 4-109 所示。此时的“图层”调板如图 4-110 所示。

7）单击“背景”图层的“眼睛”图标，使“背景”图层隐藏。然后，执行“图层”→“合并可见图层”命令，将两个“0”图层、“2”图层和“8”图层合并。此时的“图层”调板如图 4-111 所示。再单击“背景”图层左边的，使“眼睛”图标出现，使“背景”图层显示。

4. 加工牵手文字

1）单击“图层”调板内的【添加图层样式】按钮，执行快捷菜单中的“斜面和浮雕”命令，调出“图层样式”对话框。该操作将使“2008”具有立体文字效果。

2）单击选中“图层”调板中的“背景”图层，再执行“编辑”→“填充”命令，调出“填充”对话框，在“使用”列表框中选择“图案”选项，在“自定义”图案列表框中选择前面定义的“奥运会标”图案，在“模式”列表框中选择“正常”，“不透明度”设置为 30%，单击【确定】按钮，即可给“背景”图层填充选定的图案。最后的效果如图 4-96 所示。

图4-109 输入新的“0”图像

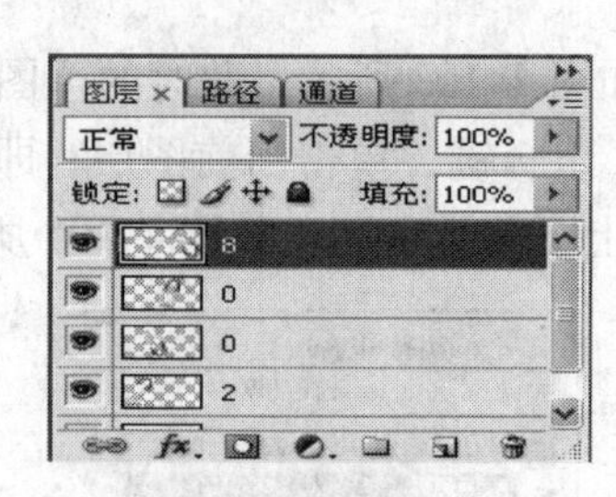

图4-110 “图层”调板

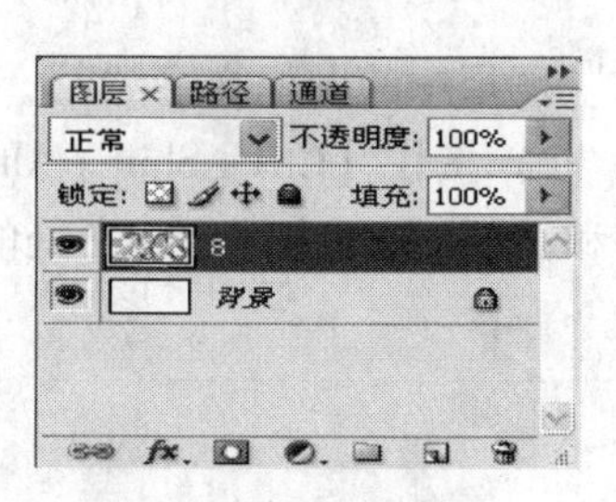

图4-111 合并图层

4.5.3 相关知识

☆ 添加和删除图层样式

单击“图层”调板内的【添加图层样式】按钮，打开图层样式菜单，再执行“混合选项”菜单命令或其他菜单命令，即可打开“图层样式”对话框，如图4-112所示。利用该对话框可以添加图层样式，产生各种不同的效果。

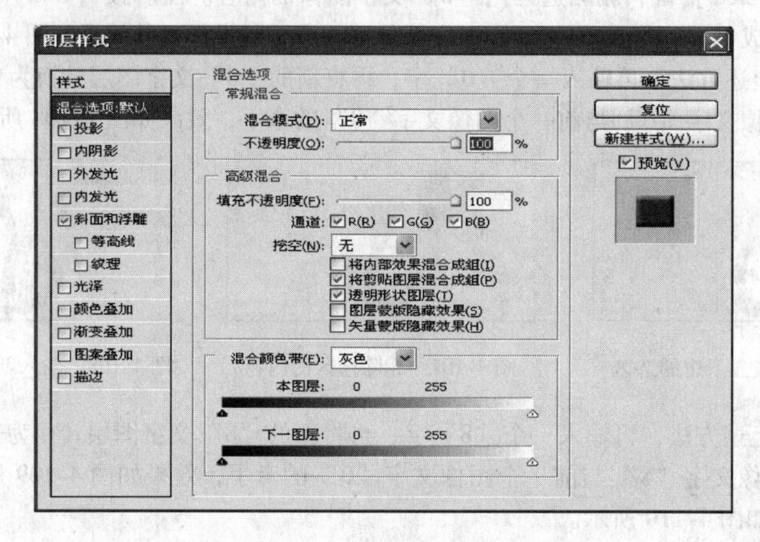

图4-112 “图层样式”对话框

要删除一个图层效果：用鼠标将“图层”调板内的效果名称层（如投影）拖曳到【删除图层】按钮上，再松开鼠标左键，即可将该效果删除。

☆ 复制和粘贴图层样式

复制和粘贴图层样式的操作可以将一个图层样式复制到其他图层中。

（1）复制图层样式 将鼠标指针移到添加了图层样式的图层或其样式层之上，单击鼠标右键，打开其快捷菜单，再执行“复制图层样式”命令，即可复制图层样式。

（2）粘贴图层样式 将鼠标指针移到要添加了图层样式的图层之上，单击鼠标右键，打开快捷菜单，再执行“粘贴图层样式”命令，即可在单击的图层上添加图层样式。

☆ 隐藏和显示图层效果

在图4-113所示“图层”调板中单击图层样式的下三角按钮，展开图层效果，如图

4-114所示。单击“效果”前面的“眼睛”图标，当“眼睛”图标消失后图层效果就没有了，如图4-115所示。再次单击该位置，出现“眼睛”图标时，图层效果又有了。

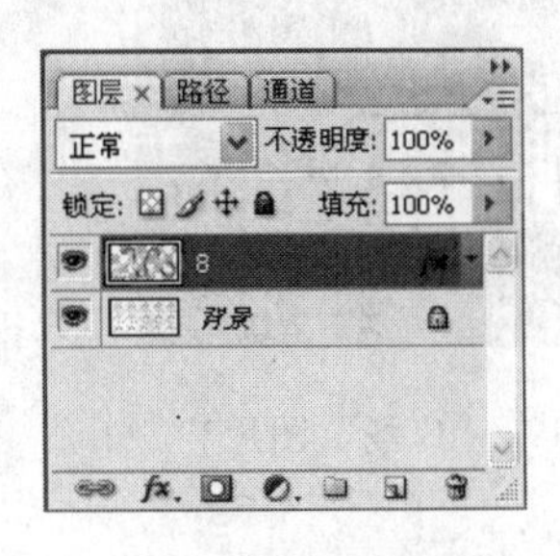

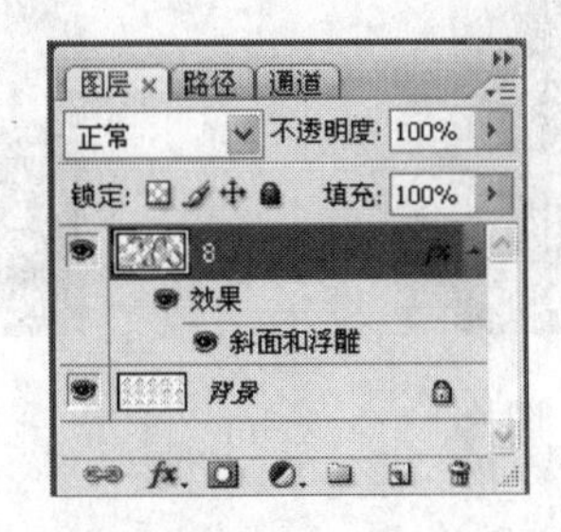

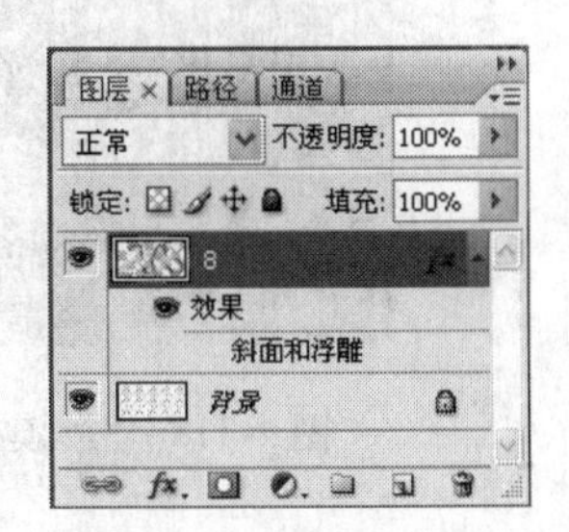

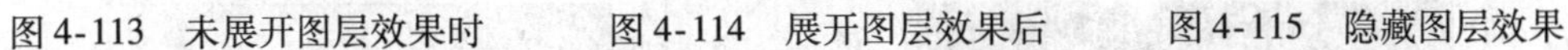

图4-113　未展开图层效果时　　图4-114　展开图层效果后　　图4-115　隐藏图层效果

☆ **设置图层样式**

在“图层”调板中双击已经加了图层效果的图层，这时候会弹出“图层样式”对话框，在对话框中对图层样式进行设置。

☆ **存储图层样式**

执行“窗口”菜单命令打开“样式”调板，在调板上单击右键执行“新建样式”命令，打开“新建样式”对话框，如图4-116所示，在名称文本框中输入名称，单击【确定】按钮即可。

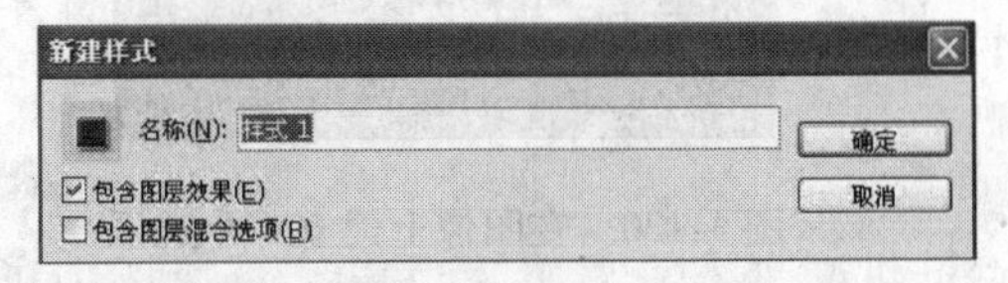

图4-116　“新建样式”对话框

4.5.4　案例拓展

☆【拓展案例16】沙漠奇观

图4-117　“沙漠奇观”效果图

实例效果如图4-117所示。

（1）创作思路

本案例的制作很简单，仅仅是对一幅图片选取所需区域，然后复制到另一幅图像上，修改其混合模式和不透明度，可模拟海市蜃楼的效果。

（2）操作步骤

1）分别打开“第4章\素材\沙漠行.jpg”图片和“第4章\素材\广场.jpg”图片，如图4-118和图4-119所示。

2）选择“广场”图片。利用“套索工具”在图像上建立一个选区，然后执行菜单栏中的“选择”→“修改”→“羽化”命令，打开“羽化选区”对话框，将“羽化半径”设置为20像素，单击【确定】确定。效果如图4-120所示。

3）选择工具箱中的“移动工具”，拖动羽化选区移动到“沙漠行”图片上，得到图层1。按【Ctrl + T】组合键对它进行自由变换，缩小其大小并摆放在图像的左上角，如图4-121所示。

4）将图层1的混合模式设置为叠加，“不透明度”设置为75%，就得到如图4-117所示的效果。将图像保存为“沙漠奇观.psd”。

图 4-118 “沙漠行”图片

图 4-119 “广场”图片

图 4-120 在图像上建立一个选区

图 4-121 摆放在图像的左上角

本章小结

利用“文字工具”可以创建文字。可以通过 3 种方法创建文字：在点上创建、在段落中创建和沿路径创建，分别对应点文字、段落文字和路径文件。点文字与段落文字之间可以相互转换。

“滤镜”命令和“绘画工具”不可用于文字图层。除非执行“栅格化”命令，将文字图层转换为正常图层，此时其内容不能再作为文本编辑。“栅格化”命令的作用，就是将基于矢量的文字轮廓转换为像素。

创建文字时，“图层”调板中会添加一个文字图层。

Photoshop 图层就如同堆叠在一起的透明纸。可以透过图层的透明区域看到下面的图层。可以移动图层来定位图层上的内容，也可以更改图层的不透明度以使内容部分透明。

常用的图层可分为如下几大类：背景图层、普通图层、形状图层、填充图层、调整图层和文字图层。

通过给图层添加图层样式，可以产生各种不同的效果。

使用图层要注意：一是不要在背景上面作画，因为不能修改背景图层的透明度和图层属性等（除非将背景图层转化为正常图层），而且当对图片进行修改操作时需要保护背景图层。二是要养成多建立图层的好习惯，因为这样可以方便改错。

习　题

一、填空题

1. 工具箱中的“文字工具”有____________和____________，“文字蒙版工具”有____________和____________。

2. Photoshop 中常用到的图层主要有如下 6 大类________、________、________、________、________、________。

3. 使用图层样式可以方便地创建图层中整个图像的________、________、________、________和________等效果。

4. 输入段落文字时，文字基于________换行。可以调整外框的大小，这将使文字在________内重新排列。可以在输入文字时或创建文字图层后调整外框。也可以使用外框来________、________和________文字。

5. 如果在路径上输入横排文字，可以使文字与路径的切线（即基线）________；如果在路径上输入直排文字，可以使文字方向与路径的切线________。如果移动路径或更改路径的形状，文字将会________________。

二、选择题

1. 在 Photoshop 中，文本图层可以被转换成(　　)。

A. 工作路径　　B. 快速蒙版　　C. 普通图层　　D. 形状

2. 点文字可以通过执行(　　)命令转换为段落文字。

A. 图层→图层属性　　B. 图层→图层样式

C. 图层→文字→转换为形状　　D. 图层→文字→转换为段落文字

3. 当前工具是“文字工具”时对段落文字不可执行的操作是(　　)。

A. 缩放　　B. 旋转　　C. 裁切　　D. 倾斜

4. 当要对文字图层执行“滤镜”命令时，首先应当(　　)。

A. 对文字图层进行栅格化

B. 直接在“滤镜”菜单中执行“滤镜”命令

C. 确认文字图层和其他图层没有链接

D. 使得这些文字变成选择状态，然后在“滤镜”菜单中执行“滤镜”命令

5. 若想增加一个图层，但在“图层”调板的最下面的【创建新图层】按钮是灰色不可选，原因是（　　）。(假设图像是 8 位/通道)

A. 图像是 CMYK 模式　　B. 图像是双色调模式

C. 图像是灰度模式　　D. 图像是索引颜色模式

6. 下面不是“图层”→“图层样式”菜单中的命令的是(　　)。

A. 内阴影　　B. 模糊　　C. 内发光　　D. 外发光

7. 要使某图层与其下面的图层合并可按(　　)组合键。

A.【Ctrl + K】　　B.【Ctrl + E】　　C.【Ctrl + D】　　D.【Ctrl + L】

8. 下列操作中可以删除当前图层的是(　　)。

A. 单击“图层”控制调板下方的“垃圾桶”图标

B. 在图像图层上右击鼠标，在弹出的快捷菜单中执行“删除图层”命令

C. 按【Delete】键

D. 执行“图层”→“删除”→“图层”命令

9. 下列方法中不可以产生新图层的是(　　)。

A. 双击“图层”调板的空白处，在弹出的对话框中进行设定

B. 单击“图层”调板下方的【新图层】按钮

C. 使用鼠标将图像从当前窗口中拖动到另一个图像窗口中

D. 使用“文字工具”在图像中添加文字

10. 关于在文字图层中执行“滤镜”命令的操作，下列描述正确的是(　　)。

A. 首先执行“图层”→“栅格化”→“文字”命令，然后选择任何一个“滤镜”命令

B. 直接执行一个“滤镜”命令，在弹出的“栅格化”提示框中单击【是】按钮

C. 必须确认文字图层和其他图层没有链接，然后才可以执行“滤镜”命令

D. 必须使得这些文字变成选择状态，然后执行一个“滤镜”命令

三、上机操作题

1. 制作如图 4-122 所示的阴影文字。

2. 制作如图 4-123 所示的图像文字。

图 4-122 阴影文字

图 4-123 图像文字

【操作参考】输入文字并提取文字选区后（参考【案例 11】），删除文字图层，创建新图层。对选区执行“选择”→“修改”→“扩展”命令，然后“贴入”预先复制的图像，最后添加“内阴影效果”。

3. 根据图 4-124 左图所示的图像，制作成右图所示的亚运标志。

4. 制作如图 4-125 所示的“健美操”图像，它是由图 4-126 所示的“健美女子”图像和图 4-127 所示的“螺旋管”图像合并而成的。

图 4-124 制作亚运图标

图 4-125 “健美操”效果图

图 4-126 “健美女子”图像

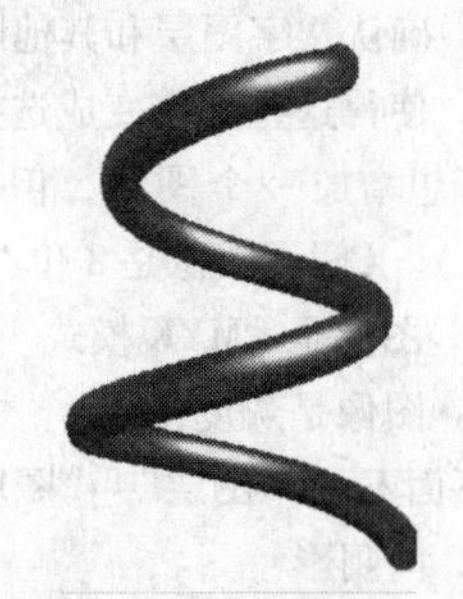

图 4-127 “螺旋管”图像

5. 利用图 4-128 左图所示的图像制作出右图所示的有背影的人物图像。

6. 制作出如图 4-129 所示的五环。

图 4-128 制作有背影的人物图像

图 4-129 五环图像

第 5 章　图像的色彩调整和滤镜

本章学习目标：

1）掌握使用“调整”命令对图像色彩进行调整的方法。

2）掌握使用常用滤镜来制作特殊效果（如扭曲、模糊、渲染、风格化等）的方法。

3）学会使用“液化”命令对图像进行变形和使用“抽出”命令进行抠图的方法。

5.1 【案例 16】黑白照片的着色

本实例要对一幅黑白照片的进行着色处理。通过本案例的学习，读者可以掌握使用“曲线”命令调整通道颜色、使用“通道混合器”调整通道色彩、使用“自动色阶”命令调整色调、使用“画笔工具”调整通道颜色以及使用“加深工具”从通道中调整色彩等知识和技能。

5.1.1 创作思路

先处理背景。勾画出背景选区，并将选区保存为通道，利用“曲线”命令功能制作彩色。利用“通道混合器”和“加深工具”等，再对图像其他部位进行上色，达到最终的彩色效果。

5.1.2 操作步骤

1. 转换图像模式

1）在 Photoshop 中，打开素材文件“第 5 章\素材\黑白照片 . jpg”文件，如图 5-1 所示。

2）执行“图像”→“模式”→“CMYK 颜色”命令，此时图像的“通道”调板变为如图 5-2 所示。

3）执行“文件”→“存储为”命令，将文件保存为“照片着色 . psd”（注意：不要关闭文件）。

2. 给背景配色

1）使用“磁性套索工具”画出小狗的轮廓，然后用“椭圆选框工具”或“矩形选框工具”不断修改选区，直至得到满意的效果。用同样的方法，再添加小鸭子选区，如图 5-3 所示。

2）执行“选择”→“反向”命令。再按【Ctrl + Alt + D】组合键羽化选区，设置羽化半径为 1 像素，单击【确定】按钮。

图 5-1 原来的黑白图像

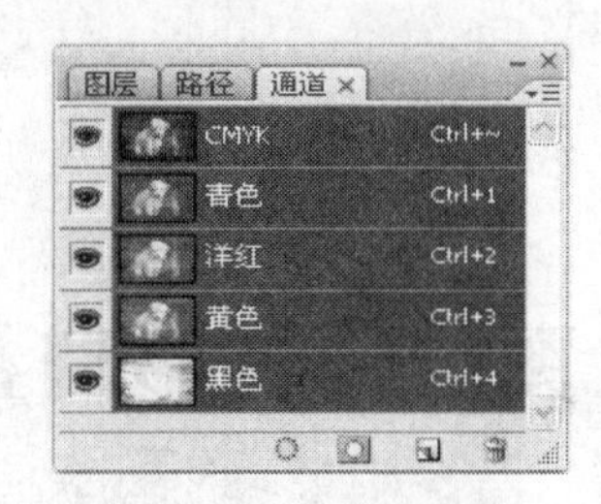

图 5-2 “通道”调板

图 5-3 小狗和小鸭选区

3）在“通道”调板中，单击【将选区转化为通道】按钮，双击名为“Alpha 1”的新通道，重新命名该通道为“背景”。选中“背景”通道，并使其他通道不显示，如图 5-4 所示，此时图像如图 5-5 所示。

✍ **提示**：保存选区通道的作用，是方便以后修改图像时可以直接对选取范围进行处理。

4）在“通道”调板中，使“CMYK”通道前的“眼睛”图标重新出现，选中“CMYK”四色通道，隐藏“背景”通道，如图 5-6 所示。按下【Ctrl + M】组合键打开“曲线”对话框，选择“洋红”通道，按图 5-7 所示进行调整，效果如图 5-8 所示。再选择“黄色”通道，按图 5-9 所示进行调整，效果如图 5-10 所示。

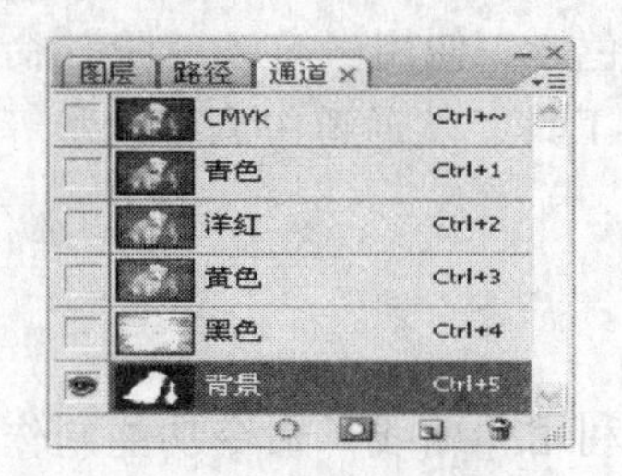

图 5-4 将背景选区转化为通道

图 5-5 背景通道

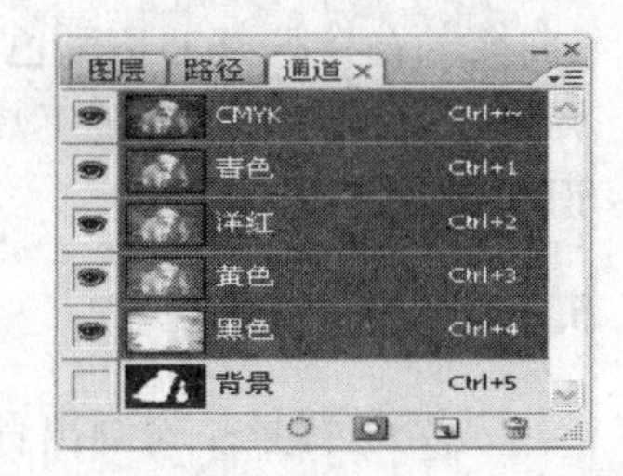

图 5-6 选中“CMYK”通道

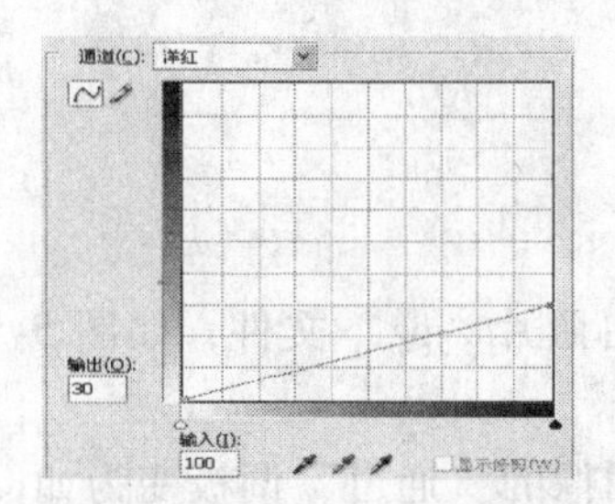

图 5-7 “洋红”通道曲线

图 5-8 背景效果之一

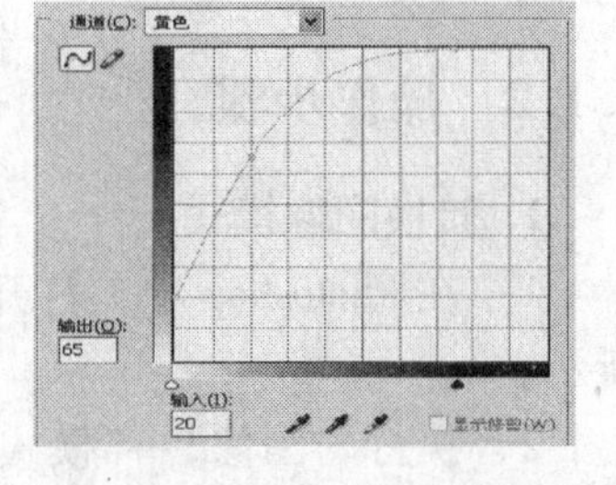

图 5-9 “黄色”通道曲线

3. 给小鸭配色

1）画出小鸭子的选区（可以对原来的选区反向后，减去小狗选区得到），同时注意羽化值为 1 像素。将选区保存到通道中，并命名为“小鸭”，选中该通道，如图 5-11 所示。此时图像如图 5-12 所示。

2）在“通道”调板中，使“CMYK”通道前的“眼睛”图标重新出现，隐藏“背景”通道和“小鸭”通道，选中“CMYK”通道，如图 5-13 所示。执行“图像”→“调整”→“通道混合器”命令，打开对话框，选择输出通道为“黄色”，并按图 5-14 所示设置参数，此时的图像效果如图 5-15a 所示。

图5-10　背景效果之二

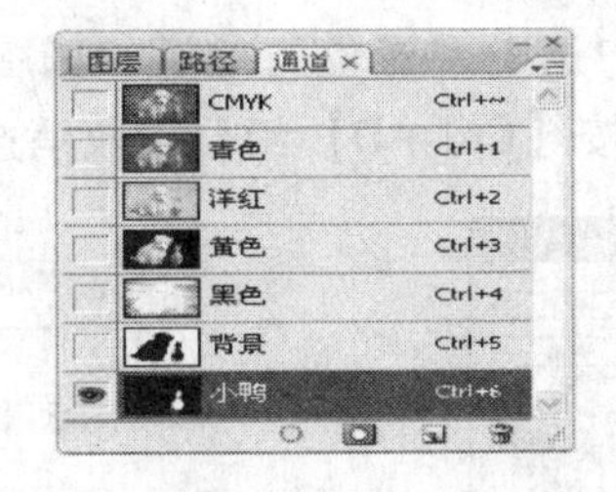

图5-11　将小鸭选区转化为通道

图5-12　“小鸭”通道

3）由于小鸭的色调有所欠缺，有必要调整其色阶。执行“图像”→“调整”→“自动色阶”命令即可。此时的图像效果如图5-15b所示。

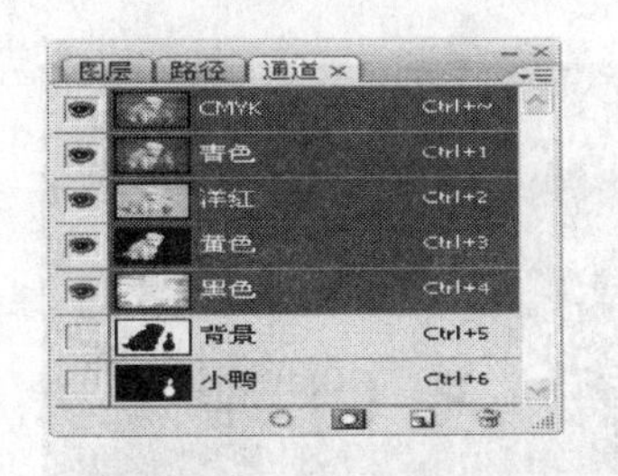

图5-13　选中“CMYK”通道

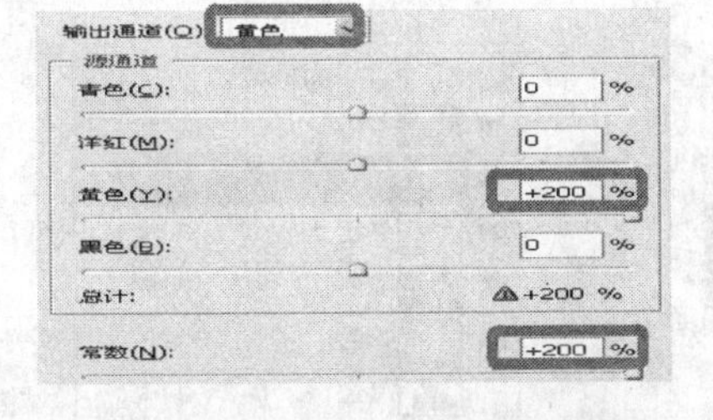

图5-14　调整“黄色”通道

a)

b)

图5-15　小鸭效果

4）画出鸭嘴和鸭脚的选区（可从小鸭选区中减去除鸭嘴和鸭脚部分得到），并羽化选区为1像素，如图5-16a所示。然后保存在通道里，命名为鸭嘴和脚。

5）选择“画笔工具”，在选项栏中设置模式为颜色，不透明度为70%，启用喷枪功能，如图5-17所示。设置“前景色”为深橘红色（RGB：250，180，120），在“通道”调板中选中“CMYK”四色通道，隐藏“鸭嘴和脚”通道。然后用“画笔工具”喷画选区图像，效果如图5-16b所示。

a)　b)

图5-16　鸭嘴和鸭脚

图5-17　“画笔工具”选项栏

4. 给小狗配色

1）执行“选择”→“载入选区”命令，打开“载入选区”对话框，在文档中选择“照片着色.psd”，通道选择“背景”，勾选“反相”，如图5-18所示。载入选区后，再用“椭圆选框工具”减去小鸭选区，从而得到小狗选区（也可直接勾选出小狗选区）。

2）在工具箱中选择“加深工具”，在选项栏上设置范围为“中间调”，曝光度为50%，如图5-19所示。在“通道”调板中同时选中“洋红”和“黄色”通道，如图5-21所示。用鼠标在小狗的脸部、腿部等光亮部位处涂抹，均匀加深色彩。

3）继续选用“加深工具”，在选项栏上设置范围为“阴影”，曝光度为25%，如

图 5-20 所示。在“通道”调板中选中“青色”通道，如图 5-22 所示。用鼠标在小狗的背部等暗处涂抹，均匀加深色彩。按【Ctrl + D】组合键取消选区，图像效果如图 5-23 所示。

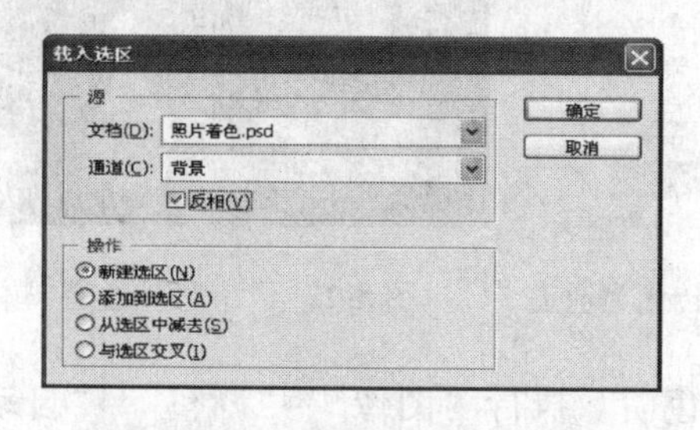

图 5-18　“载入选区”对话框

图 5-19　“加深工具”选项栏设置 1

图 5-20　“加深工具”选项栏设置 2

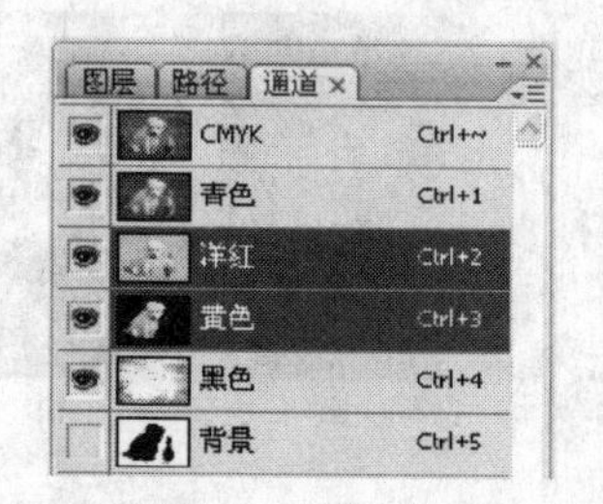

图 5-21　选中洋红和黄色通道

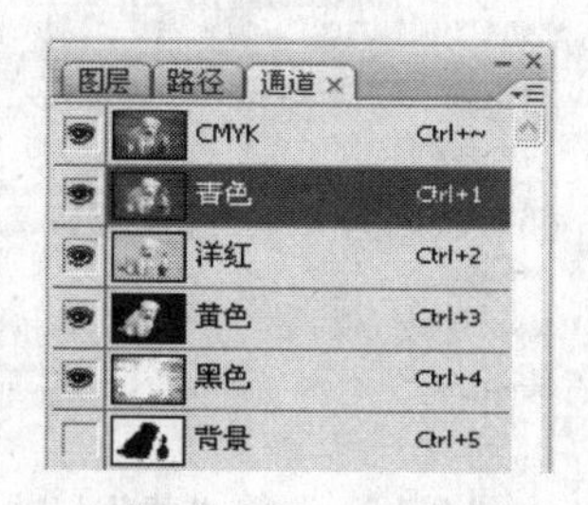

图 5-22　选中青色通道

图 5-23　照片着色效果图

5.1.3　相关知识

☆ 图像的色阶调整

当图像偏暗或偏亮时，可以使用“色阶”命令来调整图像的明暗度。此操作不仅可以对整个图像进行，也可以对某一图层图像、图像的某一选取范围或某一个颜色通道进行。执行“图像”→“调整”→“色阶”命令，可打开“色阶”对话框，如图 5-24 所示。对话框中各选项的作用如下。

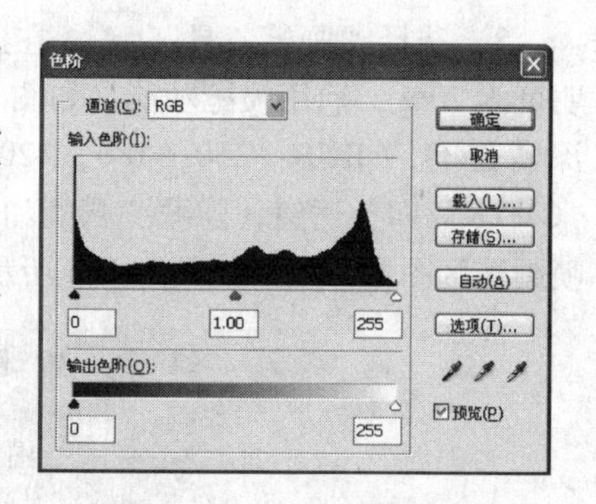

图 5-24　“色阶”对话框

● 通道：在“通道”下拉列表框中，可选定要进行调整的色调调整的通道。选中 RGB（默认），将对所有通道进行调整。如果只选中 R、G、B 通道之一，则“色阶”命令只对当前选中的通道起作用。

● 输入色阶：在“输入色阶”后面有 3 个数值框，分别对应通道的阴影、中间调和高光。左侧数值框控制图像的暗部色调，范围是 0 ~ 253；中间数值框控制图像的中间色调，范围是 0.1 ~ 9.99；右侧控制图像亮部色调，范围是 2 ~ 255（与左侧数值框的数值有关）。这 3 个数值分别与其下方的 3 个小三角滑块一一对应，直接拖动可以方便的调整，缩小输入色阶可扩大图像的色调范围，提高图像的对比度。

● 输出色阶：使用“输出色阶”可以限定处理后图像的亮度范围，这样，处理后的图像中就会缺少某些色阶。在数值框中输入 0 ~ 255 之间的数值，左侧框数值改变暗部色调，右侧改变亮部色调。其下方的滑块分别与两个数值一一对应，拖动滑块即可改变图像的色调。缩小输出色阶会降低图像的对比度。

• 吸管工具：右下角有 3 个吸管工具，从左到右依次为“在图像中取样以设置黑场”、“在图像中取样以设置灰场”和“在图像中取样以设置白场”。选择其中任一个吸管工具然后将鼠标移到图像窗口中，鼠标指针变成相应的吸管形状，此时单击鼠标左键即可进行色调调整。

选中“设置黑场”吸管时在图像中单击左键，图像中所有像素的亮度值将减去吸管单击处的像素亮度值，从而使图像变暗；“设置白场”吸管与“设置黑场”吸管相反，将所有像素的亮度值加上吸管单击处的亮度值，从而使图像变亮。“设置灰场”吸管所单击的像素的亮度值用于调整图像的色调分布。

• 自动调整：单击自动调整按钮，Photoshop 将对自动对图像进行调整。

• 存储和载入色阶：可以将当前所作的色阶设置保存，供以后使用，也可调入以前的色阶设置进行调整。一般情况下，每个要处理的图像调整数值均不会相同，所以它们用处不大。

☆ 图像的曲线调整

“曲线”命令是使用较广泛的色调和颜色控制方式，其功能和“色阶”相同，但比“色阶”命令可以做更多、更精密的设置。“色阶”命令只使用 3 个变量（高光、中间调、暗调）进行调整，而“曲线”可以调整 0 ~ 255 范围内的任意点，最多可同时使用 16 个变量。

执行“图像”→“调整”→“曲线”命令，或者按【Ctrl + M】组合键，可打开“曲线”对话框，如图 5-25 所示。

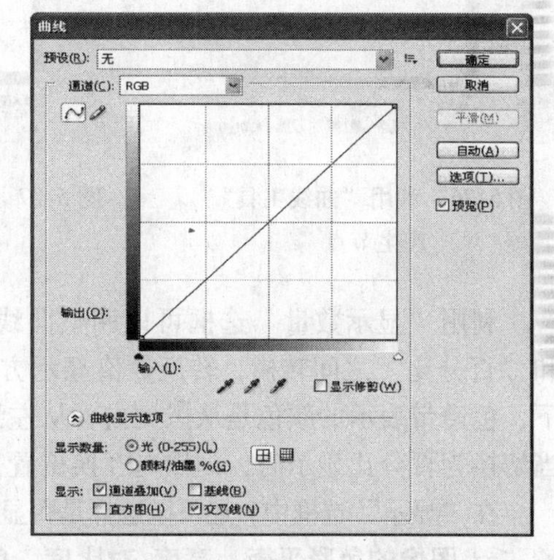

图 5-25　“曲线”对话框

刚打开对话框时，曲线是对角线，表示输入色阶等于输出色阶，即未调整。改变网格中的曲线形状即可调整图像的亮度、对比度和色彩平衡等。网格中的横坐标表示输入色调（原图像色调），纵坐标表示输出色调（调整后的图像色调），变化范围都在 0 ~ 255。

将曲线向上或向下移动将会使图像变亮或变暗；曲线中较陡的部分表示对比度较高的区域，较平的部分表示对比度较低的区域；要调整图像的色彩平衡，可在“通道”调板中选取要调整的一个或多个通道。若要同时编辑一个颜色通道组合，可在选择“曲线”之前，按住【Shift】键并单击“通道”调板中的相应通道。

网格框左上角的两个工具按钮可用于绘制曲线。

使用曲线工具调整色调的方法如下：

1）选中“曲线”工具。

2）将鼠标指针移到网格中，当鼠标指针变成“+”字形状时，单击以产生一个节点，该点的输出和输入值将显示在网格框左下角的“输出”和“输入”数值框中，如图 5-26 所示。最多可在网格中增加 14 个节点。要删除节点，将其拖移到网格框以外即可。

3）当鼠标指针移到节点上变成带箭头的“+”字形状时，按下鼠标左键并拖动节点，即可改变节点的位置，从而改变曲线的形状，当曲线向左上角弯曲时，表示输出大于输入，则图像色调变亮；向右下角弯曲，则图像变暗。

使用铅笔工具来调整曲线形状的方法如下：

1）选中“铅笔”工具。

2）移动鼠标到网格中进行绘制，甚至可以绘制不连续的曲线，如图 5-27 所示。

3）单击对话框中的【平滑】按钮，可改变“铅笔工具”绘制的曲线平滑度，多次单击按钮会使曲线更加平滑，最后接近于直线。

图 5-28 是在图 5-27 铅笔绘制的基础上，两次按下【平滑】按钮的结果。

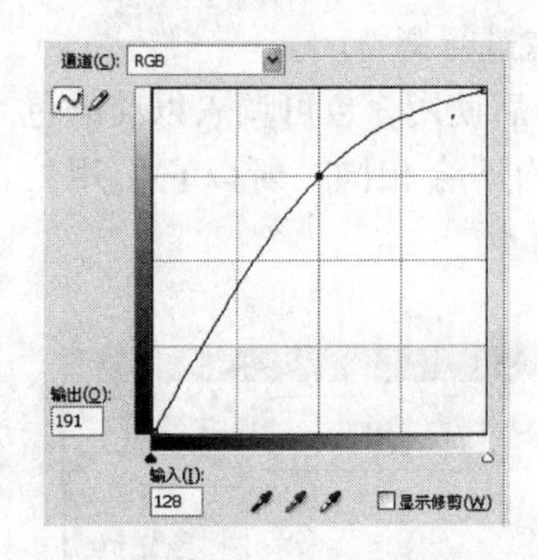

图 5-26 利用“曲线工具”产生节点

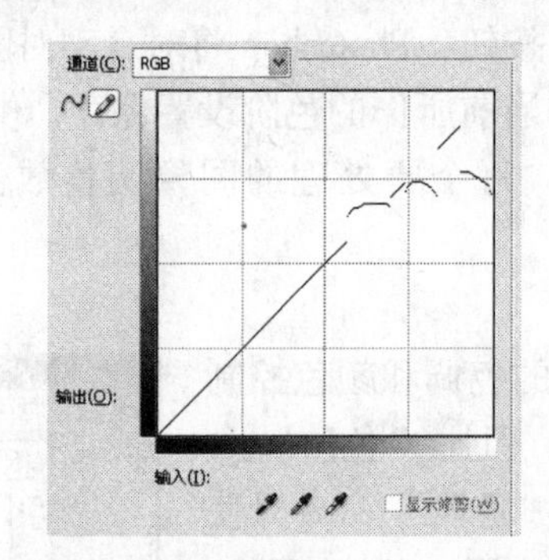

图 5-27 利用“铅笔工具”绘制曲线

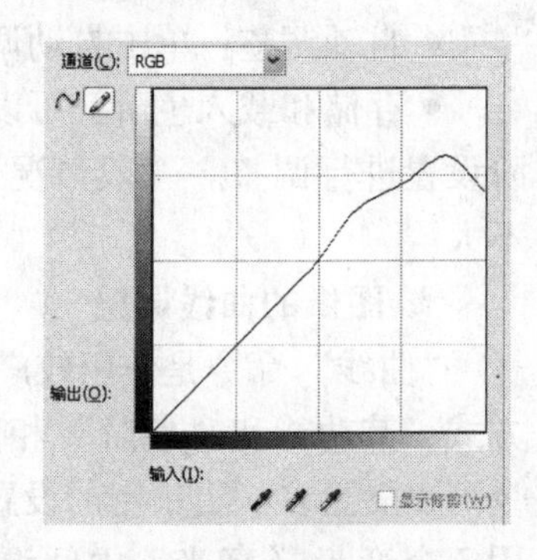

图 5-28 平滑曲线

利用“显示数量”选框可以调整曲线的显示单位，可以将曲线的显示单位在“色光”和“百分比”之间转换，转换数值显示方式的同时也会改变亮度的变化方向。在默认状态下，色谱带表示的颜色是从黑到白，从左到右输入值逐渐增加，从下到上输出值逐渐增加。当切换为百分比显示时，则黑白互换位置，变化方向刚好与原来相反。

在“显示”选框中，还可以选择是否显示“通道叠加”、“基线”、“直方图”和“交叉线”。

☆ **图像的色彩平衡、亮度/对比度、色相/色饱和度调整**

（1）色彩平衡调整 “色彩平衡”命令可以在彩色图像中改变颜色的混合来校正色偏。它可以很方便地校正颜色的构成，但是不能精确控制单个颜色成分（单独的一个颜色通道）。执行“图像”→“调整”→“色彩平衡”命令，即可打开“色彩平衡”对话框，如图 5-29 所示。对话框由两个选框组成：色彩平衡和色调平衡。

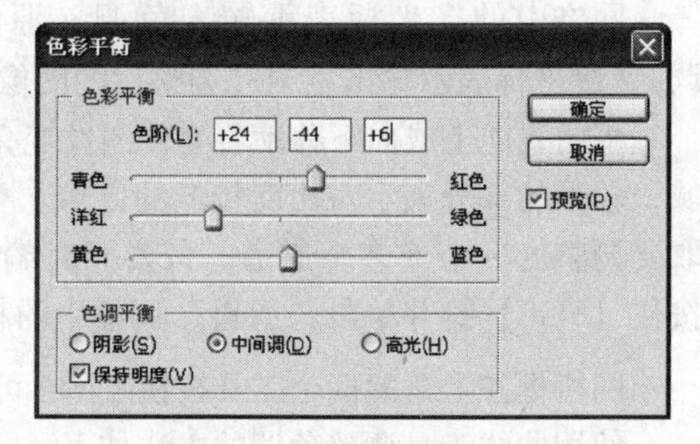

图 5-29 “色彩平衡”对话框

• 色彩平衡：颜色调节区域，色彩平衡命令是根据在校正颜色时要增加基本色，降低互补色的原理设计的。所以在其对话框中，青色与红色、洋红色与绿色、黄色与蓝色分别属于互补色，分布在一条调节线的两端，数值用正负来表示。在图像中增加黄色，对应的蓝色会减少，同样的道理增加红色，青色会减少。

• 色调平衡：色调平衡中有3个选项分别是阴影区域、中间调区域、高光区域。利用这3个单选按钮，用户可以设定需要调节哪一个色阶的像素。勾选“保持明度”复选框，可以防止在更改颜色时更改图像的亮度值来保持图像中的色调平衡。

（2）亮度对比度调整 “亮度/对比度”命令是Photoshop图像调节中最为简单的图像调节命令，它主要用来调节图像的亮度和层次感。执行“图像”→“调整”→“亮度/对比度”命令，即可打开“亮度/对比度”对话框，如图5-30所示。

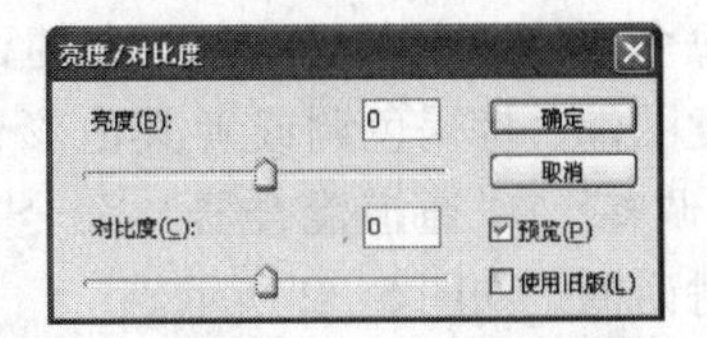

图5-30 “亮度/对比度”对话框

在“亮度/对比度”对话框中，将亮度滑块向右移动，可以增加图像的亮度，向左移动则减小图像的亮度，亮度的调节范围为 -150 ~ +150；将对比度滑块向右移动，可以增加图像的对比度，向左移动则减小图像的对比度，对比度的取值范围为 -50 ~ +100。

勾选“使用旧版”复选框，可以使用老版本的“亮度/对比度”命令，无论新版本还是旧版本都可以调整画面明暗关系，只是调节的范围不同，其效果会有所差别。

旧版本的亮度值调节范围为 -100 ~ +100；对比度的调节范围为 -100 ~ +100。

（3）色相/饱和度调整 “色相/饱和度”命令有两个功能：其一能够根据颜色的色相和饱和度来调整图像的颜色，可以将这种调整应用于特定范围的图像或者对色谱上所有颜色产生相同的影像；其二可以保留原始图像亮度的同时，应用新的色相与饱和度数值给图像着色。执行“图像”→“调整”→“色相/饱和度”菜单命令，即可打开“色相/饱和度”对话框，如图5-31所示。

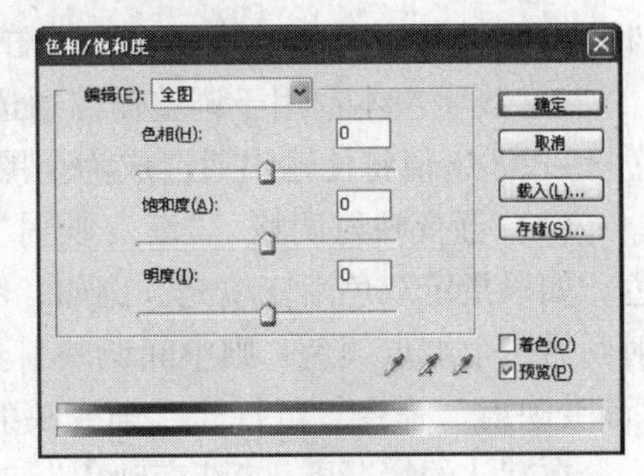

图5-31 “色相/饱和度”对话框

• 色相：移动色相滑块可以改变图像的颜色。色相的取值范围为 -180 ~ +180。可以参考图5-31所标注的原始色谱和调节过后的色谱进行对比，分析色相的变化。

• 饱和度：饱和度用来调节图像上颜色的纯度。可以对全图进行调节，也可以在颜色调节选项中选择对应的颜色单独调节，饱和度取值范围为 -100 ~ +100，饱和度如果取 -100，当前图像或者颜色调节选项中所选择的颜色变成灰色，饱和度取值为 +100，所选颜色为最纯的颜色。

• 亮度：调节全图或者选择的颜色信息的亮度变化，其取值范围为 -100 ~ +100，亮度为 -100时，全图或者选择的颜色信息为黑色。亮度取值为 +100时，全图或者选择的颜色信息为白色。

勾选“着色”复选框，可以保留图像的亮度信息通过参数的调整给图像着色。

在对话框中显示有两个颜色条，上面的颜色条显示调整前的颜色，下面的颜色条显示调整后全饱和状态下的色相。另外，按住【Ctrl】键可拖动颜色条。

使用“吸管工具”在图像中单击或拖移可选择颜色范围。要扩大颜色范围，使用“添加到取样”吸管工具在图像中单击或拖移。要缩小颜色范围，使用“从取样中减去”吸管工具在图像中单击或拖移（注意：要使用上述功能，必须在编辑框中选择一种颜色）。

☆ **图像的通道混合器调整和图像的渐变映射调整**

（1）通道混合器调整 “通道混合器”命令通过从每个颜色通道中选取它所占的百分比来创建高品质的灰度图像、棕褐色调或者其他彩色图像。执行“图像”→“调整”→“通道混合器”命令，可打开“通道混合器”对话框，如图 5-32 所示。

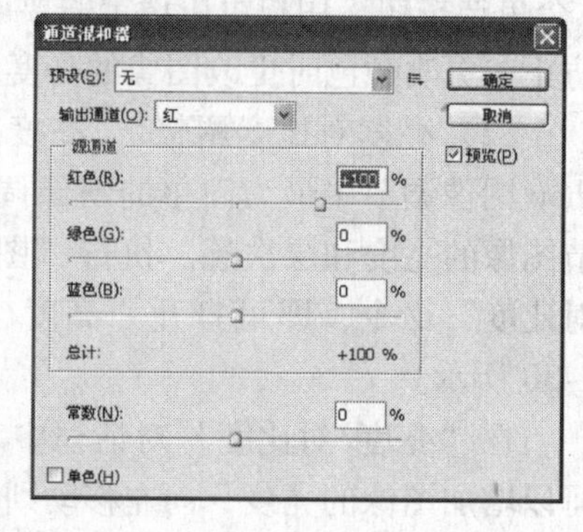

图 5-32 “通道混合器”对话框

“通道混合器”对话框使用图像中源（现有）颜色通道的混合来修改输出颜色通道。颜色通道是代表图像（RGB 或 CMYK）中颜色分量的色调值的灰度图像。在使用“通道混合器”命令时，将通过源通道向输出通道加减灰度数据。

要增加一个通道的比重，将相应的源通道滑块向右拖动；要减少一个通道在输出通道中所占的比重，将相应的源通道滑块向左拖动。或在文本框中输入一个介于 -200% 和 +200% 之间的值。

Photoshop 将在“总计”字段中显示源通道的总计值。如果合并的通道值高于 100%，Photoshop 会在总计旁边显示一个警告图标。

“常数”文本框用于调整输出通道的灰度值。负值增加更多的黑色，正值增加更多的白色。-200% 值将使输出通道成为全黑，而 +200% 值将使输出通道成为全白。

（2）渐变映射调整 “渐变映射”命令将相等的图像灰度范围映射到指定的渐变填充色。如果指定双色渐变填充，例如，图像中的阴影映射到渐变填充的一个端点颜色，高光映射到另一个端点颜色，则中间调映射到两个端点颜色之间的渐变。执行“图像”→“调整”→“渐变映射”命令，可打开“渐变映射”对话框，如图 5-33 所示。

在默认的情况下，“渐变映射”对话框中所显示的渐变是从前景色渐变到背景色，并且会设置前景色为阴影的映射，背景色为高光的映射。如果需要调整，可以用鼠标单击【点按可编辑渐变】按钮，打开“渐变编辑器”对话框，如图 5-34 所示。在该对话框中可以在渐变编辑条的下方用鼠标单击创建更多的颜色编辑点，在上方可以创建颜色透明度编辑点，用来编辑该控制点所在位置的颜色的不透明度。

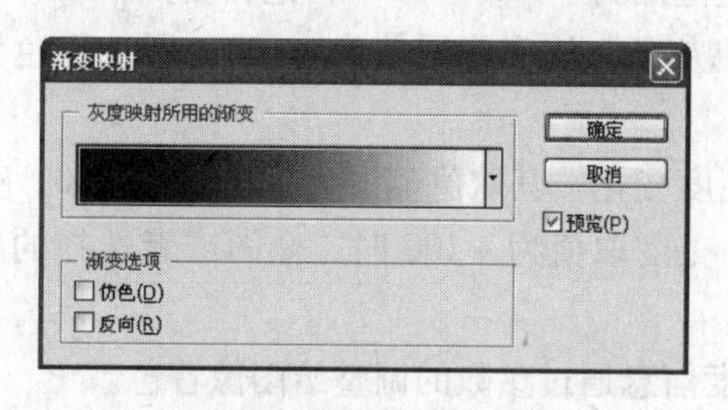

图 5-33 “渐变映射”对话框

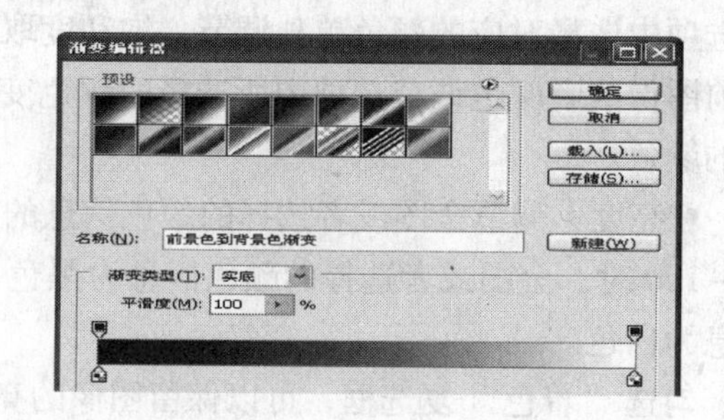

图 5-34 “渐变编辑器”对话框

“渐变映射”对话框中有仿色和反向两个渐变选项。

- 仿色：添加随机的杂色以平滑渐变填充外观并减少带宽效应，其效果不是很明显。
- 反向：用于反转渐变的方向，让高光映射和暗部映射互换位置。

5.1.4　案例拓展

☆【拓展案例 17】图像色调的调整

本例要将一幅色调较为灰暗的图像（如图 5-35 所示）调整为色调亮丽的图像（如图 5-36所示）。

图 5-35　“漂流”图像

图 5-36　调整后的“漂流”图像

（1）创作思路

调整图像的色调主要用“色阶”命令。打开图像文件后，通过“色阶”命令调整有关颜色的色阶，即可达到目的。

（2）操作步骤

1）在 Photoshop 中，打开素材文件“第 5 章\素材\漂流 . jpg”，如图 5-35 所示。

2）按【Ctrl + L】组合键，打开“色阶”对话框，然后依次选择“红”、“绿”、“蓝”通道，按图 5-37 ~ 图 5-39 所示分别调整左、右滑标的位置。

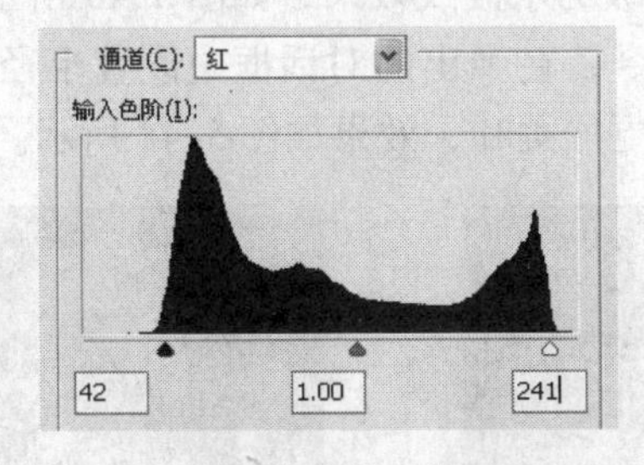

图 5-37　调整红色通道

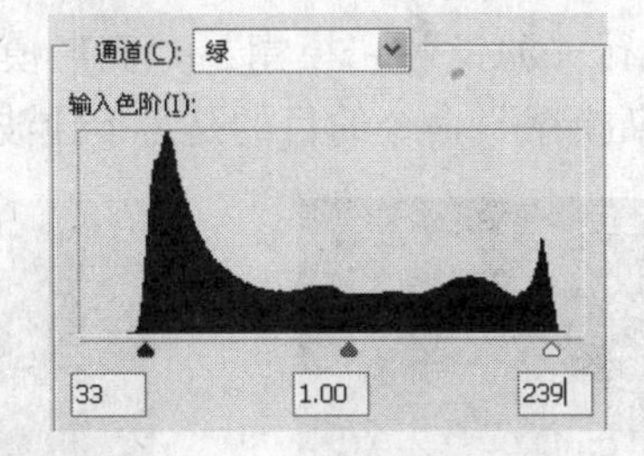

图 5-38　调整绿色通道

3）选择 RGB 通道，调整中间滑标的位置，使其数值框显示数值为 1. 51，如图 5-40 所示。单击【确定】按钮，便得到如图 5-36 所示的效果。

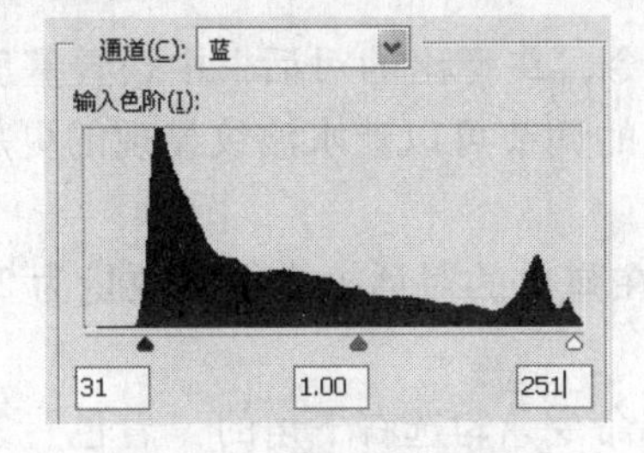

图 5-39　调整蓝色通道

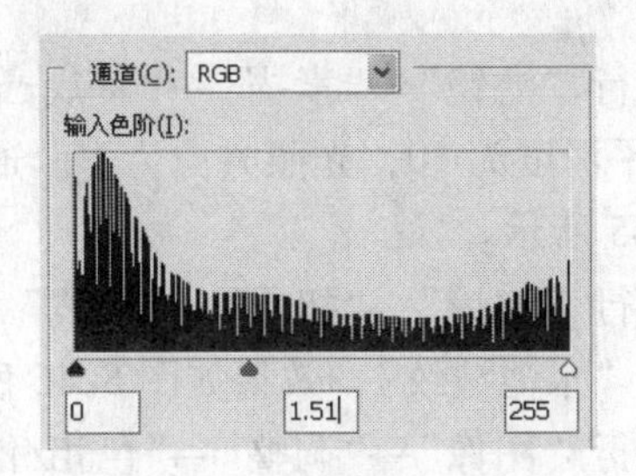

图 5-40　调整 RGB 通道

5.2 【案例17】制作水波效果

本实例要通过滤镜来制作水波效果，如图5-41所示。通过本案例的制作，可以了解滤镜的一般用法和扭曲滤镜的使用技巧。

5.2.1 创作思路

新建一空白文件后，利用“云彩”命令创建一云彩的纹理，接着用“径向模糊”命令对云彩纹理进行旋转模糊，再次用“高斯模糊”命令，对纹理进行模糊；然后使用“基底凸现”命令设置水波，最后再使用“水波”命令来生成水波效果图。

5.2.2 操作步骤

1）新建一个图像，设置宽度为600像素，高度为500像素，分辨率为72像素/每英寸，色彩模式为RGB模式，背景内容为白色。

2）单击【默认前景色和背景色】按钮，设置前景色和背景色分别为黑色和白色。

3）执行“滤镜”→“渲染”→“云彩”命令，生成随即的云彩纹理（在使用云彩纹理滤镜的时候，如果在按住【Alt】键的同时，再执行“滤镜”→“渲染”→“云彩”命令，会生成对比度更大的云彩纹理效果，可以根据需要进行不断的尝试，云彩纹理是随即生成的，纹理不同最终制作的效果也略有差异)，效果如图5-42所示。

4）执行“滤镜”→“模糊”→“径向模糊”命令，在弹出的对话框中设置模糊的数量为38，模糊方法为“旋转”，品质为“好”，生成初级的水波纹效果，如图5-43所示。

5）执行“滤镜”→“模糊”→“高斯模糊”命令，在弹出的对话框中设置半径为2像素。使用“高斯模糊”命令的目的是为了让波纹变得更加柔和，效果如图5-44所示。

图5-41 水波效果图

图5-42 “云彩”效果

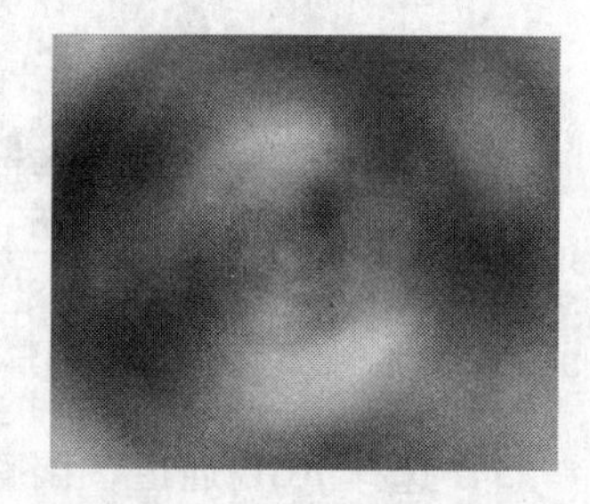
图5-43 “径向模糊”效果

6）执行“滤镜”→“素描”→“基底凸现”命令，在弹出的对话框中设置基底凸现的细节为13，平滑度为10，光照方向为下。通过这样的调节可以让水波纹显现的更加明显，效果如图5-45所示。

7）执行“滤镜”→“扭曲”→“水波”命令，在弹出的对话框中设置数量为20，起伏为8，样式为“水池波纹”，效果如图5-46所示。

8）执行“图像”→“调整”→“色相/饱和度”命令，勾选右下角的“着色”复选框，然后设置色相为205，饱和度为80，效果如图5-41所示。至此本实例完成。

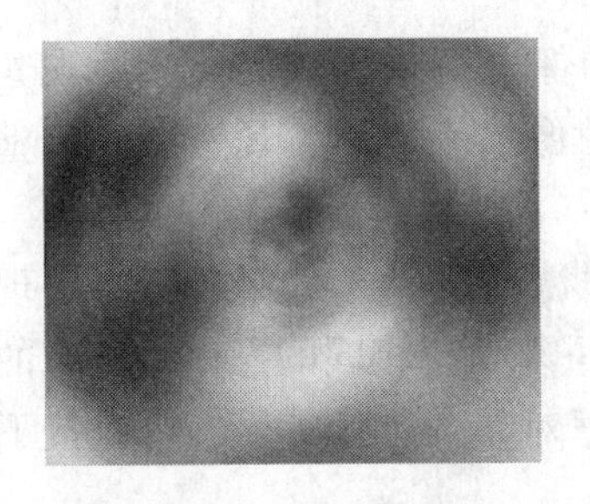
图5-44 “高斯模糊”效果

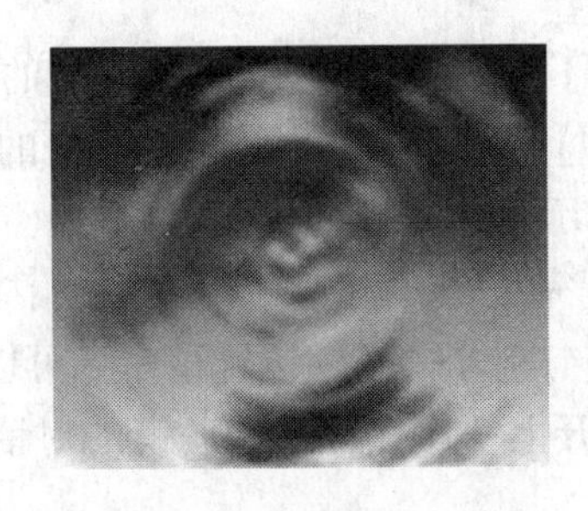
图5-45 “基底凸现”效果

图5-46 “水波”效果

5.2.3　相关知识

☆ 滤镜及其一般用法

滤镜是图像软件发展过程中的一个产物，它是应人们艺术欣赏水平的不断提高和需要处理具有复杂特效的图像而产生的。Photoshop CS3 中滤镜主要是用来实现图像的各种特殊效果。充分而适度地利用好滤镜不仅可以改善图像效果、掩盖缺陷，还可以在原有图像的基础上产生许多特殊炫目的效果。

在 Photoshop 软件中滤镜分为系统内置滤镜和外挂插件滤镜。Photoshop 自带的滤镜称为系统内置滤镜，它分布在“滤镜”菜单中，按照滤镜功能的不同进行不同的分类。外挂插件滤镜是经第三方开发的主要以扩充 Photoshop 功能为目的的外挂程序。在本章节中只对 Photoshop 内置滤镜进行阐述。

（1）滤镜的作用范围　可以是当前正在编辑的整个图层，也可以是选区范围内的图像。如果当前图像中没有选区，则滤镜的应用范围默认是当前图层。如果有选区存在，则需要对选区进行适当的羽化操作，使处理后的区域与源图像自然的融合，减少选区边缘的突兀感。

（2）滤镜的对话框　在 Photoshop 中绝大多数滤镜都有弹出对话框，对话框的基本结构包括图像效果预览区域、参数调节区域、按钮区域和预览比例区域，如图 5-47 所示。

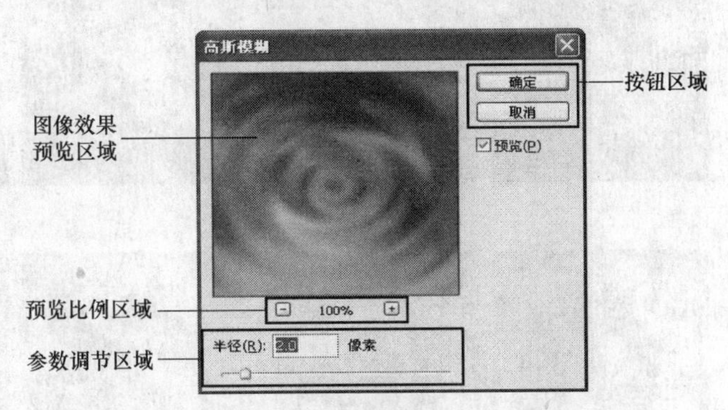

图5-47　滤镜的对话框

● 图像效果预览区域：在这个区域内可以方便的观察到图像经过滤镜作用后的最终效果，如果在这个区域内按住鼠标左键不放，可以观察源图像的预览效果，形成对比。

● 参数调节区域：每个参数都对应一个文本输入框和一个滑块，可以在文本输入框中输入对应的数值，或者移动滑块控制参数的变化（提示：把鼠标放在文本输入框中，上下滚动鼠标的滑轮可以以 1 像素为单位进行参数的调节）。

● 按钮区域：如果需要恢复默认的参数设置同时不关闭当前调节窗口，可以按住【Alt】键，然后用鼠标单击【取消】按钮即可复位参数设置。勾选“预览”复选框可以在调节参数的同时观察源图像的变化。

● 预览比例区域：单击【+】按钮可以对预览区域内的图像进行局部放大显示，观察图像的细节处理效果；单击【-】按钮可以对预览区域内的图像缩小显示，观察图像的整体调节效果。中间的数值可以显示当前缩放的比例。

(3) 滤镜的快捷键　当执行完一个“滤镜”命令后，在“滤镜”菜单的第一行会出现刚才使用过的滤镜，参数的设置与刚才一样，执行该命令可以重复执行相同的操作，对应的组合键为【Ctrl + F】。要重新打开上一次执行过的滤镜的对话框对参数进行编辑，可以按下组合键【Ctrl + Alt + F】。

☆ **扭曲滤镜**

扭曲滤镜组可以通过对图像应用各种形式的变形来实现特殊效果。执行“滤镜”→“扭曲”命令（如图5-48所示）制作的图像效果如图5-49所示。

图5-48 “扭曲”菜单

图5-49 “扭曲”命令效果图

a) 原图 b) 波浪 c) 波纹 d) 玻璃 e) 海洋波纹 f) 极坐标 g) 挤压 h) 镜头校正 i) 扩散亮光 j) 切变 k) 球面化 l) 水波 m) 旋转扭曲 n) 置换

下面以“波浪”滤镜和“置换”滤镜为例加以说明。

(1)“波浪”滤镜　通过控制波长与波幅来调整图像的起伏大小，用来模拟海浪的效果。执行“滤镜”→“扭曲”→“波浪”命令，打开“波浪”对话框，如图5-50所示。

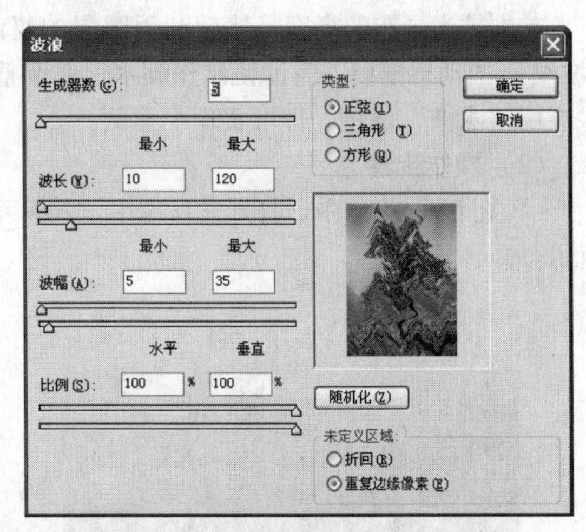

图5-50 “波浪”对话框

对话框中参数的详细调节如下。

- 生成器数：控制产生波的数量，范围是1~999。
- 波长：其最大值与最小值决定相邻波峰之间的距离，两值相互制约，最大值必须大于或等于最小值。
- 波幅：其最大值与最小值决定波的高度，两值相互制约，最大值必须大于或等于最小值。它们的取值范围是1~999。
- 比例：控制图像在水平或垂直方向上的变形程度，可以分开进行调节与控制。它们的取值范围为1%~100%。
- 类型：有3种类型可供选择，分别是正弦、三角形和方形，由于三角形和方形会产生破碎的边缘，所以一般常用的为正弦。
- 随机化：每单击一下此按钮都可以为波浪指定一种随机效果。
- 折回：将变形后超出图像边缘的部分反卷到图像的对边。
- 重复边缘像素：将图像中因为弯曲变形超出图像的部分分布到图像的边界上。

(2)“置换”滤镜　可以产生弯曲、碎裂的图像效果。“置换”滤镜比较特殊的是设置完毕后，还需要选择一个图像文件作为位移图，滤镜根据位移图上的颜色值移动图像像素。执行“滤镜”→“扭曲”→“置换”命令，打开“置换”对话框，如图5-51所示。

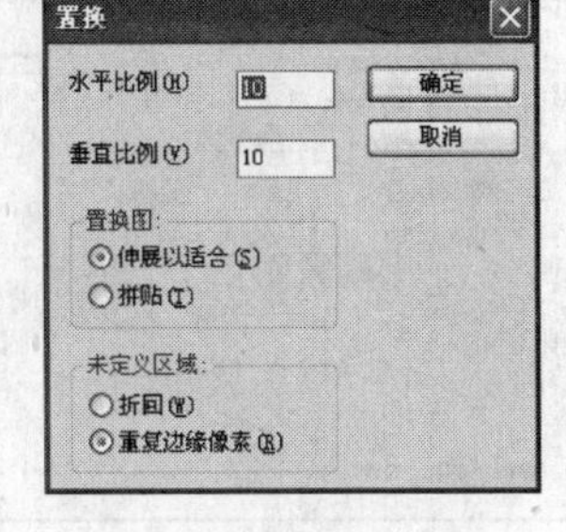

图5-51 “置换”对话框

对话框中参数的详细调节如下。

- 水平比例：滤镜根据位移图的颜色值将图像的像素在水平方向上移动的程度。
- 垂直比例：滤镜根据位移图的颜色值将图像的像素在垂直方向上移动的程度。
- 伸展以适合：变换位移图的大小以匹配图像的尺寸。
- 拼贴：将位移图重复覆盖在图像上。
- 折回：将图像中未变形的部分反卷到图像的对边。
- 重复边缘像素：将图像中未变形的部分分布到图像的边界上。

5.2.4 案例拓展

☆【拓展案例18】湖边牧马

本例要将一幅草原牧马图（如图5-52所示）制作成湖边牧马图，如图5-53所示。

（1）创作思路

首先扩大画布的高度，然后利用图层的复制和翻转建立倒影图层，在倒影图层中应用“波纹”、“动感模糊”等滤镜制作湖水，并调整湖水的“色彩平衡”和“亮度”，最后对湖水应用“水波”滤镜，即可实现本案例。

（2）操作步骤

1）在Photoshop中，打开素材库中“第5章\素材\草原牧马.jpg”图像文件，如图5-52所示。

图5-52 “草原牧马”图

图5-53 “湖边牧马”效果图

2）执行“图像”→“画布大小”命令，在弹出的对话框中将画布高度改为原来的两倍，并调整“定位”的位置，使原来的图像出现在画布的上方，如图5-54所示。图像效果如图5-55所示。

3）在“图层”调板的“背景”层上单击右键，在快捷菜单中选择“复制图层”命令，建立一个“背景副本”图层，如图5-56所示。

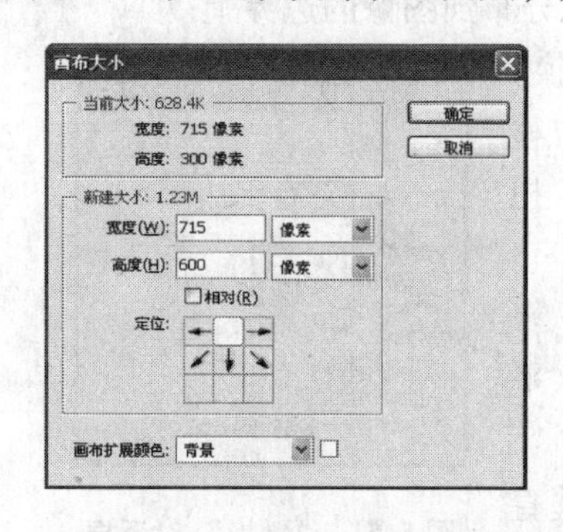

图5-54 “画布大小”对话框

图5-55 改变画布高度后的图像

图5-56 “图层”调板

4）执行“编辑”→“变换”→“垂直变换”命令，将“背景副本”图层翻转。

5）选择“魔棒工具”，单击“背景副本”图层上方的白色区域，按【Delete】键将该区域删除，效果如图5-57所示。

6）执行“选择”→“反向”命令，选中“背景副本”图层的下方区域（将作为“草原牧马”图的倒影），执行“编辑”→“自由变换”命令，用鼠标向上拖动下边的控点，将倒影部分的高度缩小，如图5-58所示。然后按【Enter】键确认变换。

7）选择“裁切工具”，选中有图像内容的部分，按【Enter】键确认裁切，如图5-59所示。

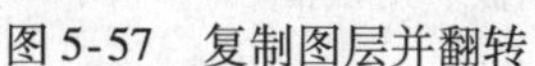
图5-57　复制图层并翻转　　图5-58　缩小倒影的高度　　图5-59　裁切图像

8）保持“背景副本”图层选中状态，执行“滤镜”→“扭曲”→“波纹”命令，在“波纹”对话框中设置数量为90%，大小为“中”，如图5-60所示。

9）执行“滤镜”→“模糊”→“动感模糊”命令，在“动感模糊”对话框中设置角度为-50°，距离为5像素，如图5-61所示。

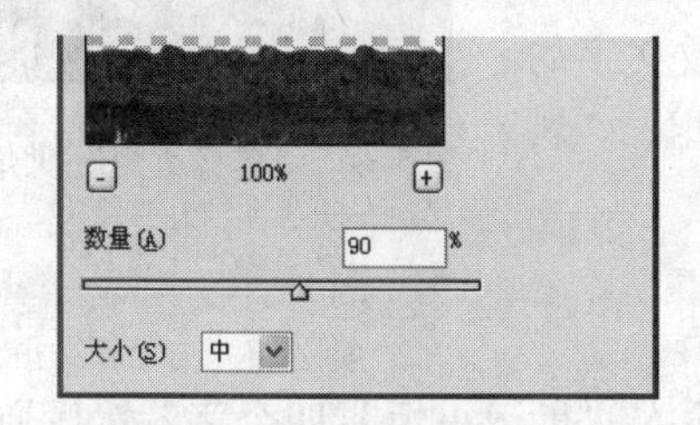

图5-60　“波纹”对话框

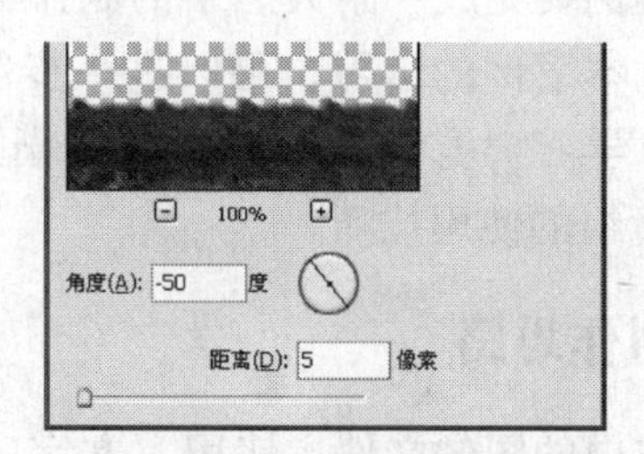

图5-61　“动感模糊”对话框

✍ **提示：**设置滤镜效果之后，由于边界的缘故，原图和倒影之间会出现一个小缝隙。为此，可用“移动工具”向上拖移“背景副本”图层的位置少许，并重新裁切。

10）继续选中“背景副本”图层，执行“图像”→“调整”→“色彩平衡”命令，设置色阶为0，+60，+90，如图5-62所示。执行“图像”→“调整”→“亮度/对比度”菜单命令，设置亮度为-25，如图5-63所示。

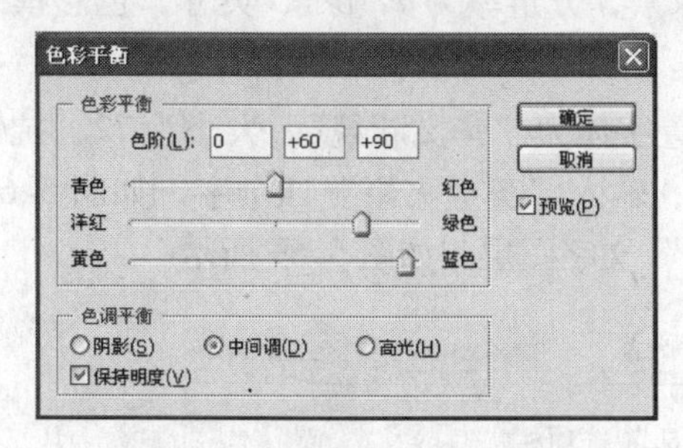

图5-62　“色彩平衡”对话框

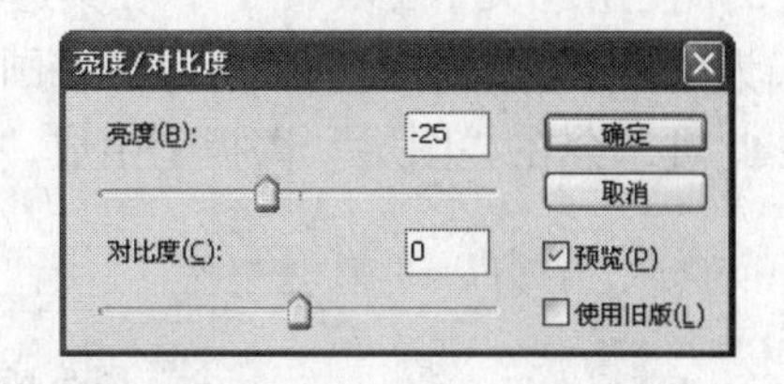

图5-63　“亮度/对比度”对话框

11）为使湖水的效果更逼真，可添加水波涟漪。利用“矩形选框工具”在湖水中建立一个矩形选区（见图5-64）。执行“滤镜”→“扭曲”→“水波”命令，设置数量为30，起伏为5，如图5-65所示。便得到最终图像效果如图5-53所示。

图 5-64　建立矩形选框

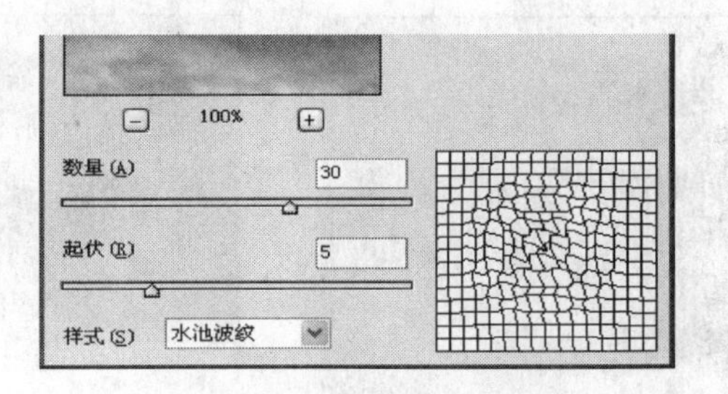

图 5-65　“水波”对话框

5.3　【案例 18】“奥运火炬”火焰字

图 5-66　“奥运火炬”火焰字效果

文字特效是图像处理、广告设计中经常需要制作的效果。本案例要完成一副火焰字的制作，效果如图 5-66 所示。通过本案例的学习，可以进一步掌握特效文字的制作方法，学习“滤镜”菜单中“模糊”滤镜组、“风格化”滤镜组的使用技巧。

5.3.1　创作思路

新建空白的图像文件，使用“文字工具”输入“奥运火炬”四个字。然后逆时针旋转画布 90°，执行“滤镜”→“风格化”→“风”命令 3 次。然后把画布顺时针旋转 90°，执行“滤镜”→“模糊”→“高斯模糊”命令，对文字进行适当的模糊。最后执行“滤镜”→“扭曲”→“波纹”命令即可实现本案例。

5.3.2　操作步骤

1）在工具栏中设置前景色和背景色分别为白色和黑色。

2）新建一个宽度为 400 像素，高度为 280 像素，分辨率为 72 像素/英寸，色彩模式为 RGB 模式，背景为背景色的图像文件。

3）使用“文字工具” T，在其选项栏上设置字体为“华文新魏”，大小为 72，抗锯齿方式为“犀利”，如图 5-67 所示。在画布上单击，输入“奥运火炬”四个字，如图 5-68 所示。此时，会在“图层”调板上生成“奥运火炬”文字图层，如图 5-69 所示。

图 5-67　“文字工具”选项栏

4）执行“图像”→“旋转画布”→“90 度（逆时针）”命令（下一步要用到“滤镜”菜单中的“风”命令，因为“风”命令只有“左右吹风”项，所以在这里需要先对画布进行旋转，为下一步使用“风”命令做好铺垫），如图 5-70 所示。

5）按【Ctrl + E】组合键对“文字”图层和“背景”层进行合并。然后选择“背景”图层，执行“滤镜”→“风格化”→“风”命令。在弹出的对话框中，设置方法为“风”，方

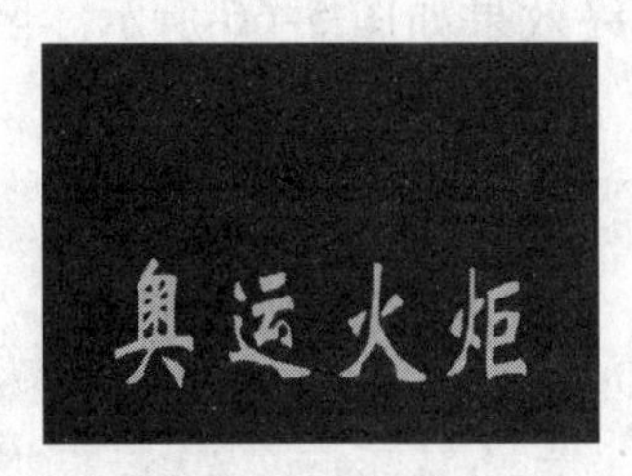

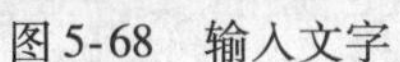

图 5-68　输入文字

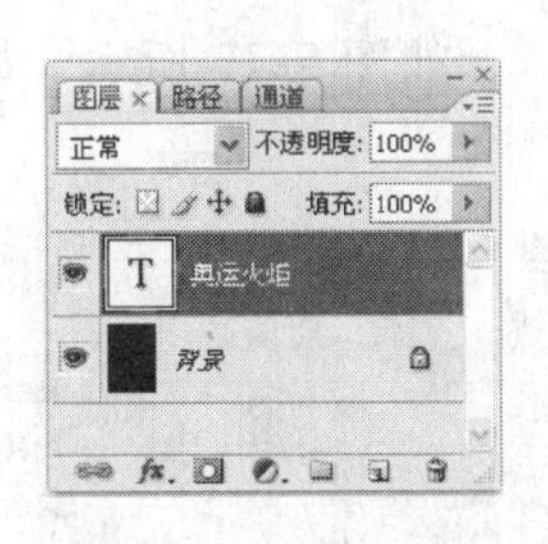

图 5-69　“图层”调板

图 5-70　逆时针旋转画布 90 度

向为“从右”，如图 5-71 所示。然后再执行该命令两次（执行一次“风”命令后，按下【Ctrl + F】组合键可以重复执行“风”命令），效果如图 5-72 所示。

6）选择“背景”图层，然后执行“图像”→“旋转画布”→“90 度（顺时针）”命令，将画布旋转回原来的方向，如图 5-73 所示。

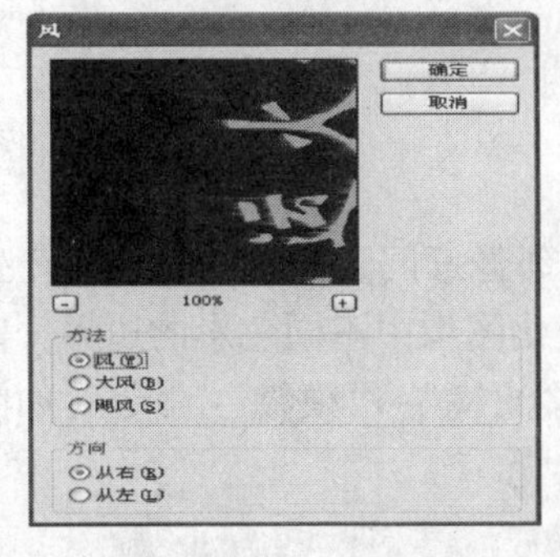

图 5-71　“风”对话框

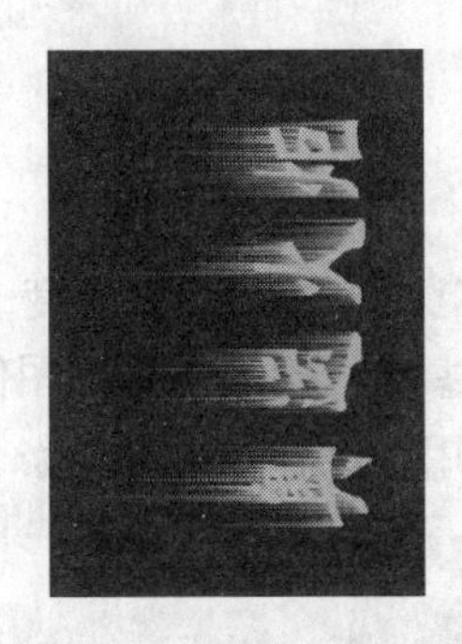

图 5-72　“风”命令效果

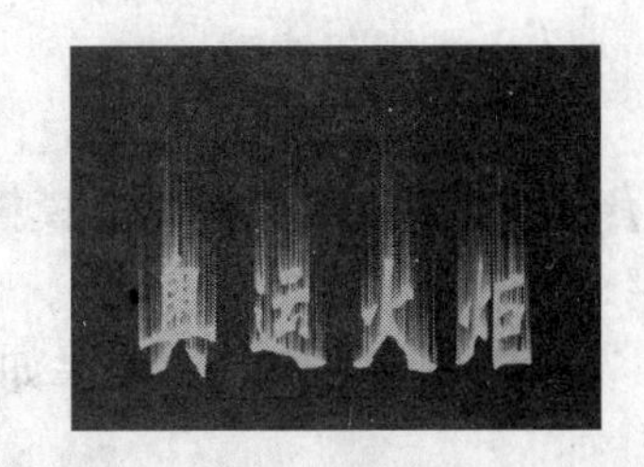

图 5-73　顺时针旋转画布 90 度

7）选择“背景”图层，执行“滤镜”→“模糊”→“高斯模糊”命令，在弹出的对话框中设置高斯模糊数值为 1 像素，如图 5-74 所示（对文字进行适当的高斯模糊以后，火苗会显得更加真实）。

8）为了让火苗变得更加逼真，执行“滤镜”→“扭曲”→“波纹”命令，在弹出的对话框中设置数量为 100%，大小为“中”，如图 5-75 所示。效果如图 5-76 所示。

图 5-74　“高斯模糊”对话框

图 5-75　“波纹”对话框

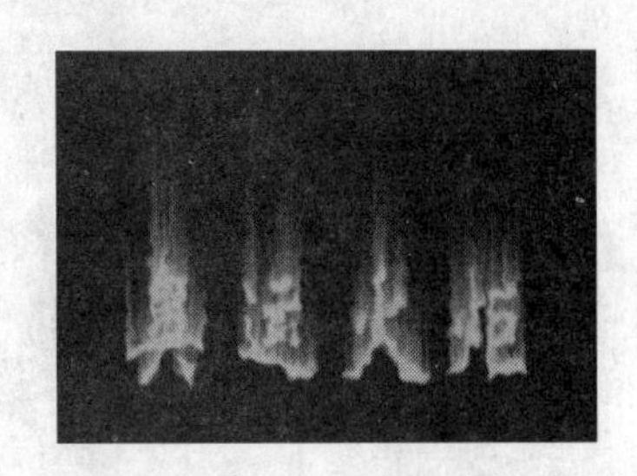

图 5-76　“波纹”效果

9）执行“图像”→“调整”→“色彩平衡”命令，在弹出的对话框中调节火焰字的颜色。色调平衡选择“阴影”，色彩平衡的色阶数值为（+100，0，-100），色调平衡选择“中间调”，色彩平衡的色阶数值为（+100，0，-100），色调平衡选择“高光”，色彩平衡的色阶数值为（+50，0，-30），如图5-77所示。最终效果如图5-66所示。至此本案例制作完成。

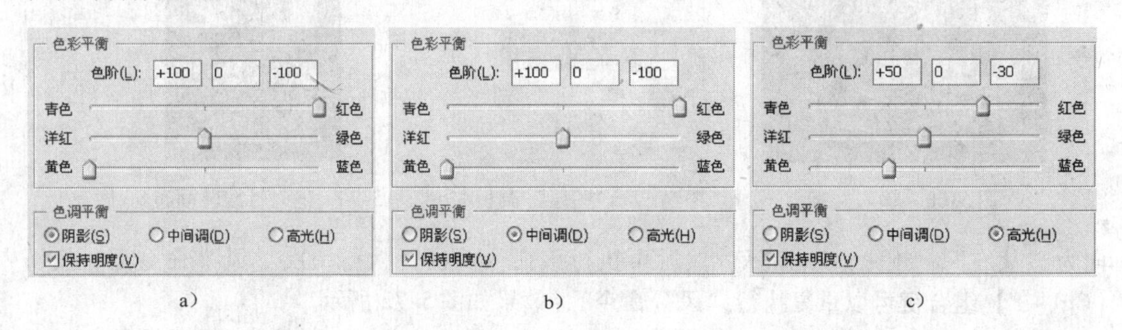

a） b） c）

图5-77 “色彩平衡”对话框

a）设置“阴影”参数 b）设置“中间调”参数 c）设置“高光”参数

5.3.3 相关知识

☆“模糊”滤镜

“模糊”滤镜组主要通过削弱相邻间像素的对比度，使相邻像素间过渡平滑，从而产生边缘柔和及模糊的效果。“模糊”滤镜一般用来修饰图像，淡化图像中不同色彩的边界，以用来掩盖图像的缺陷。此外，也可用于制作柔和阴影。执行“滤镜”→“模糊”命令（如图5-78所示）制作的图像效果如图5-79所示。

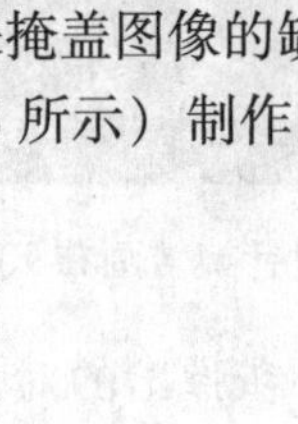

表面模糊...
动感模糊...
方框模糊...
高斯模糊...
进一步模糊
径向模糊...
镜头模糊...
模糊
平均
特殊模糊...
形状模糊...

图5-78 “模糊”菜单

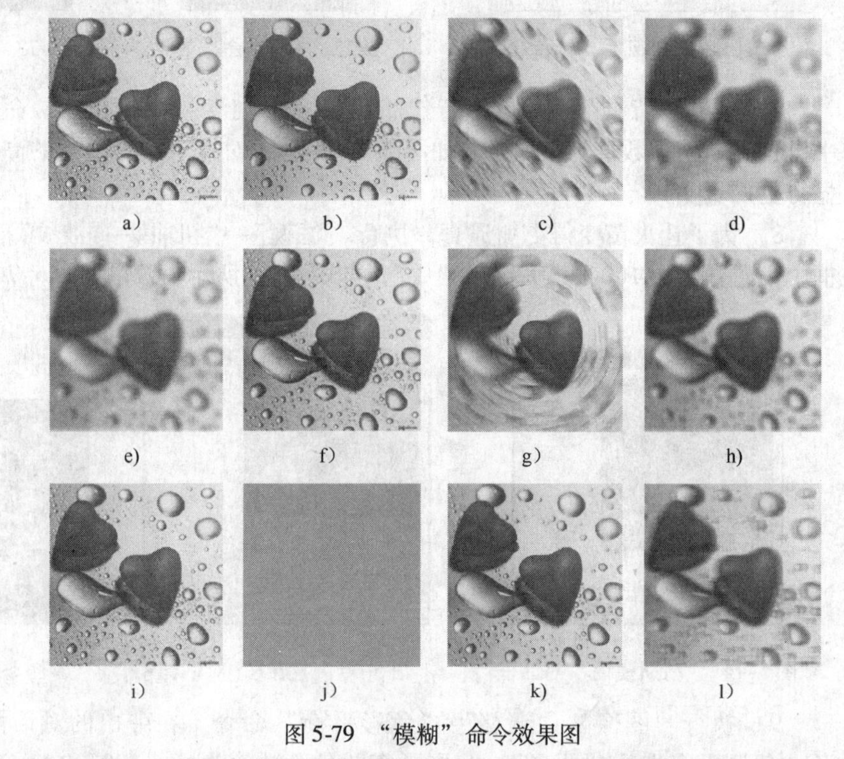

a） b） c） d）
e） f） g） h）
i） j） k） l）

图5-79 “模糊”命令效果图

a）原图 b）表面模糊 c）动感模糊 d）方框模糊 e）高斯模糊 f）进一步模糊 g）径向模糊 h）镜头模糊 i）模糊 j）平均 k）特殊模糊 l）形状模糊

☆“风格化”滤镜

“风格化”滤镜最终营造出的是一种印象派的图像效果，它是完全模拟真实艺术手法进行创作的。执行“滤镜”→“风格化”命令（如图5-80所示）制作的图像效果如图5-81所示。

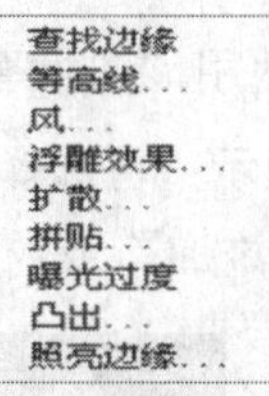

图5-80　“风格化”菜单

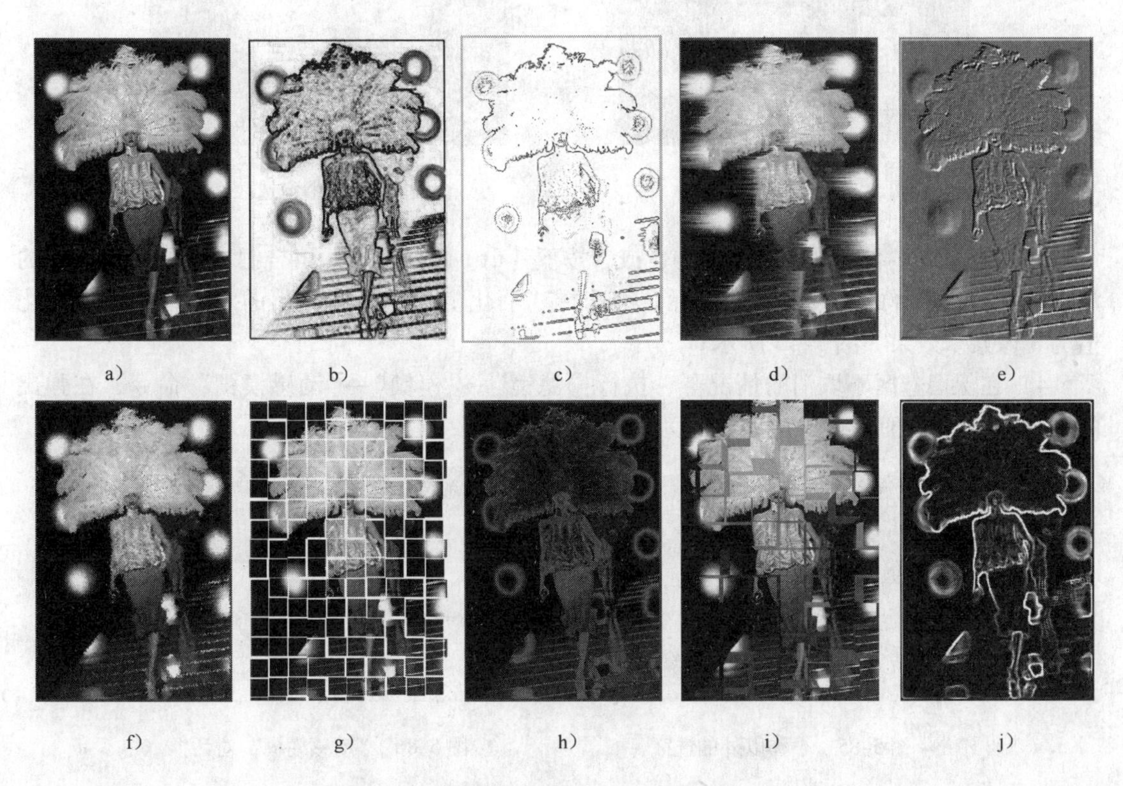

图5-81　“风格化”命令效果图
a）原图　b）查找边缘　c）等高线　d）风　e）浮雕效果　f）扩散
g）拼贴　h）曝光过度　i）突出　j）照亮边缘

5.3.4　案例拓展

☆【拓展案例19】飞奔的小狗

（1）创作思路

先勾画出小狗以外的场景选区，然后依次执行“动感模糊”命令及“渐隐动感模糊”命令，并做必要的参数设置即可完成本案例的制作。效果如图5-82所示。

图5-82　“飞奔的小狗”效果图

（2）操作步骤

1）在Photoshop中，打开素材文件“第5章\素材\小狗.jpg”，如图5-83所示。

2）使用“磁性套索工具”，选择图中的小狗，效果如图 5-84 所示。

✍ **提示：**可选择工具箱中的“椭圆选框工具”或“矩形选框工具”，对小狗选区进行“添加”或“减去”操作。

图 5-83 “小狗”图像

图 5-84 小狗选区

3）执行“选择”→“反向”命令，或者按下【Ctrl + Shift + I】组合键，选择小狗以外的场景，然后在选择的场景上单击鼠标右键选择“羽化”命令，在弹出的对话框中设置羽化值为 3 像素。效果如图 5-85 所示。

4）在保留选区不取消的情况下，执行“滤镜”→“模糊”→“动感模糊”命令，在弹出的对话框中设置角度为 10 度，距离为 80 像素，如图 5-86 所示。

图 5-85 小狗以外的选区

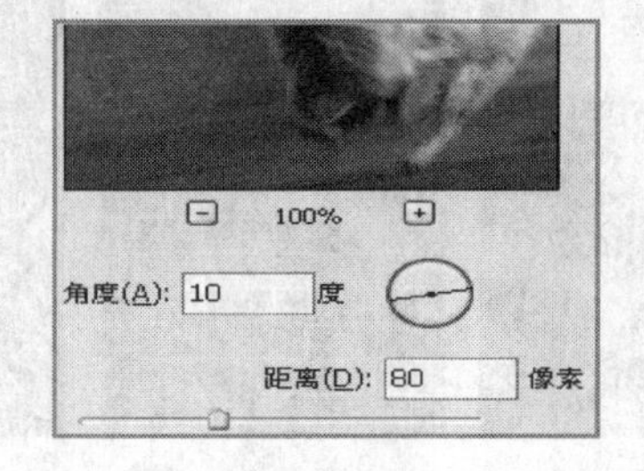

图 5-86 “动感模糊”对话框

5）执行“编辑”→“渐隐动感模糊”命令，在弹出的“渐隐”对话框中设置不透明度为 75%，模式选择“正常”（注意：在执行完“动感模糊”滤镜以后，先不要取消选区也不要做其他操作，否则编辑菜单中“渐隐”菜单不可用）。单击【确定】按钮后，再按【Ctrl + D】组合键取消选区，即得到如图 5-82 所示的效果。至此本案例制作完成。

5.4 【案例 19】青松傲雪

本实例由一幅“青松”图片（如图 5-88 所示）制作成“青松傲雪”图片，如图 5-87 所示。通过本案例，读者可以进一步学习包括“纹理”滤镜、“动感模糊”滤镜的使用方法、通道的使用方法以及图层的混合方式用法等内容。

5.4.1 创作思路

把图像复制到通道上，可对通道进行选区操作，然后对通道选区填充白色，可以产生积雪效果。新建一个背景为黑色的图层，对该图层执行“滤镜”→“素描”→“网状”命令，再执行“动感模糊”命令，可以产生飞雪效果。

5.4.2　操作步骤

1. 制作积雪

1）在 Photoshop 中，打开素材库中“第 5 章\素材\青松 . jpg”图像文件，如图 5-88 所示。执行“图像”→“图像大小”命令，在弹出的对话框中，修改宽度和高度分别为 725 像素和 600 像素。

2）执行“选择”→“全选”命令，再执行“编辑”→“复制”命令。打开“通道”调板，单击【创建新通道】按钮，新建“Alpha1”通道，执行“编辑”→“粘贴”命令。按【Ctrl + D】组合键取消选区。

3）按【Ctrl + L】组合键，打开“色阶”对话框，从左至右输入色阶值分别为 15，1. 00，35，如图 5-89 所示。

图 5-87　“青松傲雪”效果图

图 5-88　青松原图

4）按住【Ctrl】键，单击“Alpha1”通道的缩略图，将通道的黑色部分作为载入选区，再执行“选择”→“反向”菜单命令，可得到将要显示为“积雪”的选区，如图 5-90 所示。

5）选择“图层”调板，单击【创建新图层】按钮，新建名称为“图层 1”的图层，将该图层改名为“积雪”图层。设置前景色为白色，按【Alt + Delete】组合键，将选区填充为白色，按【Ctrl + D】组合键取消选区。设置不透明度为 60%，如图 5-91 所示。效果如图 5-92 所示。

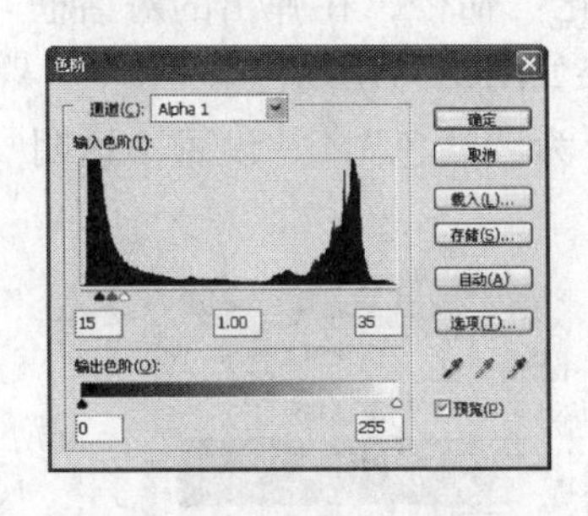

图 5-89　“色阶”对话框

图 5-90　反选“Alpha1”通道选区

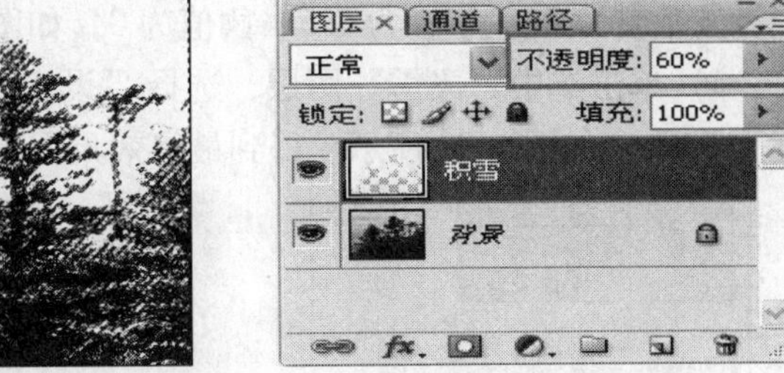

图 5-91　设置不透明度

6）在“图层”调板中选择“背景”图层，按【Ctrl + M】组合键，打开“曲线”对话框，按如图 5-93 所示调整曲线，将背景的色调调暗，效果如图 5-94 所示。

图 5-92 积雪效果图 1

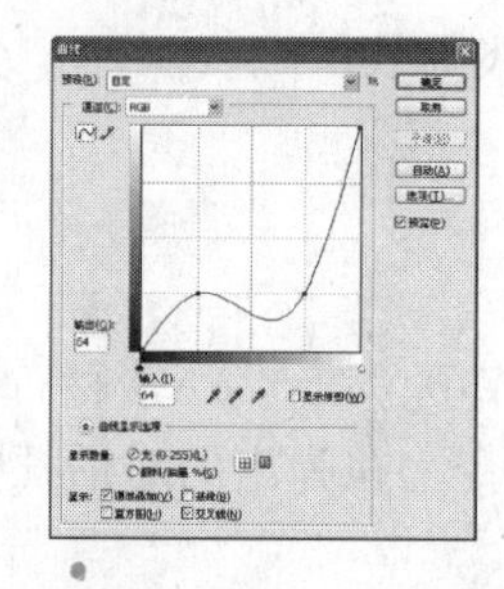

图 5-93 “曲线”对话框

图 5-94 积雪效果图 2

2. 制作飞雪

1）选择“图层”调板，单击【创建新图层】按钮，建立新图层“图层 1”，将该图层改名为“飞雪”图层。设置背景色为黑色，按【Ctrl + Delete】组合键，将选区填充为黑色。

2）执行“滤镜”→“素描”→“网状”命令，设置浓度为 40，前景色阶为 40，背景色阶为 5，如图 5-95 所示。

3）执行“滤镜”→“模糊”→“动感模糊”命令，打开“动感模糊”对话框。在该对话框中，设置角度为 -45°，距离为 3 像素。

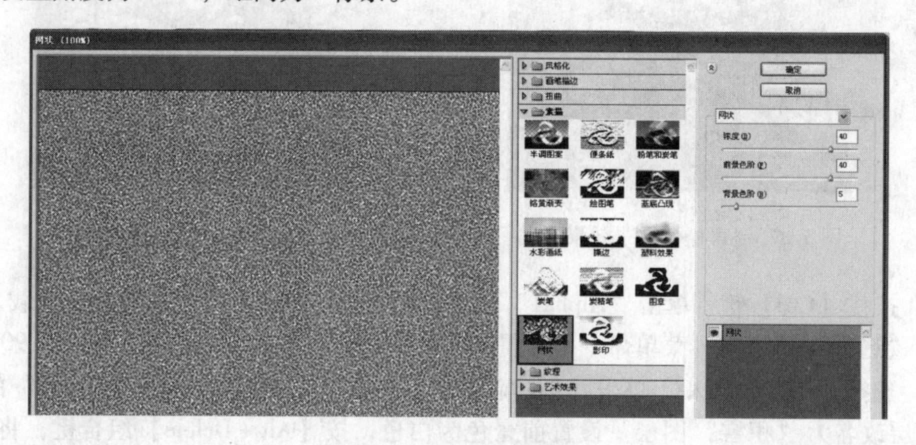

图 5-95 “网状”对话框

4）在“飞雪”图层中，执行“滤镜”→“锐化”→“USM 锐化”命令，在弹出的对话框中设置数量为 80，半径为 0.5，阈值为 0，如图 5-96 所示。效果如图 5-97 所示。

5）单击选中“飞雪”图层，选择“设置图层的混合模式”为“滤色”，并设置不透明度为 50%，如图 5-98 所示。得到最终效果图如图 5-87 所示。

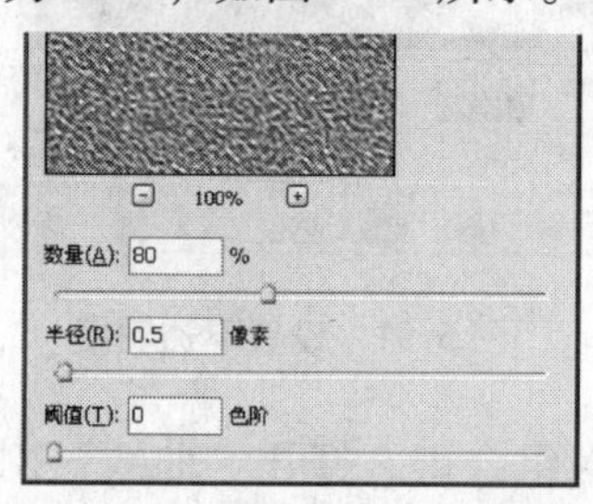

图 5-96 “USM 锐化”对话框

图 5-97 设置锐化后的图像效果

图 5-98 设置滤色和不透明度

5.4.3　相关知识

☆"素描"滤镜

"素描"滤镜组主要用来创建手绘图像的效果，简化图像的色彩。它只对 RGB 或灰度模式的图像起作用。执行"滤镜"→"素描"命令（如图 5-99 所示）制作的图像效果如图 5-100所示。

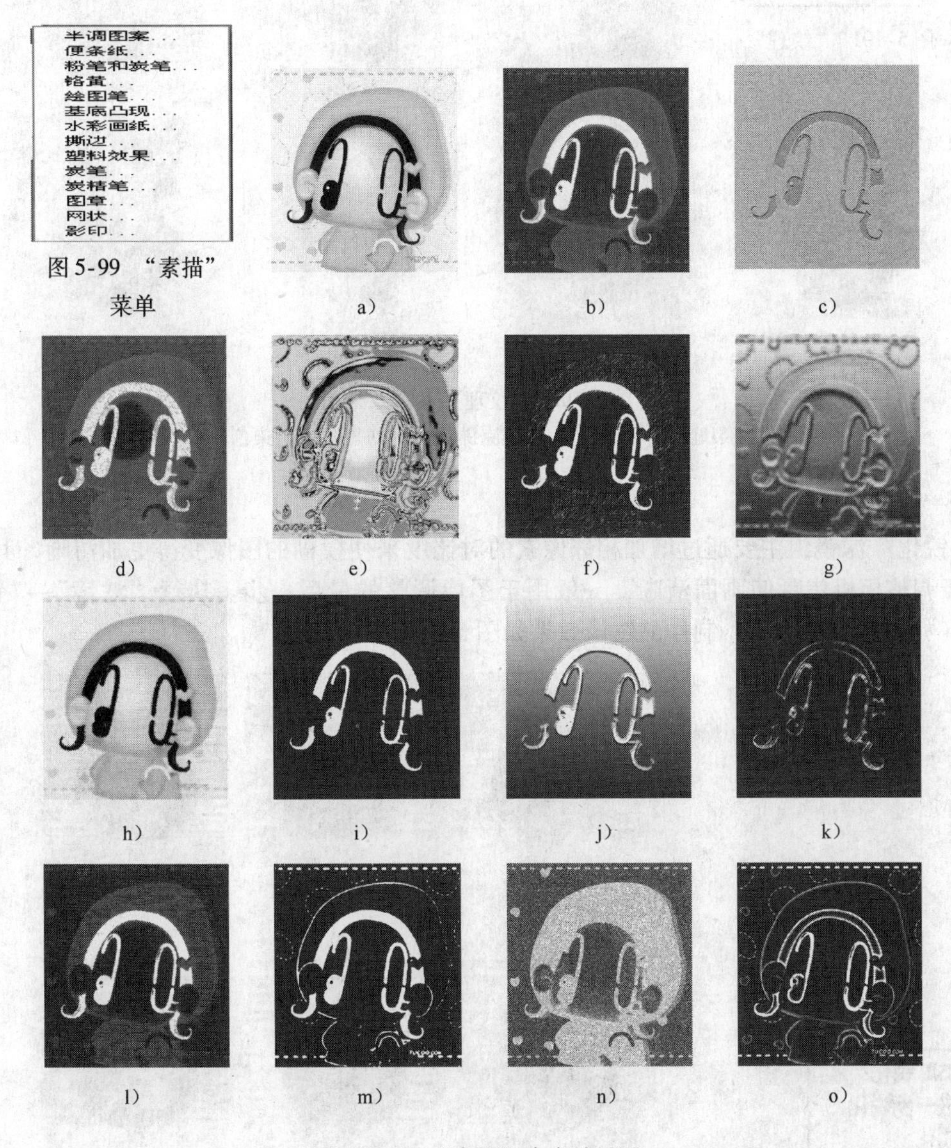

图 5-99　"素描"菜单

a）　b）　c）　d）　e）　f）　g）　h）　i）　j）　k）　l）　m）　n）　o）

图 5-100　"素描"命令效果图

a）原图　b）半调图案　c）便条纸　d）粉笔和炭笔　e）铬黄　f）绘图笔　g）基底凸现　h）水彩画纸　i）撕边　j）塑料效果　k）炭笔　l）炭精笔　m）图章　n）网状　o）影印

☆"纹理"滤镜

"纹理"滤镜组主要用来滤镜为图像创造各种纹理材质的感觉。常用于木纹、岩石、金属外表面，特效字体等的制作。执行“滤镜”→“纹理”命令（如图5-101所示）制作的图像效果如图5-102所示。

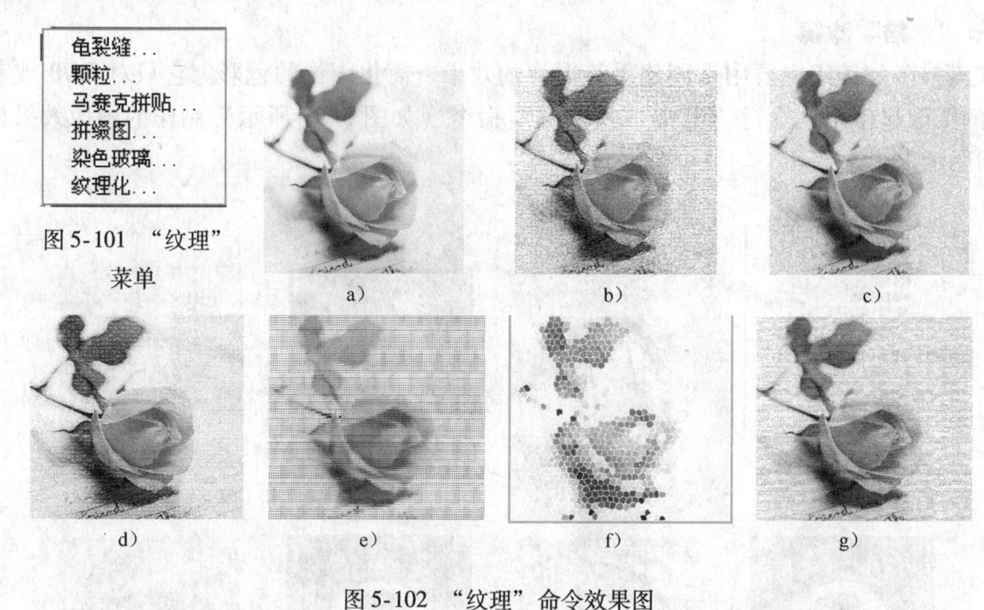

图5-101 “纹理”菜单

a） b） c） d） e） f） g）

图5-102 “纹理”命令效果图

a）原图 b）龟裂缝 c）颗粒 d）马赛克拼贴 e）拼缀图 f）染色玻璃 g）纹理化

☆“锐化”滤镜

“锐化”滤镜组主要通过增加相邻像素的对比度来使模糊的图像变得更加清晰，其结果类似于调整相机焦距使画面清晰，一般用于图像调整的最后一步。执行“滤镜”→“锐化”命令（如图5-103所示）制作的图像效果如图5-104所示。

USM锐化...
进一步锐化
锐化
锐化边缘
智能锐化...

图5-103 “锐化”菜单

a） b） c） d） e） f）

图5-104 “锐化”命令效果图

a）原图 b）USM锐化 c）进一步锐化 d）锐化 e）锐化边缘 f）智能锐化

☆“画笔描边”滤镜

“画笔描边”滤镜组使用不同的画笔和油墨描边效果创造出绘画效果的外观。它对 CMYK 和 Lab 颜色模式的图像都不起作用。执行“滤镜”→“画笔描边”命令（如图 5-105 所示）制作的图像效果如图 5-106 所示。

图 5-105 “画笔描边”菜单

图 5-106 “画笔描边”命令效果图

a）原图　b）成角的线条　c）墨水轮廓　d）喷溅　e）喷色描边
f）强化的边缘　g）深色线条　h）烟灰墨　i）阴影线

5.4.4 案例拓展

☆【拓展案例 20】木刻卡通五羊

（1）创作思路

先应用“纹理”滤镜的“颗粒”命令制作木纹材质，然后用“旋转扭曲”命令使木纹发生扭曲，得到一幅较为真实的木纹图像。再对一幅“卡通五羊”图像执行“查找边缘”命令，去掉颜色后保存为 Photoshop 类型的文件，作为刚才制作的木纹图像的“纹理”即可，效果如图 5-107 所示。

（2）操作步骤

1）设置背景色为浅黄色（R = 206，G = 170，B = 115）；新建一个宽度为 320 像素、高度为 270 像素、分辨率为 72 像素/英寸、色彩模式为 RGB 模式、背景为背景色的图像。

2）执行“滤镜”→“纹理”→“颗粒”命令，在弹出的“颗粒”对话框中，设置强度为 16，对比度为 16，颗粒类型为“水平”，如图 5-108 所示。单击【确定】按钮，把画布制作成木质纹理图案。

3）选择“椭圆选框工具”，在画布中创建一个椭圆选区，如图 5-109 所示。

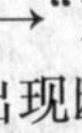

4）执行“滤镜”→“扭曲”→“旋转扭曲”命令，改变角度值（旋转扭曲的角度不宜设置得过大，否则选区的边缘会出现断裂的效果），这样可以创建扭曲的纹路效果，使得木纹变得更加真实，如图 5-110 所示。

5）分别在画布的左方和右方，重复步骤 4，再给木纹添加几个不规则的局部扭曲，最终效果如图 5-111 所示。

图 5-107 “木刻卡通五羊”效果图

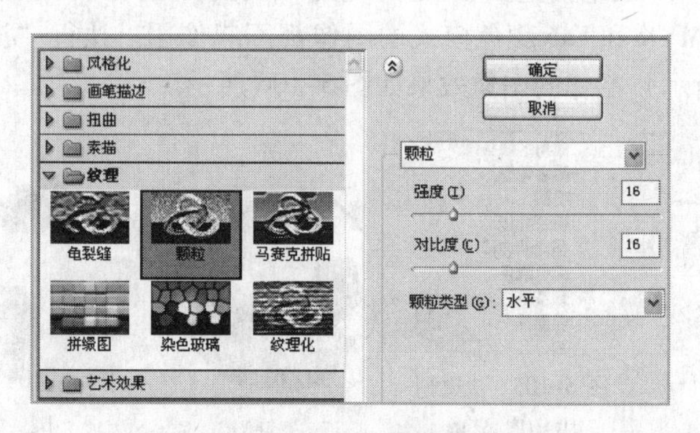

图 5-108 “颗粒”对话框参数设置

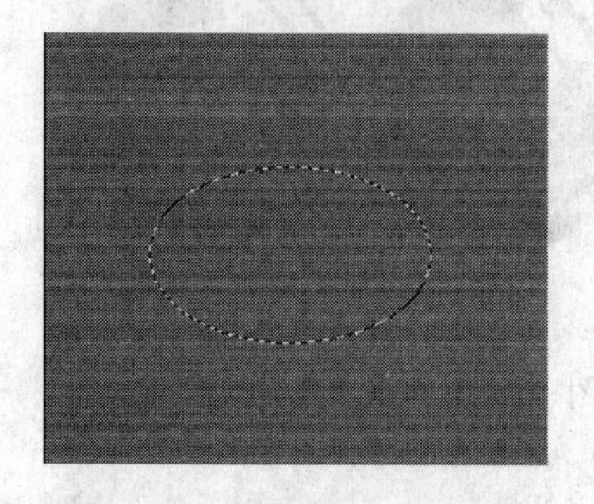

图 5-109 创建一个椭圆选区

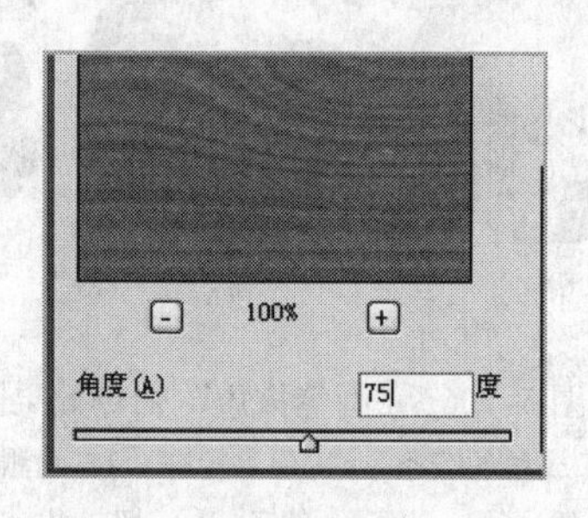

图 5-110 “旋转扭曲”对话框

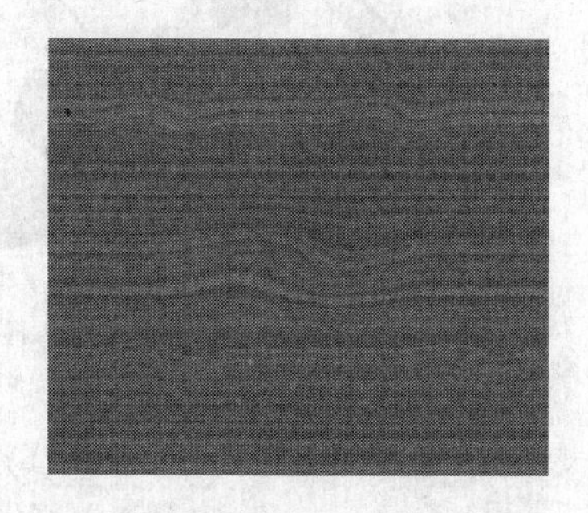

图 5-111 添加几个局部扭曲

6）打开素材库中“第 5 章\素材\卡通五羊 . jpg”图像，如图 5-112 所示。执行“滤镜”→“风格化”→“查找边缘”命令，得到卡通五羊的轮廓。然后执行“图像”→“模式”→“灰度”命令，去掉颜色信息。再将其保存为“卡通五羊 . psd”（注意是 Photoshop 格式文件），如图 5-113 所示。

图 5-112 “卡通五羊”图像

图 5-113 卡通五羊. psd

7）重新选择新建的木纹文件，执行“滤镜”→“纹理”→“纹理化”命令，在弹出的“纹理化”对话框中，单击“纹理”右方的三角按钮，选择“载入纹理”命令，在打开的“载入纹理”对话框中，选择步骤 6 保存的“卡通五羊 . psd”文件，缩放为 100%，凸现为 10，光照为右上，如图 5-114 所示。单击【确定】按钮，就得到如图 5-107 所示的效果。

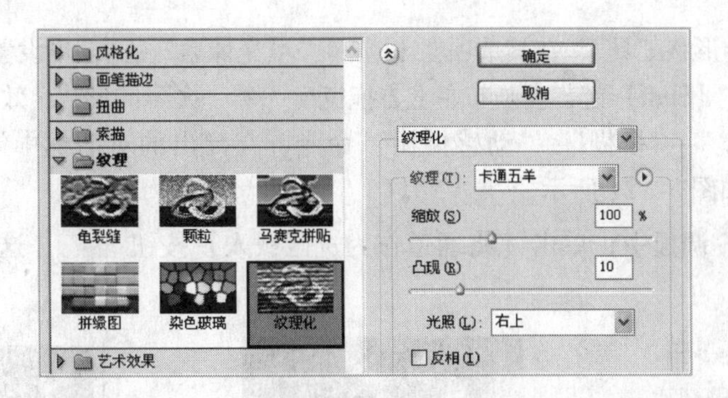

图 5-114　在“载入纹理”对话框中设置参数

5.5 【案例 20】制作炫光效果

本实例要制作出炫光的效果，如图 5-115 所示。本案例的制作综合运用了“渲染”滤镜、“模糊”滤镜、通道、“自定形状工具”、“渐变映射”命令。

图 5-115　“炫光”效果图

5.5.1 创作思路

新建文件后，执行“滤镜”→“渲染”→“云彩”命令，可以产生云彩效果；执行“滤镜”→“模糊”→“高斯模糊”命令可以对云彩进行艺术化处理；执行“滤镜”→“渲染”→“镜头光晕”命令可以大致生成炫光效果。在此基础上，添加“火”的形状，对火进行模糊处理，并改变其形状和方向。最后创建“渐变映射”调整图层，可用于制作火的颜色。

5.5.2 操作步骤

1）新建文件：预设为默认 Photoshop 大小，颜色模式为 RGB 颜色，其余取默认值。

2）打开“图层”调板，单击【创建新图层】按钮，新建“图层 1”；设置前景色为黑色，背景色为棕色（R = 106，G = 73，B = 17）；执行“滤镜”→“渲染”→“云彩”命令；再执行“滤镜”→“模糊”→“高斯模糊”命令，并设置半径为 50 像素，图像效果如图 5-116 所示。

3）执行“滤镜”→“渲染”→“镜头光晕”命令，打开“镜头光晕”对话框，用鼠标拖动对话框中的“十字”至如图 5-117 所示的位置。

4）设置前景色为白色，背景色为黑色；转换到“通道”调板，单击【创建新通道】按钮，新建“Alpha 1”通道，如图 5-118 所示。

图 5-116　云彩效果图

图 5-117　调整镜头光晕位置

图 5-118　新建“Alpha 1”通道

5）选择“自定形状工具”，在其选项栏上选择“填充像素”，再设置形状为“火”，如图5-119所示。按住【Shift】键，在画布左上方拖曳出一个“火”的形状，效果如图5-120所示。

6）执行“滤镜”→“模糊”→“动感模糊”命令，在弹出的对话框中设置角度为90度，距离为30像素，如图5-121所示。

7）在“通道”调板中，单击【将通道作为选区载入】按钮，这时画布如图5-122所示。

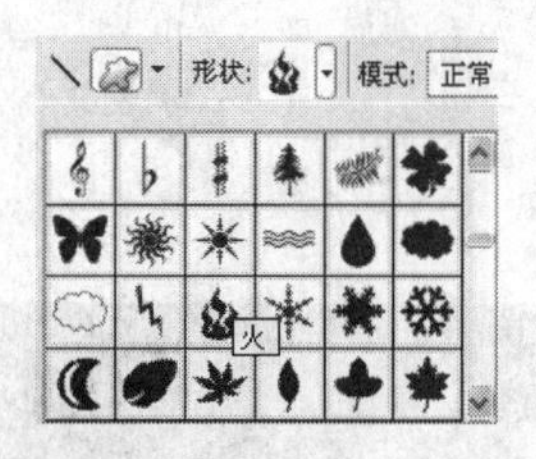

图5-119 选择“火”的形状

图5-120 拖曳出“火”的形状

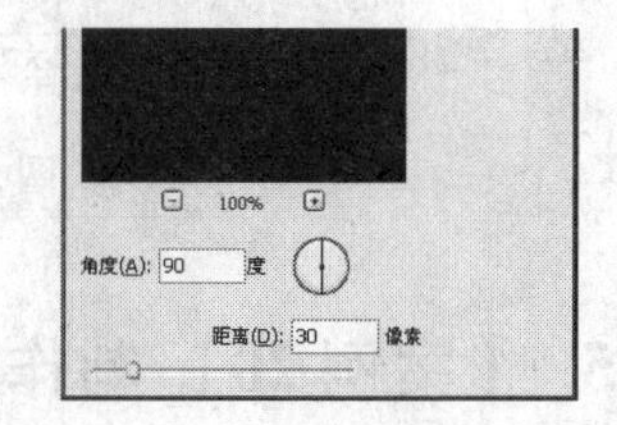

图5-121 “动感模糊”对话框

8）选择“图层”调板，单击【创建新图层】按钮，新建“图层2”；保持前景色为白色，按【Alt+Delete】组合键，在图层2上重新显示出白色的火焰，如图5-123所示。

9）按【Ctrl+D】组合键取消选区，按【Ctrl+T】实施自由变换，按住【Ctrl+Alt+Shift】组合键并拖曳鼠标，调整火焰的形状，如图5-124所示。再调整火焰的方向向右下角倾斜，并把火焰根部放在图像的最光亮处，如图5-125所示。按【Enter】键确认调整。

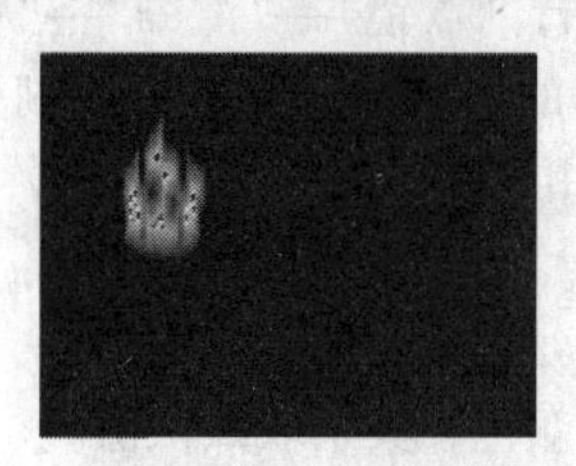

图5-122 “Alpha 1”通道的选区

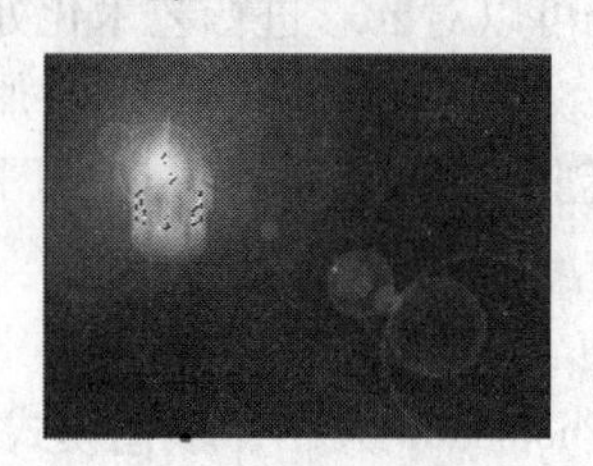

图5-123 在图层2上显示出火焰

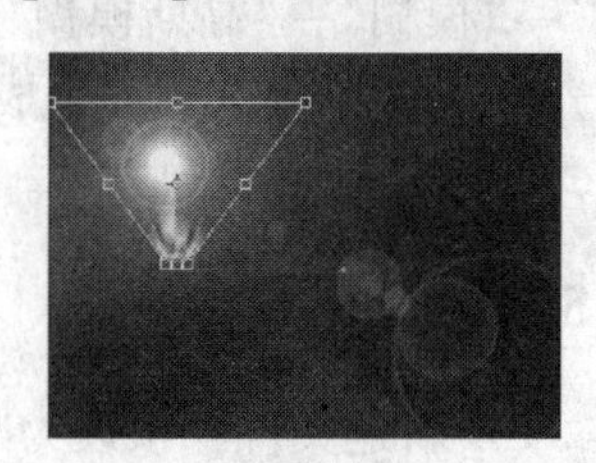

图5-124 调整火焰的形状

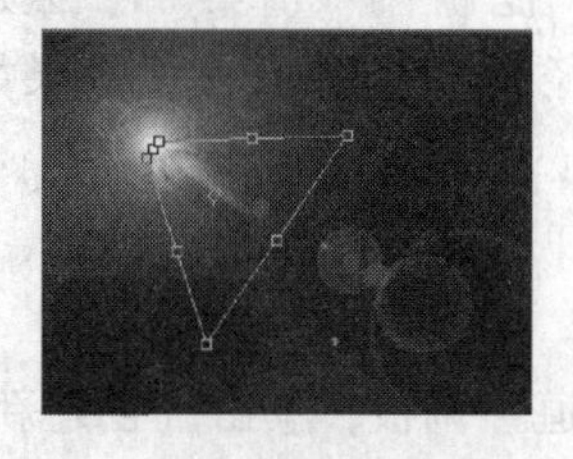

图5-125 调整火焰的方向和位置

图5-127 “渐变编辑器”对话框

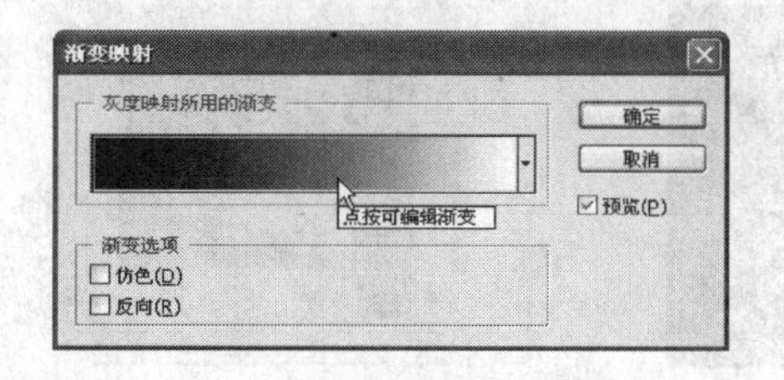

图5-126 “渐变映射”对话框

10）在“图层”调板上单击【创建新的填充或调整图层】按钮，选择“渐变映射”，在弹出的“渐变映射”对话框（如图 5-126 所示）中，单击【点按可编辑渐变】按钮，弹出“渐变编辑器”对话框。在“渐变编辑器”对话框中，设置预设为“黑色、白色”，添加两个色标（第一个色标为 R=255，G=150，B=0；第二个色标为 R=255，G=228，B=0），调整色标位置，如图 5-127 所示。依次按【确定】按钮即可得到如图 5-115 所示的效果。

5.5.3 相关知识

☆“渲染”滤镜

“渲染”滤镜通过创建云彩图案、折射图案、模拟的光反射等，主要用来给图像加入不同的光源，模拟产生不同的 3D 光照效果。执行“滤镜”→“渲染”命令（如图 5-128 所示）制作的图像效果如图 5-129 所示。

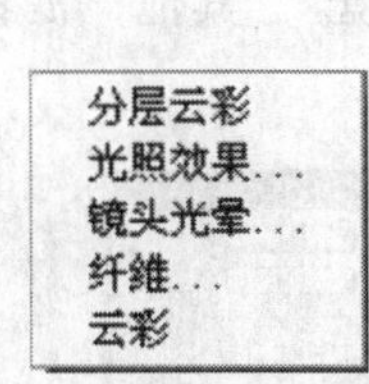

图 5-128 “渲染”菜单

图 5-129 “渲染”命令效果图
a）原图　b）分层云彩　c）光照效果　d）镜头光晕　e）纤维　f）云彩

☆“像素化”滤镜

“像素化”滤镜将图像分成一定的区域，将这些区域转变为相应的色块，再由色块构成图像，类似于色彩构成的效果。执行“滤镜”→“像素化”命令（如图 5-130 所示）制作的图像效果如图 5-131 所示。

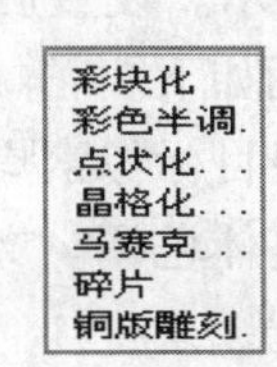

图 5-130 “像素化”菜单

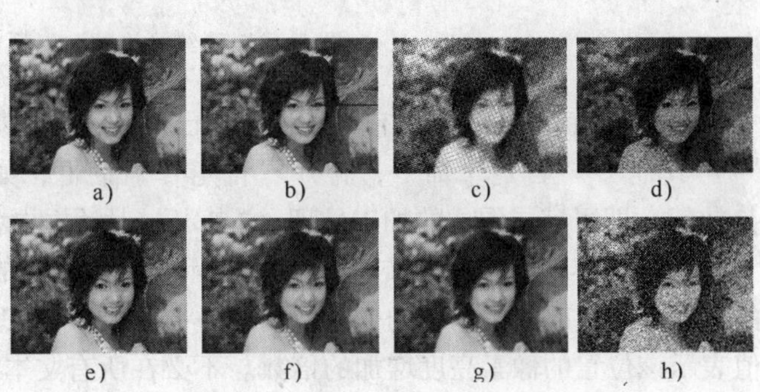

图 5-131 “像素化”命令效果图
a）原图　b）彩块化　c）彩色半调　d）点状化
e）晶格化　f）马赛克　g）碎片　h）铜版雕刻

☆**“艺术效果”滤镜**

“艺术效果”滤镜组可以帮助为美术或商业项目制作手工绘画效果或艺术效果，它在RGB颜色模式和多通道颜色模式下才可用。“艺术效果”滤镜组共有15个滤镜，如图5-132所示。下面以“绘画涂抹”滤镜和“水彩”滤镜为例加以说明。

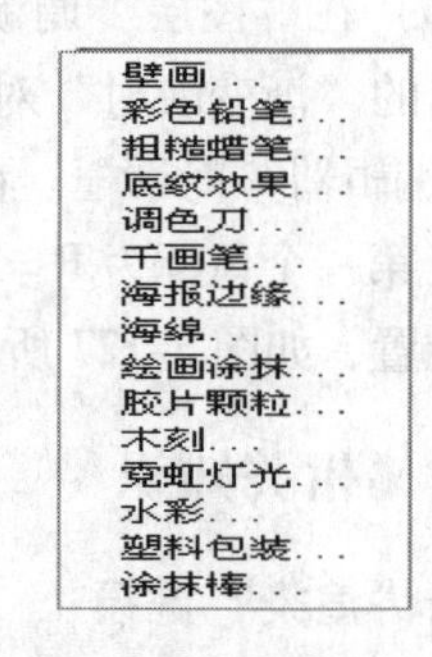

图5-132 “艺术效果”菜单

(1)“绘画涂抹”滤镜　通过选取各种大小（1~50）和类型的画笔来创建绘画效果，还通过锐化程度（0~40）来控制画笔的清晰程度。画笔类型包括简单、未处理光照、暗光、宽锐化、宽模糊和火花。执行“滤镜”→“艺术效果”→“绘画涂抹”命令，将打开“绘画涂抹”对话框，如图5-133所示。

(2)“水彩”滤镜　以水彩的风格绘制图像，相当于使用蘸了水和颜料的中号画笔绘制以简化细节。执行“滤镜”→“艺术效果”→“水彩”命令，或者单击“绘画涂抹”对话框中的“水彩”小图像，或者在右边的下拉列表框中选择“水彩”选项，都可以打开“水彩”对话框。在该对话框中，可以对画笔细节、阴影强度和纹理进行调节。

☆**“其他”滤镜**

“其他”滤镜组通过使用滤镜修改蒙版、在图像中使选区发生位移和快速调整颜色，以达到修饰图像的细节部分的效果。该滤镜组还允许用户创建自己的滤镜。“其他”滤镜组共有5个滤镜，如图5-134所示。下面以“自定”滤镜为例加以说明。

图5-133 “绘画涂抹”对话框

“自定”滤镜：用户使用它可以创建自己的锐化、模糊或浮雕等效果的滤镜。执行“滤镜”→“其他”→“自定”命令，打开“自定”对话框，如图5-135所示。设置后单击【确定】按钮，即可完成图像的加工处理。“自定”对话框中各选项的作用如下。

- 5×5文本框：中间的文本框代表目标像素，四周的文本框代表目标像素周围对应位置的像素。通过改变文本中的数值（-999~+999）来改变图像的整体色调。文本框中的数值表示该位置的像素亮度增加的倍数。不必在所有文本框中都输入值。
- “缩放”文本框：用来输入缩放量，其取值范围是1~9999。
- “位移”文本框：用来输入位移量，其取值范围是-9999~+9999。
- “载入”按钮：可以载入外部用户自定义的滤镜。

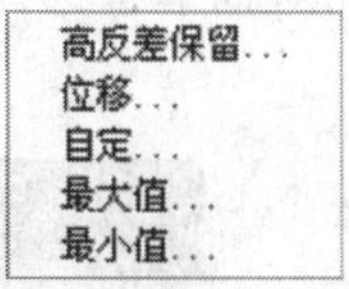

高反差保留...
位移...
自定...
最大值...
最小值...

图 5-134　“其他”菜单

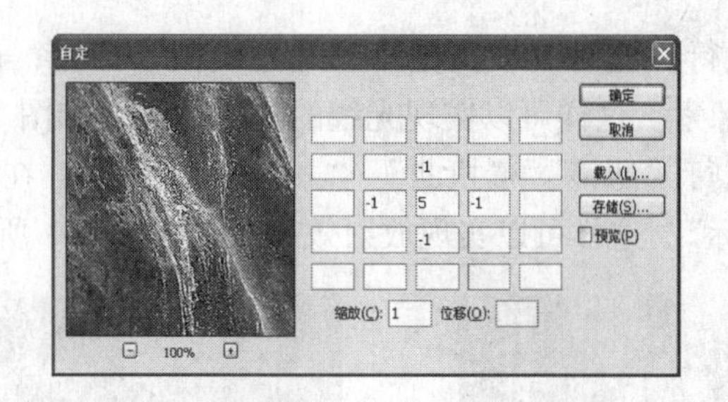

图 5-135　“自定”对话框

● “存储”按钮：可以将设置好的自定义滤镜存储。

系统会将图像各像素的亮度值（Y）与对应位置文本框中的数值（S）相乘，再将其值与该像素原来的亮度相加，然后除以缩放量（SF），最后与位移量（WY）相加，即（Y×S+Y)/SF+WY。计算出来的数值作为相应像素的亮度值，用来改变图像的亮度。

例如，对于图 5-135 所示的情形，SF=1，WY=0，目标像素的亮度是原来亮度的 6 倍，而相邻像素的亮度值为 0。

5.5.4　案例拓展

☆【拓展案例 21】宇宙牌牙膏

（1）创作思路

在宇宙场景中创建新图层，对新图层执行“云彩”命令后，就可用“纤维”命令生成纤维效果，再用“动感模糊”命令修饰这个效果。在此基础上，执行“极坐标”命令可以生成光线效果。通过“椭圆选框工具”保留中间的光线，再改变该图层的混合方式为“滤色”，即完成该图层的设置。最后用“移动工具”把牙膏包装图移动到宇宙场景中，并给包装图添加倒影效果，即可实现本案例。案例效果如图 5-136 所示。

（2）操作步骤

1）在 Photoshop 中，打开素材文件“第 5 章\素材\宇宙场景.jpg”，如图 5-137 所示。设置前景色和背景色分别为白色和黑色。

2）单击“图层”调板下方的【创建新图层】按钮，建立一个新图层，修改该图层的名字为“光线”，然后执行“滤镜”→“渲染”→“云彩”命令，创建云彩效果，如图 5-138 所示。

图 5-136　“宇宙牌牙膏”效果图

图 5-137　宇宙场景

图 5-138　创建云彩效果

3）保持选择“光线”图层（直至步骤 8）。执行“滤镜”→“渲染”→“纤维”命令，在弹出的对话框中设置差异为 16 像素，强度为 4 像素。效果如图 5-139 所示。

4）执行“滤镜”→“模糊”→“动感模糊”命令，在弹出的对话框中设置角度为90°，距离为999像素。这样可以实现光线的拉伸效果，如图5-140所示。

5）执行“滤镜”→“扭曲”→“极坐标”命令，在弹出的对话框中选择“将平面坐标转换成极坐标”。这样可以实现放射效果，如图5-141所示。

图5-139 创建纤维效果

图5-140 实现光线的拉伸效果

图5-141 实现放射效果

6）使用“椭圆选框工具”，在画布的中心画个椭圆，然后在选区上单击右键选择“羽化”命令，设置羽化值为50像素，单击【确定】按钮。效果如图5-142所示。

7）在选区上单击鼠标右键选择“选择反向”命令，然后按下【Delete】键，把外围的光线删除掉。效果如图5-143所示。

8）按【Ctrl+D】组合键取消选区。更改图层的混合模式为“滤色”，这样可以过滤掉光线中的黑色成分，让光线变得更加明亮。效果如图5-144所示。

图5-142 椭圆选区

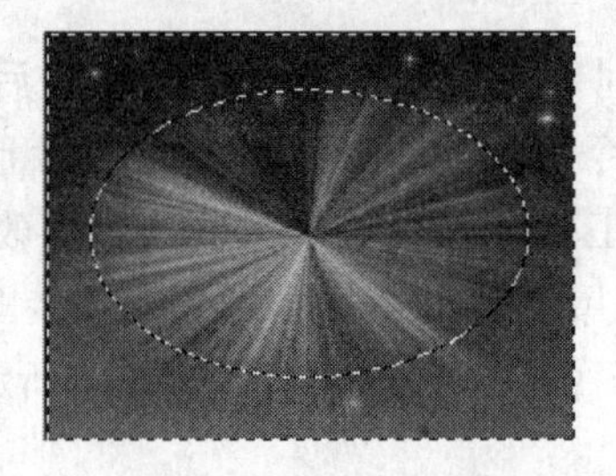

图5-143 删除外围光线

图5-144 更改混合模式为“滤色”

9）打开素材库中的“第5章\素材\宇宙牙膏.psd”文件，使用“移动工具”拖动牙膏包装盒到宇宙场景素材中，给移动过来的图层起名为“牙膏”。执行“编辑”→“自由变换”命令（或者按【Ctrl+T】组合键），对牙膏包装盒进行适当的缩放，并放置到合适的位置上。效果如图5-145所示。

10）在“图层”调板上，选中“牙膏”图层，按住鼠标左键拖移“牙膏”图层到【创建新图层】按钮上，建立“牙膏副本”图层，将图层名字改为“牙膏倒影”。选中“牙膏倒影”图层，执行“编辑”→“变换”→“垂直翻转”命令，并使用“移动工具”移动翻转后的牙膏包装盒图像到下方，用来制作渐隐倒影效果，如图5-146所示。

11）保持选中“牙膏倒影”图层（直至步骤13）。执行“图层”→“图层蒙版”→“显示全部”命令，创建图层蒙版，如图5-147所示。

12）选中“牙膏倒影”的“图层蒙版缩略图”图标（注意：不是选择“图层缩略图”图标，而是选择后面的“图层蒙版缩略图”图标，选中后“图层蒙版缩略图”会有一个双

图 5-145　摆放牙膏包装盒

图 5-146　“垂直翻转”牙膏倒影

图 5-147　创建图层蒙版

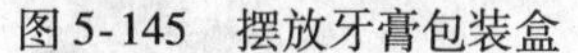

线边框）。使用“渐变工具”，在其选项栏上，在“渐变拾色器”中选择“黑色、白色”预设，再勾选“反向”复选框。在画布上从上往下拉出白色到黑色的渐变，效果如图 5-148 所示。

13）选中“牙膏倒影”图层的“图层缩略图”图标。使用“矩形选择工具”，选择牙膏包装盒图像右边的顶盖部分，如图 5-149 所示。执行“编辑”→“自由变换”命令，在变换框上按住【Ctrl】键，用鼠标拖动右侧中间的控制点向上移动，如图 5-150 所示。在变换区域内双击鼠标完成变换，再按【Ctrl + D】键删除选区，即得到如图 5-136 所示的效果。

图 5-148　拉出渐变后的效果

图 5-149　选择右边的顶盖部分

图 5-150　向上拖动右侧控制点

5.6 【案例 21】胜地留影

本实例要把一幅图片中的“少女”图像经过抠图技术放置到另外一幅图片中。通过本实例的学习，可以熟悉和掌握“抽出”命令的使用方法。

5.6.1 创作思路

先对“少女.jpg”图片执行“滤镜”→“抽出”命令，抠出“少女”图像。然后选中“旅游胜地.jpg”图片，把抠出的“少女”图像粘贴到该图片中，调节少女的大小和位置，即可实现本案例。最终完成的效果图如 5-151 所示。

5.6.2 操作步骤

1. 抽取图像

1）在 Photoshop 中，依次打开素材文件“第 5 章\素材\旅游胜地.jpg”和“第 5 章\素材\少女.jpg”，如图 5-152 和图 5-153 所示。

图 5-151 “胜地留影”效果图

图 5-152 旅游胜地

图 5-153 少女

2）选择“少女”图像，执行“滤镜”→“抽出”命令，选择“边缘高光器工具”，画笔大小选择为 9，沿着少女的边缘和背景的交界处画出线条。线条尽量不要覆盖要抽出的图像（即人像），并应紧贴着人像的边缘进行绘制，如图 5-154 所示。

✍ **提示**：如果偏差较大，可以在绘制过程中或绘制完成后，用“橡皮擦工具”擦去部分线条，接着再用“边缘高光器工具”绘制。绘制完成后，还可以将画笔调小（例如调整为 6），再进行补画。

3）使用“填充工具”，在边缘高光器勾出的范围内单击鼠标左键，填充区域为蓝色，如图 5-155 所示。

4）单击右侧的【预览】按钮，然后使用“边缘修饰工具”在边缘处进行涂抹增强少女的边界。使用“清除工具”擦除边缘不需要的部分。完成后单击【确定】按钮，抽取出人像，如图 5-156 所示。

图 5-154 人像边缘线条

图 5-155 填充蓝色

图 5-156 抽取出人像

5）按住【Ctrl】键，单击“图层”调板中图层 0 的图层缩览图，载入选区，将人像选中。按【Ctrl + C】键，将选中的人像复制到剪贴板中。

2. 合并图像

1）选择“旅游胜地”图像，按【Ctrl + V】组合键把剪贴板中的人像粘贴到旅游胜地图像中。此时，“图层”调板中生成一个名为“图层 1”的图层。

2）选中“图层 1”图层，执行“编辑”→“自由变换”命令，按住【Shift】键拉动边角控制点，调整人像的大小，并将人像拖曳到合适的位置上，得到效果图如图 5-151 所示。

5.6.3 相关知识

☆ **图像的抽出**

“抽出”滤镜为隔离前景对象并抹除其在图层上的背景提供了一种高级方法。即使对象的边缘细微、复杂或无法确定，也无需太多的操作就可以将其从背景中剪贴。可以使用“抽出”对话框中的工具标记对象的边缘，对需要保留的区域填充颜色，然后修饰图像的边缘和细节即可。打开一幅图像，再执行“滤镜”→“抽出”命令，可打开“抽出”对话框，如图5-157所示。该对话框的中间显示的是要加工的整个图像（图像中没有创建选区）或选区中的图像，左边是加工使用的“抽出工具”，右边是对话框的选项栏。将鼠标移到工具按钮之上，可显示出它的名称，在窗口的上边会显示出它的作用。对话框中各工具和选项的作用及操作方法如下。

图5-157 “抽出”对话框

（1）“抽出工具”的使用

- 边缘高光器工具：此工具用来绘制要保留区域的边缘，可以拖动以使高光与前景对象及其背景稍稍重叠。用较大的画笔覆盖前景溶入背景的细微的、复杂的边缘（如头发或树）即可实现对细节的选取。
- 填充工具：选择该工具，在“边缘高光器工具”所绘制的区域内部单击可以定义填充要保留的区域。
- 橡皮擦工具：该工具用来擦除边缘高光器绘制的选区边缘的高光。
- 吸管工具：当强制前景被勾选时，可用此工具吸取要保留的颜色。
- 清除工具：使蒙版变为透明，如果按住【Alt】键则效果正好相反。
- 边缘修饰工具：修饰边缘的效果，如果按住【Ctrl】键使用可以移动边缘像素。
- 缩放工具：用于放大或缩小图像。默认为放大图像，按住【Alt】键为缩小图像。
- 抓手工具：当图像无法完整显示时，可以使用此工具对其进行移动操作。

（2）“抽出工具”选项栏中各选项的作用

- 画笔大小：指定“边缘高光器工具”、“橡皮擦工具”、“清除工具”和“边缘修饰工具”的宽度。
- 高光：可以选择一种或自定一种高光颜色。
- 填充：可以选择一种或自定一种填充颜色。
- 智能高光显示：根据边缘特点自动调整画笔的大小绘制高光，在对象和背景有相似的颜色或纹理处理时，勾选此项可以大大改进抽出的质量。
- 带纹理的图像：该选项适用于图像的前景或背景包含大量纹理。

- 平滑：平滑对象的边缘。
- 通道：使高光基于存储在 Alpha 通道中的选区。
- 强制前景：在高光显示区域内抽出与强制前景色颜色相似的区域。
- 颜色：指定强制前景色。
- 显示：可从右侧的列表框中选择预览时显示原稿还是显示抽出后的效果。
- 效果：可从右侧的列表框中选择抽出后背景的显示方式。
- 显示高光：勾选此项，可以显示出绘制的边缘高光。
- 显示填充：勾选此项，可以显示出对象内部的填充色。

☆ **图像的液化**

“液化”滤镜可用于推、拉、旋转、反射、折叠和膨胀图像的任意区域。用户创建的扭曲可以是细微的或剧烈的，这就使“液化”命令成为修饰图像、创建艺术效果、扭曲变形图像的强大工具。打开一幅图像，再执行“滤镜”→“液化”命令，可打开“液化”对话框，如图 5-158 所示。该对话框的中间显示的是要加工的整个图像（图像中没有创建选区）或选区中的图像，左边是加工使用的“液化工具”，右边是对话框的选项栏。对话框中部分工具和选项的作用及操作方法如下。

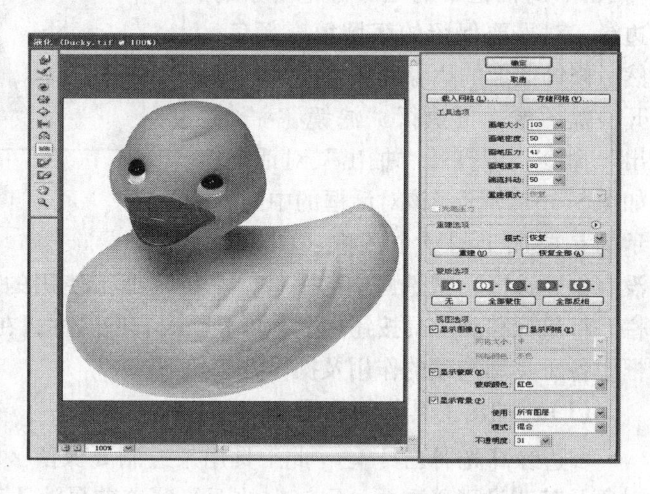

图 5-158 “液化”对话框

（1）部分“液化工具”的使用

- 向前变形工具：可以在图像上拖曳像素产生变形效果（拖动的图像像素沿绘画的方向移动），如果按住【Alt】键会自动切换成“重建工具”。
- 重建工具：对变形的图像按照鼠标绘制经过的区域进行完全或部分的恢复。
- 顺时针旋转扭曲工具：按住鼠标左键或来回拖曳时顺时针旋转图像像素，如果需要逆时针旋转像素，则需要按住【Alt】键。
- 褶皱工具：按住鼠标左键或来回拖曳时像素靠近画笔区域的中心，可以产生像素向内收缩的效果（类似广角效果），按住【Alt】键可以实现膨胀工具的功能。
- 膨胀工具：按住鼠标左键或来回拖曳时像素远离画笔区域的中心，可以产生像素向外膨胀的效果（类似哈哈镜效果），按住【Alt】键可以实现褶皱工具的功能。
- 左推工具：垂直向上拖动该工具时，像素向左移动（如果向下拖动，像素会向右移动）。也可以围绕对象顺时针拖动以增加其大小，或逆时针拖动以减小其大小。要在垂直向上拖动时向右推像素（或者要在向下拖动时向左移动像素），需要配合【Alt】键一起使用。

• 镜像工具：将范围内的像素进行对称复制。通常，在冻结了要反射的区域后，按住【Alt】键拖动可产生更好的效果。使用重叠描边可创建类似于水中倒影的效果。

• 湍流工具：平滑地混杂像素，可用于创建火焰、云彩、波浪和相似的效果。

• 冻结蒙版工具：可以使用此工具绘制不会被扭曲的区域，上述所有扭曲操作对冻结区域无效。

• 解冻蒙版工具：使用此工具可以使冻结的区域解冻，这样就可以使用上述变形工具对解冻的区域进行扭曲变形。

以上工具的效果如图 5-159 所示。

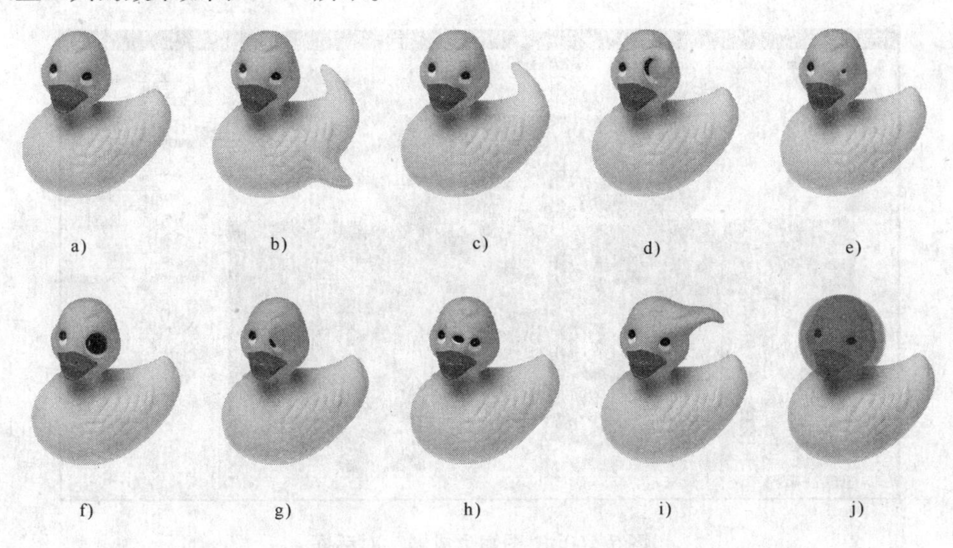

图 5-159　液化工具的效果

a）原图　b）向前变形效果　c）重建效果　d）顺时针效果　e）褶皱效果
f）膨胀效果　g）左推效果　h）镜像效果　i）湍流效果　j）冻结区域

（2）“液化工具”选项栏中部分选项的作用

• 载入网格：单击此按钮，然后从弹出的窗口中选择要载入的网格，一般情况下要载入网格需要先保存网格。

• 存储网格：单击此按钮可以存储当前的变形网格，方便下次使用。

• 画笔大小：设置将用来扭曲图像的画笔的宽度。

• 画笔压力：设置在预览图像中拖动工具时的扭曲速度。使用低画笔压力可减慢更改速度，因此更易于在恰到好处的时候停止。

• 画笔速率：设置在使工具（例如旋转扭曲工具）在预览图像中保持静止时扭曲所应用的速度。该设置的值越大，应用扭曲的速度就越快。

• 画笔密度：控制画笔如何在边缘羽化。画笔的中心产生的效果最强，边缘处最弱。

• 湍流抖动：控制“湍流工具”对像素混杂的紧密程度。

• 重建模式：用于重建工具，用户选取的模式确定该工具如何重建预览图像的区域。

• 光笔压力：使用光笔绘图板中的压力读数（只有在使用光笔绘图板时，此选项才可用)。选定“光笔压力”后，工具的画笔压力为光笔压力与“画笔压力”值的乘积。

● 重建：单击此按钮，可以依照选定的模式重建图像。模式共有以下几种：刚性、生硬、平滑、松散和恢复。

● 蒙版选项：用来控制冻结和解冻的区域。

● 视图选项：用来控制是否显示图像、网格、蒙版以及原始图像。还可以对显示的对象外观进行控制。

☆ **创建图案**

1）打开一幅图像，再执行“滤镜”→“图案生成器”命令，打开“图案生成器”对话框，如图 5-160 所示。

图 5-160　“图案生成器”对话框

2）该对话框的中间显示的是要加工的当前整个图像，左边是加工使用的工具，右边是对话框的选项栏。

3）选择对话框中的“矩形选框工具”，在图像中创建一个选区，用选区中的内容来创建图案，设置平铺图案的宽度、高度、位移和数量等选项。

4）单击【生成】按钮，即可按照设置生成图案。单击【再次生成】按钮，可以生成新的图案。

5.6.4　案例拓展

☆【拓展案例 22】头发的抠出

本例要从一幅有着飘逸的头发的女子的照片中，将该女子和背景分离出来。效果如图 5-161 所示。

图 5-161　头发抠出效果图

（1）创作思路

头发的抠出可以利用通道、滤镜、图层等，其中滤镜中的“抽出”命令功能强大，简单易用。在做抠图时，尤其在抠细丝和抠白（或叫透明）时经常使用到这个功能。本例就采用滤镜的“抽出”

命令进行操作。

（2）操作步骤

1）在Photoshop中，打开素材文件“第5章\素材\长发佳人.jpg”，如图5-162所示。

2）在“图层”调板中，连续复制背景图层3次。选中其中一层（如“背景副本3”），如图5-163所示。

3）执行“滤镜”→“抽出”命令，或按【Ctrl + Alt + X】组合键，打开“抽出”对话框。

4）选择“边缘高光器工具”，设置画笔大小为20，勾选“强制前景”复选框，并选择其颜色为黑色，对头发部分进行涂抹，如图5-164所示。单击右上角的【确定】按钮，此时“图层”调板如图5-165所示。

图5-162　“长发佳人”图像

图5-163　复制背景图层

图5-164　涂抹头发部分

5）在“背景副本3”图层之下添加“图层1”，并填充一种颜色（如淡蓝色：R = 170，G = 230，B = 240）。此时“图层”调板如图5-166所示，图像效果如图5-167所示。

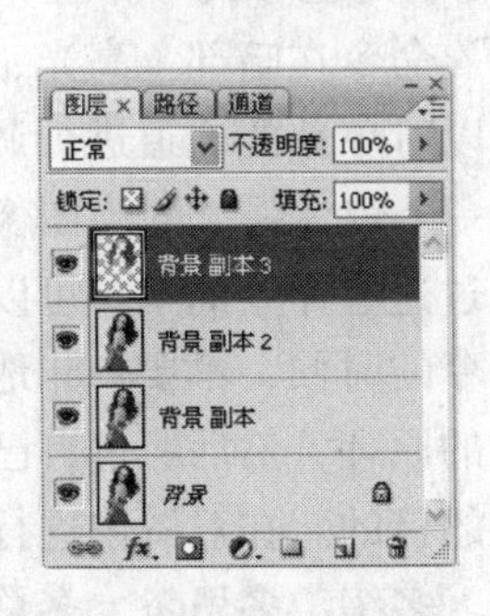

图5-165　抽出后的图层

图5-166　添加“图层1”

图5-167　图像效果

6）选中“背景副本2”图层，将其移至“背景副本3”图层和图层1之间，执行“抽出”命令，勾选“强制前景”复选框，选择“吸管工具”，然后在耳朵上方染发处单击一下，吸取颜色（如图5-168所示，此时颜色为R = 47，G = 27，B = 26），再选择“边缘高光器工具”，对头发部分进行涂抹，然后单击右上角的【确定】按钮。

✍ **提示：**本步骤对于部分染发的情况特别有用。

7）选中“背景副本”图层，将其移动到最上层。选择“钢笔工具”，在选项栏上设置“路径”模式，然后在少女主体边缘处绘画，直至起点与终点重合，如图5-169所示。按【Ctrl + Enter】组合键转化为选区，然后单击【添加图层蒙版】按钮，得到如图 5-161所示的效果。此时“图层”调板如图 5-170 所示。

✍ **提示：**若要变更背景，只需要用背景图片替换图层 1 即可。另外，如果图层中有杂色，则要先确定杂色是在哪个图层中的，然后在该图层直接用橡皮擦掉就可以了。

图 5-168 吸取头发颜色

图5-169 用钢笔工具绘制路径

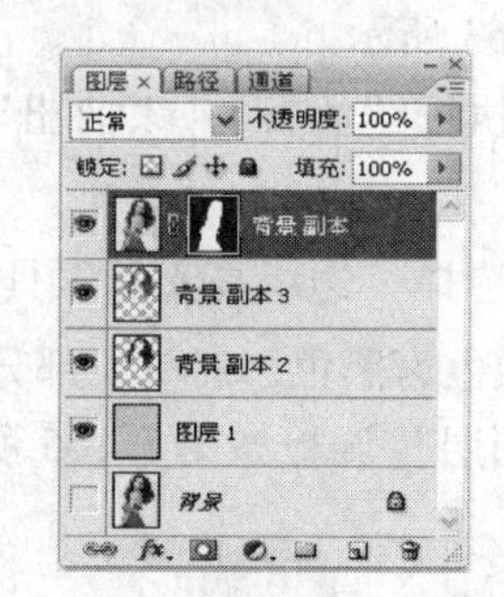

图 5-170 “图层”调板

本章小结

本章首先讲解了常见的图像色彩调整和校正命令（例如，色阶调整、曲线调整、亮度/对比度、色相/饱和度、色彩平衡、通道混合器、渐变映射）的详细使用方法和技巧。“色阶”命令提供了较为方便调节画面影调的方法，还可以通过灰色吸管来校正画面的偏色；“曲线调整”命令比“色阶”命令功能更加强大，提供了更加丰富和灵活的参数控制调节，可以手工添加控制点调节画面的影调；“亮度/对比度”命令是最为简单的图像调整命令，可以粗略的调整画面的亮度和对比度；“色相/饱和度”命令可以对色彩的 3 个基本属性进行调节控制，还可以更改单一的某种颜色的属性；“色彩平衡”命令在暗部、高光、中间调区域提供了整体调节画面色偏的方法；“通道混合器”命令可以对单独的通道进行调节，对通道的调节可以直接作用于最终的效果；“渐变映射”命令是一个较为强大的为图像着色的命令，可以通过调节渐变色，为图像的不同亮度区域着色。通过这些命令的学习可以进一步认识和掌握色彩调节在图像处理中的重要作用，在学习这些命令的时候，不要一味地按照案例的参数调节不假思索进行设置，应该先熟悉该命令调节图像的原理，然后经过自己多次尝试和练习来熟悉该命令的使用，真正做到融会贯通，举一反三的目的。在对图像进行色彩调整的同时，还需要一定的色彩理论和审美观，只有多学、多看、多练、多思考、多总结才能调节出更加艺术化的作品。

本章第二部分讲解了“滤镜”菜单中常用滤镜（例如，“扭曲”滤镜组、“模糊”滤镜组、“风格化”滤镜组、“素描”滤镜组、“纹理”滤镜组、“锐化”滤镜组、“画笔描边”滤镜组、“渲染”滤镜组、“像素化”滤镜组、“艺术效果”滤镜组和“其他”滤镜组等）的使用方法，通过有关案例的学习，可以充分掌握相关滤镜的使用技巧。尽管滤镜给作图提供了方便，但是在以后的图像处理、广告设计、平面设计中，不要一味地依赖滤镜所提供的奇妙功能而忽略了对基本知识的掌握。

本章第三部分讲解了“液化”、“抽出”、“图案生成器”3 个特殊滤镜的使用方法和技巧。“液化工具”提供了异常丰富的变形功能和详尽的参数设置，可以对图像上的像素进行扭曲、变形、复制、镜像等操作；“抽出工具”可以对图像进行较为复杂的抠像，当使用常见的选区工具无法抠图时，可以尝试该工具，而“图案生成器”则提供了一种制作无缝拼接图案的方法，可以从一副图像中选择需要的纹理进行无缝拼接重复，给制作纹理效果提供了方便。

习　题

一、填空题

1. 如果需要精确调整图像中色彩的3个基本属性，可以执行“图像”→“调整”→________命令。

2. 如果需要对黑白图像的不同亮度区域进行不同的着色，可以执行“图像”→“调整”→________命令。

3. 如果要制作高速运动的图像效果，最常用的滤镜应该是“模糊”滤镜组中的________。

4. 要对图像上的像素进行扭曲变形，除了应用滤镜中的扭曲滤镜组里的命令外，还可以执行“滤镜”→“________”命令。

5. “滤镜”菜单中“图案生成器”的作用是________________。

二、选择题

1. 使用（　）命令可以对图像色彩、亮度、对比度综合调整，常用来改变物体的质感。

A. 曲线　B. 色阶　C. 亮度/对比度　D. 色相/饱和度

2. 下列命令中在调节图像色彩的时候不可以对单独的通道进行调节的是（　）。

A. 色阶　B. 曲线　C. 通道混合器　D. 亮度对比度

3. 下列色彩调节命令在调节图像色彩的时候可以在对话框中同步预览直方图的是（　）。

A. 曲线命令　B. 色阶命令　C. 渐变映射　D. 色彩平衡

4. “风”命令是一种常用的滤镜效果，它在“滤镜”菜单下的（　）子菜单中。

A. 像素化　B. 艺术画笔　C. 风格化　D. 素描

5. 要制作类似纸风车中心旋转的效果需要用到（　）滤镜。

A. 旋转扭曲　B. 动感模糊　C. 波浪　D. 波纹

6. 当图像是（　）模式时，所有的滤镜都不可以使用（假设图像是8位/通道）。

A. CMYK　B. 灰度　C. 多通道　D. 索引颜色

7. 下面关于“亮度/对比度”取值范围的说法正确的是（　）。

A. 实数　B. 整数

C. －100至100的整数　D. 正整数

8. 下列滤镜没有参数设定的是（　）。

A. 高斯模糊　B. 光照效果　C. 进一步模糊　D. 杂色

9. 下列关于滤镜的操作原则错误的是（　）。

A. 有些滤镜只对RGB图像起作用

B. 滤镜不仅可用于当前可视图层，对隐藏的图层也有效

C. 不能将滤镜应用于位图模式或索引颜色的图像

D. 只有极少数的滤镜可用于16位/通道图像

10. 如果一张照片的扫描结果不够清晰，可用（　）滤镜来弥补。

A. 风格化　B. USM锐化　C. 中间值　D. 去斑

11. 下列关于不同色彩模式转换的描述，错误的是（　）。

A. RGB模式转化为CMYK模式之后，才可以进行分色输出

B. 在自理图像的过程中，RGB模式和CMYK模式之间可多次转换，对图像的色彩信息没有任何

影响

C. RGB 模式中的某些颜色在转换为 CMYK 模式后会丢失

D. 通常情况下，会将 RGB 模式转换为 Lab 模式，然后再转化为 CMYK 模式，才不会丢任何颜色信息

三、上机操作题

1. 根据图 5-172 所示的“秋景长城”图像，制作成如图 5-171 所示的“春色长城”图像。

操作提示：对图像进行“色调均化”后，执行“颜色替换”命令，将黑色的树枝和黄色的树枝替换成翠绿色，最后执行“色彩平衡”命令，使远处的天空变偏蓝色。

2. 利用图 5-174 所示的“宠物”图像，制作如图 5-173 所示的“水边宠物”图像。

3. 利用图 5-176 所示的“战机”图像和“云图”图像，制作如图 5-175 所示的“空中战机”图像。

操作提示：创建飞机选区并拖曳到云图图像上，再复制一份飞机选区图层，对下面的飞机图层执行“动感模糊”命令即可。

图 5-171 “春色长城”图像

图 5-172 “秋景长城”图像

图 5-173 “水边宠物”图像

图 5-174 “宠物”图像

图 5-175 “空中战机”图像

图 5-176 “战机”图像和“云图”图像

4. 制作如图 5-177 所示的放射文字。

操作提示：在黑色的背景上输入白色的文字，依次对文字图层执行“栅格化”命令、“极坐标”命令（选择“从极坐标到平面坐标”）、“旋转画布（90°逆时针）”命令、“风”命令（做两次）、“旋转画布（90°顺时针）”命令、“极坐标”命令（选择“从平面坐标到极坐标”）。

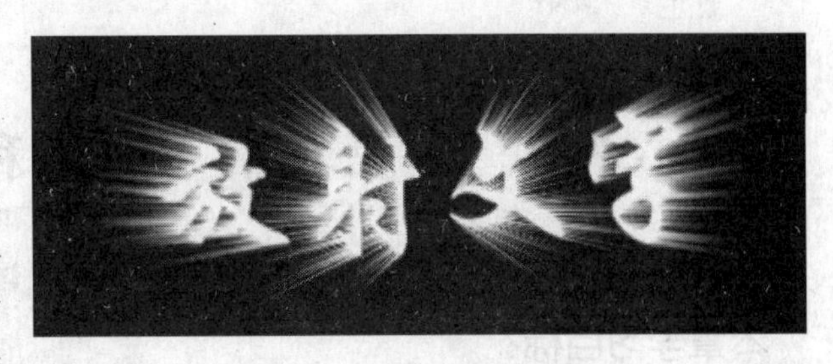

图 5-177 “放射文字”效果图

5. 根据图 5-179 所示的“海洋”图像和“荷花”图像，制作如图 5-178 所示的“水中玻璃花”图像。

操作提示：创建红色的荷花选区并拖曳到“海洋”图像上，对生成的图层执行“塑料包装”命令（设置高光强度为 25，细节为 9，平滑的为 7），再设置该图层的混合模式为“强光”。

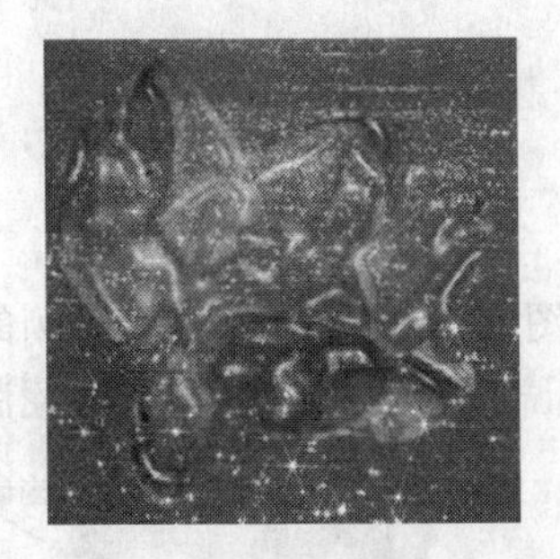

图 5-178 “水中玻璃花”效果图

图 5-179 “海洋”图像和“荷花”图像

6. 制作一幅“台灯灯光”图像，如图 5-180 所示。图中两个台灯的灯光颜色分别为白色和绿色。该图像是由如图 5-181 所示“台灯”图像加工而成的。

操作提示：执行“滤镜”→“渲染”→“光照效果”命令（需要修改参数）。

7. 重新做【拓展案例 22】，并将背景色修改为黄色。

图 5-180 “台灯灯光”图像

图 5-181 “台灯”图像

第 6 章　通道和蒙版

本章学习目标：

1）理解通道和蒙版的概念以及它们与选区之间的关系。

2）掌握创建和编辑通道的方法。

3）掌握利用通道创建特殊选区的方法。

4）掌握利用蒙版创建特殊选区和加工处理图像的方法。

5）掌握通道与图层的合并方法。

6.1 【案例 22】制作火烧效果

本例要将一幅“风景”照片制作成“火烧”的效果，如图 6-1 所示。通过本案例的学习，读者可以掌握存储临时通道、加载通道、“修改”选区、调整图像颜色以及利用蒙版及滤镜制作毛刺边缘等操作方法。

6.1.1 创作思路

用“套索工具”勾勒被燃烧损坏的部分，便得到选区；单击【将选区存储为通道】按钮，将选区存储成一个临时的通道（Alpha 通道）；加载通道选区，再执行“选择”→“修改”命令加大燃烧面，调整颜色即形成燃烧效果。

图 6-1　照片的“火烧”效果

6.1.2 操作步骤

1）按【Ctrl + O】组合键，打开素材文件“第 6 章\素材\风景. jpg”，接着按【D】键设置前景色为黑色，背景色为白色。

2）在工具箱中选择“套索工具”，在其选项栏上选择“添加到选区”，然后在图像中画一个或多个边缘带齿的不规则图形，如图 6-2 所示。

3）在工具箱中双击【以快速蒙版模式编辑】按钮，在打开的对话框中设置“色彩指示”为“被蒙版区域”，“不透明度”为 50%，如图 6-3 所示。单击【确定】按钮后进入快速蒙版状态。也可以在步骤 2 后直接按【Q】键，系统以默认设置进入蒙版状态。此时图像效果如图 6-4 所示。

4）执行“滤镜”→“像素化”→“晶体化”命令，在打开的对话框中设置“单元格大小”，在这里设置为 5，如图 6-5 所示。单击【确定】按钮后区域边缘呈毛刺状。按【Q】键回到正常图像状态。

5）执行“窗口”→“通道”命令，打开“通道”调板。单击调板下方的【将选区存储为通道】按钮，将所选区域保存在通道“Alpha 1”中，如图 6-6 所示。

图6-2　画出不规则图形

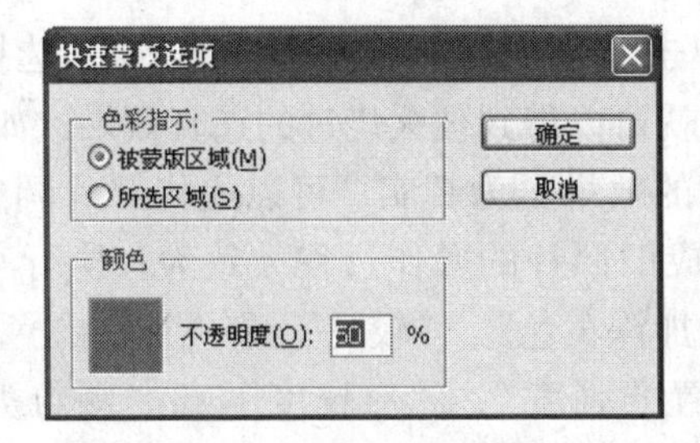

图6-3　“快速蒙版选项”对话框

图6-4　蒙版状态的图像效果

6）保持“通道”调板的“RGB”通道为工作通道。按【Ctrl + Delete】组合键，用白色填充所选区域。执行“选择”→“修改”→“扩展”命令，在打开的对话框中设置“扩展量”为5像素，如图6-7所示。单击【确定】按钮。

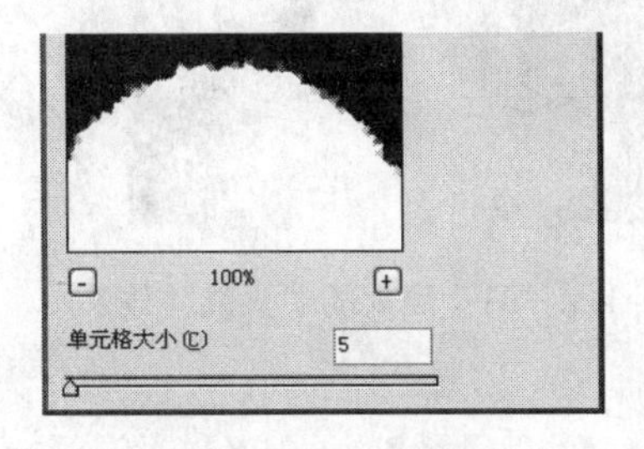

图6-5　“晶体化”对话框

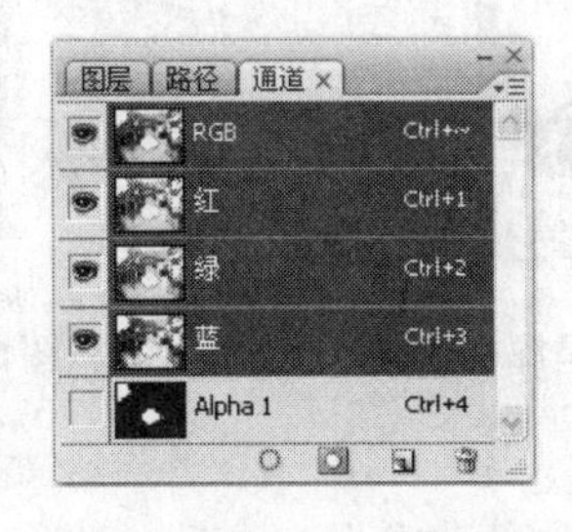

图6-6　“通道”调板

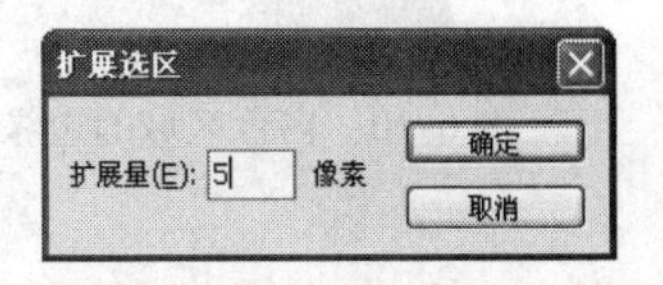

图6-7　“扩展选区”对话框

7）执行“选择”→“修改”→“羽化”命令，或按【Ctrl + Alt + D】组合键，进行羽化设置。在打开的“羽化选区”对话框中，设置羽化半径为5像素，按【确定】按钮退出对话框。

8）执行“选择”→“载入选区”命令，在打开的对话框中设置“通道”为“Alpha 1”；“操作”为“从选区中减去”，如图6-8所示。单击【确定】按钮。

9）执行“图像”→“调整”→“色相/饱和度”命令，或者按【Ctrl + U】组合键，打开“色相/饱和度”对话框，如图6-9所示。首先勾选“着色”复选框，然后拖动滑块设置“色相”、“饱和度”、“明度”，可以参照图6-9所示的参数进行设置。单击【确定】按钮后，白色区域的边缘带呈深褐色，如图6-10所示。

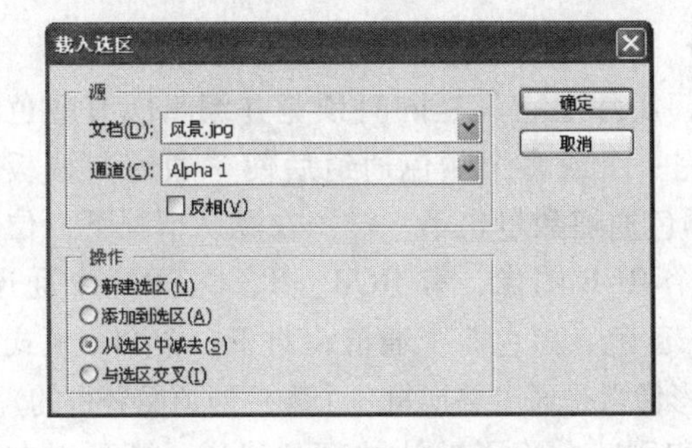

图6-8　“载入选区”对话框

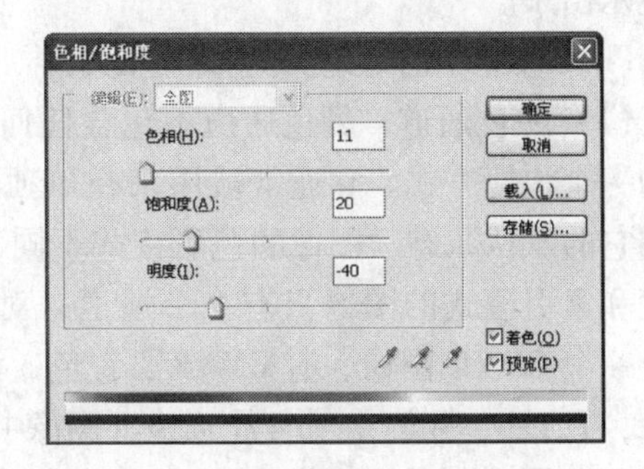

图6-9　“色相/饱和度”对话框

10）这时仍然显示选择区域，按【Ctrl + J】组合键将所选区域复制到新的“图层1”

上。保持选中“图层 1”，单击“图层”调板下面按钮 fx，选择“投影”效果，使用默认选项，单击【确定】按钮，就可以得到被火烧过的逼真效果，如图 6-1 所示。

✍ **提示**：为使被火烧过的效果更为真实，可以先将照片调整成旧照片，然后再添加被火烧过的效果。将照片调整成旧照片的操作过程大致为：执行“图像”→“调整”→“变化”命令，选择“中间色调”、“加深黄色”、“较亮”和“加深红色”选项；再执行“滤镜”→“纹理”→“颗粒”命令，设置“强度”、“对比度”和“颗粒类型”分别为 5、51 和“垂直”。利用上述方法制作的效果如图 6-11 所示。还可以通过“色相/饱和度”来调整整体色调，请读者自行完成。

图 6-10　白色区域的边缘带呈深褐色

图 6-11　“旧”照片的“火烧”效果

6.1.3　相关知识

☆ 通道的概念及通道调板

1. 通道的概念

通道就是选区。图层的各个像素点的属性是以红、绿、蓝三原色的数值来表示的，而通道层中的像素颜色是由一组原色的亮度值组成的。即通道中只有一种颜色的不同亮度，是一种灰度图像，通过这些不同的亮度信息最终叠加形成所看到的颜色。通道也可以理解为是选择区域的一种映射，主要用来存储图像的色彩信息和图层中的选择信息；每个通道都是一个拥有 256 级灰阶的灰度图像；一个图像最多可有 56 个通道。

通道最初是用来储存一个图像文件中的选择内容及其他信息的，例如透明 GIF 图像，实际上就包含了一个通道，用以告诉应用程序（浏览器）哪些部分需要透明，而哪些部分需要显示出来。

Photoshop 中的通道分为如下几类：

（1）颜色通道　颜色通道不包含任何信息，实际上它只是同时预览并编辑所有颜色通道的一个快捷方式。它通常被用来在单独编辑完一个或多个颜色通道后使“通道”调板返回到它的默认状态。图像的色彩模式不同，其颜色通道数量也不一样。在默认情况下，位图灰度和索引模式的图像只有 1 个通道；对于一个 RGB 图像，有 RGB、R、G、B 4 个通道；对于一个 CMYK 图像，有 CMYK、青色、洋红、黄色、黑色 5 个通道；对于一个 Lab 模式的图像，有 Lab、明度、a、b 4 个通道（图像中的色彩像素是通过叠加每一个颜色通道而获得的）。

（2）专色通道　在进行颜色比较多的特殊印刷时，除了默认的颜色通道，还可以在图像中创建专色通道。如印刷中常见的烫金、烫银或企业专有色等都需要在图像处理时，进行通道专有色的设定（在图像中添加专色通道后，必须将图像转换为多通道模式才能够进行印刷的输出）。

（3）Alpha 通道　Alpha 通道是计算机图形学中的术语。由“通道”调板新建的通道，不是用来保存颜色数据的，而是用来保存蒙版或选区的。有时，它特指透明信息，但通常的意思是“非彩色”通道。这是真正需要了解的通道，可以说在 Photoshop 中制作出的许多特殊效果都离不开 Alpha 通道，它最基本的用处在于保存选取范围，并不会影响图像的显示和印刷效果。当图像输出到视频，Alpha 通道也可以用来决定显示区域。如果曾经了解过 After Effects 这类非线性编辑软件，就会更加清楚。

2. “通道”调板

“通道”调板列出图像中的所有通道，对于 RGB、CMYK 和 Lab 图像，将最先列出复合通道，接着列出其余已经创建的通道（专色通道和 Alpha 通道），如图 6-12 所示。通道内容的缩览图显示在通道名称的左侧；在编辑通道时会自动更新缩览图。

通道的主要功能在于保存图像中的颜色数据或选择区域。

“通道”调板上各按钮的作用如下。

• “眼睛”图标：显示/隐藏通道。

• 将通道作为选区载入：可将当前通道中颜色比较淡的部分当做选区加载到图像中。按【Ctrl】键并单击通道会有同样的效果。

• 将选区存储为通道：可将当前的选区作为 Alpha 通道保存起来。

• 创建新通道：可创建新的 Alpha 通道；将已有通道拖曳至该按钮上可以生成该通道的副本。

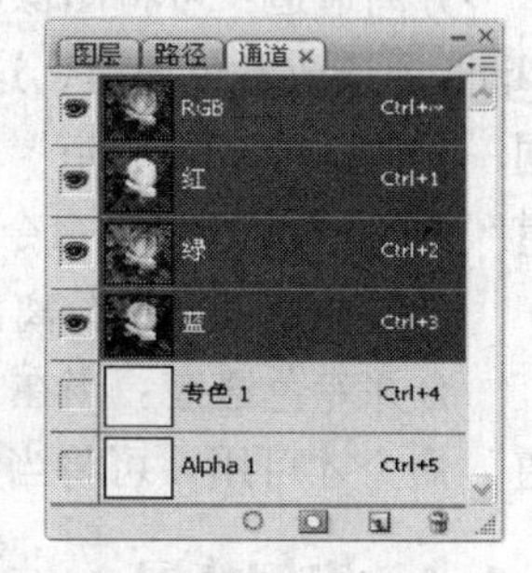

图 6-12 “通道”调板

• 删除当前通道：选中的通道后，单击该按钮将弹出对话框，再单击【是】按钮将通道删除；也可以将选中的通道拖曳至该按钮上将通道直接删除。

• 快捷按钮：弹出“通道”快捷菜单。

☆ 创建 Alpha 通道和创建专色通道

在“通道”调板中，按住【Alt】键并单击【创建新通道】按钮，会打开如图 6-13 所示的“新建通道”对话框，做必要的选择或修改后，单击【确定】按钮即可创建 Alpha 通道。也可直接单击“创建新通道”按钮进行创建。

按住【Ctrl】键并单击【创建新通道】按钮，会弹出如图 6-14 所示的“新建专色通道”对话框（双击 Alpha 通道缩览图，在弹出的对话框中勾选“专色”复选框，可将当前的 Alpha 通道转换为专色通道；执行“通道”快捷菜单中的“新建专色通道”命令，也可创建专色通道）。

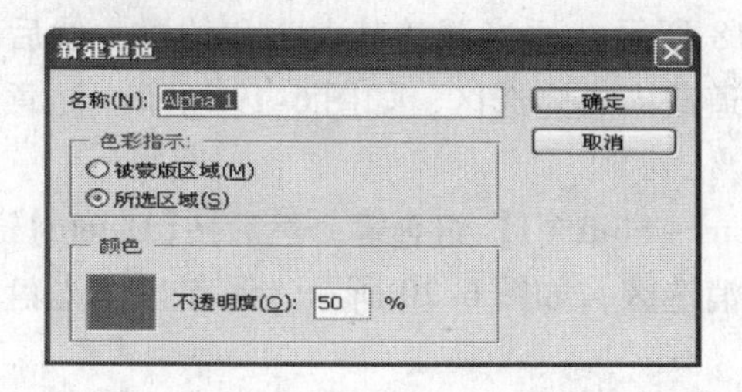

图 6-13 “新建通道”对话框

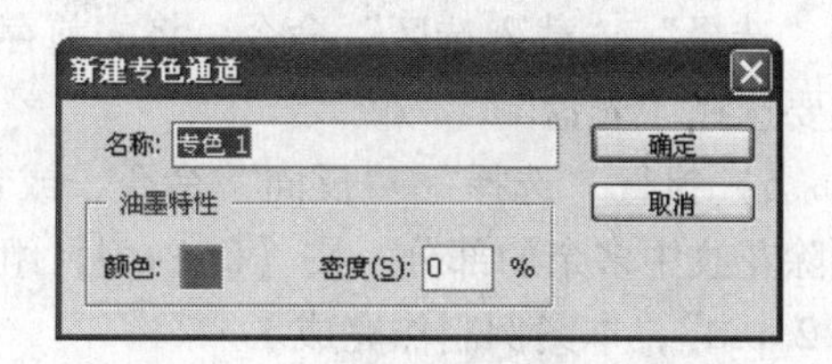

图 6-14 “新建专色通道”对话框

☆ **选择通道**

单击要选择的通道即选择该通道，按住【Shift】键单击可选择（或取消选择）多个通道。

☆ **复制通道与删除通道**

要复制通道，可以在“通道”调板上选中通道，单击右键，选择“复制通道”命令；或者用鼠标左键拖曳通道至调板下方图标上，也可以复制通道。

要删除通道，可以在“通道”调板上选中通道，单击右键，选择“删除通道”命令即可；也可以在选中通道的前提下，直接单击按钮，在弹出的对话框中确认；或者用鼠标左键拖曳通道至调板下方图标，也可以删除通道。

☆ **分离通道与合并通道**

分离通道：可将图像中的各个通道分离出来。分离后，复合通道消失，只剩颜色通道、Alpha通道或专色通道，这些通道之间是相互独立的，分别置于不同的文档窗口中，但仍属同一文件。单击“通道”调板右上角的按钮，在弹出的快捷菜单中可以找到“分离通道”和“合并通道”命令。

合并通道：合并分离出来的通道。

合并专色通道：当在“通道”调板中选择专色通道时，“通道”菜单中的“合并专色通道”命令才可用，可将当前专色通道中的颜色混合到其他原色通道中。

6.1.4 案例拓展

☆【拓展案例23】光盘封面2

（1）创作思路

选出“光盘”图像的选区并保存为通道，然后将“花纹”复制到光盘的场景中，再将先前存储的通道载入成为选区，删除选区外的部分即可。

（2）操作步骤

1）在Photoshop中，分别打开素材文件“第6章\素材\光盘.jpg”和“第6章\素材\花纹.jpg”，选中“光盘”图像。

2）选择“魔棒工具”，先勾选其选项栏上的“连续”复选框，再单击光盘上白色的区域，如图6-15所示。

3）执行“选择”→“存储选区”命令，在弹出的对话框中，输入名称为“光盘”，如图6-16所示。单击【确定】按钮后，“通道”调板中多出一个名为“光盘”的通道，如图6-17所示。按【Ctrl+D】组合键取消浮动的蚂蚁线。

4）复制“花纹”到光盘的场景中，如图6-18所示。适当调整其大小和位置，然后执行“选择”→“载入选区”命令，将先前存储的通道载入成为选区，如图6-19所示。注意通道要选择“光盘”。

5）执行“选择”→“反向”命令，或者按【Ctrl+Shift+I】组合键，然后按【Delete】键，删除花纹中多余的部分。按【Ctrl+D】组合键取消选区，如图6-20所示。保存为“光盘封面2.psd”，本案例制作完成。

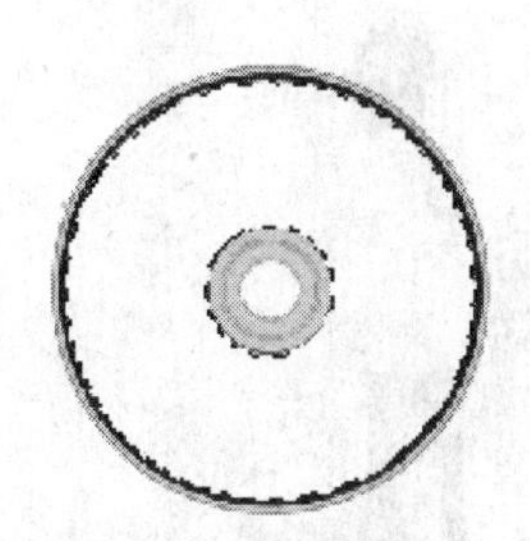

图6-15 光盘选区

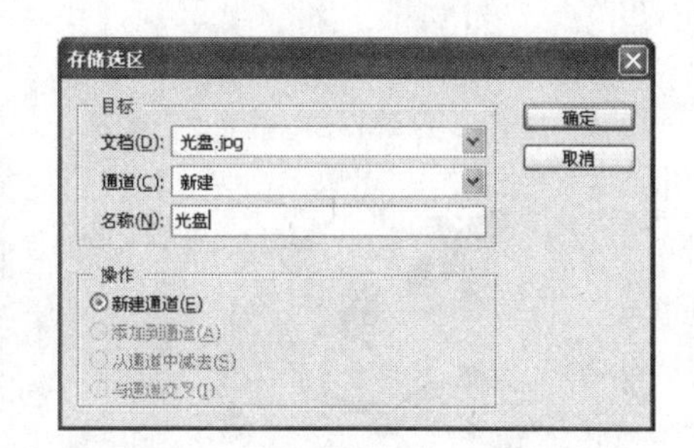

图6-16 “存储选区”对话框

图6-17 “通道”调板

图6-18 花纹图案

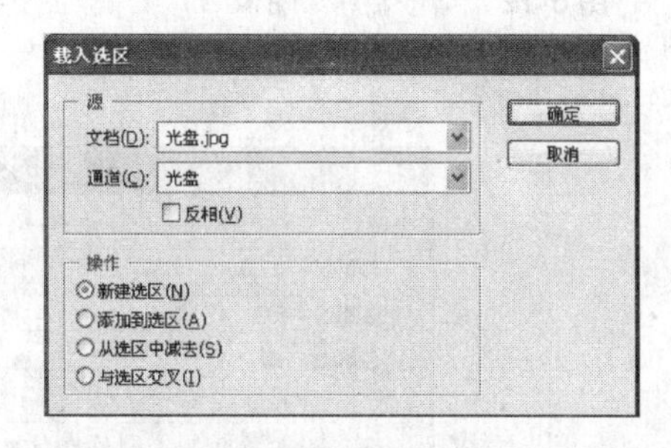

图6-19 “载入选区”对话框

图6-20 “光盘封面”效果

☆【拓展案例24】印花T恤

本例介绍用Photoshop将少女身上穿着的白衫加印上花鸟图案的方法和步骤。效果如图6-21所示。

（1）创作思路

先用工具对白衫进行勾选，可以用“钢笔工具”，也可以建立蒙版后用画笔编辑的方法，还可以用“套索工具”，总之可以得到衣服的选区就可以。本例用最简单的“磁性套索工具”来勾选。选区确定后，用通道存储选区，以备需要的时候调用。比如本例中将花鸟图多余的部分删除，只保留白衫内的部分。最后使用图层叠加的方法，让花鸟图案与白衫融为一体。

（2）操作步骤

1）在Photoshop中，打开素材文件“第6章\素材\花鸟图.jpg”，如图6-22所示。按【Ctrl+A】组合键全选之后，按【Ctrl+C】组合键复制。再打开素材文件“第6章\素材\白T恤.jpg”，如图6-23所示。

2）选择“磁性套索工具” ，把美女的白衫勾画出来，形成一个白衫的选区，如图6-24所示。

3）执行“选择”→“存储选区”命令，将选区存储为通道。在弹出的对话框的“名称”栏中填入“T恤”，如图6-25所示。打开“通道”调板，可以看到新存储的通道“T恤”，如图6-26所示。

4）回到“图层”调板上，复制背景层为“背景副本”，修改图层名称为“白T恤”。按【Ctrl+V】组合键，将“花鸟图”图像粘贴进来。这时在“图层”调板上会自动新建一个图层1，修改图层名称为“花鸟图”，如图6-27所示。

图 6-21 “印花 T 恤”效果图

图 6-22 “花鸟图”图像

图 6-23 “白 T 恤”图像

图 6-24 勾画出白衫选区

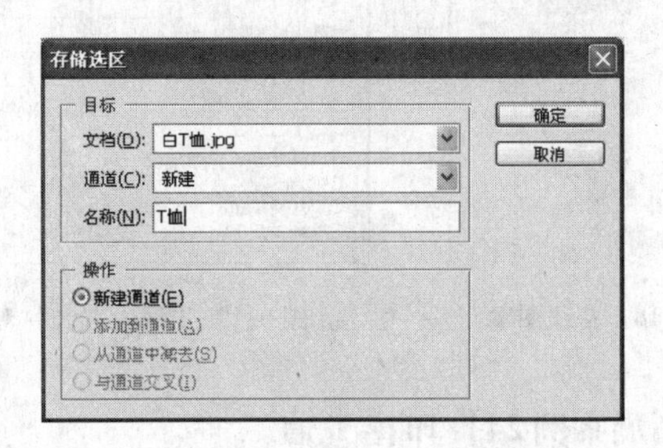

图 6-25 “存储选区”对话框

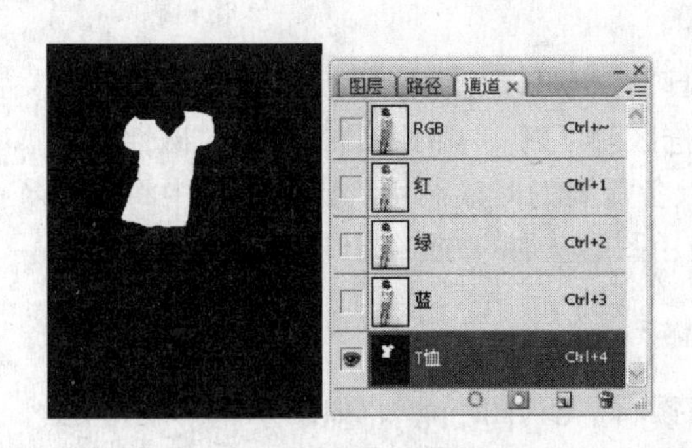

图 6-26 新存储的通道“T 恤”

图 6-27 “花鸟图”图层

5）执行“编辑”→“自由变换”命令（或者按【Ctrl + T】组合键），将“花鸟图”图像缩放到合适的大小，并旋转一定角度放置在衣服的合适的位置，如图 6-28 所示。

6）执行“选择”→“载入选区”命令，打开“载入选区”对话框，在“通道”选项中选择“T 恤”，如图 6-29 所示。单击【确定】按钮。

7）执行“选择”→“反向”命令，按【Delete】键删除 T 恤以外的花纹，按【Ctrl + D】组合键取消蚂蚁线，如图 6-30 所示。

8）修改“花鸟图”图层的叠加模式为“正片叠底”，白 T 恤图层改为“柔光”。本例制作完毕，保存文件，命名为“印花 T 恤”，效果如图 6-21 所示。

图 6-28　花鸟图放置在合适的位置

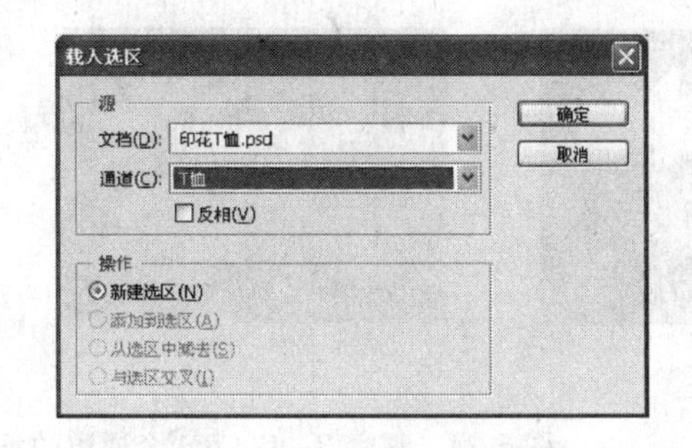

图 6-29　“载入选区”对话框

图 6-30　效果图之一

6.2 【案例 23】荷塘月色

本例要由“荷塘”图像（如图 6-32 所示）和“月”图像（如图 6-33 所示）制作合成“荷塘月色”图像，如图 6-31 所示。通过本案例的学习，读者能掌握复制通道、利用通道抠图、将通道作为选区载入以及利用蒙版和“滤镜”命令把图像处理成类似于镜头聚焦的虚实感觉等方法。

6.2.1　创作思路

利用红色通道可以大致将红色的荷花选出，再通过修改通道的色阶，使得荷花的选择更精确；利用图层蒙版和黑色画笔把周围的叶子屏蔽掉；抠选出荷花后，再用白色画笔将靠近荷花处的叶子选出；在背景图层上制作模糊的效果，与前面抠选出的荷花叠加后即得到镜头聚焦的虚实感觉；最后与圆月图像合成，便得到“荷塘月色”图像效果。

图 6-31　“荷塘月色”效果图

图 6-32　“荷塘”图像

图 6-33　“月”图像

6.2.2　操作步骤

1）在 Photoshop 中，打开素材文件“第 6 章\素材\荷塘. jpg”和“第 6 章\素材\月. jpg”图像。选中“荷花”图像，将背景层复制一层，并更名为“荷花”。

2）打开“通道”调板，观察 R、G、B 3 个通道的不同，如图 6-34 所示。可见红色通道中的荷花显示基本为白色，这样就可以用红色通道的信息来选择出荷花。将红色通道复制一层，如图 6-35 所示。在复制后的通道上修改是为了避免破坏图像的原有信息。

3）保持选中“红副本”图层，打开“色阶”对话框，调整该图层的色阶信息，如图 6-36所示。此时荷花基本变成白色，周围的景物基本为黑色，如图 6-37 所示。

4）设置前景色为黑色，选择“画笔工具”，用画笔涂抹离荷花较远的叶子部分，如图 6-38 所示。这样可以让远处的叶子变成虚景。

a)

b)

c)

图 6-34 观察 R、G、B 3 个通道的不同

a）红色通道 b）绿色通道 c）蓝色通道

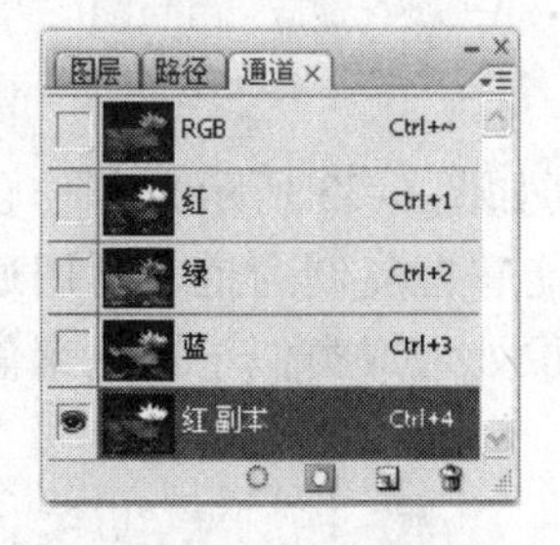

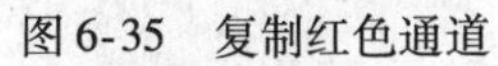

图 6-35 复制红色通道

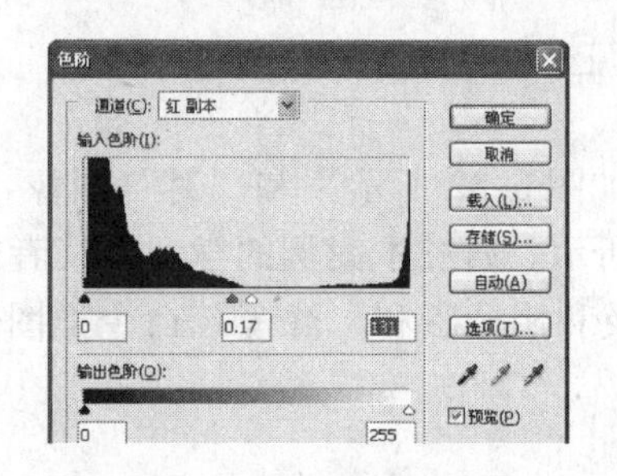

图 6-36 “色阶”对话框

图 6-37 荷花基本变成白色

5）单击通道调板的【将通道作为选区载入】按钮，画面出现浮动的选区。

6）打开“图层”调板，选择“荷花”图层，可以看到选区把荷花都选中，如图 6-39 所示。单击【添加图层蒙版】按钮，同时隐藏背景图层，可以看到抠选出来的荷花，如图 6-40 所示。

图 6-38 用黑画笔涂抹远处的叶子

图 6-39 把荷花都选中

图 6-40 抠选出来的荷花

7）为了让荷花显得饱满一些，再适当的选择一些荷花周围的荷叶。选中“图层蒙版缩览图”；设置前景色为白色；选择“画笔工具”，在其选项栏上进行设置，如图 6-41 所示，然后用画笔在荷花周围做适当的涂抹。此时的图像效果和“图层”调板分别如图 6-42 和图 6-43所示。

图 6-41 “画笔”选项栏

8）隐藏荷花图层，选择背景图层，并复制背景图层，如图 6-44 所示。然后执行“滤镜”→“模糊”→“镜头模糊”命令，使用默认参数，单击【确定】按钮，效果如图 6-45

所示。

9）打开荷花图层的“显示”按钮，可以看到荷花较远处的荷叶变成虚的效果，如图 6-46所示。

10）选中“月”图像，利用“移动工具”将它拖曳到“荷花”图像上面。此时，荷花图像将生成名字为“图层 1”的图层，将该图层移动到最上方。

11）调整“图层 1”图像的位置和大小，再将图层属性改为“线性减淡”，便得到如图 6-31 所示的效果。此时“图层”调板如图 6-47 所示。

图 6-42　用白画笔涂抹近处的叶子

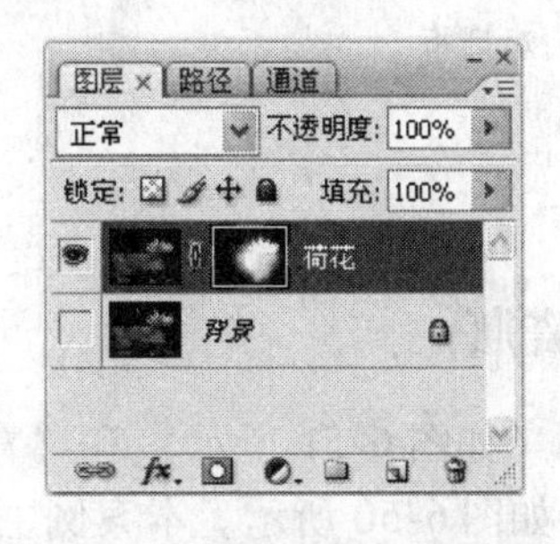

图 6-43　选中图层蒙版缩览图

图 6-44　复制背景图层

图 6-45　应用“镜头模糊”

图 6-46　远处的荷叶变成虚的效果

图 6-47　“图层”调板

6.2.3　相关知识

☆ 将通道转化为选区

在“通道”调板中选择要载入选区的通道，直接单击【将通道作为选区载入】按钮；或者按下【Ctrl】键的同时单击通道的缩略图标，即可将该通道转换成选区。

☆ 存储选区

选择了选区之后，执行“选择”→“存储选区”命令，打开“存储选区”对话框，如图 6-48所示。在“操作”选框中有 4 个选项，默认选项是“新建通道”；当在“目标”选框中的“通道”选项里选择了已存在的通道，“操作”选框中的其余选项可选。当然，在“通道”调板中直接单击【将选区存储为通道】按钮，可以将选区创建为 Alpha 通道。

☆ 载入选区

当存储选区的时候，执行“选择”→“载入选区”命令，会打开“载入选区”对话框，如图 6-49 所示。选择已存储的通道，单击【确定】按钮即可载入选区。可以看到，在“操作”选框中也有 4 个选项（当画布中有选区，这些选项才可选）。

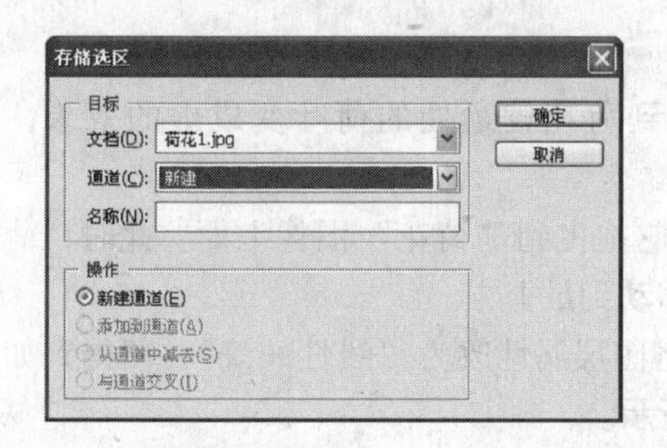

图 6-48 “存储选区”对话框

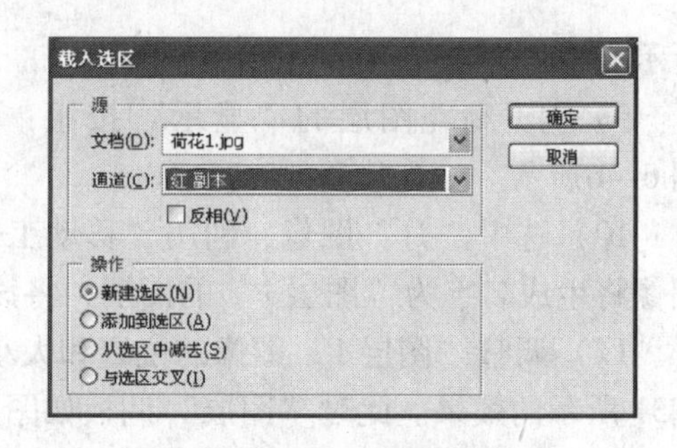

图 6-49 “载入选区”对话框

6.2.4 案例拓展

☆【拓展案例 25】青花瓷瓶

本例要由“瓷瓶”图像（如图 6-51 所示）和“青花花纹”图像（如图 6-52 所示）制作合成“青花瓷瓶”图像，如图 6-50 所示。本案例主要利用“专色通道”进行操作。

图 6-50 “青花瓷瓶”效果图

图 6-51 “瓷瓶”图像

图 6-52 “青花花纹”图像

（1）创作思路

把瓷瓶抠出并保存在通道中；创建专色通道后，将花纹图像粘贴进该专色通道中；载入瓷瓶选区，对瓷瓶外的选区填充白色，即可滤掉瓷瓶外花纹；调整专色通道的色阶，使该通道中的颜色变得丰满一些即可。

（2）操作步骤

1）在 Photoshop 中，打开素材文件“第 6 章\素材\瓷瓶. jpg”和“第 6 章\素材\青花花纹. jpg”。选择“瓷瓶”图像，在“图层”调板中将背景图层复制一份，并在“背景副本”上进行以下操作。

2）首先把瓷瓶抠出并保存。选用通道的方法来进行抠图。在工具箱中选择“魔棒工具”，在其选项栏上设置“容差”为 90，勾选“消除锯齿”复选框。在“通道”调板上单击选中红色通道，用鼠标在图像的瓷瓶上单击一下，就可以选出瓷瓶了，如图 6-53 所示。执行“选择”→“存储选区”命令，在弹出的对话框中，输入名称为“瓶”。

3）按【Ctrl + D】组合键取消选区。在“通道”调板上，单击右上角的三角按钮，选择“新建专色通道”命令，或者按下【Ctrl】键的同时单击【创建新通道】按钮，在打开的“新建专色通道”对话框中输入名称“青釉”，单击“颜色”右边的色块，设置颜色为 R = 26、G = 26 和 B = 133，设置密度为 100%，如图 6-54 所示。单击【确定】按钮。

图 6-53　瓷瓶选区

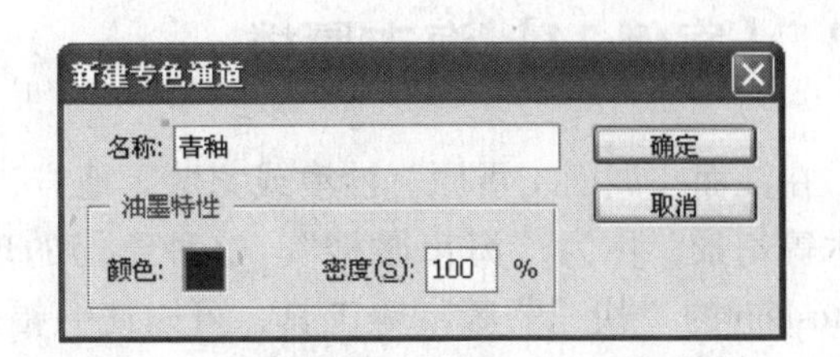

图 6-54　“新建专色通道”对话框

4）选择“青花花纹”图像，在“通道”调板上任意选择一个颜色的通道，这里最好选择绿色通道。按【Ctrl + A】组合键选择全部，按【Ctrl + C】组合键复制。重新选择“瓷瓶”图像，在“通道”调板上选择“青釉”专色通道，按【Ctrl + V】组合键粘贴，效果如图 6-55 所示。

5）执行“选择”→“载入选区”命令，在“通道”选项中选择“瓶”，将存储的“瓶”选区载入。保持选中“青釉”专色通道，执行“选择”→“反向”命令。设置背景色为白色，然后执行“编辑”→“填充”命令，“使用”设置为背景色，如图 6-56 所示。注意在专色通道中白色表示没有颜色，完全透明的状态，这与 RGB 通道是相反的。按【Ctrl + D】组合键取消选区，此时效果如图 6-57 所示。

6）最后将青釉的颜色调整得饱满一些。在选中“青釉”通道的情况下，执行“图像”→“调整”→“色阶”命令，参考图 6-58 所示的参数，将黑色和白色两个滑块分别进行调整。选择“RGB”通道，此时“通道”调板如图 6-59 所示。

至此本例制作完毕，如图 6-50 所示。保存为“青花瓷瓶. psd”。

图 6-55　粘贴“青花花纹”图像

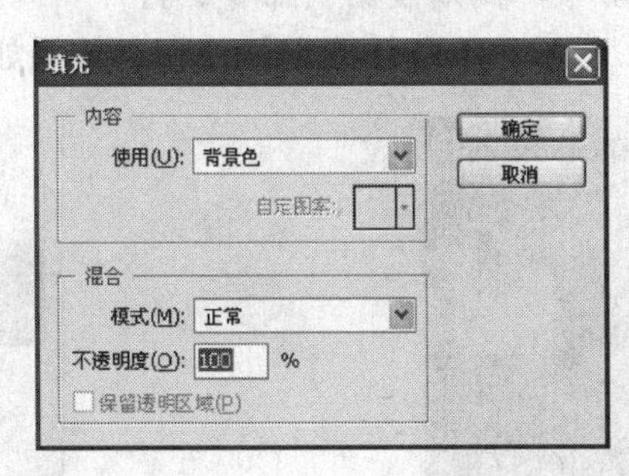

图 6-56　“填充”对话框

图 6-57　填充后的效果

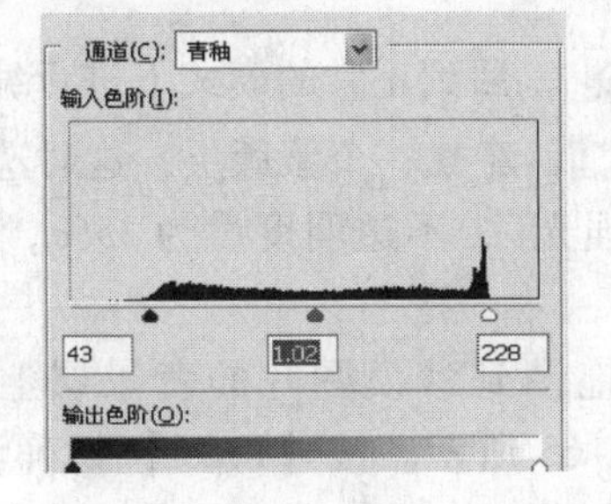

图 6-58　设置“色阶”参数

图 6-59　“通道”调板

6.3 【案例24】海市蜃楼

在江面、湖面、雪原、沙漠或戈壁等地方，偶尔会在空中或地面出现高大楼台、城郭、树木等幻景，称为“海市蜃楼”。这种奇幻的现象，通常被人们赋予了神秘的色彩。利用Photoshop的“快速蒙版”等工具，可以使一幅图成为另一幅图上面的海市蜃楼，如图6-60所示。

图6-60 “海市蜃楼”效果图

6.3.1 创作思路

对将要成为海市蜃楼的图片绘出选区后，在“快速蒙版”模式下进行“高斯模糊”处理；回到正常模式后，建立蒙版层，修改其混合模式和不透明度即可。

6.3.2 操作步骤

1）在Photoshop中，打开素材库中“第6章\素材”文件夹中的3张素材图片“沙漠.jpg”、“西域建筑.jpg”和“骆驼.jpg”。

2）选择工具箱中的“移动工具”，将“西域建筑”图片拖动到沙漠图片的背景层上（此时“图层”调板上将增加名字为“图层1”的新图层）。选择工具箱中的“多边形套索工具”，沿着建筑物的边缘部分建立一个选区，如图6-61所示。

3）单击工具箱中的【以快速蒙版模式编辑】按钮，进入“快速蒙版”模式编辑状态。执行“滤镜”→“模糊”→“高斯模糊”命令，打开“高斯模糊”对话框，将“半径”设置为10像素，如图6-62所示。单击【确定】按钮，效果如图6-63所示。

图6-61 建筑物选区

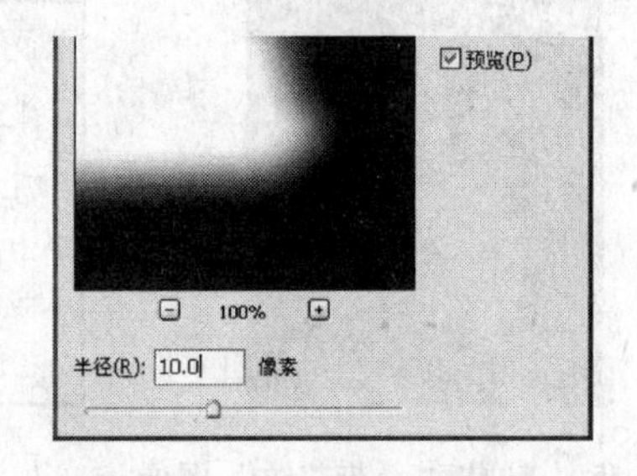

图6-62 “高斯模糊”对话框

4）单击工具箱中的【以标准模式编辑】按钮，回到正常的模式下进行编辑。然后单击“图层”调板左下角的【添加图层蒙版】按钮，建立一个蒙版层，这时选区以外的部分将被蒙版层遮住。将蒙版层的混合模式改为“强光”，不透明度设为35%，如图6-64所示。

5）再次选择“移动工具”，将“骆驼”图片拖动到沙漠图片的背景层上，然后按【Ctrl+T】组合键，调整图片的大小和位置，如图6-65所示。按【Enter】键确认变换后，用前面介绍的方法，将“骆驼”也添加到场景中，效果如图6-60所示。最后将文件保存为“海市蜃楼.psd”。

图6-63 “高斯模糊”处理后的效果

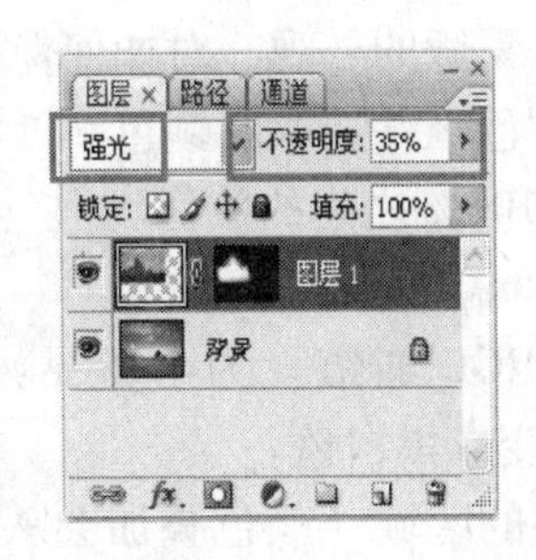

图6-64 “图层”调板

图6-65 调整“骆驼”图片的大小和位置

6.3.3 相关知识

☆ **创建快速蒙版**

Photoshop 提供了快速方便地制作临时蒙版的方法，可以对蒙版进行编辑。这种临时蒙版就叫做快速蒙版，其优点是可以同时看到蒙版和图像。要使用“快速蒙版”模式，一般都是从选区开始，然后给它添加或从中减去选区，以建立蒙版。或者，在“快速蒙版”模式下创建整个蒙版。受保护区域和未受保护区域以不同颜色进行区分，一般是选用红色来区分的。当离开“快速蒙版”模式时，未受保护区域成为选区。

当在“快速蒙版”模式中工作时，“通道”调板中出现一个临时快速蒙版通道，如图6-66所示。但是，所有的蒙版编辑是在图像窗口中完成。

创建临时蒙版的步骤如下：

1）使用任一选区工具，选择要更改的图像部分。

2）单击工具箱中的【以快速蒙版模式编辑】按钮。

图6-66 出现一个临时快速蒙版通道

颜色叠加（类似于红片）覆盖并保护选区外的区域，选中的区域不受该蒙版的保护。默认情况下，“快速蒙版”模式会用红色、50%不透明的叠加为受保护区域着色。未选中的像素在通道缩略图中以黑色显示。

若要更改“快速蒙版”选项，可双击工具箱中的【以快速蒙版模式编辑】按钮，在弹出的“快速蒙版选项”对话框中修改有关选项即可。

“被蒙版区域”可使被蒙版区域显示为黑色（不透明），使选中区域显示为白色（透明）。用黑色绘画可扩大被蒙版区域；用白色绘画可扩大选中区域。使用该选项时，工具箱中的【以快速蒙版模式编辑】按钮显示为灰色背景上的白圆圈。

“所选区域”可使被蒙版区域显示为白色（透明），使选中区域显示为黑色（不透明）。用白色绘画可扩大被蒙版区域；用黑色绘画可扩大选中区域。使用该选项时，工具箱中的【以快速蒙版模式编辑】按钮显示为白色背景上的灰圆圈。

在 Windows 操作系统中，按住【Alt】键并单击【以快速蒙版模式编辑】按钮，可以在“被蒙版区域”和“所选区域”两个选项之间进行切换。

颜色和不透明度设置都只是影响蒙版的外观，对如何保护蒙版下面的区域没有影响。

要选取新的蒙版颜色，请点按颜色框并选取新颜色。

要更改不透明度，输入一个 0～100% 之间的数值。

☆ **编辑快速蒙版**

要编辑通道中的蒙版（通常将 RGB 通道设为不可见），先从工具箱中选择“画笔工具”。此时，工具箱中的色板会自动变成黑白色。

用白色绘制可在图像中选择更多的区域（颜色叠加会从用白色绘制的区域中移去）。要取消选择区域，用黑色在它们上面绘制（颜色叠加会覆盖用黑色绘制的区域）。用灰色或另一种颜色绘制可创建半透明区域，这对于羽化或消除锯齿效果非常有用（退出“快速蒙版”模式时，半透明区域可能不以选中状态出现，但实际上它们处于选中状态）。

☆ **将快速蒙版转换为选区**

单击工具箱中的【以标准模式编辑】按钮，将关闭快速蒙版并返回到原图像。选区边界现在包围快速蒙版的未保护区域。将所需更改应用到图像中，更改只影响选中区域。

如果羽化的蒙版被转换为选区，则边界线正好位于蒙版渐变的黑白像素之间。选区边界表明像素转换正从选中的像素不足 50% 变为选中的像素多于 50%。

执行“选择”→“取消选择”命令来取消选择选区；通过切换到标准模式并执行“选择”→“存储选区”命令可将临时蒙版转换为永久性 Alpha 通道。

6.3.4 案例拓展

☆【拓展案例 26】彩虹 2

本例在【案例 24】的基础上添加一道彩虹。

(1) 创作思路

利用“渐变工具”的透明彩虹模式，加上滤镜中的“切变”命令，可方便地制作出彩虹形状。再利用“图层蒙版”等工具，则可调整彩虹的显示效果。

(2) 操作步骤

1）将在【案例 24】中制作好的“海市蜃楼. psd”文件打开，另存为“彩虹. psd”。

2）新建一个空白的图层，并命名为“彩虹”。

3）在工具栏中选择“渐变工具”，设置“透明彩虹”渐变模式以及“线性渐变”方式，在图层的左侧水平向右拖曳出一个彩虹条，如图 6-67 所示。

4）执行“滤镜”→“扭曲”→“切变”命令，在弹出的对话框中选择“重复边缘像素”命令，并且将切变的直线变为弧线，如图 6-68 所示。然后单击【确定】按钮。

5）用“套索工具”选取在天空将要出现的那一部分彩虹，然后进入“快速蒙版”模式编辑状态（单击工具箱中的【以快速蒙版模式编辑】按钮）。再使用“高斯模糊”滤镜模糊 12 个像素左右。如果觉得被蒙版遮住的区域不太理想的话，可以使用“画笔工具”对蒙版作修改（默认配置时，黑色涂抹增加被蒙版区域，白色则减少），效果如图 6-69 所示。

6）单击工具箱中的【以标准模式编辑】按钮，回到正常的模式，然后单击“图层”调板上的【添加图层蒙版】按钮，建立一个蒙版层。调整图层的透明度，并修改叠加模式为“柔光”，效果如图 6-70 所示。保存文件，完成本案例的制作。

图6-67　水平向右拖曳出一个彩虹条

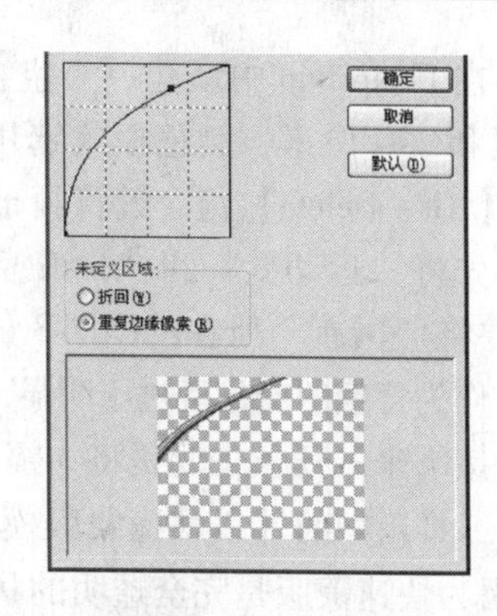

图6-68　“切变”对话框

图6-69　快速蒙版模式编辑状态图

图6-70　“彩虹”效果图

☆【拓展案例27】中国加油

本例要将“向日葵”等5幅图片合成一幅“中国加油”图像，如图6-71所示。不同的图片置于同一幅图像中，它们之间的连接通常是不自然的。通过本案例的学习，读者能掌握用“蒙版工具”和“渐变工具”等来消除这种“不自然”的方法。

(1) 创作思路

依次将“运动员”、“向日葵”和“国旗”图片复制到空白文档中，设置“国旗”所在图层的混合模式为“柔光”，设置“运动员”和“向日葵”所在图层的不透明度为75%左右。将“国旗”所在图层进入快速蒙版后，利用“渐变工具”拉出上白下黑的渐变。然后回到标准模式，为图层添加蒙版。这样可以在“国旗”的下方做出渐渐淡出的过渡。对“向日葵”和“运动员”所在图层做类似的处理。将“刘翔”图片复制到空白文档中，利用“蒙版工具”将人像主体抠出，添加“深色线条”效果。添加“中国加油!”的文字。最后将“五环”图像添加到场景中并添加“外发光”效果。

图6-71　“中国加油”效果图

(2) 操作步骤

1) 在素材库中的“第6章\素材”文件夹中，打开所需要的素材文件：“向日葵.jpg”、“五环.jpg”、“国旗.jpg”、“运动员.jpg”和“刘翔.jpg”。

2）在Photoshop中新建一个空白文档，名称修改为“中国加油”，宽度和高度分别为500像素和700像素，颜色模式选用RGB。按【D】键，设置前景色为黑色、背景色为白色；按【Alt + Delete】组合键将画布填充为黑色。

3）先将“运动员”和“向日葵”图片分别复制到新建好的文档中，再复制“国旗”图片，并将“国旗”所在的图层3的混合模式改为“柔光”。此时图层排列如图6-72所示。

4）作为背景的向日葵过于明显，将“向日葵”所在的图层2的不透明度改为75%左右。

5）接下来的任务主要是将3幅图的连接处处理得过渡自然。选择“国旗”所在的图层3，单击工具箱中的【以快速蒙版模式编辑】按钮，进入快速蒙版。此时看不到有什么变化，因为快速蒙版是完全透明的状态。再选择“渐变工具”，在其选项栏上单击【点按可打开“渐变”拾色器】按钮，在拾色器中选择“黑色、白色”。由下往上拉，如图6-73所示。

6）单击工具箱中的【以标准模式编辑】按钮，回到以标准模式编辑的状态下，可以看到有浮动的蚂蚁线，这就是临时蒙版中的白色区，也是要保留的部分。在“图层”调板上单击【添加图层蒙版】按钮，为该图层添加蒙版。这时可以看到国旗的下方有一个渐渐淡出的过渡，如图6-74所示（将其他图层设为不可见就可看到）。

图6-72 “图层”调板

图6-73 由下往上拉出渐变

图6-74 下方渐渐淡出

7）可以用同样的方法为“向日葵”、“运动员”图层都添加上这样的效果。下面直接使用图层蒙版这种比较简单的方法。选择图层2，直接单击“图层”调板下方的【添加图层蒙版】按钮，这时图像没有任何变化。选择“渐变工具”，“预设”仍然为“黑色、白色”，在选中图层蒙版的前提下（如图6-75所示），拖曳出一个上白下黑的渐变（与图层1的相比，拉动的幅度小些）。

8）选择图层1，用上述方法，在图层蒙版上拖曳出一个上黑下白的渐变，如图6-76所示。再降低该图层的不透明度至75%左右，此时图像效果如图6-77所示。

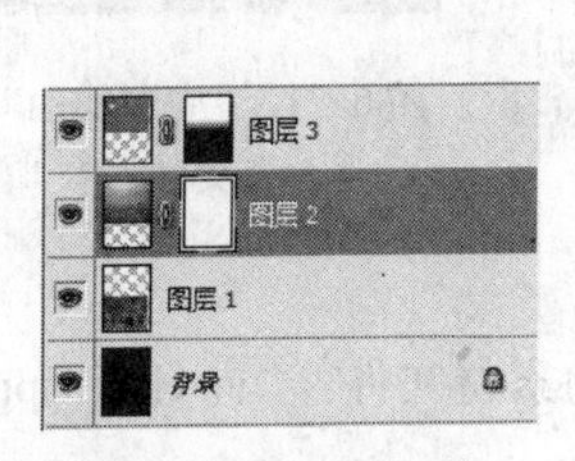

图6-75 选中图层蒙版

图6-76 拖出一个上黑下白的渐变

图6-77 图像效果之一

9）将“刘翔”图片添加到场景中，将新添图层的命名为“刘翔”，放置在最上层，如图6-78所示。

10）单击工具箱中的【以快速蒙版模式编辑】按钮，进入快速蒙版。然后选择“画笔工具”，保持前景色为黑色，选择边缘柔化的笔刷，在属性栏上修改不透明度至60%左右。然后进行涂抹，将多余的背景遮盖。如果在涂抹的过程中多遮盖了一些区域，可以用白色画笔在进行修复，效果如图6-79所示。这样可以将多余的背景用蒙版遮盖住。

11）单击工具箱中的【以标准模式编辑】按钮，进入标准编辑模式。这时出现选区，然后直接添加图层蒙版。注意观察图层蒙版的黑白区域，如图6-80所示。

12）在选中图层蒙版的情况下，可以用黑白画笔直接编辑蒙版的大小范围。修改完成后，选择图层（注意不是图层蒙版），为本图层添加一些艺术效果。执行“滤镜”→“画笔描边”→“深色线条”命令，设置“平衡”为5，“黑色强度”为4，“白色强度”为2，然后单击【确定】按钮。

13）添加“中国加油!”的文字，字体的属性可以自己设置。这里字体设置为“方正舒体”，样式设置为“超范围喷涂”（选中输入文字后，从“样式”调板中选择），如图6-81所示。

图6-78　“刘翔”图层

图6-79　图像效果之二

图6-80　图层蒙版

图6-81　图像效果之三

14）选择“五环”图像，先将白色背景抠除，再用“移动工具”拖曳到场景中。把五环缩放到适当的大小，然后添加图层样式“外发光的效果”，得到如图6-71所示的效果。

6.4 【案例25】遨游的飞艇

本案例由“云图”和“飞艇”两幅图片制作成“遨游的飞艇”图像，如图6-82所示。

6.4.1　创作思路

利用图层蒙版的不同灰色调绘制的内容将以不同透明度显示的特点，制作出了两幅图像自然融合的“渐隐”效果。

图6-82　“遨游的飞艇”效果图

6.4.2　操作步骤

1）在Photoshop中，分别打开素材库中“第6章\素材\云图.jpg”和“第6章\素材\飞艇.jpg”两幅图像文件，如

图 6-83 和图 6-84 所示。

2）用“移动工具”把“云图”拖曳到“飞艇”上（此时只能看到“云图”图像），生成一个新图层，调整该图层至合适的大小。

3）在“图层”调板中单击【添加图层蒙版】按钮，为新图层添加一个图层蒙版。

4）选择“渐变工具”，在其选项栏上设置预设为“黑色、白色”，然后在图层蒙版上拖曳出一个黑到白的线性渐变（从上边三分之一处起拉到底部），即得到如图 6-82 所示的“渐隐”效果。此时的“图层”调板如图 6-85 所示。

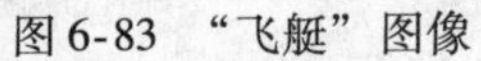
图 6-83　“飞艇”图像

图 6-84　“云图”图像

图 6-85　“图层”调板

6.4.3　相关知识

☆ 蒙版的概念

在 Photoshop 中，蒙版用来控制图像的显示区域，可以用它来隐藏图像中不想显示的区域，但并不会将这些内容从图像中删除。

广义上讲，蒙版包括快速蒙版、剪贴蒙版、矢量蒙版、图层蒙版、通道蒙版（即 Alpha 通道）以及混合颜色带等。前面介绍了快速蒙版和通道蒙版，下面主要介绍基于图层的蒙版类型。

（1）剪贴蒙版　剪贴蒙版是一种快速控制图层显示区域的蒙版，可以通过一个图层控制多个图层的显示区域。它由基底图层（下方的图层）中的图像控制内容图层（上层图像）的显示区域。基底图层的名称带有下划线，内容图层的缩略图是缩进的，并显示一个剪贴蒙版的标志，如图 6-86 所示。

（2）矢量蒙版　矢量蒙版是通过路径或矢量形状来控制图像显示区域的，或者说，矢量蒙版的作用就是遮罩被路径或矢量形状包围的图像区域。矢量蒙版中的路径是与分辨率无关的矢量对象，因此缩放蒙版不会产生锯齿。在白色背景下，在创建的矢量蒙版上使用“自定义形状工具”（鱼）进行绘制，这里的鱼使白色背景不可见，如图 6-87 所示。

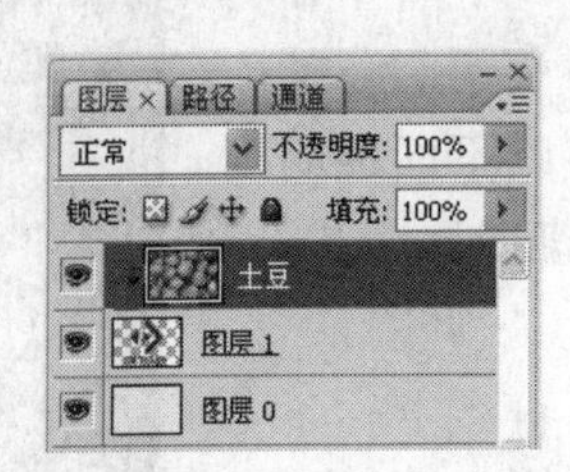

图 6-86　剪贴蒙版示例

图 6-87　矢量蒙版示例

（3）图层蒙版 图层蒙版通过蒙版中的灰度控制图像显示区域和显示程度。蒙版中白色是遮罩下一图层的内容而显示当前图层，黑色则是遮罩当前图层中的内容，显示出下面图层中的图像，灰色则是半透明的效果。图层蒙版可以精确地控制图像的显示与隐藏区域，是图像合成中应用最为广泛的蒙版。

✍ **提示**：图层蒙版与矢量蒙版的区别有如下几点。第一，产生的途径不同，图层蒙版由选区生成，而矢量蒙版由绘制的路径或图形得到。第二，图层蒙版可以通过“画笔工具”进行修改，而矢量蒙版只能用“钢笔工具”等矢量编辑工具修改。第三，图层蒙版在放大后，边缘会出现马赛克现象，而矢量蒙版可以任意放大缩小而不变形。第四，图层蒙版可以用灰色画笔绘制出半透明的蒙版效果，而矢量蒙版做不到这一点。

☆ 蒙版的作用和基本操作

蒙版的作用有两个：一是编辑形成更复杂的选区（利用快速蒙版、通道蒙版、文字蒙版工具）。选区（选取区域）是指定一个透明无色的虚框，蒙版是以灰度图像出现在“通道”调板中，两者可以相互转换。将选区作为蒙版来编辑的优点是几乎可以使用任何 Photoshop 工具或滤镜修改蒙版。二是控制图层的一部分显示，而另一部分隐藏（利用图层蒙版、矢量蒙版、形状图层、图层编组）。通过更改图层蒙版，可以将大量特殊效果应用到图层，而又不影响该图层上的像素，所有图层蒙版可以与多图层文档一起存储。

蒙版的基本操作包括创建、编辑、删除等。

快速蒙版前面已经详细介绍过，对于图层蒙版的创建，先在要在蒙版的图层之上添加一个常规图层，在该常规图层创建选区，保持选中该图层。然后单击“图层”调板下方的【添加图层蒙版】按钮即可。在选中图层蒙版的情况下，使用黑色或白色的画笔直接涂抹，就好像在一幅画上面撒上一层细沙子。细沙把底图遮盖住，就相当于蒙版。如果想把底图的一部分显现出来，可以用手指（相当于使用蒙版时的“画笔工具”，且前景为黑）把细沙划去一些；如果想再把显出来的一部分盖住则又可以在上面撒上一层沙子（相当于前景色设为白色，用画笔涂抹）。

选中图层蒙版，再次单击“图层”调板上的【添加图层蒙版】按钮，可以在蒙版的基础上创建矢量蒙版。或者按住【Ctrl】键，单击【添加图层蒙版】按钮，能直接创建矢量蒙版。矢量蒙版的编辑可以用“钢笔工具”来进行修正。删除矢量蒙版时，单击右键，选择“删除矢量蒙版”命令即可。

剪贴蒙版可以执行“图层”→“创建剪贴蒙版”命令，或者按下【Alt】键的同时用鼠标单击两个图层中的分隔线，便可以创建。选中内容图层，执行“图层”→“释放剪贴蒙版”命令，即可删除剪贴蒙版。

☆ 使用蒙版与设置蒙版的颜色

（1）使用蒙版 蒙版创建后才可以使用。以图层蒙版为例。要使用蒙版，应先单击“通道”调板中蒙版通道左边的 图标，使“眼睛”图标出现。同时图像中的蒙版也会随之显示出来。再单击“RGB”复合通道，使它和颜色通道均被选中。然后，单击“通道”调板中蒙版通道，即可进行其他操作，以后的操作都是在蒙版的掏空区域内进行，对蒙版遮罩的图像没有影响。

（2）设置蒙版的颜色和不透明度 快速蒙版前面已有介绍，下面介绍图层蒙版和 Alpha

通道蒙版。对图层蒙版，可双击“通道”调板中的蒙版通道或“图层”调板中的蒙版所在图层的缩览图，即可弹出“图层蒙版显示选项”对话框，如图 6-88 所示。对 Alpha 通道蒙版，双击“通道”调板上的 Alpha 通道缩览图，可打开“通道选项”对话框，如图 6-89 所示。利用这些对话框可以设置蒙版的颜色和不透明度。

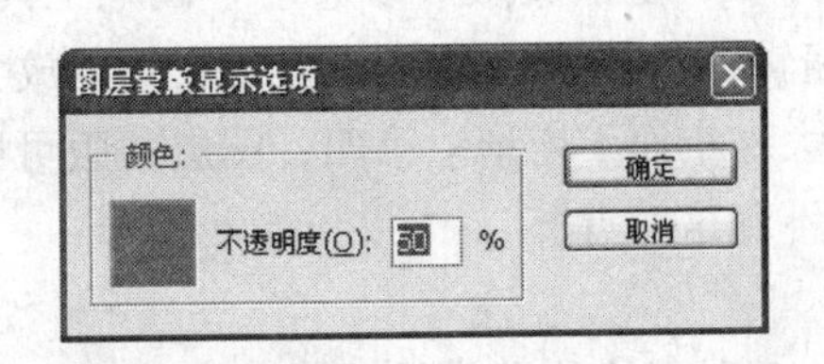

图 6-88 “图层蒙版显示选项”对话框

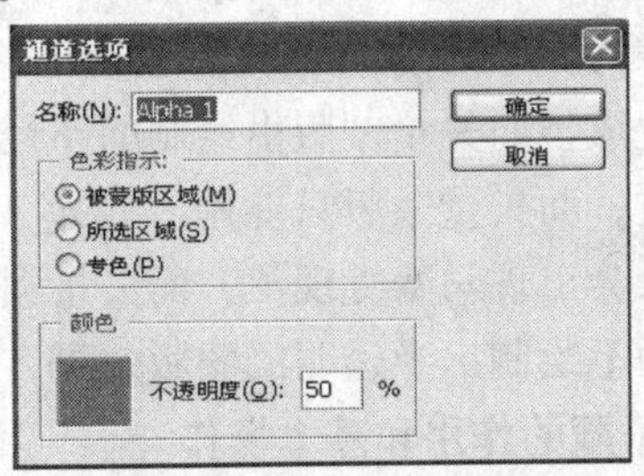

图 6-89 “通道选项”对话框

蒙版的选区创建方法是一样的，可以单击“图层”调板下方按钮 ，也可以在按【Ctrl】键的同时单击该图层或是该通道层。

6.4.4 案例拓展

☆【拓展案例 28】万众一心

（1）创作思路

制作好中央鲜红而四周暗红的背景后，与“蜡烛地图”图像融合在一起。再将“烛光”图像加入，调整其大小及位置，粗略地在烛光周围画一个选区，然后添加图层蒙版，利用蒙版的遮罩功能将心形烛光选出，最后加入文字即可。

（2）操作步骤

1）新建一个空白文档，设置宽度为 640 像素，高度为 480 像素，颜色模式为 RGB 颜色。然后选择工具箱中的“渐变工具”，在其选项栏中单击【渐变编辑器】按钮，设置预设为“从前景到背景”，并设置前景色为鲜艳一点的红色，背景色为暗红色，如图 6-90 所示。选择“径向渐变”方式，在背景图层上从中央往外绘制渐变，效果如图 6-91 所示。

2）打开素材文件“第 6 章\素材\蜡烛地图. jpg”，复制到制作好的场景中，生成新图层“图层 1”。设置图层 1 的混合模式为“线性减淡”，让两张图更好地融合在一起。融合以后会发现背景的红色有点过亮，如图 6-92 所示。按住【Alt】键，双击“背景”图层，将它转换成普通层“图层 0”，调整该图层的不透明度至 30%，这样可以调暗整个场景，效果如图 6-93所示。

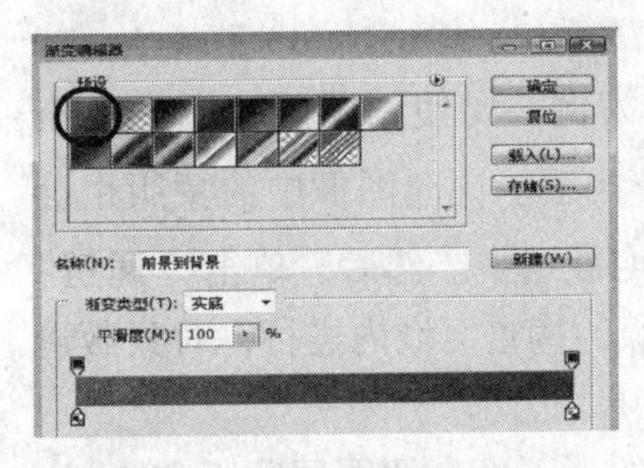

图 6-90 “渐变编辑器”对话框

图 6-91 制作好的背景

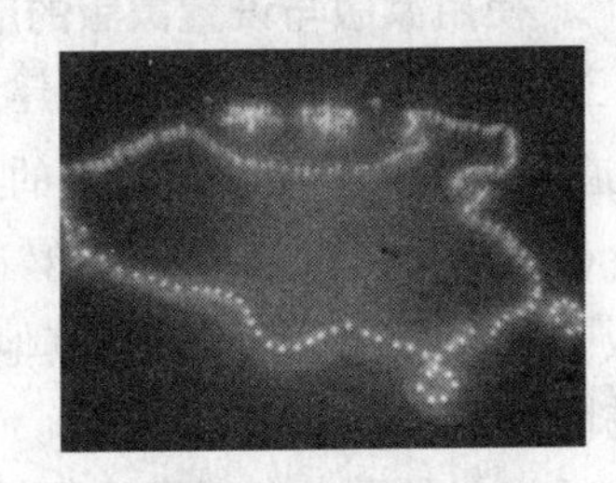

图 6-92 两张图更好地融合在一起

3）打开另外一个素材文件“第6章\素材\烛光.jpg”，复制到场景中，形成新图层“图层2”。执行“自由变换命令”，调整烛光的大小，并且做“水平翻转”，然后放置在适当位置，如图6-94所示。

4）在图层2上，用“套索工具”在烛光周围画一个选区，如图6-95所示。然后在“图层”调板中单击【添加图层蒙版】按钮，此时的“图层”调板如图6-96所示。

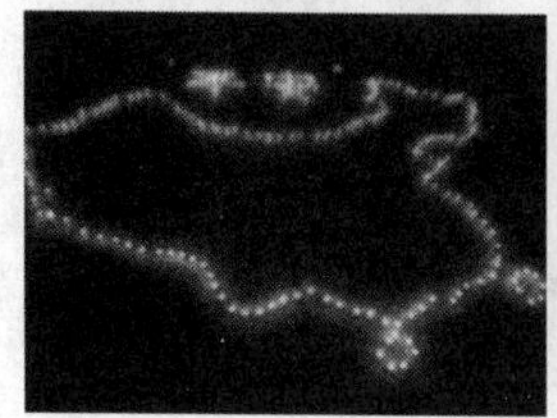

图6-93　调暗整个场景

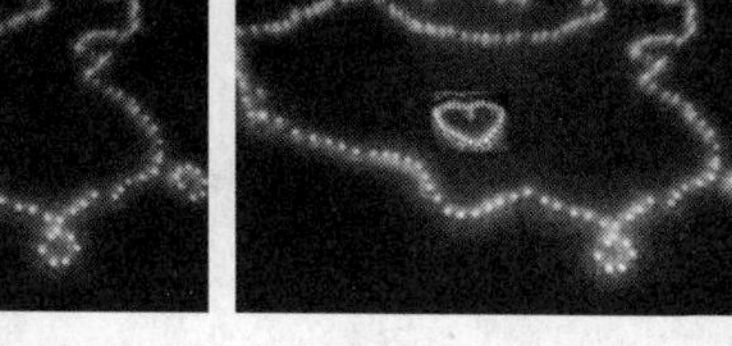

图6-94　放置烛光到场景中

图6-95　在烛光周围画一个选区

图6-96　“图层”调板

5）选择“通道”调板，单击“图层2蒙版”前的空白图标，使“眼睛”图标出现。按【D】键，设置前景色为黑色。保持选中“图层2蒙版”，选择“画笔工具”，设置“主直径”为19，然后用画笔在烛光周围涂抹（如果不慎把烛光涂掉了，可改用白色的画笔将它补回），如图6-97所示。单击“图层2蒙版”前的“眼睛”图标，使其变为空白，此时图像效果如图6-98所示。

6）选择“横排文字工具”，添加上文字“万众一心共建一个家园”和“支援四川地震灾区”，其中的“心”字用上一步所完成的心形“烛光”代替，对文字图层添加“渐变叠加”和“描边”效果，得到如图6-99所示的效果。至此，本案例制作完成。

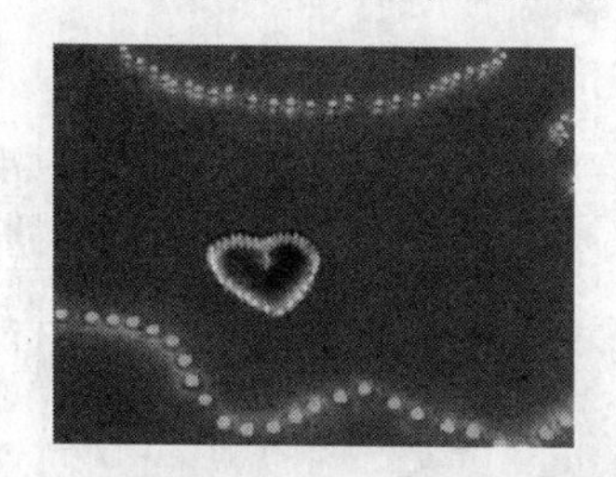

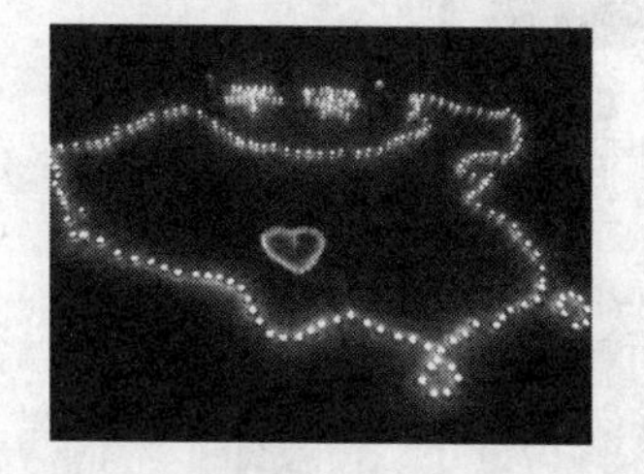

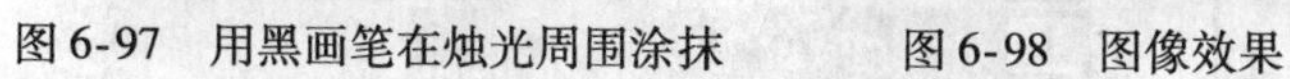

图6-97　用黑画笔在烛光周围涂抹　　图6-98　图像效果　　图6-99　加入文字后的效果

6.5 【案例26】制作木刻卡通

6.5.1 创作思路

利用“计算”命令混合产生一个新的通道，然后再与原来的素材进行叠加处理，得到想要的另一种效果，如图6-100所示。

6.5.2 操作步骤

1）分别打开素材文件“第6章\素材\木纹.jpg”和“第6章\素材\米老鼠.psd”。

2）将“米老鼠.psd”中的“米老鼠”图层复制到“木纹”场景中，执行“自由变换”命令调整其大小，如图 6-101 所示。

3）对“米老鼠”图层执行“滤镜”→“画笔描边”→“墨水轮廓”命令，保持默认参数，单击【确定】按钮，如图 6-102 所示。

图 6-100 “木刻卡通”效果图

图 6-101 调整“米老鼠”图层

图 6-102 应用“墨水轮廓”滤镜

4）执行“图像”→“计算”命令，在打开的对话框中，“源 1”的图层设置为“合并图层”，“源 2”的图层选择为“背景”层，两个源的通道可以都选用“红”色通道，混合模式可以使用默认的“正片叠底”模式，不透明度表示两个图层混合的程度，“结果”选择“新建通道”，如图 6-103 所示。

5）打开“通道”调板，此时在通道里多出一个 Alpha 1 通道，存放的是刚才对两个图层计算后的信息，如图 6-104 所示。

6）在选择 Alpha 1 通道的情况下，按【Ctrl + A】组合键全部选中，再按【Ctrl + C】组合键复制，然后回到“图层”调板，执行【Ctrl + V】组合键粘贴，生成一个名字为“图层 1”的新图层，如图 6-105 所示，此时图像效果如图 6-106 所示。

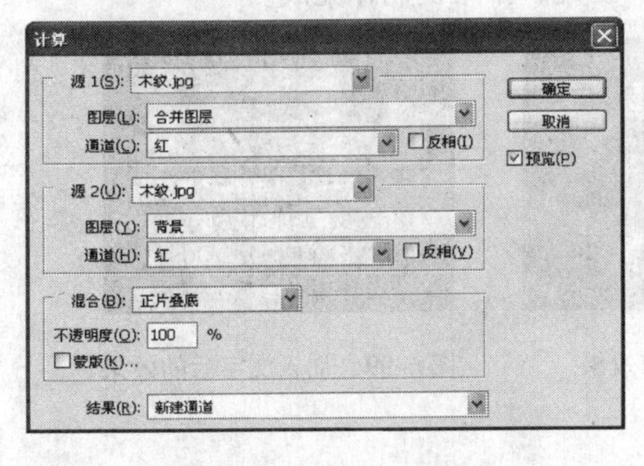

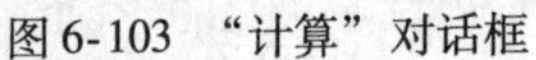

图 6-103 “计算”对话框

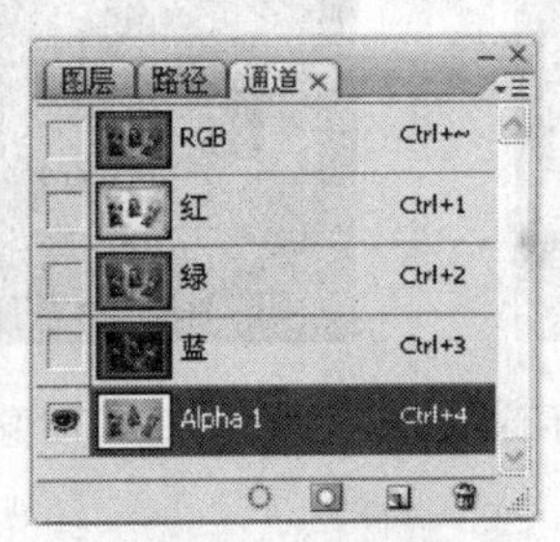

图 6-104 “通道”调板

图 6-105 “图层”调板

7）执行“图像”→“应用图像”命令，在打开的对话框中，图层选择“背景”，通道选择“RGB”，混合模式选择“颜色加深”，不透明度（混合程度）使用默认的 100%，勾选“蒙版”复选框，在其中的图层选择“合并图层”，通道选择上一步计算的结果“Alpha 1”，如图 6-107 所示。单击【确定】按钮。

8）木刻的效果已经初见端倪了，下面再修改一下图层的混合模式，让木刻效果更逼真。将图层 1 的混合模式改为“叠加”，如图 6-108 所示。此时图像效果如图 6-109 所示。

图 6-106 图像效果之一

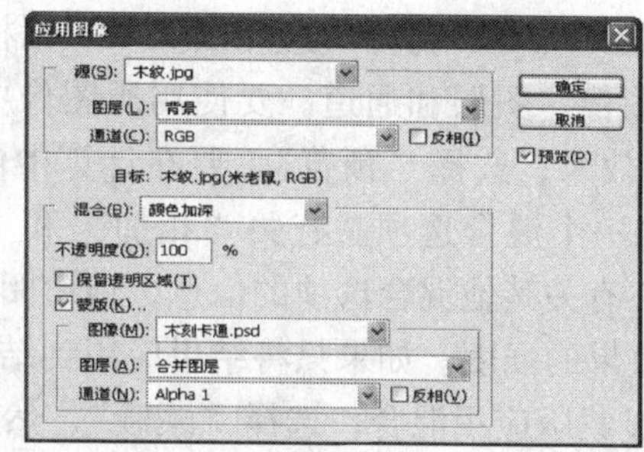

图 6-107 “应用图像”对话框

图6-108 混合模式改为“叠加”

9）再次选择“米老鼠”图层并双击该图层，在打开的“图层样式”对话框中，选择“斜面和浮雕”图层样式，修改参数如下：样式改为“枕状浮雕”，方法改为“雕刻清晰”，设置深度为150%，大小为9像素，软化为1像素，其余取默认值，如图6-110所示。单击【确定】按钮，此时图像效果如图6-111所示。

图 6-109 图像效果之二

10）为使效果更好，为制作好的“木刻画”加上一张相框。首先将“木刻画”的“画布”扩展：宽度改为1100像素，高度改为800像素。然后打开素材库中“第6章\素材\相框.jpg”素材文件，选中“魔棒工具”后单击图像的白色部分，“反向”选择后用“移动工具”将相框拖曳到“木刻画”的场景上，如图6-112所示。执行“编辑”→“变换”→“旋转90度”命令，再执行“自由变换”命令调整其大小和位置，最后得到如图6-100所示的效果，保存为“木刻卡通.psd”。

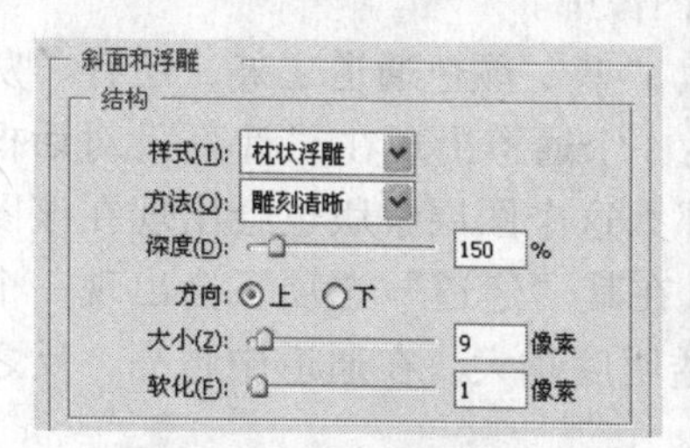

图 6-110 设置“斜面和浮雕”参数

图 6-111 图像效果之三

图 6-112 图像效果之四

6.5.3 相关知识

☆“应用图像”命令

使用“应用图像”命令，将一个图像的图层和通道（源）与现用图像（目标）的图层和通道混合。

打开源图像和目标图像，并在目标图像中选择所需的图层和通道。图像的像素尺寸必须与“应用图像”对话框中出现的图像名称匹配。

如果两个图像的颜色模式不同（例如，一个图像是RGB，而另一个图像是CMYK），则可以在图像之间将单个通道复制到其他通道，但不能将复合通道复制到其他图像中的复合通道。

执行“图像”→“应用图像”命令，打开“应用图像”对话框，如图6-107所示。

选取要与目标组合的源图像、图层和通道。要使用源图像中的所有图层，选择“合并图层”。要在图像窗口中预览效果，选择“预览”。要在计算中使用通道内容的负片，选择“反相”。对于“混合”，选取一个混合选项。有关“相加”和“减去”选项的信息，请参阅关于相加和减去混合模式。有关其他混合选项的信息，请参阅混合模式列表。

输入不透明度值以指定效果的强度。如果只将结果应用到结果图层的不透明区域，选择“保留透明区域”。如果要通过蒙版应用混合，选择“蒙版”，然后选择包含蒙版的图像和图层。对于“通道”，可以选择任何颜色通道或Alpha通道以用作蒙版，也可使用基于现用选区或选中图层（透明区域）边界的蒙版。选择“反相”，反转通道的蒙版区域和未被蒙版遮挡的区域。

☆“计算”命令

Photoshop中的“计算”命令是一个比较难应用的命令。通常这样去理解计算命令：两幅图像中的两个通道，通过像素间的叠加运算，而得到新的颜色。运用“计算”命令时如果只打开一幅图像，就不会有“源2”；打开两幅图像，就可以有“源2”了。但需要注意的是，两幅图像的尺寸要一致，否则也不会有“源2”。“计算”命令完全可以应用到一幅图像中的不同通道之间的混合，而得到很玄妙的颜色变化。

“计算”命令可以将图像中的两个通道进行合成，而且还可以将两个通道的合成结构保存到一个新的图像文件中，或者直接将合成结构转换为选择区。

“计算”命令对话框的结构如图6-103所示。

源1：代表混合色；源2：代表基色；混合：代表结果色。

图层：来源可以是不同的图像，唯一的限制是被计算的两个图像尺寸必须相同。如果两个图像大小不同，可以考虑将其中一个图像拖动到另一个图像中。

通道：来源可以是不同的选择形式，除“红”、“绿”、“蓝”颜色通道之外，还有“灰色”通道。如果文档有一个选区，那么这个选区也将作为一个通道出现在“计算”对话框中“通道”下拉菜单中；如果图层中有一个图层蒙版，那么这个图层蒙版也会出现在该图层的“通道”下拉菜单中。如果文档中有普通图层，那么在其“通道”选项下会出现一个名为“透明”的通道，它指示的是图层的不透明度。不透明度越大，在通道中越亮，反之越暗。

得到通道有如下的几种方式：

1）可以单击“通道”调板的【创建新的通道】按钮得到一个黑色的通道。

2）可以对文档中的选区执行“选择”→“存储选区”命令，存储为通道。

3）可以通过复制现有通道的一个副本得到新通道。

4）通过“计算”命令将两个已有的通道混合，得到新通道。

有以下几点需要注意：

1）“图层混合”、“应用图像”命令与“计算”命令的关系如下。

“图层混合”是图层与图层之间以某种模式进行某种比例的混合（如“正片叠底”、“滤色”、“叠加”等），是层与层之间发生关系。

“应用图像”命令是某一图层内通道到通道（包括RGB通道或者Alpha通道）采用“图层混合”的混合模式进行直接作用——实质上是把通道（包括RGB通道或者Alpha通

道）看成图层与图层的一种混合，只是这种混合的主体是图层内的单一通道或者RGB通道，是通道到通道发生作用而直接产生结果于单一图层，该命令的结果是单一图层发生了改变。

“计算”命令的结果，既不像图层与图层混合那样产生图层混合的视觉上的变化，又不像“应用图像”那样让单一图层发生变化。“计算”命令实质是通道与通道间采用“图层混合”的模式进行混合，产生新的选区，这个选区是下一步操作所需要的。

2）“计算”命令和通道紧密关联。

“计算”命令通过在通道中运算而产生作用，能形成新的Alpha专用通道。而Alpha通道，就是所需要的选取部分。由于通道就是选区，因此“计算”命令可以理解为通道“选区”作用的一个产生工具。也可以理解为“Alpha通道是用来储存选区的通道”。

3）“应用图像”命令和“计算”命令的区别。

“应用图像”命令直接作用于本图层，是不可逆的，而“计算”命令是在通道中形成新的待选区域，是待选或备用的。

6.5.4 案例拓展

☆【拓展案例29】图像的优化

本例要将一幅色彩不够鲜艳、缺乏层次感、较为灰蒙的图像（如图6-113所示）加工成一幅色彩亮丽、虚实结合、令人赏心悦目的图像，如图6-114所示。通过本案例的学习，读者能进一步掌握“计算”命令以及蒙版的使用方法。

图6-113 “花朵”原始图像

图6-114 优化后的“花朵”图像

（1）创作思路

复制背景图层，对背景副本图层执行“模糊”命令，结合模糊滤镜就可以产生虚实结合的效果；对叶子和花瓣反差最大的红色通道执行“计算”命令，得到Alpha 1通道；对可见图层“盖印”，把Alpha 1通道作为选区载入到“盖印”图层上，这样可以屏蔽掉叶子等部分，只让黄花瓣和上下层产生混合效果。以Alpha 1通道作为计算的主体产生出Alpha 2通道，载入Alpha 2通道的叶子部分区域，新建一个“可选颜色”调整图层，对该调整图层增加绿色和青色即可。

（2）操作步骤

1）在Photoshop中，打开素材文件“第6章\素材\花朵.jpg”，如图6-113所示。复制背景图层，得到“背景副本”图层，选中该图层，并保持该图层的混合模式为“正常”。

2）执行“滤镜”→“模糊”→“高斯模糊”命令，设置半径为15像素，如图6-115所示。

然后单击“图层”调板上的【添加图层蒙版】按钮，给背景图层添加一个蒙版。

3）设置前景色为黑色。选择工具箱中的“渐变工具”，在其选项栏上选择“从前景到透明”，并选择“径向渐变”方式，接着打开“渐变编辑器”，将不透明度色标从左端拉到中间位置，如图6-116所示。单击【确定】按钮后从蒙版上部中点向右下方拉出渐变，效果如图6-117所示。

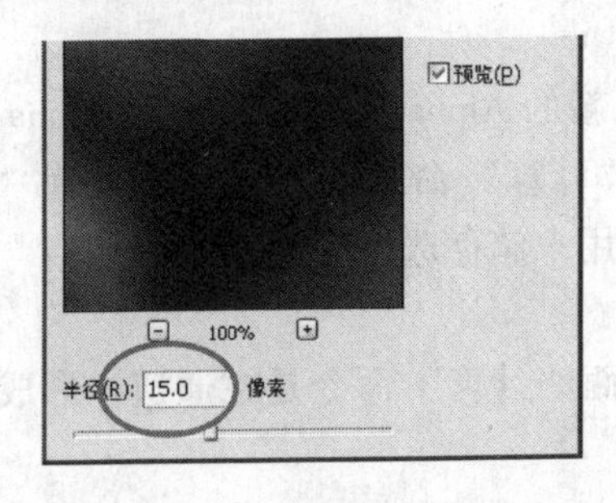

图6-115 “高斯模糊”对话框

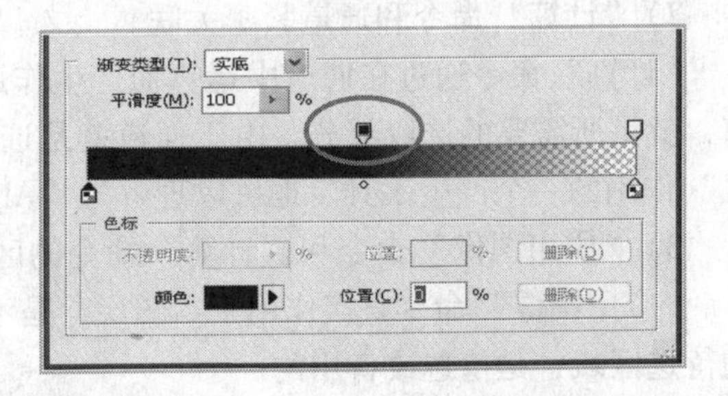

图6-116 将不透明度色标从左端拉到中间位置

图6-117 从蒙版上部中点向右下方拉出渐变的效果

4）按下【Ctrl + Alt + Shift + E】组合键，对可见图层印盖（即对可见图层合并而得到的副本），得到图层1。然后将图层1的混合模式修改为“叠加”，如图6-118所示。这样使得亮部更亮，暗部更暗，效果如图6-119所示。

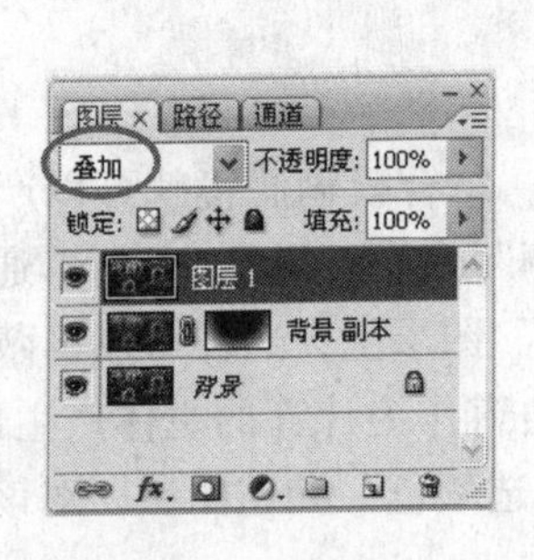

图6-118 图层1的混合模式改为“叠加”

图6-119 图层1的混合模式改为“叠加”后的效果

5）经过上一步骤后，黄色花瓣变得明亮；但同时叶子等部分显得太暗了。为此，打开“通道”调板，选择对叶子和花瓣反差最大的“红色”通道，如图6-120所示，接着执行“图像”→“计算”命令。

6）在弹出的“计算”对话框中，修改“混合”为“线性光”（这样可以使得明暗之间的反差更大），其余取默认值，如图 6-121 所示。单击【确定】按钮，得到 Alpha 1 通道。选择 Alpha 1 通道，按住【Ctrl】键，单击鼠标左键，从而载入选区，然后选择 RGB 通道。

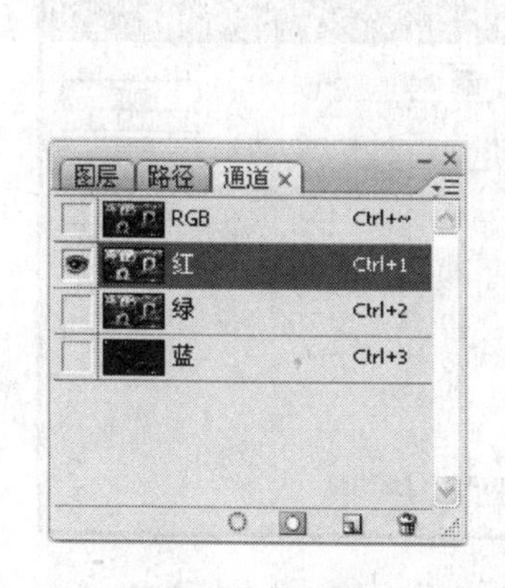

图 6-120　选择“红色”通道

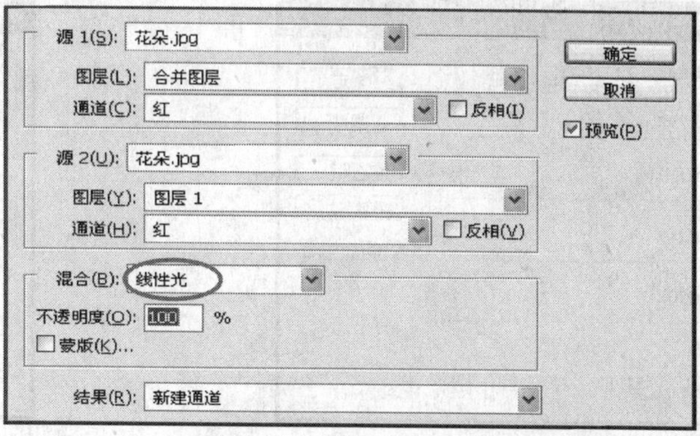

图 6-121　“计算”对话框

7）打开“图层”调板，保持选中图层 1，然后单击“图层”调板上的【添加图层蒙版】按钮，将 Alpha 1 通道作为选区载入到蒙版上，如图 6-122 所示。其效果是只让黄花瓣和上下层通过混合发生色彩对比度和亮度的改变，而叶子等部分基本上不发生变化。

8）下面修改叶子部分的颜色。打开“通道”调板，可以看到多了一个“图层 1 蒙版”通道，实际上，它和 Alpha 1 通道是一样的，不用理会。选择 Alpha 1 通道，然后执行“图像”→“计算”命令。

9）在弹出的“计算”对话框中，将“源 2”的图层由“图层 1”修改为“合并图层”，继续将“混合”设置为“线性光”，如图 6-123 所示。单击【确定】按钮，得到 Alpha 2 通道。选择 Alpha 2 通道，按住【Ctrl】键，单击鼠标左键载入选区，再按下【Shift + Ctrl + I】组合键，对选区做反选，得到叶子等部分的选区，然后选择 RGB 通道。

图 6-122　载入 Alpha 1 通道

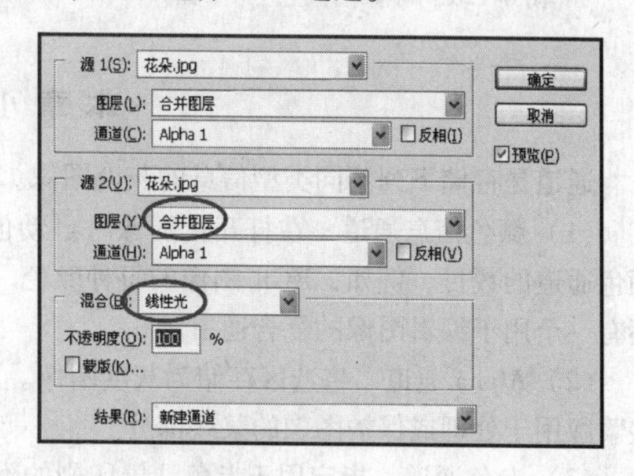

图 6-123　“计算”对话框

10）打开“图层”调板，单击【创建新的填充或调整图层】按钮，选择“可选颜色”选项，在弹出的“可选颜色选项”对话框中，依次调整“黄色”、“绿色”和“中性色”的参数，分别如图 6-124 ~ 图 6-126 所示。

11）最后调整的亮度和对比度。按下【Ctrl + Alt + Shift + E】组合键，对可见图层印盖，得到图层 2。选择图层 2，执行“图像”→“调整”→“亮度/对比度”命令，调整亮度和对比度的数值，如图 6-127 所示。单击【确定】按钮，就能得到如 6-114 所示的效果。

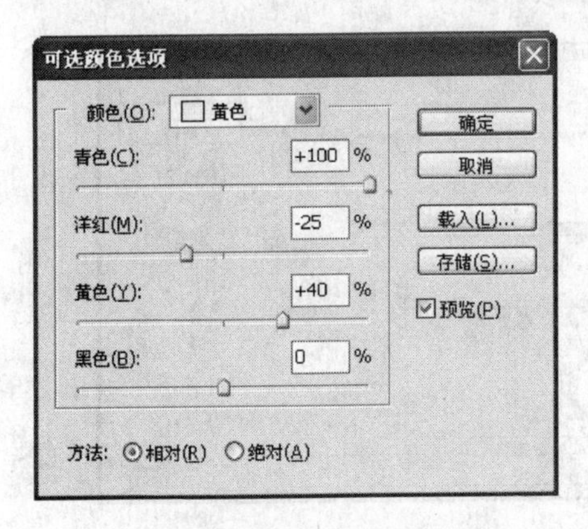

图 6-124 调整“黄色”参数

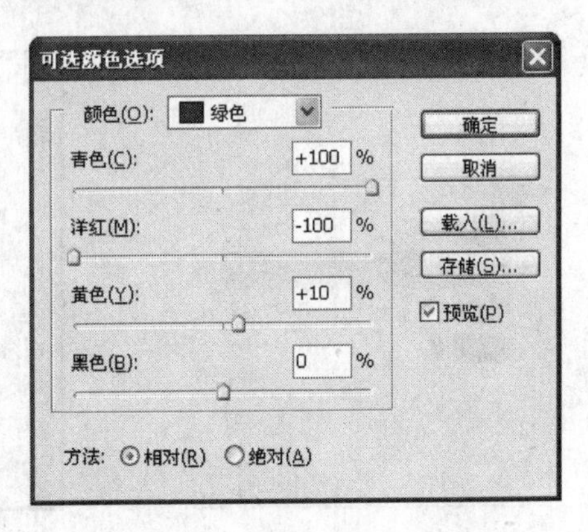

图 6-125 调整“绿色”参数

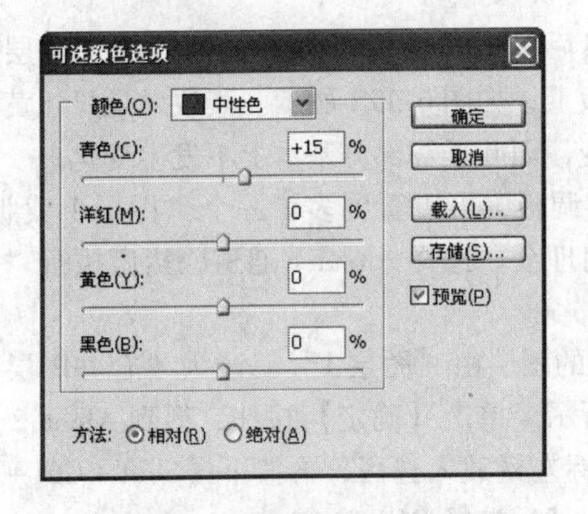

图 6-126 调整“中性色”参数

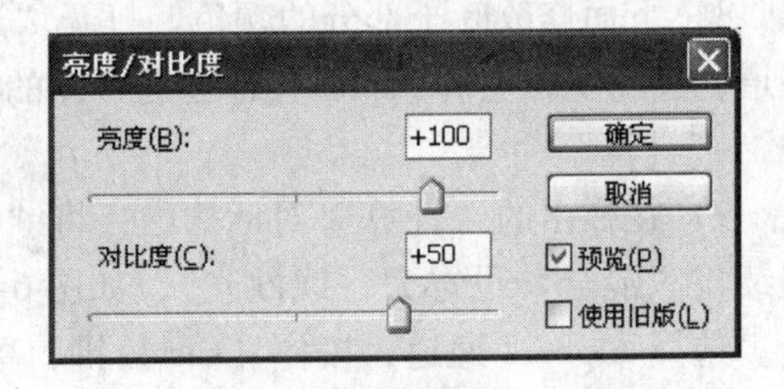

图 6-127 “亮度/对比度”对话框

本 章 小 结

通道是存储下列不同类型信息的灰度图像。

（1）颜色信息通道　在打开新图像时自动创建。不同的图像颜色模式决定了所创建的颜色通道的数目。例如，RGB 图像的每种颜色（红色、绿色和蓝色）都有一个通道，并且还有一个用于编辑图像的复合通道。

（2）Alpha 通道　将选区存储为灰度图像。可以添加 Alpha 通道来创建和存储蒙版，这些蒙版用于处理或保护图像的某些部分。

（3）专色通道　指定用于专色油墨印刷的附加印版。

利用“通道”调板可以创建、复制或删除通道，可以将选区存储为通道或将通道作为选区载入，可以选择、合并或分离通道，对选择的单一通道还可以进行编辑。

蒙版（又称遮片），其基本作用在于遮挡。也即通过蒙版的遮挡，图层的某一部分被隐藏，另一部分被显示，以此实现不同图层之间的混合，达到图像合成的目的。

蒙版存储在 Alpha 通道中。蒙版和通道都是灰度图像，因此可以使用绘画工具、编辑工具等对它们进行编辑。在蒙版上用黑色绘制的区域将会受到保护；而用白色绘制的区域是可编辑区域。当把蒙版通道作为选区载入时，未受保护区域成为选区。

可以将选区转换为临时蒙版，称为快速蒙版。这种模式使得编辑更为轻松。快速蒙版将作为带有可调整的不透明度的颜色叠加出现。可以使用任何绘画工具编辑快速蒙版或使用滤镜修改它。退出快速蒙版模式之后，蒙版将转换回为图像上的一个选区。

要更加长久地存储一个选区，可以将该选区存储为 Alpha 通道。Alpha 通道将选区存储为"通道"调板中的可编辑灰度蒙版。这样可以随时重新载入该选区或将该选区载入到其他图像中。

习　题

一、填空题

1. Photoshop 中的通道是用来存储图像的__________、__________和__________的。通道主要有__________、__________和__________的3种，Alpha 通道是用来__________和__________的。

2. 蒙版主要用来__________。当图像添加蒙版后，对图像进行编辑操作时，所使用的命令对屏蔽的区域__________，而对未被屏蔽的区域__________。

3. 使用__________命令，可以将一个图像的图层和通道（源）与现用图像（目标）的图层和通道混合。

4. __________命令用于混合两个来自一个或多个源图像的单个通道。然后可以将结果应用到新图像或新通道，或现用图像的选区。

二、选择题

1. 下列关于通道的操作中错误的有（　　）。
   A. 通道可以被分类与合并　　B. Alpha 通道可以被重命名
   C. 通道可以被复制与删除　　D. 复合通道可以被重命名

2. 图像的优化是指（　　）。
   A. 把图像处理得更美观一些
   B. 把图像尺寸放大使观看更方便一些
   C. 使图像质量和图像文件大小两者的平衡达到最佳，也就是说在保证图像质量的情况下使图像文件达到最小
   D. 把原来模糊的图像处理得更清楚一些

3. 当将 CMYK 模式的图像转换为多通道时，产生的通道名称是（　　）。
   A. 青色，洋红，黄色　　B. 4个名称都是 Alpha 通道
   C. 4个名称为 Black（黑色）的通道　　D. 青色，洋红，黄色和黑色

4. 若要进入快速蒙版状态，应该（　　）。
   A. 建立一个选区　　B. 选择一个 Alpha 通道
   C. 单击工具箱中的【快速蒙版】按钮　　D. 执行"编辑"→"快速蒙版"命令

5. Alpha 通道最主要的用途是（　　）。
   A. 保存图像色彩信息　　B. 创建新通道
   C. 用来存储和建立选择范围　　D. 为路径提供的通道

6. 当按住（　　）键时，单击"图层"调板中蒙版，图像窗口中就会显示蒙版。
   A.【Alt】　　B.【Shift】　　C.【Ctrl】　　D.【Tab】

7. 如果在图层上增加一个蒙版，当要单独移动蒙版时，下面操作中正确的是（　　）。

A. 首先单击图层上的蒙版，然后选择“移动工具”就可以移动了

B. 首先单击图层上的蒙版，然后选择“全选工具”拖拉

C. 首先要解掉图层与蒙版之间的锁，然后选择“移动工具”就可以移动了

D. 首先要解掉图层与蒙版之间的锁，再选择蒙版，然后选择“移动工具”就可移动了

8. 下列通道可用来替换或补充印刷色的是（　　）。

A. 专色通道　　B. 颜色通道　　C. Alpha 通道　　D. 新建通道

9. 对于双色调模式的图像可以设定单色调、双色调、三色调和四色调，在“通道”调板中，它们包含的通道数量及对应的通道名称（　　）。

A. 均为1个通道，4种情况下，通道的名称分别为单色调、双色调、三色调和四色调

B. 分别为1、2、3、4个通道，通道的名称和在“双色调选项”对话框中设定的油墨名称相同

C. 分别为1、2、3、4个通道，根据各自的数量不同，通道名称分别为通道1、通道2、通道3、通道4

D. 均为2个通道，4种情况下，通道的名称均为通道1和通道2

三、上机操作题

1. 制作如图6-128所示的“光盘”图像。

【操作参考】选定圆环选区的方法是：将小圆选区保存为通道（Alpha 1 通道），执行“变换选区”命令将选区扩大（按住【Alt + Shift】组合键可保持选区的圆心不变），然后载入刚才保存为 Alpha 1 通道的选区（设置操作为“从选区中减去”）。

2. 将图6-130所示的“汽车”图像制作成撕开的效果，如图6-129所示。

【操作参考】扩大原图的画布大小，在底层添加白色的图层，用“套索工具”建立分成两半的选区，进入快速蒙版模式，执行“晶格化”命令。回到正常模式，执行“自由变换”命令。

图6-128　“光盘”图像

图6-129　撕开的“汽车”图像

图6-130　“汽车”图像

3. 根据如图6-132所示的“地球”图像和“火箭”图像，制作出“破球而出”的图像，如图6-131所示。

图6-131　“破球而出”图像

图6-132　“地球”图像和火箭”图像

【操作参考】将“地球”图像选出，通过剪切的图层建立“地球”图层。用“多边形工具”建立大约半个地球的选区，再次通过剪切的图层建立半个地球的图层。以底端为中心，依次向外旋转，得到裂开的球体。拖入“火箭”图层，添加图层蒙版，然后用白色的柔化画笔使球体显示。

4. 参考【拓展案例28】的方法，制作“玉树不倒”图像。

5. 制作如图6-133所示的金色立体字。

【操作参考】建立背景为木纹的图像。新建Alpha 1通道，在该通道上输入文字“英雄”，用“移动工具”调整文字的位置，保持文字选区。选择RGB通道，回到“图层”调板，给选区填充金黄色，然后执行“图层”→“新建”→“通过复制到图层”命令，生成“图层1”，对该图层添加“斜面和浮雕”效果。选择背景图层，执行“图像”→“应用图像”命令（设置模式为“相加”；勾选“模板”，其通道为“灰色”）。

图6-133　“英雄”图像

第 7 章　路径与动作

本章学习目标：

1）掌握创建路径和使用路径的方法。

2）掌握创建动作和使用动作的方法。

7.1 【案例 27】缤纷彩蝶

7.1.1 创作思路

使用“钢笔工具”绘制出需要的路径形状，然后再通过路径的一些常规操作（如描边路径，建立选区等）来完成形状的颜色填充。最后结合前面学习的简单合成方法来完成作品。

7.1.2 操作步骤

1）设置背景色为黑色。建立一个新的文档，名称为“彩蝶”，宽度和高度都为 500 像素，分辨率为 72，颜色模式为“RGB 颜色”，背景设置为背景色（黑色）。

2）新建一个空白图层。然后选择“钢笔工具”，在选项栏中选择“路径”模式。下面给出绘制一个花瓣形状的详细步骤（注意：选择不同的起点位置，绘制方法略有不同）。为便于读者仿照练习，这里先按【Ctrl + R】组合键加上标尺，再按【Ctrl + K】组合键，在弹出的“首选项”对话框中选中“单位与标尺”选项，选择标尺单位为厘米。

3）在位置 A 单击鼠标左键，移动鼠标到位置 B，按住鼠标左键（不要松手）往右上方拖曳，如图 7-1 所示。

4）此时仍不要松手，按下【Alt】键，同时按住鼠标左键，拖曳鼠标到如图 7-2 所示的位置，松开鼠标左键，再松开【Alt】键。

✍ **提示**：这里按下【Alt】键拖曳鼠标，用于改变曲线的方向线。

5）移动鼠标到位置 C，按住鼠标左键往左上方拖曳，如图 7-3 所示。松开鼠标左键，移动鼠标到位置 D 并单击一下，如图 7-4 所示。

6）将鼠标移动到起点 A（此时鼠标右下角会出现一个小圆圈），按住鼠标左键，拖曳鼠标到如图 7-5 所示的位置。松开鼠标左键，即得到一个花瓣形状，如图 7-6 所示。

✍ **提示**：若对花瓣形状不满意，可用“直接选择工具”，结合钢笔工具组的“转换点工具”，将路径线条调整。

7）此时在“路径”调板上多出一个“工作路径”层，如图 7-7 所示。在“工作路径”层上双击鼠标左键，弹出“存储路径”对话框，如图 7-8 所示。这里使用默认的名称“路径 1”，然后单击【确定】按钮。

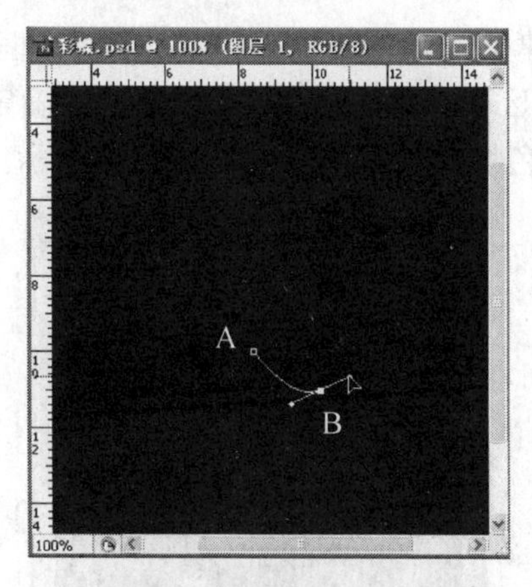

图 7-1　按住鼠标左键往右上方拖曳

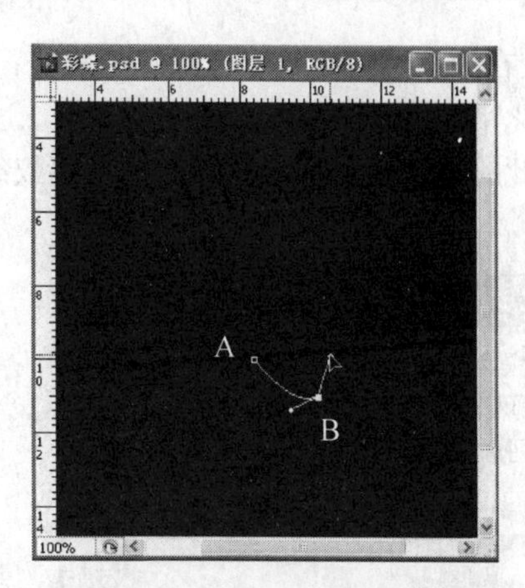

图 7-2　同时按下【Alt】键和鼠标左键拖曳鼠标

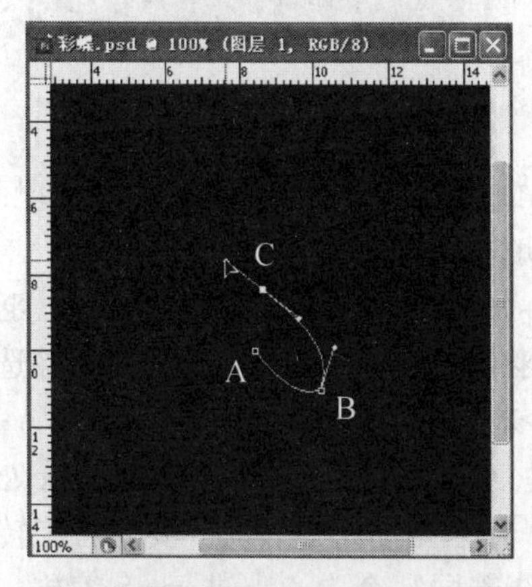

图 7-3　按住鼠标左键往左上方拖曳

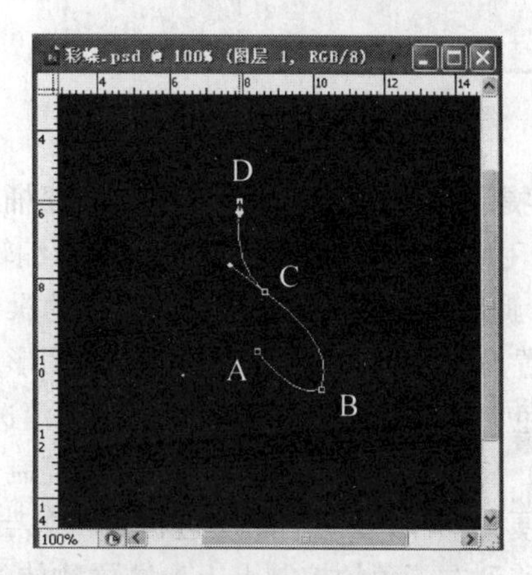

图 7-4　移动鼠标到位置 D 并单击一下

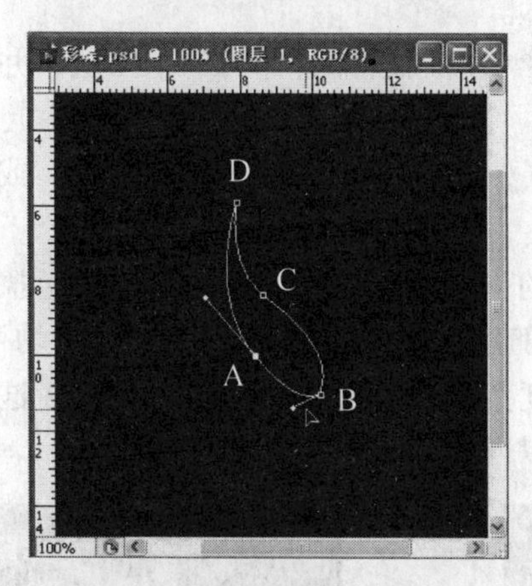

图 7-5　按住鼠标左键拖曳鼠标

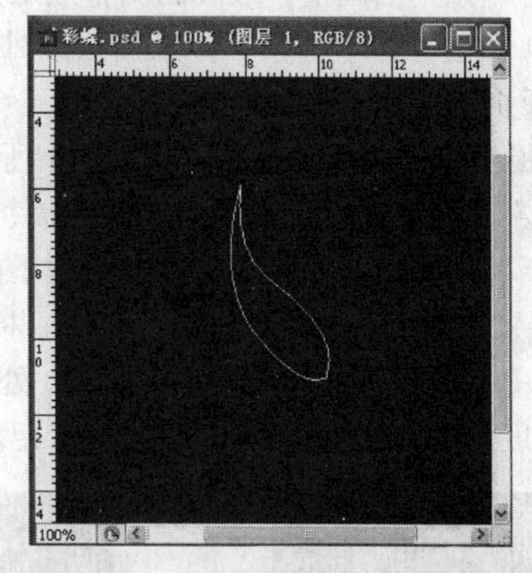

图 7-6　松开鼠标键得到一个花瓣形状

图 7-7　“工作路径”层

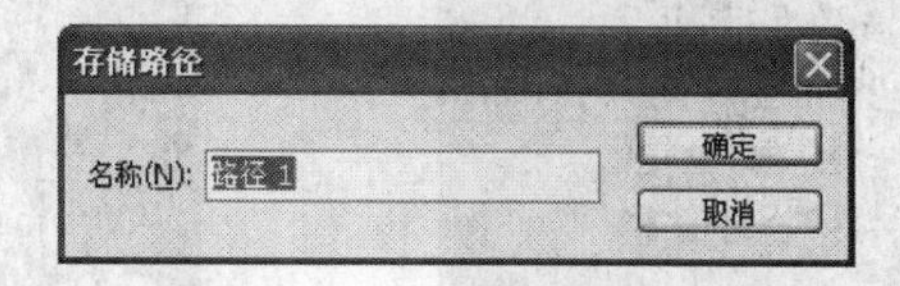

图 7-8　“存储路径”对话框

8）在画布上右键单击已画好的路径，然后选择“建立选区”命令，在弹出的对话框中设置羽化半径为0，勾选“消除锯齿”，选择“新建选区”，如图7-9所示。单击【确定】按钮，此时出现以路径为轮廓的浮动蚂蚁线，然后用白色填充选区，效果如图7-10所示。

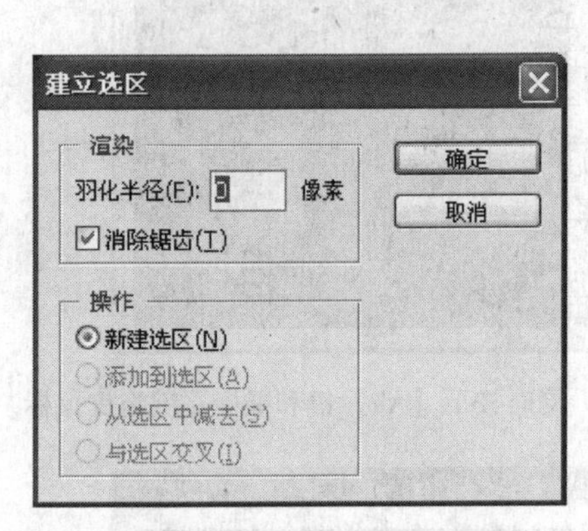

图7-9 “建立选区”对话框

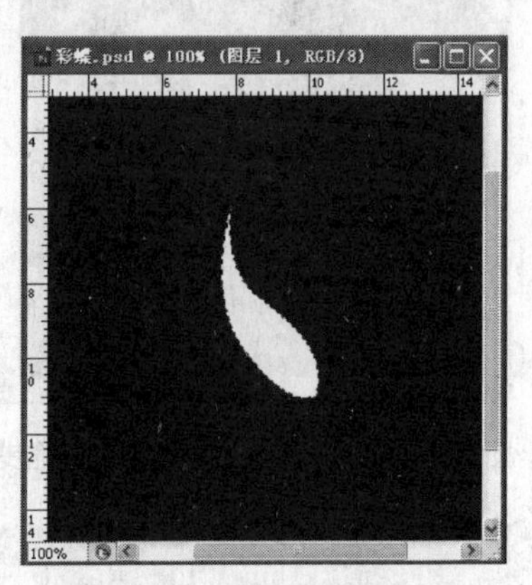

图7-10 用白色填充选区

✍ **提示**：填充白色，可以用“油漆桶工具”填充；或者在当前前景色为白色的情况下，用【Alt + Delete】组合键；或者使用“编辑”菜单下“填充”命令。

9）此时不要取消选区，继续下面的操作：按【Ctrl + Alt + D】组合键将选区羽化，羽化半径设置为5（可以根据自己所建立的图形大小自行设定羽化半径），按【Delete】键删除选区中的白色，然后按【Ctrl + D】组合键取消选区，得到一个花瓣的形状，如图7-11所示。

10）将刚建立的“花瓣”图层再复制4份（注意是复制图层，初学者将图案分层处理比较方便），并对复制的图层进行旋转（当按【Ctrl + T】组合准备键旋转时，要先将旋转的中心点移到右下角的控制点上，这样物体的旋转都是围绕着同一个中心点进行）、缩放、垂直翻转等一系列的调整，最终的调整效果如图7-12所示。

11）图层合并。将除了背景图层以外的所有花瓣形状的图层都合并为一个图层，并且将图层重命名为“蝴蝶”。

✍ **提示**：进行图层合并，可以选中所有的花瓣图层，然后按【Ctrl + E】组合键；或者在“图层”菜单中选择“合并图层”命令。

12）将“蝴蝶”图层复制两个副本图层，对其中的一个副本图层进行动感模糊（执行“滤镜”→“模糊”→“动感模糊”命令），模糊角度最好随意一些，距离设置为50以内均可。对另外一个副本同样进行“动感模糊”处理，模糊角度范围在该层物体的倾斜角度（这里约为60度）的－10度至＋10度之间，距离设置为50以内均可。效果如图7-13所示。

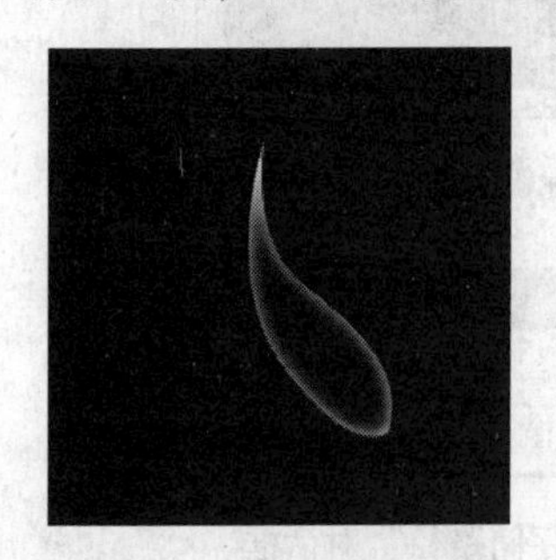

图7-11 一个花瓣的形状

图7-12 五个花瓣的形状

图7-13 对图层进行动感模糊

13）新建一空白图层。选择“径向渐变工具”■，在“渐变编辑器中”选择所需的颜色（这里设置为从淡黄色到紫色的变化，如图 7-14 所示。），从物体的左方往右方拖曳鼠标，填充新图层，再将该图层的混合模式改成叠加，就得到初步的蝴蝶效果，如图 7-15 所示。若对该图进行变形、复制以及加入其他元素，效果会更好些，如图 7-16 所示。

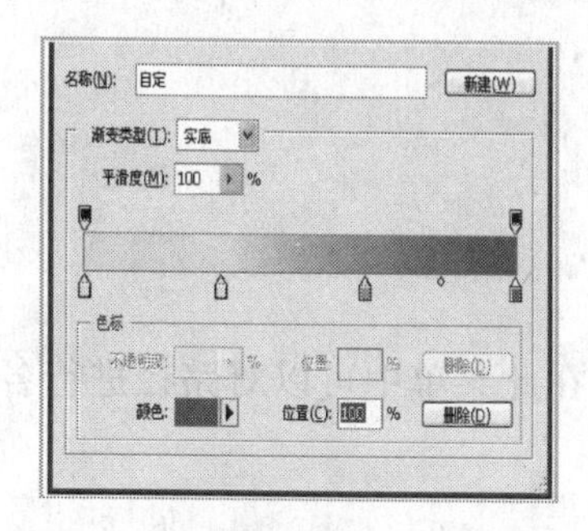

图 7-14　“渐变编辑器”对话框

图 7-15　初步的蝴蝶效果

图 7-16　蝴蝶效果图

7.1.3　相关知识

☆ 路径的概念

路径在 Photoshop 中是指由贝塞尔曲线形成的一段闭合或者开放的曲线段。在 Photoshop 中使用路径，可以很方便地进行光滑图像选择区域、绘制光滑线条、定义画笔工具等绘制轨迹，还可以和选区进行相互转换。

路径是指用“钢笔工具”、“自由钢笔工具”、“矢量绘图工具”绘制的矢量对象边框，路径可以是一个点、一条线段或者是一段封闭的线，路径中的锚点标记路径上线段的端点，路径的端点有两种：一是用来连接平滑曲线的平滑端点，二是连接曲线的转角端点，如图 7-17所示。

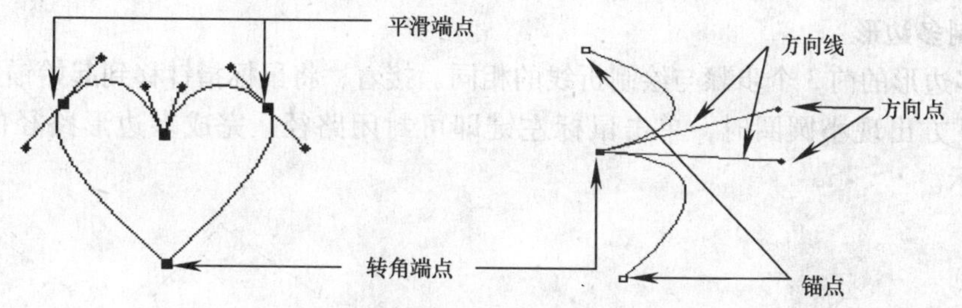

图 7-17　路径上的锚点

当选择曲线上的转角端点时，被选择的端点会显示方向线，方向线以方向点结束，同时曲线的形状由方向线和方向点来确定，移动方向线或者方向点就可以改变曲线的形状，而平滑点的一条方向线就可以同时调整该点两侧的平滑线段。

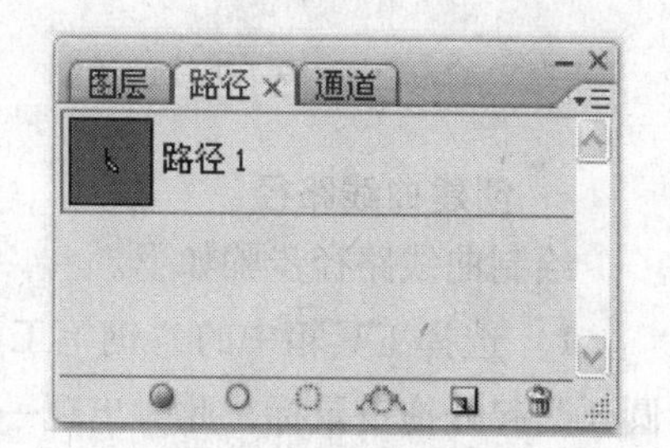

图 7-18　“路径”调板

☆ 认识“路径”调板

“路径”调板主要用来对路径进行各种编辑操作，执行菜单栏中“窗口”→“路径”命令，打开“路径”调板，如图7-18所示。调板中各按钮的作用如下。

按钮：用前景色填充当前工作路径。

按钮：用“画笔工具”使用前景色描边路径。

按钮：当前工作路径会被转换为选区。

按钮：将当前选区转换为路径。

按钮：建立一个新的路径。

按钮：删除当前路径。

按钮：单击此按钮可以打开“路径”调板菜单，在此菜单中可以对路径进行各种操作。

☆ **创建路径**

路径一般都是由“钢笔工具”创建的，具体的操作或者创建类型有以下两种。

1. 绘制直线和折线

1）选择工具箱中的“钢笔工具”，在图像窗口中的一个合适位置单击鼠标左键，在画布上出现一个锚点，这是线段的起点。

2）移动鼠标到另一个位置，然后单击鼠标左键，出现第二个锚点，这时形成了一条线段，此时这个点是这条线段的终点。起点此时是空心锚点，终点此时是实心锚点，实心的锚点也是当前锚点。

3）在移动鼠标到另一个位置，单击鼠标左键，这时又出现一条线段，此时该线段跟前面的线段形成一条折线。

4）如果是绘制开放式路径，可选择工具箱中的“钢笔工具”或者按下【Ctrl】键，然后单击路径以外的任何位置。图7-19所示为绘制折线的过程。

2. 绘制多边形

绘制多边形的前3个步骤与绘制折线的相同。接着，将鼠标指针移到起始锚点处，鼠标指针的右下方出现小圆圈时，单击鼠标左键即可封闭路径，完成多边形路径的绘制，如图7-20所示。

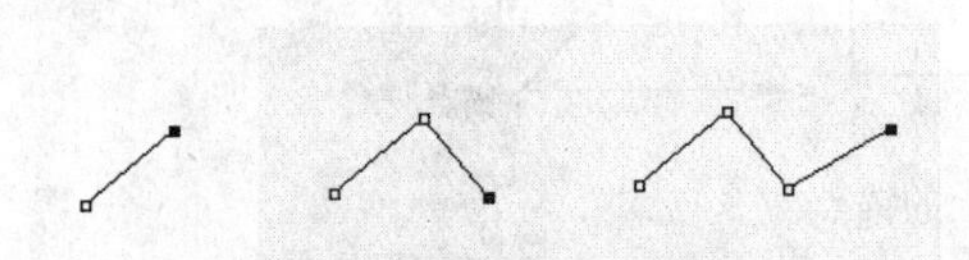

图7-19 折线的绘制

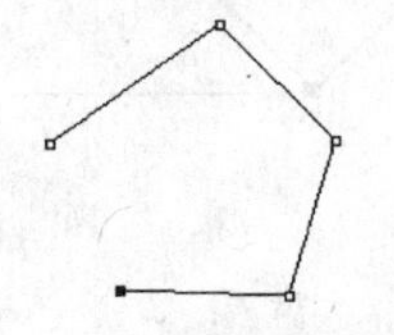
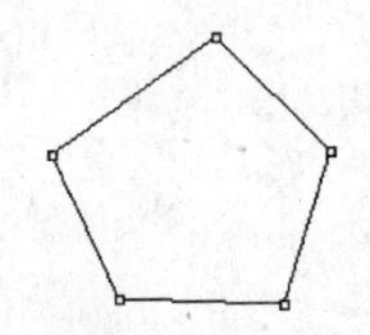

图7-20 多边形的绘制

☆ **创建曲线路径**

绘制曲线路径步骤如下。

1）选择工具箱中的“钢笔工具”，在画布中单击鼠标左键形成起始点，将要形成圆弧凸起处拖曳鼠标，此时出现一个锚点的控制柄，调节控制柄即可调整方向，然后松开鼠标左键。

2）移动鼠标到另一个位置，按下鼠标左键向需要弯曲的方向拖曳鼠标，再松开鼠标左键，就形成了一段曲线路径。

3）重复前面的操作可以绘制出连续的曲线。

☆ 创建和编辑路径的工具

1. 钢笔工具组

按下工具箱中的【钢笔工具】按钮约 1 秒，或在上单击鼠标右键，可以看到如图 7-21 所示的一些工具。

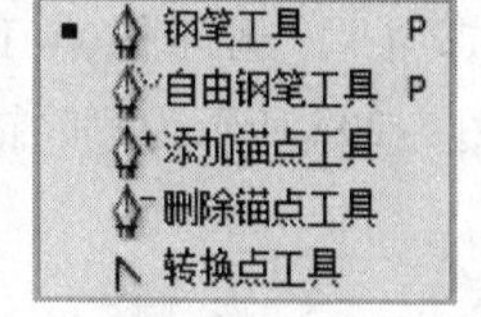

图 7-21　钢笔工具组

（1）钢笔工具　可以在画布中绘制出由许多点连接的线段或曲线，这些线段或曲线就是路径。选择“钢笔工具”，其选项栏如图 7-22所示。

图 7-22　“钢笔工具”选项栏

1）形状图层：可在画布中绘制一个使用前景色填充的矢量图形，如图 7-23a 所示。此时，在“图层”调板中会自动生成一个形状图层，如图 7-24 所示，而在“路径”调板中会多出一个路径层，如图 7-25 所示。

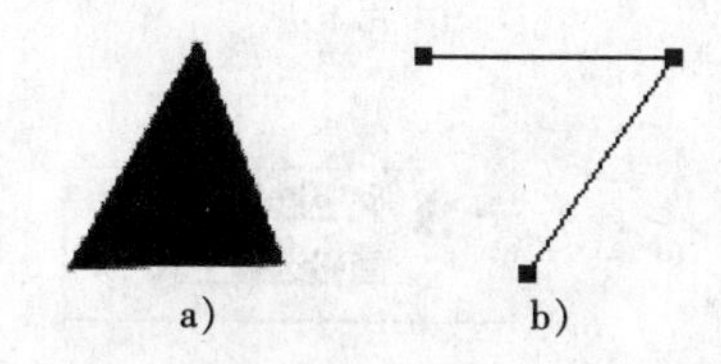

图 7-23　在画布中绘制矢量图形和路径
a）绘制矢量图形　b）绘制路径

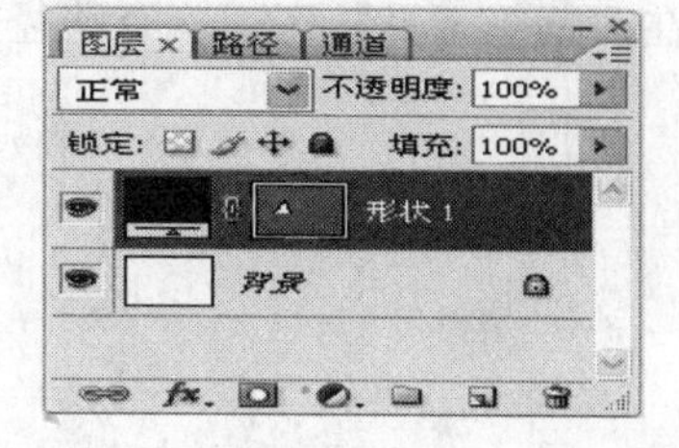

图 7-24　“图层”调板中的形状图层

形状图层可以理解为在一个被前景色填充的图层中加了一个矢量蒙版，可以用编辑路径的方法对其进行编辑，还可以对其进行样式的处理。

2）路径：可以在画布中绘制路径，如图 7-23b 所示，同时“路径”调板中自动产生新的工作路径，如图 7-26 所示。

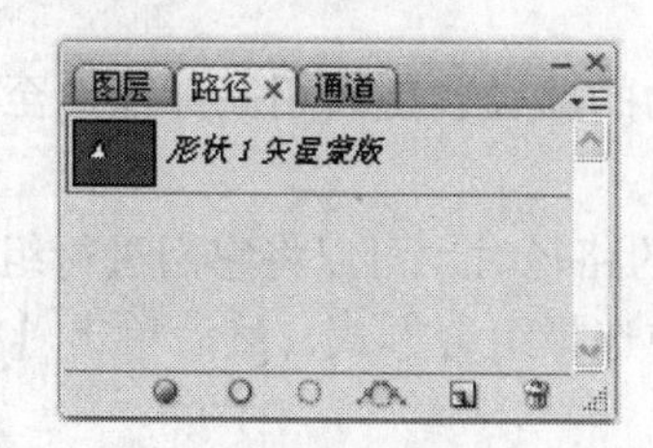

图 7-25　“路径”调板中的路径层

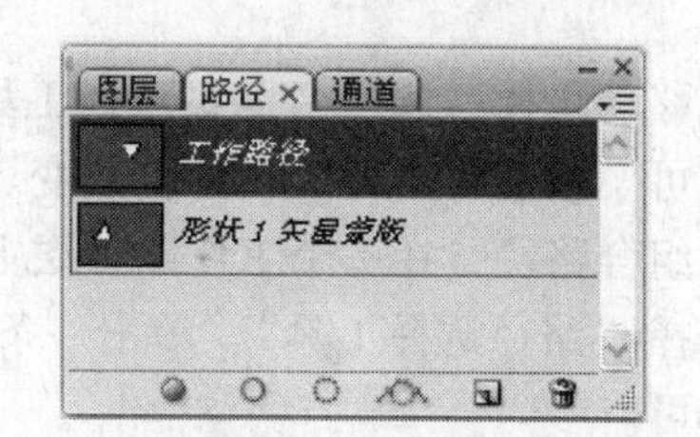

图 7-26　“路径”调板中的路径层

（2）自由钢笔工具　可以在画布上绘制出任意形态的线段或曲线路径，如图 7-27 所示。其使用方法和以前介绍过的“套索工具”基本类似，只不过一个绘制的是路径，另一个绘制的是选区。

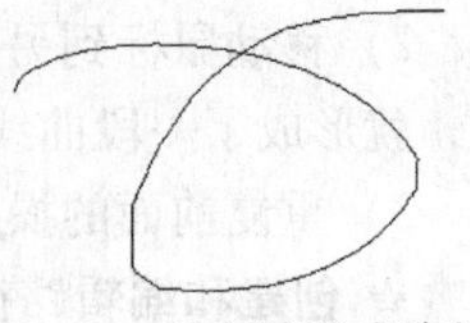

图 7-27 绘制线段或路径

(3) 添加锚点工具 在原有的路径上，添加锚点，让路径的线条更平滑或者增加线条的拐点。图 7-28a 所示 是添加锚点之前的路径，7-28b 所示是添加锚点之后的路径。

(4) 删除锚点工具 将原来路径上的多余锚点删除。图 7-29a 所示为删除锚点之前的路径，图 7-29b 所示是删除锚点之后的路径。

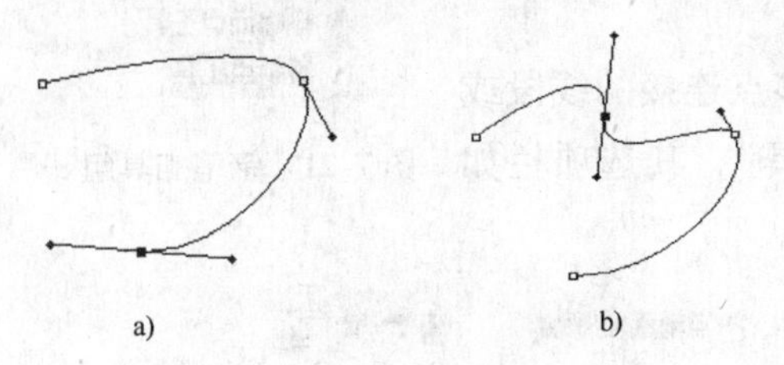

图 7-28 在原有的路径上添加锚点

a) 添加锚点前 b) 添加锚点后

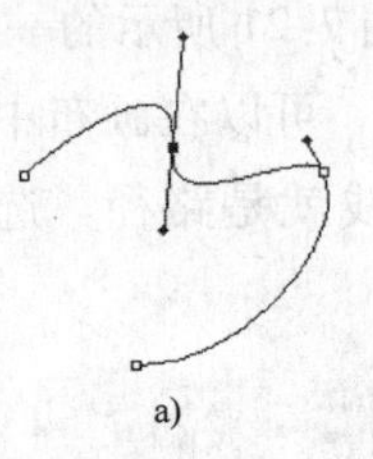

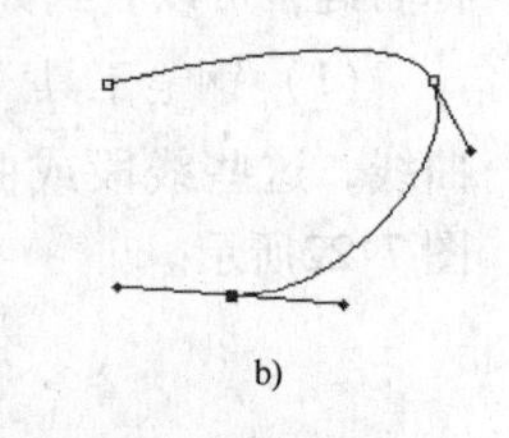

图 7-29 在原有的路径上删除锚点

a) 删除锚点前 b) 删除锚点后

(5) 转换点工具 修改曲线的弧度或者改变曲线原来的方向，如图 7-30 所示。

2. 路径选择工具和直接选择工具

在“钢笔工具”旁边，有路径选择工具组，如图 7-31 所示。

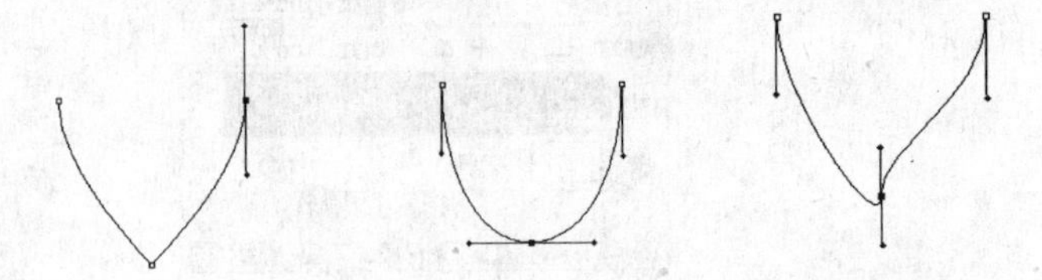

图 7-30 修改曲线的弧度或者改变曲线原来的方向

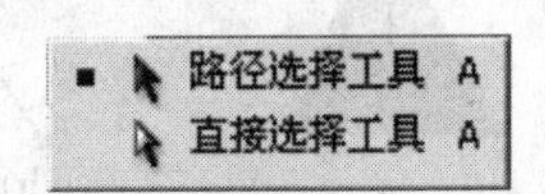

图 7-31 路径选择工具组

(1) 路径选择工具 用来选择一个或几个路径并对其进行移动、组合、排列和分布。“路径选择工具”选项栏如图 7-32 所示。

图 7-32 “路径选择工具”选项栏

移动路径：选择“路径选择工具”，单击所需移动的路径，然后用鼠标拖曳至适当的位置即可。移动时路径形状不会改变。

组合路径：在一个工作路径层上如果有两个以上的路径时，可以将它们进行组合。方法是选择“路径选择工具”，单击一条路径，在选项栏中选择组合方式，然后单击【组合】按钮即可。

排列路径：在一个工作路径层上如果有两个以上的路径时，可以将它们进行排列。方法是选择“路径选择工具”，选中所需的路径，在选项栏中选择排列的方式即可。

路径分布：在一个工作路径层上如果有三个以上的路径时，可以将它们进行分布。方法是选择“路径选择工具”，选中所需的路径，在选项栏中选择分布的方式即可。

（2）直接选择工具 用来移动路径中的节点和线段，也可以调整方向线和方向点，在调整时对其他的点或线无影响，而且在调整节点时不会改变节点的性质。

☆ **复制路径与删除路径**

1. 复制路径

按住需复制的路径向下拖动到“路径”调板的按钮上，可以复制路径。

或者在“路径”调板上单击鼠标的右键，选择“复制路径”命令，在弹出的“复制路径”对话框中，输入需要修改的路径的名称，如图 7-33 所示。单击【确定】按钮后，在路径调板上将增加刚才复制的路径，如图 7-34 所示。

图 7-33　“复制路径”对话框

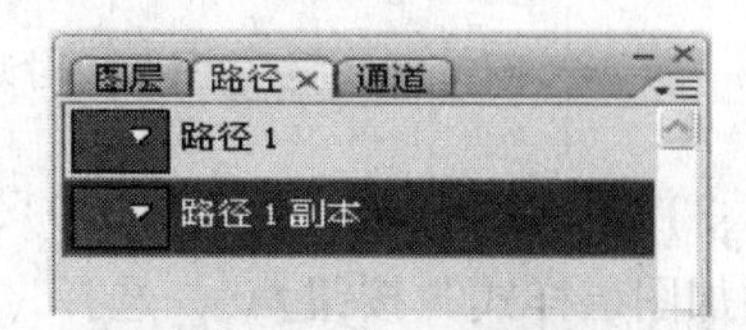

图 7-34　“路径”调板

✍ **提示**：若将“工作路径”拖动到“路径”调板的按钮上，“工作路径”将变为“路径 1”。

或者在工具箱中选择“路径选择工具”，在“路径”调板上选中需要复制的路径，按住【Alt】键的同时，在图像中拖动鼠标，即可将当前的路径复制。需要注意的是，这种方法复制出来的路径与原来的路径在同一个路径层上。

2. 删除路径

在“路径”调板中，将要删除的路径向下拖动至按钮上松开鼠标，可以删除该路径。

或者执行“路径”调板菜单下的“删除路径”命令，即可删除。

或者选择要删除的路径层，单击鼠标右键，执行“删除路径”命令，删除路径。

选择欲删除的路径，单击“路径”调板中的按钮，在弹出的提示框中单击【是】按钮，也可以完成路径的删除，如图 7-35 所示。

图 7-35　删除路径提示框

☆ **创建路径层**

单击“路径”调板下面的按钮，直接创建新的路径层。

在“路径”调板菜单中执行“新建路径”命令，也可以完成路径层的创建。

7.1.4　案例拓展

☆【拓展案例 30】针线字效果

（1）创作思路

对文字的轮廓创建路径，再对该路径应用具有针线形状的笔刷进行描边，就可以在文字的轮廓上产生针线字的效果。

（2）操作步骤

1）创建一个新文档，宽度为 530 像素，高度为 300 像素，重命名为“针线字”，颜色模式选择“RGB 颜色”，背景色可以使用默认的白色。

2）利用图层样式为背景添加布料材质的效果。在使用图层样式之前，需要将背景层转换为普通层。在“图层”调板上双击背景层，在弹出的对话框中使用默认参数，如图 7-36 所示。单击【确定】按钮，在“图层”调板中，背景层变成了“图层 0”，如图 7-37 所示。

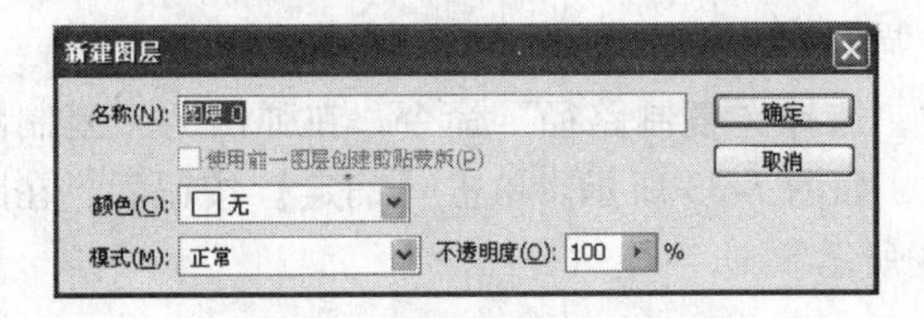

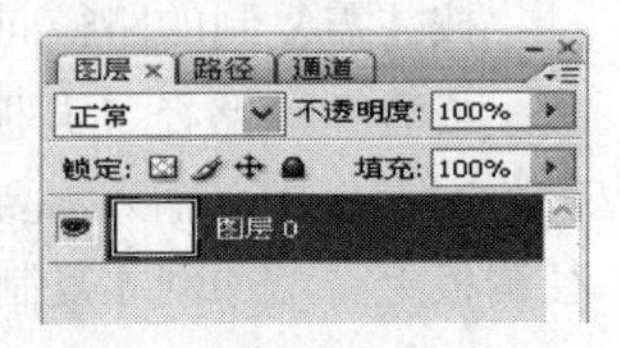

图 7-36 “新建图层”对话框

图 7-37 “图层”调板

3）再次双击背景层（图层 0），选择“图案叠加”选项（或单击“图层”调板下方的“添加图层样式”按钮 fx，选择“图案叠加”选项）。在弹出的“图层样式”对话框中选择“图案”缩略图，打开“图案”拾色器，单击其中的黑色小三角按钮，在展开的菜单中选择“图案 2”，如图 7-38 所示。然后选择的“斜纹布”图案，缩放 100%，单击【确定】按钮。

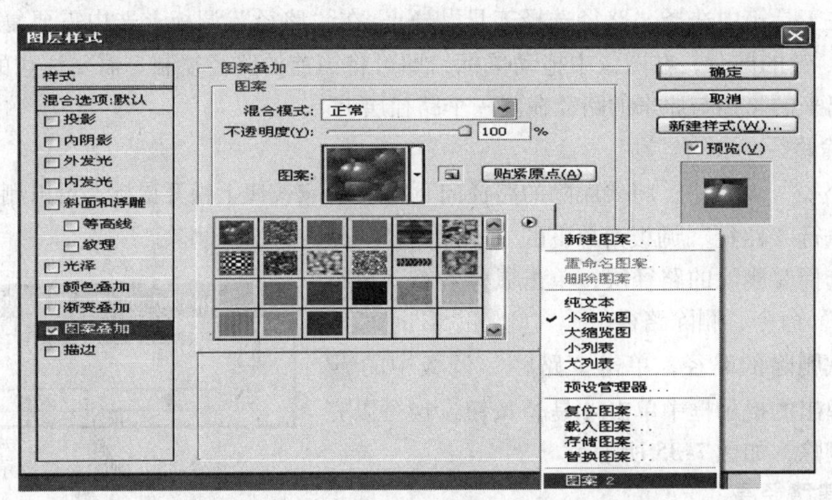

图 7-38 在展开的菜单中选择“图案 2”

4）创建文字图层，输入想要的文字内容。在这里输入“I LOVE YOU”，颜色为黑色，文字尽量选择粗壮一些的字体，如图 7-39 所示。也可以创建或导入进来一些形状。

图 7-39 创建文字图层，输入“I LOVE YOU”

5）将文字转换为选区（按下【Ctrl】键的同时单击文字图层的缩略图）。然后在选择“矩形选框工具”的前提下，在画布上单击鼠标右键，在打开的菜单中执行“建立工作路径”命令，在弹出的对话框中将容差一项改为最小值 0.5 像素，如图 7-40 所示，单击【确定】按钮完成文字轮廓路径的制作。注意到这时在“路径”调板上会多出一个工作路径。

6）在工具箱中选择“画笔工具”，在其选项栏上单击“画笔”旁边的按钮▼，打开“画笔预设”拾取器，再单击其中的黑色小三角按钮，在打开的菜单中执行“载入画笔”命令，如图 7-41 所示。从素材库中的“第 7 章\素材”文件夹中载入画笔素材“针线.abr”。

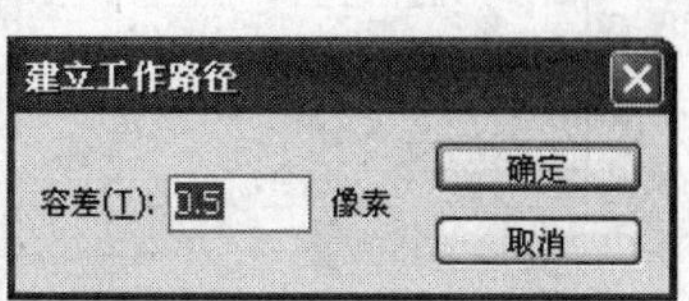

图 7-40 选择“建立工作路径”

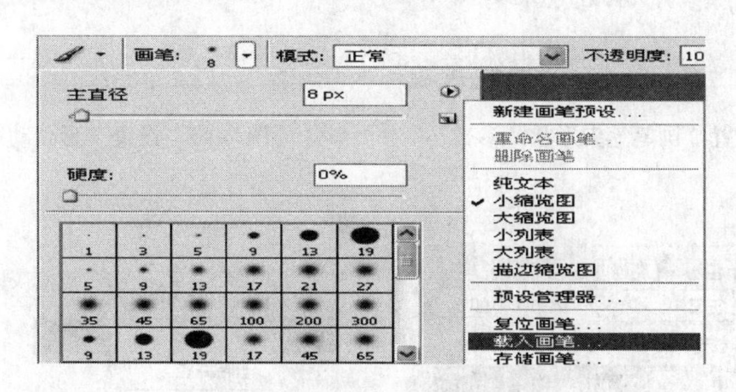

图 7-41 选择“载入画笔”

7）选择所载入的画笔，按【F5】键弹出“画笔”对话框。选择“画笔笔尖形状”，设置直径为 8，间距为 80%，如图 7-42 所示。选择“形状动态”，设置大小抖动控制和圆度抖动控制都为“关”，角度抖动控制为“方向”，如图 7-43 所示。

8）设置前景色为白色。新建“补丁”图层并选中该图层，如图 7-44 所示。单击“路径”调板的路径层，执行“描边路径”命令，如图 7-45 所示。在弹出的“画笔描边”对话框中选择画笔。这时文字的轮廓上布满了针线纹理，再把已完成任务的路径层删除，效果如图 7-46 所示。

9）回到“图层”调板，对补丁图层添加图层样式。双击补丁图层，选择“投影”选项，参考如图 7-47 所示的参数进行设置；选择“斜面与浮雕”选项，参考如图 7-48 所示的参数进行设置。

10）选择背景图层（图层 0），单击【创建新的填充或调整图层】按钮，选择“色相/饱和度”命令，参考如图 7-49 所示的参数进行调整，这时“图层”调板如图 7-50 所示。

11）同理可以构造出其他补丁效果。可以发挥想象力，自己创作一幅完整的作品，也可以参考如图 7-51 所示的效果。

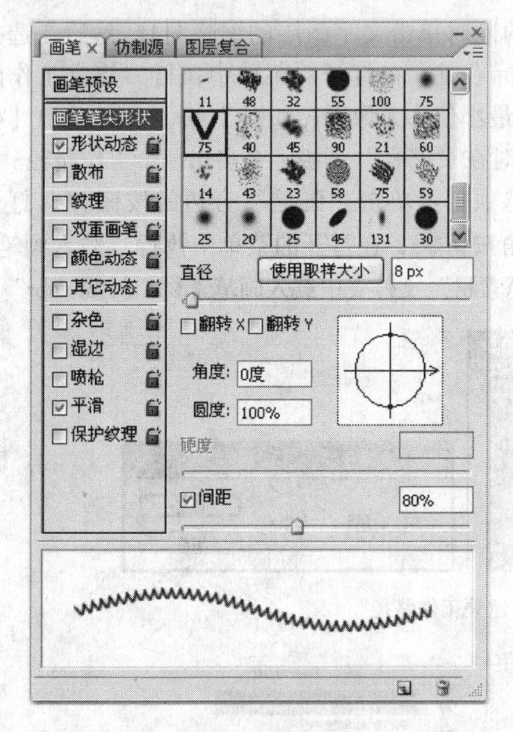

图 7-42　设置“画笔笔尖形状”参数

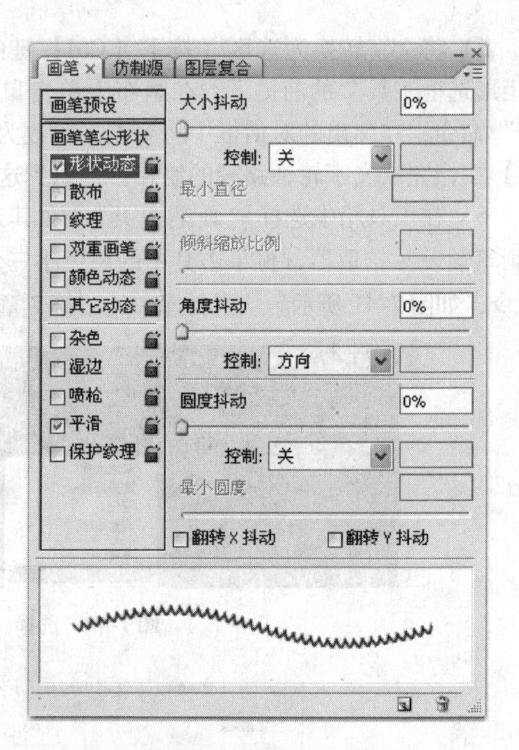

图 7-43　设置“形状动态”参数

图 7-44　新建“补丁”图层

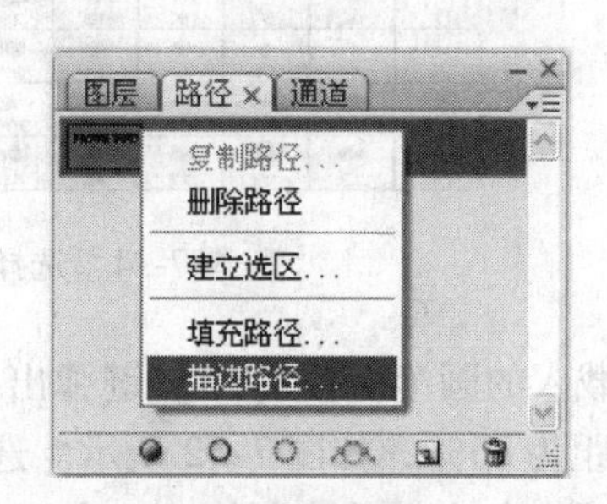

图 7-45　选择“描边路径”

图 7-46　文字的轮廓上布满了针线纹理

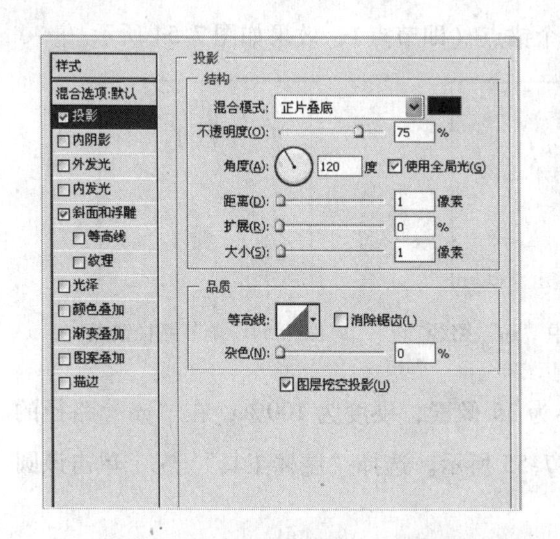

图 7-47　设置“投影”参数

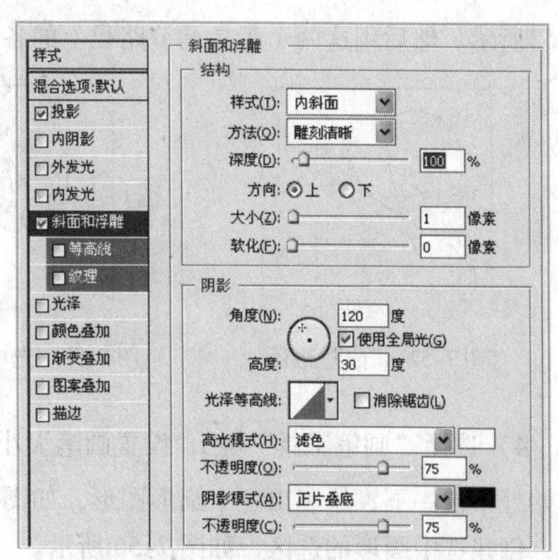

图 7-48　设置“斜面和浮雕”参数

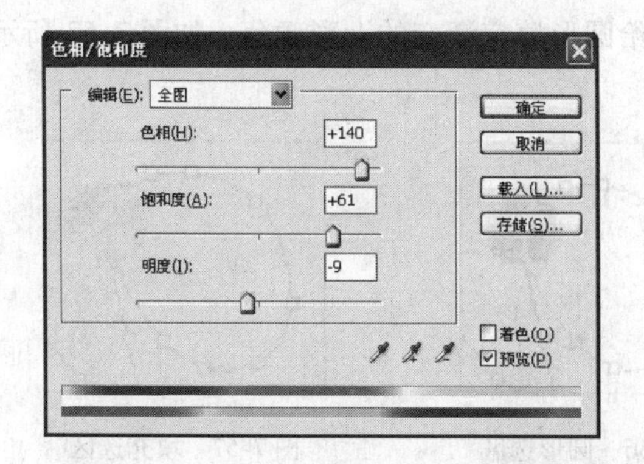

图 7-49　设置“色相和饱和度”参数

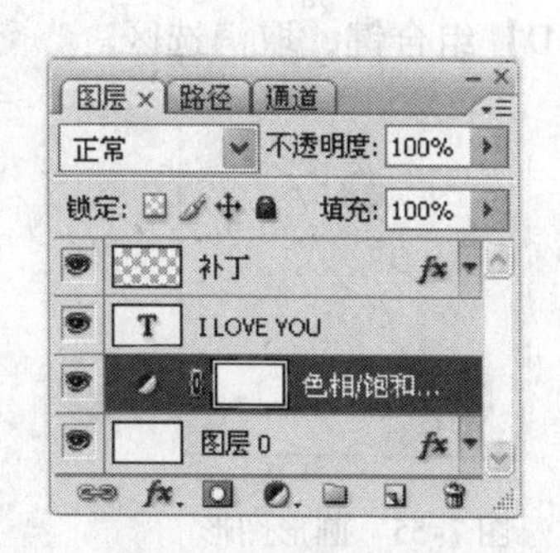

图 7-50　“图层”调板

☆【拓展案例 31】手写立体字

图 7-51　针线文字效果图

（1）创作思路

利用“自由钢笔工具”绘出文字路径，然后利用“渐变工具”绘出路径起点处的圆形，再用“涂抹工具”描边路径即可。

（2）操作步骤

1）创建一个新文档，宽度为 400 像素，高度为 300 像素，命名为“手写立体字”，颜色模式选择“RGB 颜色”，背景色使用默认的白色。

2）使用工具箱中的“自由钢笔工具” ，在画布中拖曳鼠标，书写“go”的路径，如图 7-52 所示。

3）选择“直接选择工具” 和“添加锚点工具” ，单击选中“go”路径，如图

7-53所示。然后用这两个工具调节路径上的各个锚点（即节点），效果如图 7-54 所示。

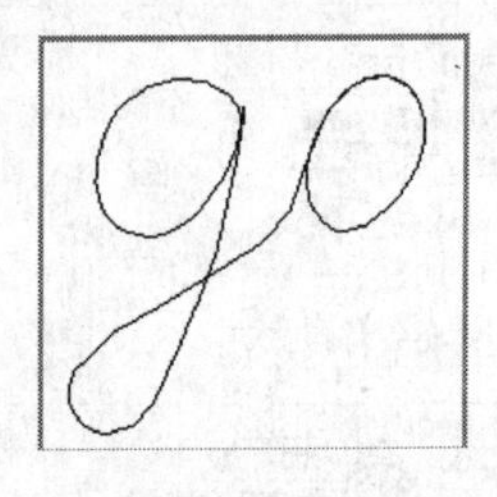

图 7-52 “go”路径

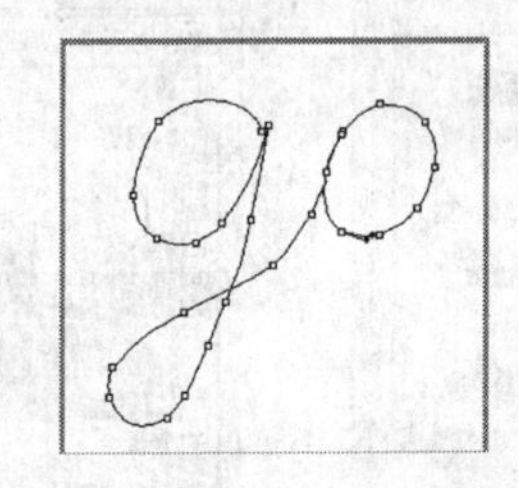

图 7-53 选中“go”路径

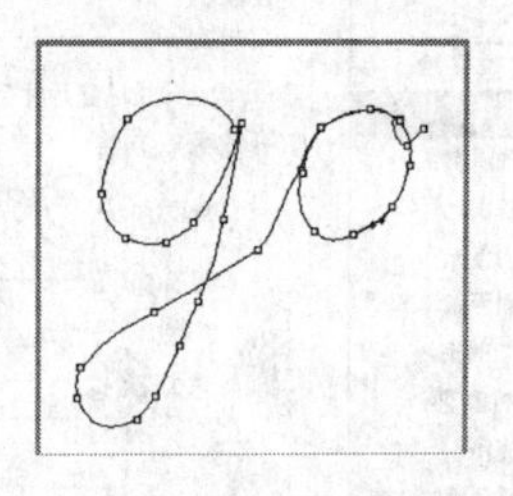

图 7-54 调节路径锚点

4）选择“画笔工具”，设置画笔大小为 35 像素，硬度为 100%，在“go”路径的起始处单击一下，绘制出一个圆形图形，如图 7-55 所示。选择“魔棒工具”，单击该圆形，创建选中圆形的选区，如图 7-56 所示。

5）选择“渐变工具”，在其选项栏中选择“色谱”填充色，并选择“角度渐变”填充方式。由圆形中心向边缘拖曳鼠标，给圆形填充渐变的七彩颜色，如图 7-57 所示。按【Ctrl + D】组合键，取消选区。

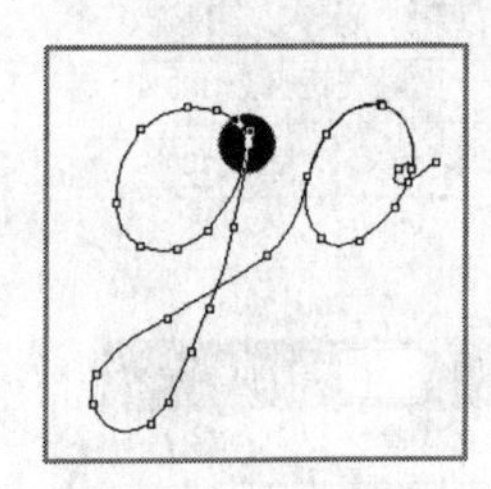

图 7-55 圆形图形

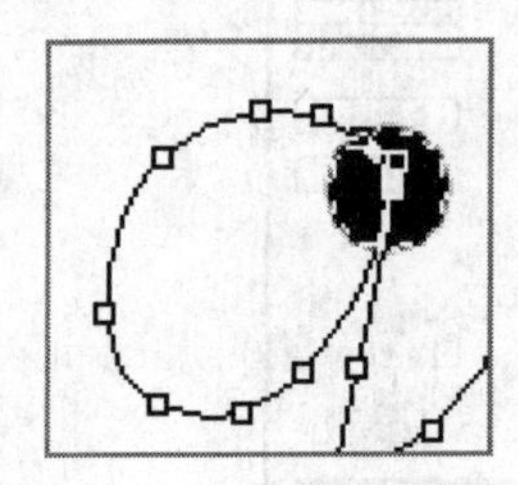

图 7-56 圆形选区

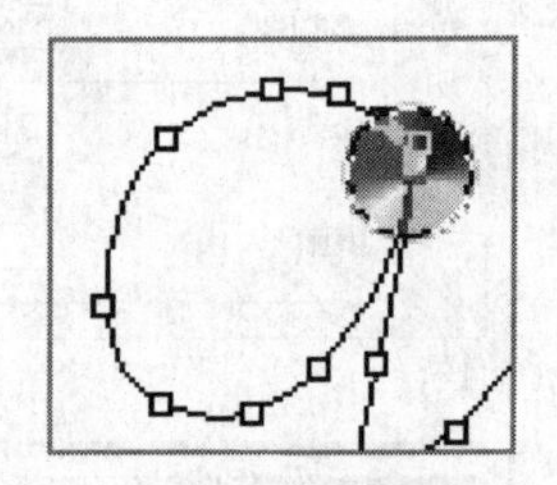

图 7-57 填充选区

6）选择“涂抹工具”，在其选项栏内选中刚刚使用过的画笔，设置“强度”为 100%。然后打开“路径”调板，在选中路径的情况下，单击“路径”调板右上角的三角按钮，在弹出的快捷菜单中执行“描边路径”命令，调出“描边路径”对话框，选择“涂抹”选项，如图 7-58 所示。单击【确定】按钮，即可给路径涂抹七彩渐变色的描边，如图 7-59 所示。注意：“go”路径的起始点必须调整到与圆形的圆心对齐。

7）在“路径”调板中删除路径（或不选中路径），完成手写立体字“go”的制作，如图 7-60 所示。

图 7-58 “描边路径”对话框

图 7-59 给路径涂抹描边

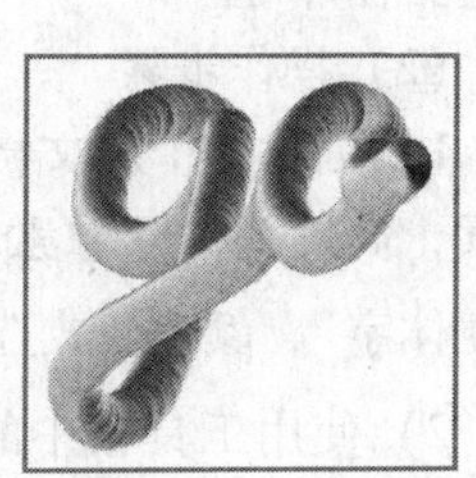

图 7-60 手写立体文字

☆【拓展案例 32】反光立体字

本例要制作反光立体字，效果如图 7-61 所示。

（1）创作思路

输入文字并给文字描边后，通过复制图层的方法，可以得到立体字的效果。再通过给文字边缘部分添加路径，并用“模拟压力”给路径描边，就能得到反光效果。

图 7-61　“反光立体字”效果图

（2）操作步骤

1）创建一个新文档，宽度为 300 像素，高度为 200 像素，命名为“反光立体字”，颜色模式选择“RGB 颜色”，背景色使用白色。

2）选择“横排文字工具”，设置字体为黑体，文本颜色为淡黄色（R = 222，G = 186，B = 91），字体大小为 100 像素，输入文字“7 折”。确认输入后，单独选中“7”字，将字体大小修改为 200 像素，效果如图 7-62 所示。

3）在“图层”调板中，选中“7 折”文本图层，然后执行“图层”→“栅格化”→“文字”命令，将文字图层转换为普通图层。

4）执行“编辑”→“描边”菜单命令，在弹出的对话框中，设置宽度为 1 像素，颜色为褐色（R = 112，G = 32，B = 9），位置为内部，单击【确定】按钮，效果如图 7-63 所示。

图 7-62　输入文字“7 折”

图 7-63　添加“描边”效果

5）选择“移动工具”，按住【Alt】键，先按 2 次【↑】键，再连续按【←】键 7 次，效果如图 7-64 所示。

6）不改变当前图层位置（即选中“7 折 副本 10”图层），再次执行“编辑”→“描边”菜单命令，在弹出的“描边”对话框中，修改颜色为淡黄色（R = 222，G = 186，B = 91），其余不变，单击【确定】按钮，效果如图 7-65 所示。

图 7-64　移动文字图层

图 7-65　添加“描边”效果

7）将除背景层外的所有图层合并，合并后的图层命名为“立体字”。

8）选择“魔棒工具”，设置容差为 45，不勾选“连续”，单击选中作为文字阴影的深色部分。选择“渐变工具”，设置渐变色为从褐色（R = 112，G = 32，B = 9）到黄色（R = 244，G = 189，B = 44）变化，如图 7-66 所示。然后从下向上填充渐变色，如图 7-67所示。

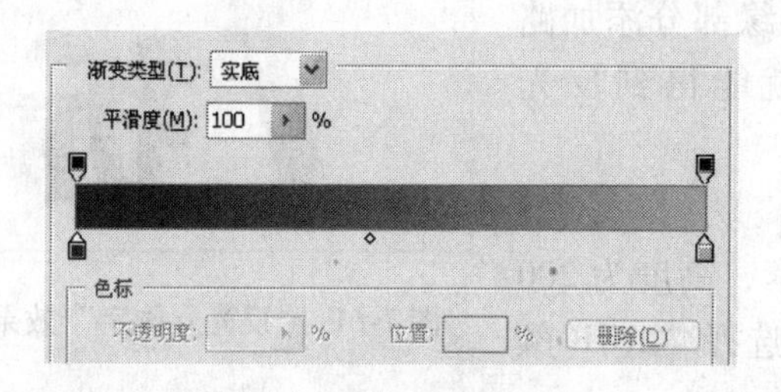

图 7-66 设置渐变色

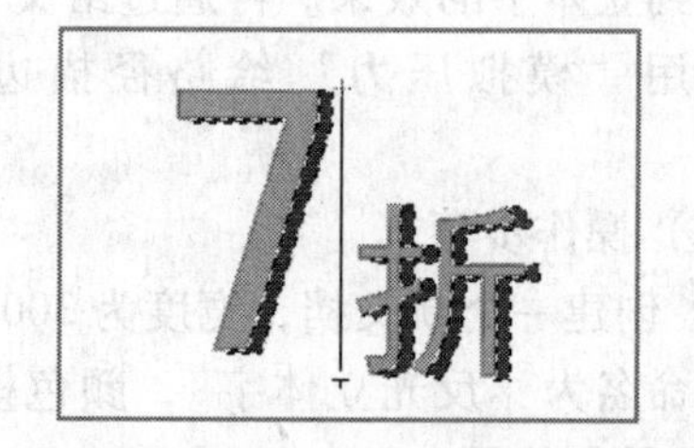

图 7-67 从下向上填充渐变色

9）选择“魔棒工具”，修改容差为 5，单击选中作为文字主体的淡黄色部分。选择“渐变工具”，设置渐变色为从暗红色（R = 132，G = 44，B = 20）到黄色（R = 255，G = 244，B = 148），再到暗红色（R = 201，G = 162，B = 55）变化，如图 7-68 所示。然后从下向上填充渐变色，如图 7-69 所示。

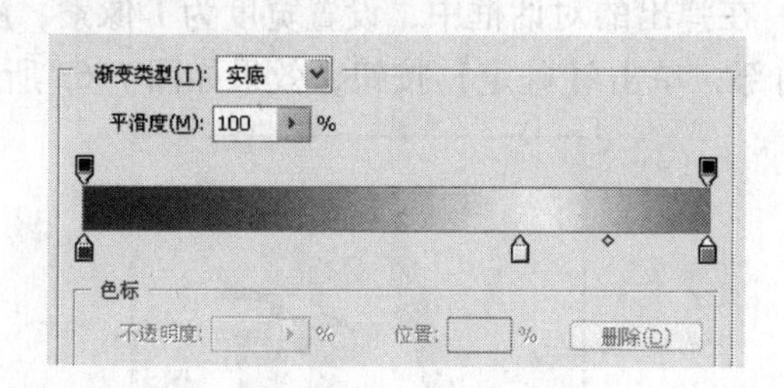

图 7-68 设置渐变色

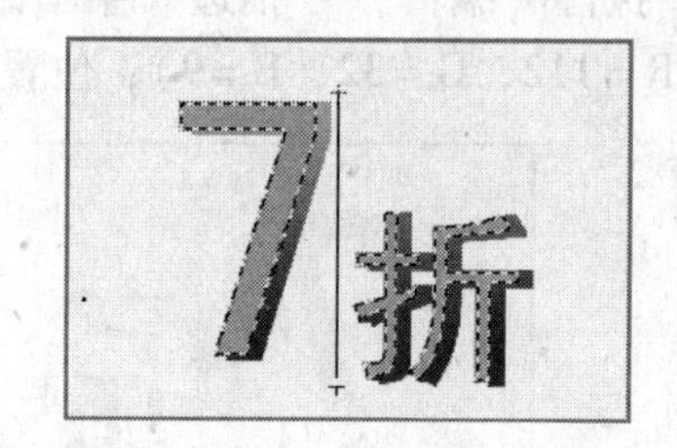

图 7-69 从下向上填充渐变色

10）选择“钢笔工具”，在其选项栏上设置“路径”模式，在文字“7”的边缘画出若干段开放的路径，如图 7-70 所示。

✍ **提示：** 要画出开放的路径，可以在画完路径的最后一个锚点后，按住【Ctrl】键，在画布空白处单击即可。

11）选择画笔工具，设置画笔大小为 3 像素，硬度为 100%；设置前景色为白色；新建一个图层，命名为“反光”，并选中该图层。

12）打开“路径”调板，选中工作路径，单击“路径”调板右上角的三角按钮，执行“描边路径”命令，调出“描边路径”对话框，选择“画笔”，勾选“模拟压力”，如图 7-71 所示。单击【确定】按钮，删除路径（或不选中路径）后，效果如图 7-72 所示。

13）新建图层“反光 2”，添加“爆炸 1”形状，转化为选区后，填充白色，即能得到如图 7-61 所示的效果。

图 7-70　画出路径

图 7-71　“描边路径”对话框

图 7-72　添加路径描边效果

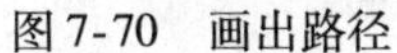

7.2【案例 28】剪纸

本案例利用 Photoshop 制作出一幅类似剪纸的图案，如图 7-73 所示。

图 7-73　剪纸效果图

7.2.1　创作思路

把将要进行重复性的操作步骤记录成为“动作”，利用动作来处理重复性的操作，方便省时。

7.2.2　操作步骤

1）新建一个空白文档，重命名为“剪纸”，设置宽度和高度均为 15 厘米，分辨率为 300 像素/英寸，颜色模式为“RGB 颜色”，背景内容为白色。

2）在“图层”调板上新建空白图层“图层 1”。选择“椭圆选框工具”，在其选项栏上设置羽化值为 0，在画布上部创建一个椭圆形选区。

3）执行菜单中“编辑”→“描边”命令，在弹出的对话框中设置宽度为 10 个像素，颜色为红色，位置居中，如图 7-74 所示。按【Ctrl + D】组合键取消选区，效果如图 7-75 所示。

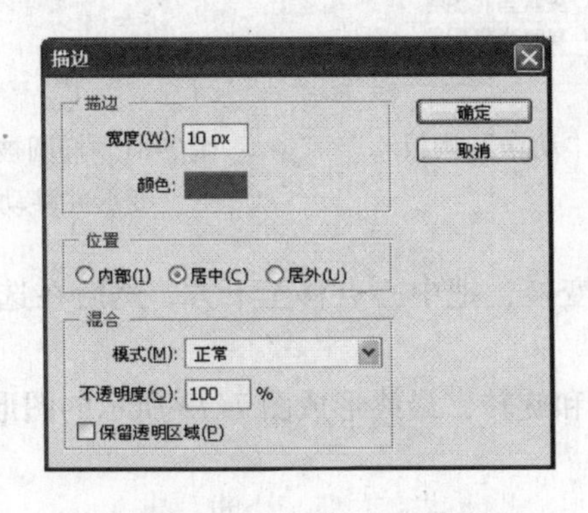

图 7-74　“描边”对话框

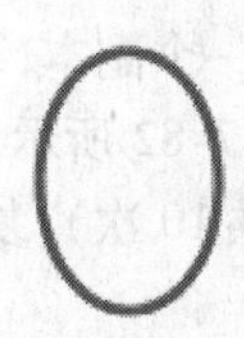

图 7-75　“描边”后的效果

4）打开“动作”调板，单击下面的【创建新组】按钮，创建新组“组 1”；然后单击【创建新动作】按钮，弹出“新建动作”对话框，如图 7-76 所示。采用默认设置，单击【记录】按钮，此时“动作”调板下的【开始记录】按钮变为红色，如图 7-77 所示。

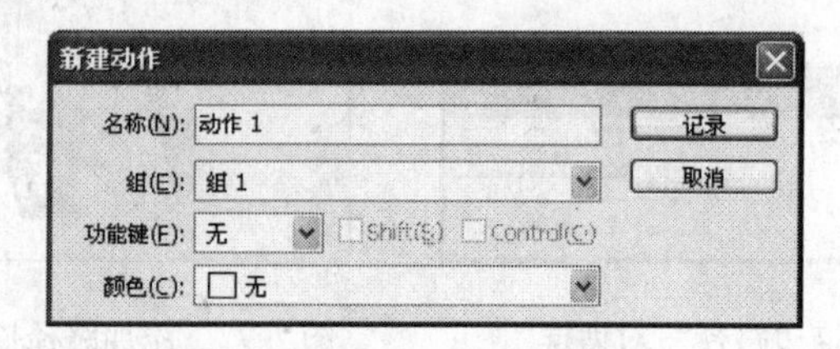

图 7-76　“新建动作”对话框

图 7-77　“动作”调板

5）在“图层”调板上将“图层 1”拖曳到“创建新图层”按钮上，得到“图层 1 副本”图层。按【Ctrl + T】组合键对该副本图层进行自由变换，在选项栏中，设置水平缩放和垂直缩放比例均为 90%，如图 7-78 所示。按【Enter】键确认变换。

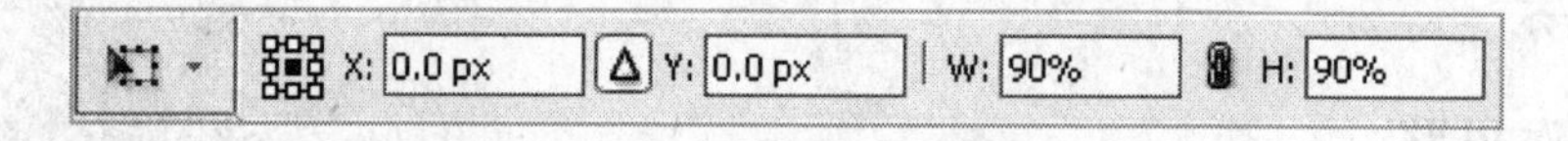

图 7-78　“自由变换”时的选项栏

6）选择“移动工具”，将副本图层略向下移动（如果效果不理想，可以按键盘上的方向键），效果如图 7-79 所示。单击【停止播放/记录】按钮，结束动作的记录。此时在“动作”调板上可以看到刚才记录的三个动作，如图 7-80 所示。

7）在“动作”调板中选中刚才录制的“动作 1”，然后连续单击（大约 15 次）动作调板上的【播放选定的动作】按钮，椭圆被复制变形并移动，效果如图 7-81 所示。

8）在“图层”调板上将所有的椭圆合并至一个图层上，并重命名为“图层 1”。

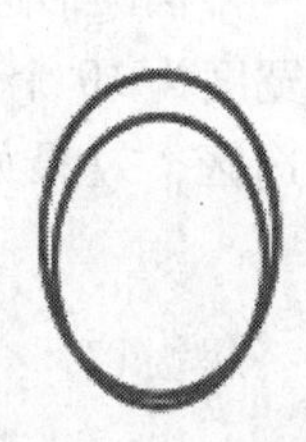

图 7-79　将副本图层略向下移动

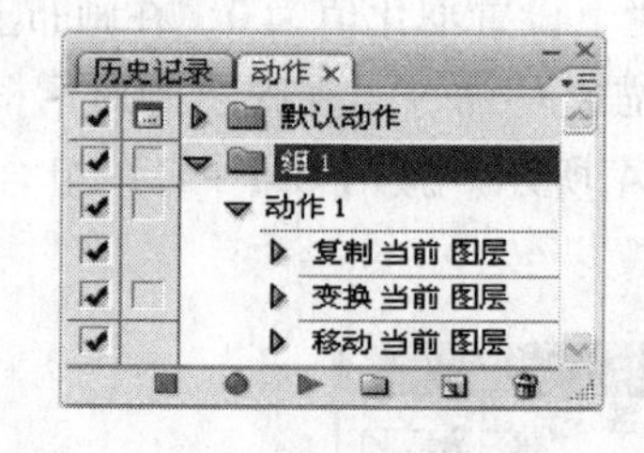

图 7-80　“动作”调板

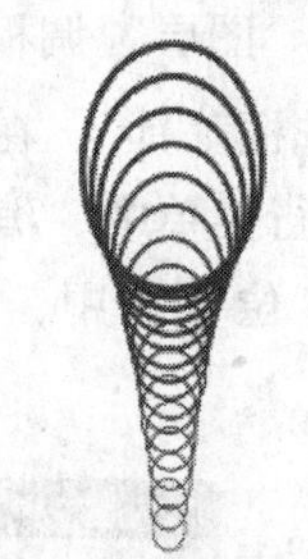

图 7-81　椭圆被复制变形并移动

9）将图层 1 复制一个副本，进行自由变换，把中心点移至下方，然后在选项栏上设置旋转为 30°，效果如图 7-82 所示。

10）继续进行（共 10 次）复制、变换和旋转，最终形成图 7-73 所示的图形效果。

7.2.3　相关知识

动作是指用“动作”调板将一系列的命令组合为单个命令，从而使执行的命令自动

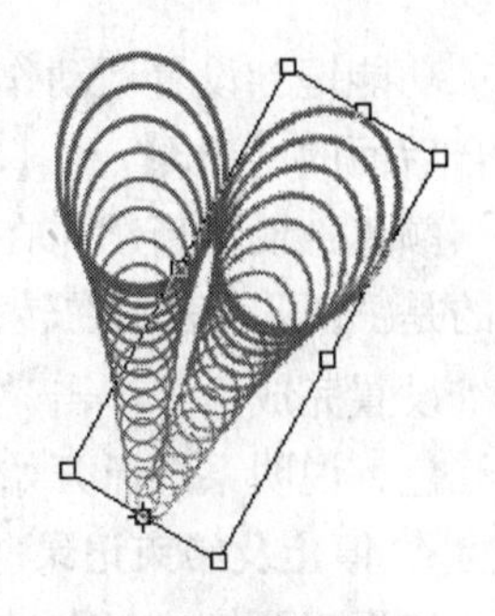
图 7-82　将图层复制、变换和旋转

化。运用动作可以同时处理批量的图片，制作复杂的图案纹理或者是图像特效，可以在一个文件或一批文件中使用相同的动作，这个动作可以在以后的工作中反复使用。除此之外，运用“动作”调板还可以记录、播放、编辑、删除、存储、载入和替换动作。

创建一个动作，使该动作应用一系列需要的效果命令，在“动作”调板中就可以将该命令组合编辑为序列，以帮助我们更好地组织动作。根据以上的方法，可以创建一系列动作，互联网上也有许多动作插件可供下载直接使用。

☆“动作”调板

“动作”调板用来新建、保存、编辑以及播放动作，执行菜单栏中的命令，或者按【Alt + F9】组合键，即可打开“动作”调板，如图 7-83 所示。调板中各按钮的作用如下。

■停止（记录或播放）按钮。

●记录按钮。

▶播放按钮。

新建组按钮。

新建动作按钮。

删除序列或动作按钮。

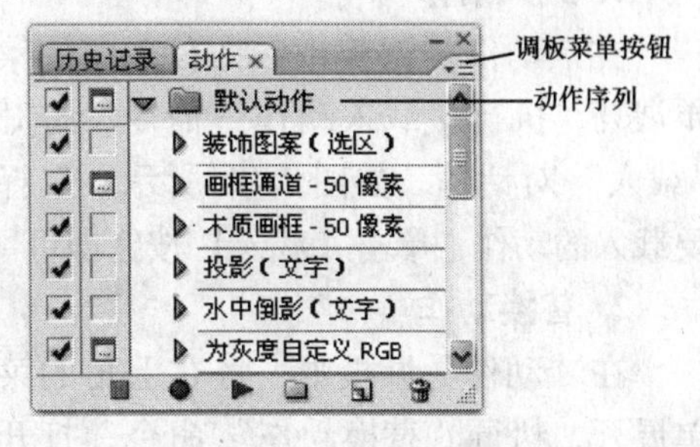

图 7-83　“动作”调板

☆ 创建新组

建立新的动作组，可以更有效地管理动作。建立组的方法很简单：单击“动作”调板中的【创建新组】按钮，打开“新建组”对话框，如图 7-84 所示。修改新建序列的名字，然后单击【确定】按钮，即可新建一个新的动作组。

☆ 创建新动作并进行记录

建立好新组后，就可以建立新的动作。将建立新动作放置在组中，可以更好地进行管理。单击“动作”调板中的【创建新动作】按钮，打开“新建动作”对话框，如图 7-85所示。对话框中各项的作用如下。

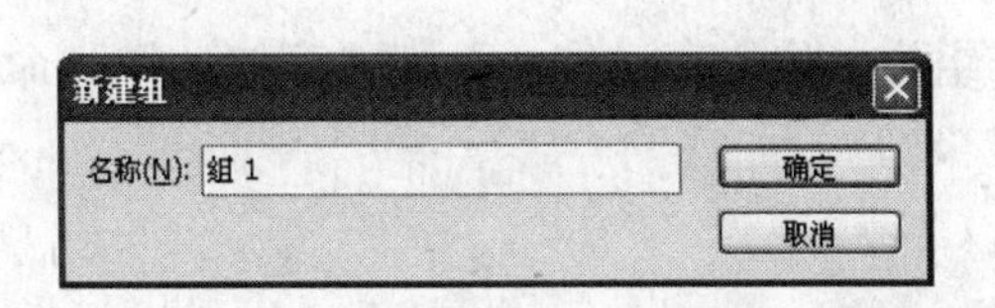

图 7-84　“新建组”对话框

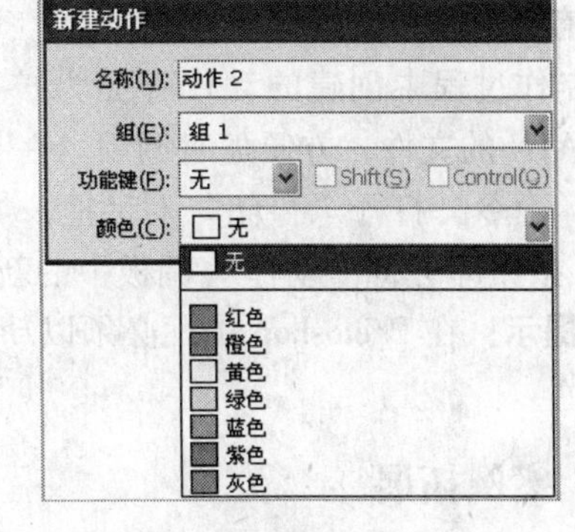

图 7-85　设置新动作的颜色

名称：输入新动作的名称。

组：选择新动作要加入的组，也就是新动作要放在哪一个组中。

功能键：设置新动作的热键。可设置热键的功能键有【F1】~【F12】共 12 个键，如果配合后面的【Ctrl】和【Shift】键，就可以设置出大量的热键。

颜色：设置新动作在按钮模式下的按钮颜色，可供选择的颜色如图 7-85 所示。如果选择的是“无”，表示在转化为按钮模式时，此动作在调板上的缩略图是和调板一样的灰色。

设置完成后，单击“新建动作”对话框中的【记录】按钮，此时【记录】按钮将变成红色，说明系统已开始自动记录所有的操作，并将这些操作记录为动作。

☆ **停止及结束记录**

如果想要停止正在进行的记录，可以按【Esc】键停止记录；或当记录顺利完成后，单击“动作”调板中的【停止】按钮结束记录。

✍ **提示**：停止动作后，可以按【记录】按钮继续添加动作。

☆ **载入、替换、复位和存储动作**

1. 载入动作

在“动作”调板中，将右上角的菜单展开，执行“载入动作”命令，打开“载入”对话框，如图 7-86 所示。选择要载入的动作，单击【载入】按钮即可。

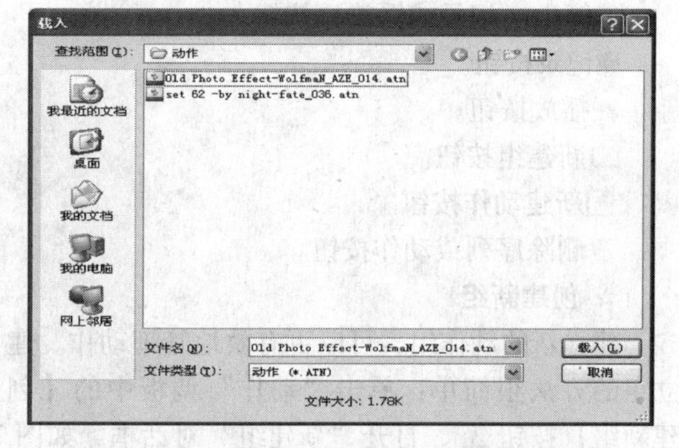

图 7-86 “载入”对话框

2. 替换动作

在“动作”调板中，将右上角的菜单展开，执行“替换动作”命令，打开“载入”对话框，选择要替换的动作，单击【载入】按钮即可将原来“动作”调板中的动作替换成为载入后的动作。

3. 复位动作

在“动作”调板中，将右上角的菜单展开，执行“复位动作”命令，打开如图 7-87 所示的对话框，单击【确定】按钮，可以将原来系统默认的动作复位。

图 7-87 单击【确定】按钮复位系统默认的动作

4. 存储动作

将制作过程中创建的动作存储为扩展名为 ATN 的文件，方便随时调用。在“动作”调板中，将右上角的菜单展开，执行“存储动作”命令，打开“存储”对话框，如图 7-88 所示。修改要存储的动作的文件名，单击【保存】按钮即可将“动作”调板中的新动作存下来。

✍ **提示**：在 Photoshop 中，必须以动作组为单位保存动作，否则“存储动作”命令不可用（灰色）。

7.2.4 案例拓展

☆【拓展案例 33】录制与使用文字动作

本案例要对输入的文字进行“栅格化”、“模糊”和“查找边缘”处理，以及建立图层并添加“渐变”色，修改图层混合模式等。把所有这些操作记录为动作，当需要对文字进行同样处理时，仅仅是使用动作即可。

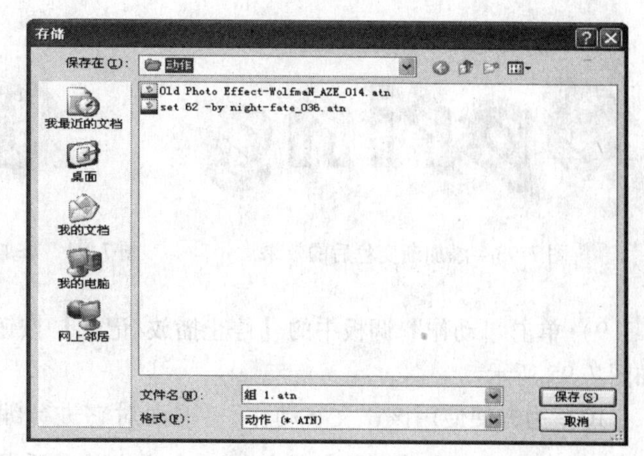

图 7-88　“存储”对话框

1. 录制文字动作

1）新建一个空白文档，设置宽度为 500 像素，高度为 200 像素，背景内容为白色，其余取默认值。

2）选择“横排文字工具”，在画布上写入文字“Spring”。选择浑厚一些的字体，设置颜色为黑色，大小为 120 像素，效果如图 7-89 所示。

3）选择“动作”调板，单击【创建新组】按钮，新建名字为“文字动作组”的动作组。接下来单击【创建新动作】按钮，建立名字为“文字动作”的动作，再单击【记录】按钮开始记录。

4）复制文字图层产生文字图层副本，然后将副本栅格化。

5）执行“滤镜”→“模糊”→“动感模糊”菜单命令，在弹出来的对话框中，设置模糊角度为 40，距离设置为 40 左右，如图 7-90 所示。效果如图 7-91 所示。

Spring

图 7-89　在画布上写入文字

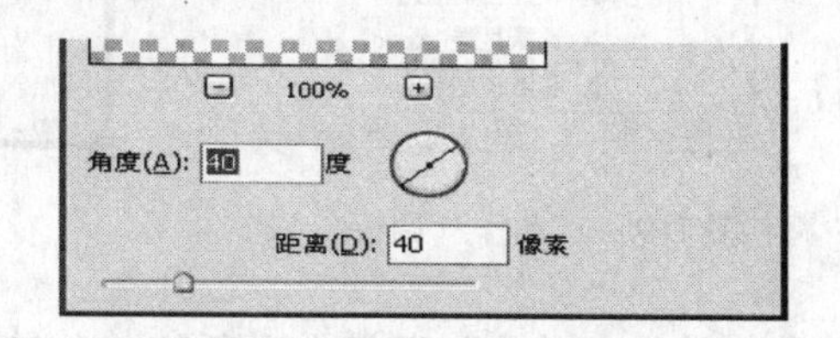

图 7-90　设置动感模糊的参数

6）执行“滤镜”→“风格化”→“查找边缘”菜单命令，效果如图 7-92 所示。

图 7-91　执行“动感模糊”命令效果

图 7-92　执行“查找边缘”命令效果

7）保持选中文字副本图层。新建一个空白图层，选择“渐变工具”，在渐变编辑器里选择一种渐变色，或者自己定义也可以。然后在图像上从左往右拖曳出渐变色，最后将图层混合模式改为“颜色”，效果如图 7-93 所示。

8）选择文字图层，添加大小为 1 的“黑色”描边和取默认值的“斜面和浮雕”图层样式，效果如图 7-94 所示。

图 7-93 添加渐变色后的效果

图 7-94 添加“描边”和“斜面和浮雕”后的效果

9）单击“动作”调板中的【停止播放/记录】按钮，停止录制。此时“动作”调板如图 7-95 所示。

10）为方便使用该“文字动作”，下面对它进行编辑。在“动作”调板上，选择图层“Spring”，然后单击【删除】按钮，在弹出的对话框中，单击【确定】按钮，如图 7-96 所示。

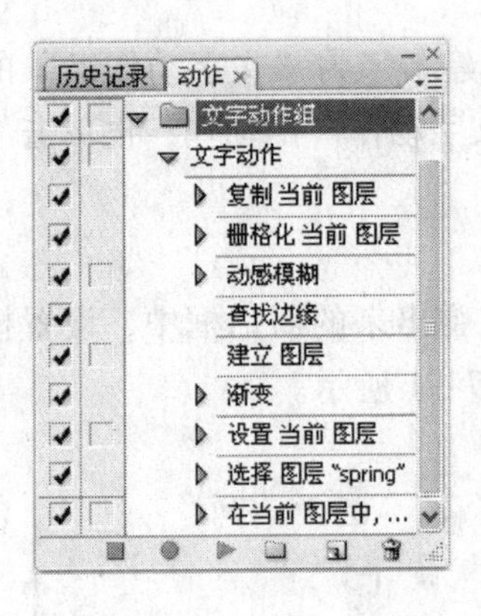

图 7-95 “动作”调板

图 7-96 删除选取的动作

11）单击“动作”调板右上角的三角符号，调出“动作”调板菜单，执行“插入停止”命令，打开“记录停止”对话框，输入提示的信息，如图 7-97 所示，然后单击【确定】按钮。注意将“停止”动作置于刚才删去的动作的位置上，如图 7-98 所示。

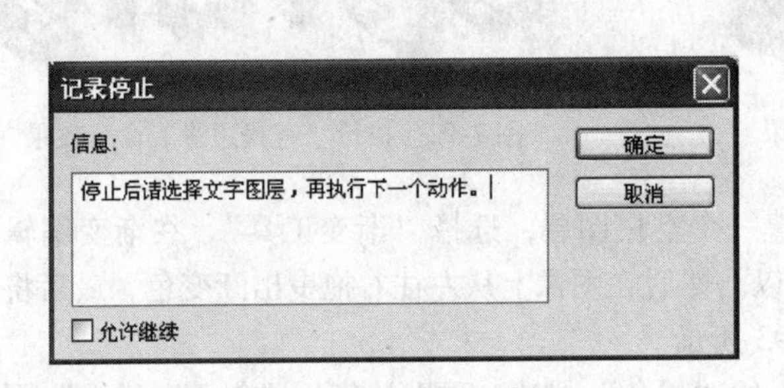

图 7-97 “记录停止”对话框

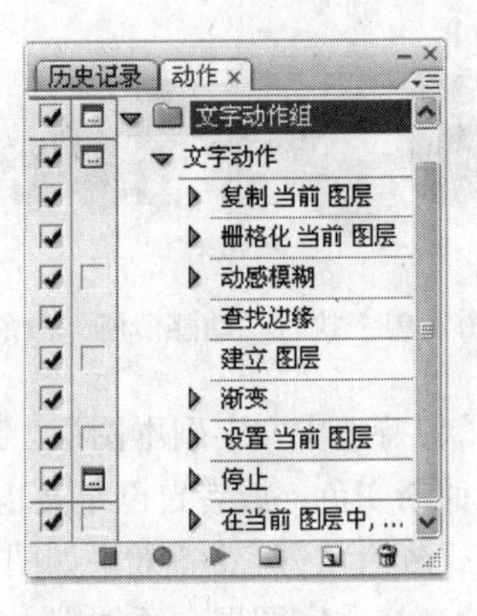

图 7-98 插入“停止”动作

12）保存所记录的动作。选择“文字动作组”（必须以组为单位保存），调出“动作”调板菜单，执行“存储动作”命令，设置好保存位置和文件名后，单击【保存】按钮。

13）最后将图像文件保存为“文字动作.psd”。

2. 使用录制的“文字动作”

1）按照本案例“录制文字动作”步骤1和步骤2的方法，输入文字“People”。选择文字图层。

2）打开“动作”调板，选择“文字动作组”中的“文字动作”，单击【播放选定的动作】按钮▶，执行一系列动作后，弹出一个“信息”提示框。

3）单击【停止】按钮。打开“图层”调板，选择文字图层。

4）切换回到“动作”调板，保持选中动作“在当前图层中，设置图层样式”，然后单击【播放选定的动作】按钮▶，执行该动作。

本章小结

路径是可以转换为选区或者使用颜色填充和描边的轮廓。它是形状的轮廓。通过编辑路径的锚点，可以方便地改变路径的形状。

可以使用“形状工具”或“钢笔工具”绘制路径。若在选项栏上选中“形状图层”时，所画的路径对应“路径”调板上的矢量蒙版（可以将矢量蒙版转换为图层蒙版，只要执行“图层”→“栅格化”→“矢量蒙版”命令即可，但这个过程是不可逆的）；若在选项栏上选中“路径”时，所画的路径对应“路径”调板上的“工作路径”（工作路径是临时的；必须将它存储以免丢失其内容，将工作路径拖曳到路径调板上的【创建新路径】按钮上即可）。

使用路径有以下几种方式：将路径转换为选区、使用颜色填充或描边路径以及使用路径作为矢量蒙版来隐藏图层区域。

动作是指在单个文件或一批文件上播放的一系列任务，如菜单命令、调板选项、工具动作等。通过动作可以实现快捷批处理。动作可以包含停止，这样可以执行无法记录的任务（如使用“绘画工具”等）。动作也可以包含模态控制，这样可以在播放动作时在对话框中输入值。

可以使用系统预定义的动作，或者创建新动作。可以记录、编辑、自定和批处理动作，也可以使用动作组来管理各组动作。

习　题

一、填空题

1. 路径是指由________形成的一段闭合或者开放的曲线段。使用________工具或________工具，可以创建各种形状的路径。

2. 选择________工具，在路径上点击一下，这条路径的所有节点会被全部选择。

3. 执行________→________→________菜单命令，可将文字的轮廓线转换为路径。

二、选择题

1. 以下不属于“路径”调板中的按钮的有（　　）。

A. 用前景色填充路径　　B. 用画笔描边路径

C. 从选区生成工作路径　　　　D. 复制当前路径

2. 以下选项中错误的是（　　）。

A. 形状图层中的对象放大任意倍数后仍不会失真

B. 路径放大一定的倍数后将呈一定程度的失真

C. 路径中路径段的曲率与长度可以被任意修改

D. 理论上，使用“钢笔工具”可以绘制任意形状的路径

3. 按住【Alt】键的同时，使用（　　）将路径选择后，拖拉该路径将会将该路径复制。

A. 钢笔工具　　B. 自由钢笔工具　　C. 直接选择工具　　D. 移动工具

4. 在路径曲线线段上，方向线和方向点的位置决定了曲线段的（　　）。

A. 角度　　B. 形状　　C. 方向　　D. 像素

5. 要将所有的操作步骤存储下来，方便以后调用应创建（　　）。

A. 动作　　B. 历史记录　　C. 图层组　　D. 文件夹

6. 在 Photoshop 中，是利用（　　）曲线来绘制路径的。

A. 插值　　B. 样条　　C. 贝塞尔　　D. 傅里叶

7. 在 Photoshop 中，要取消选择一个路径，可以从“路径”调板中选择（　　）命令。

A. 存储路径　　B. 描边路径　　C. 填充路径　　D. 删除路径

8. 当将浮动的选择范围转化为路径时，所创建的路径的状态是（　　）。

A. 开放的子路径　　B. 工作路径　　C. 剪贴的路径　　D. 填充的路径

9. 以下关于路径的描述错误的是（　　）。

A. “路径”调板中路径的名称可以随时修改

B. 路径可以随时转化为浮动的选区

C. 当对路径进行颜色填充的时候，路径不可以创建镂空的效果

D. 路径可以用“画笔工具”进行描边

三、上机操作题

1. 仿制“拓展案例 31”的方法，制作如图 7-99 所示的“手写立体文字”图像。

2. 使用路径描边功能，做出以下的心形效果，如图 7-100 所示。

图 7-99　手写立体文字

图 7-100　心形效果

【操作参考】利用蒙版制作图形左上方的效果。

3. 将图 7-102 所示女神图像制作成邮票效果，如图 7-101 所示。

【操作参考】设置背景色为白色，将原图画布扩展 10 像素。选出整个图像选区，打开“路径”调板，从选区生成工作路径。选择“画笔工具”，打开“画笔”调板，设置直径为 19 像素，硬度为 100%，间距为 120%。设置前景色为白色，回到“路径”调板，用画笔描边路径即可。

图 7-101　邮票形式的“女神”图像

图 7-102　“女神”图像

4. 输入的文字“Student”，使用“拓展案例 33”中记录的动作对该文字进行处理。

第8章　综 合 应 用

本章学习目标：

1）掌握平面、广告设计的方法和技巧。

2）掌握招贴、电影海报的设计与制作方法。

3）掌握艺术化图像效果、产品包装图的设计制作方法。

8.1 【案例 29】水晶按钮

水晶按钮在网页和广告设计中都是一种非常常见的元素。本案例将要制作水晶按钮，效果如图 8-1 所示。

图 8-1　水晶按钮效果

8.1.1　创作思路

本例中水晶按钮的制作由内部按钮的制作和外壳的制作组成。在内部按钮的制作中，利用“亮度/对比度”命令和“橡皮擦工具”可以调整选区的明暗度；将图片的混合模式设置为“滤色”然后“反转”，加上变形的白色选区，可以制作按钮背景上的映射效果；利用“外发光”的图层样式修饰按键效果。在外壳的制作中，利用“渐变工具”、“加深工具”、“减淡工具”以及“描边”命令等制作立体效果；利用不同“亮度/对比度”的选区来划分区域。

8.1.2　操作步骤

1. 制作内部按钮

1）打开 Photoshop CS3。将背景色设置为灰色（R=175，G=175，B=175）；执行“文件”→“新建”菜单命令，在弹出的对话框中设置宽度为 600 像素，高度为 450 像素，分辨率为 72 像素/英寸，颜色模式为“RGB 模式”，背景内容为背景色，然后单击【确定】按钮。

2）选择“椭圆选框工具”，按住【Alt + Shift】键，在图像的正中间往外拖曳出一个正圆选区。在“颜色”调板中设置前景色为蓝色。新建一个图层，得到“图层 1”。按【Alt + Delete】组合键将选区填充为蓝色。然后按【Ctrl + D】组合键取消选区。

3）选择“套索工具”，在“图层 1”上的蓝色区域右下方画一个选区，然后执行“选择”→“修改”→“羽化”菜单命令，在打开的“羽化选区”对话框中设置羽化半径为 30 像素，效果如图 8-2 所示。

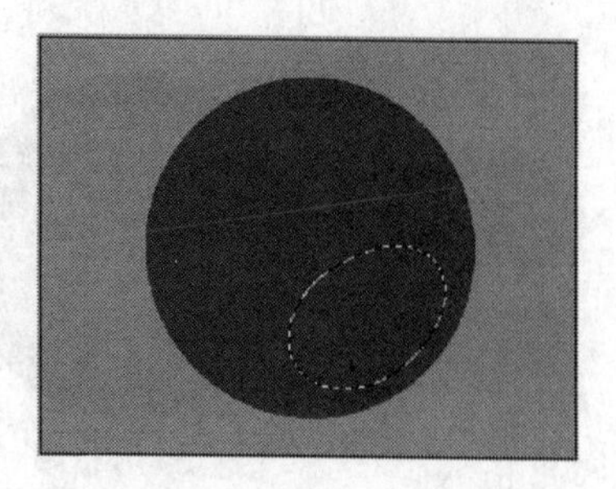

图8-2 画一个选区并进行羽化

4）执行“选择”→“反向”菜单命令，将选区反选。然后执行“图像”→“调整”→“亮度/对比度”菜单命令，在弹出的“亮度/对比度”对话框中，勾选“使用旧版”项，再分别将“亮度”和“对比度”的值调到最小，如图8-3所示。单击【确定】按钮，按【Ctrl + D】组合键取消选区，就完成了按钮背景的制作，如图8-4所示。

5）下面制作映射层。在Photoshop中打开图像文件“第8章\素材\风景.jpg”，用“移动工具”将其拖曳到按钮背景所在的“图层1”之上，系统自动生成“图层2”。按住【Shift + Alt】键，用鼠标拖曳图像边角处的变换点，将图像压缩，然后松开【Shift + Alt】键，再用鼠标将图像拖曳到合适的位置，双击鼠标进行确定，效果如图8-5所示。

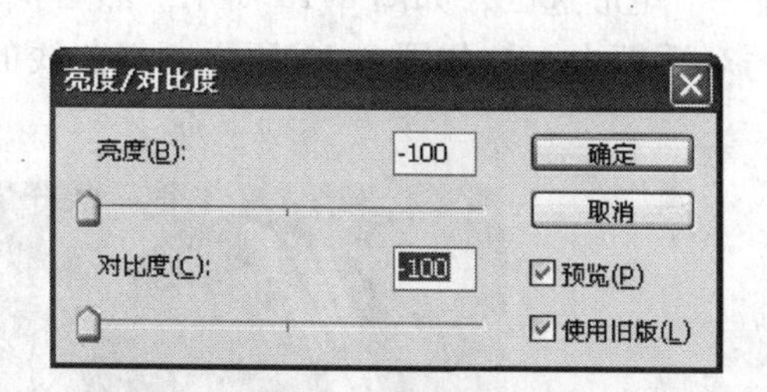

图8-3 “亮度/对比度”对话框

图8-4 按钮背景的效果

6）按住【Ctrl】键，单击“图层”调板上“图层1”左方的图标，得到“图层1”的一个选区。将选区反选，按【Delete】键将“图层2”上多余的部分删除。按【Ctrl + D】组合键取消选区。将“图层2”的混合模式改为“滤色”，然后执行“图像”→“调整”→“反相”菜单命令，就得到映射层，如图8-6所示。

图8-5 将“景点”图像拖曳到合适的位置图

图8-6 “滤色”和“反相”后的效果

7）选择“橡皮擦工具”，在其选项栏上设置画笔为“柔角65像素”，不透明度调整为60%左右，按下鼠标左键在圆的边缘处涂抹，使边缘大致变为黑色。再把画笔的不透明度调整为20%左右，用鼠标在圆的内部稍加涂抹，降低内部的亮度，效果如图8-7所示。

8）下面制作窗户及灯光的在按钮上的映射效果。在“图层2”上新建图层，得到“图层3”。用“矩形选框工具”画一个矩形，在此时的选项栏上选择“从选区中减去”项，再用鼠标将画出的矩形选框分成几个窗格，如图8-8所示。

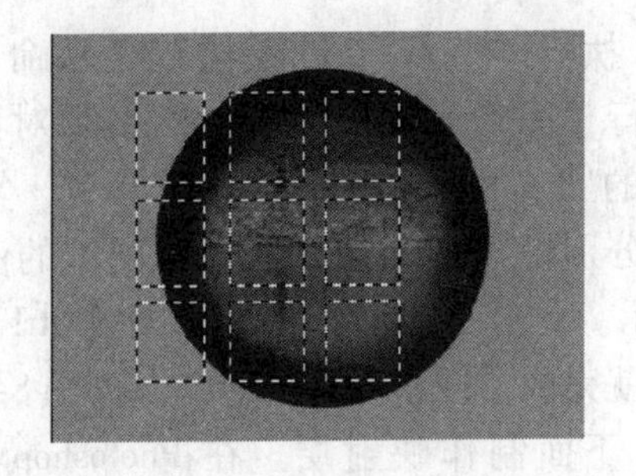

图 8-7 利用“橡皮擦工具”涂抹后的效果　　图 8-8 画一个矩形选区并分成几个窗格

9）将选区填充为白色，按【Ctrl + D】组合键取消选区。按【Ctrl + T】组合键对白色区域进行自由变换。按住【Ctrl】键拖曳选区的四个角至如图 8-9 所示的位置，双击鼠标进行确定。

10）在该图层上用“矩形选框工具”画一个矩形选区，如图 8-10 所示。然后执行“滤镜”→“扭曲”→“切变”菜单命令，在弹出的对话框中，按如图 8-11 所示调整曲线的弧度，单击【确定】按钮。

图 8-9 对白色窗格进行“自由变换”的效果

图 8-10 画一个矩形选区

11）按【Ctrl + D】组合键取消选区后，再次按【Ctrl + T】组合键对白色区域进行自由变换，并按住【Ctrl】键拖曳选区的四个角至如图 8-12 所示的位置，双击鼠标进行确定。

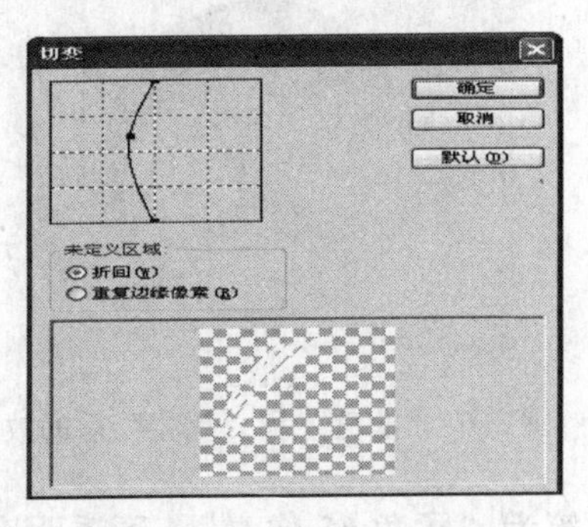

图 8-11 “切变”对话框

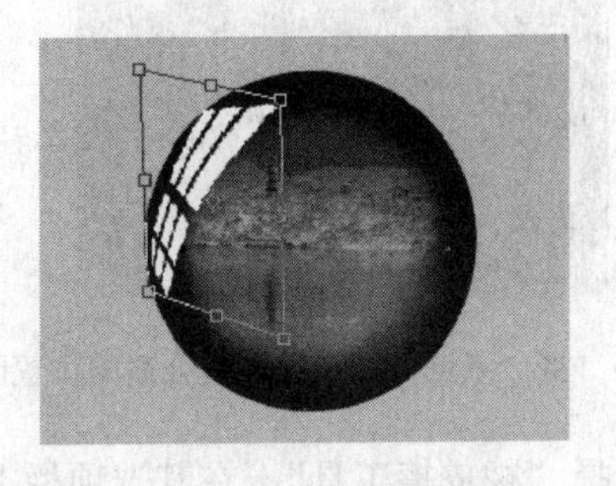

图 8-12 按住【Ctrl】键拖曳选区的四个角

✍ **提示：**如果位置调整得不够好，可以在选中“移动工具”的情况下，按键盘上的方向键，对位置进行微调。

12）选择“橡皮擦工具”，不透明度调整为 30% 左右，仍然选择画笔为“柔角 65 像素”。按下鼠标左键涂抹白色区域，直至如图 8-13 所示的效果为止。

13）下面制作“高光”。在“图层3”上新建图层，得到“图层4”。设置前景色为白色。选择“画笔工具”，设置画笔为“柔角21像素”，在白色区域中画一个白色小圆，如图8-14所示。

图8-13 按下鼠标左键涂抹白色区域

图8-14 画一个白色小圆

14）执行“滤镜”→“液化”菜单命令，在打开的“液化”对话框中，选择“向前变形工具”，并设置液化的画笔大小为100左右。按下鼠标左键将白色小圆向左上方推动几次，单击【确定】按钮。然后用“移动工具”调整白色斑块的位置，再用“自由变形工具”对其进行旋转变形，结果如图8-15所示。至此高光制作完成，映射层也就制作完成。

15）下面开始制作按键。在“图层1”上新建图层，得到“图层5”。选择“矩形选框工具”，在圆内部拉出一个矩形选区，在选项栏上选择“从选区中减去”项，再用鼠标将选区分成两部分。设置前景色为黑色，按【Alt + Delete】组合键将选区填充为黑色，效果如图8-16所示。

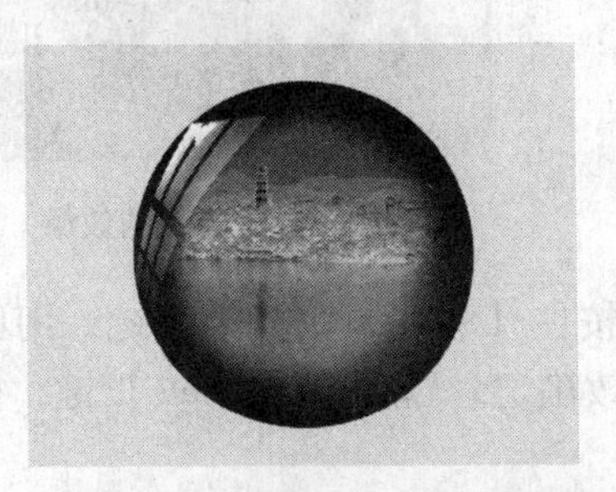

图8-15 “高光”效果

图8-16 按键选区

16）用“移动工具”调整好选区的位置后，按【Ctrl + D】组合键取消选区。在选中“图层5”的基础上，单击【添加图层样式】按钮，选择“外发光”，在弹出的对话框中，设置不透明度为50%，杂色20%，颜色偏红（R = 250，G = 200，B = 150），扩展5%，大小10像素，如图8-17所示。

17）在“图层”调板中，将除背景层外的所有图层选中，然后将其拉到下方的【创建新组】按钮上，并修改其名称为“按钮”。

2. 制作外壳

1）先把“按钮”组隐藏（单击前面的“眼睛”图标，使其不可见）。新建一个图层，得到“图层6”，用前面提及的方法在画面正中创建一个正圆选区。选择“渐变工具”，在渐变编辑器中设置渐变条如图8-18所示，单击【确定】按钮。选择“径向渐变”，在

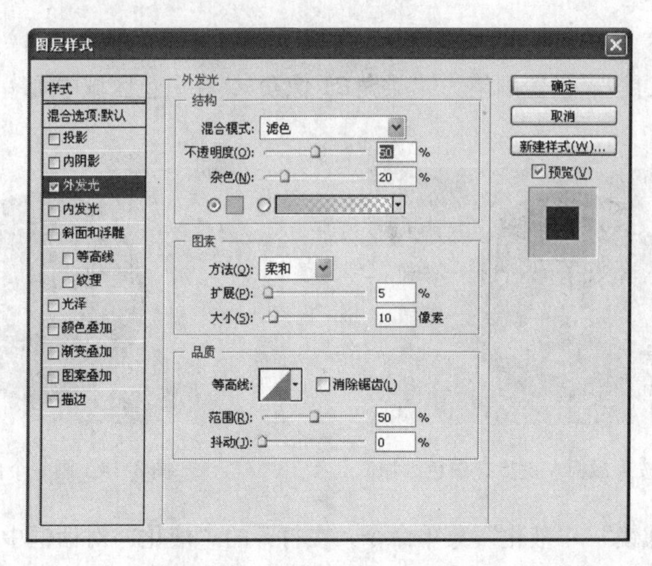

图 8-17 “图层样式”对话框

圆选区的左上部向右下部拉出一个渐变，得到一个球状的效果，如图 8-19 所示。

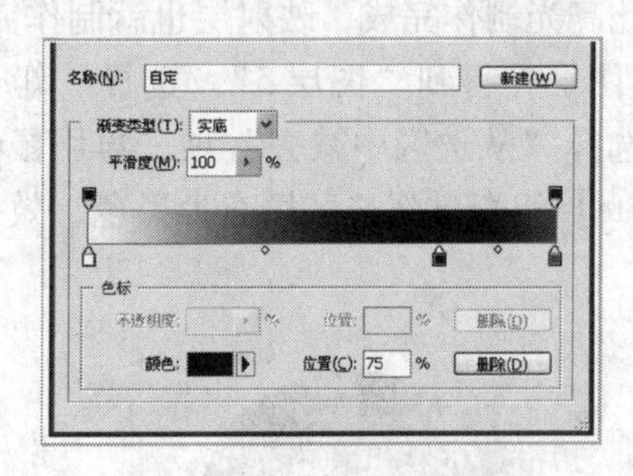

图 8-18 设置渐变条的颜色

图 8-19 球状的效果

2）执行“选择”→“变换选区”菜单命令，按住【Shift + Alt】组合键，用鼠标拖曳边角的调整点，将选区向圆心收缩，双击鼠标将修改确定。然后按【Delete】键，得到环状的效果，如图 8-20 所示。

3）在“图层 6”上新建图层，得到“图层 7”。执行“编辑”→“描边”命令，设置宽度为 10 像素，颜色为灰色（R = 100，G = 100，B = 100），位置为内部，单击【确定】按钮。

4）按【Ctrl + D】组合键取消选区。依次选择“加深工具”和“减淡工具”，对描边区域进行涂抹，以产生立体效果，如图 8-21 所示。

图 8-20 环状的效果

图 8-21 具有立体效果的环状

5）选中“图层6”。选择“椭圆选框工具”，在图像的正上方画一个椭圆选区。执行“图像”→“调整”→“亮度/对比度”菜单命令，在弹出的“亮度/对比度”对话框中，勾选“使用旧版”，再将“亮度”调整到50左右，单击【确定】按钮。效果如图8-22所示。

✍ **提示：**如果要调整选区的位置，可以在选区内单击鼠标右键，在弹出的快捷菜单中选择“变换选区”命令，然后再拖曳鼠标左键即可。

6）在“图层6”上新建图层，得到“图层8”。执行“编辑”→“描边”菜单命令，保持前面步骤3的参数设置，单击【确定】按钮。

7）按住【Ctrl】键单击“图层6”，得到圆环选区（注意此时仍然选中“图层8”）。执行“选择”→“反向”菜单命令，再按【Delete】键，将圆环外的“图层8”的区域删除。按【Ctrl+D】组合键取消选区，图像效果如图8-23所示。

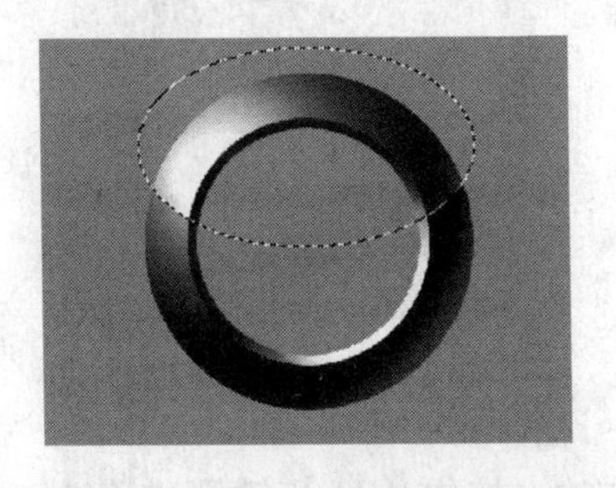

图8-22 调整椭圆选区的亮度

图8-23 删除圆环外的区域

8）选中“图层6”。选择“椭圆选框工具”，在图像的正上方画一个椭圆选区。执行“图像”→“调整”→“亮度/对比度”菜单命令，在弹出的“亮度/对比度”对话框中，勾选“使用旧版”，再将“亮度”调整到45左右，“对比度”调整到-15左右，单击【确定】按钮，效果如图8-24所示。

9）在“图层6”上新建图层，得到“图层9”。执行“编辑”→“描边”菜单命令，保持前面步骤3的参数不变，单击【确定】按钮。

10）按住【Ctrl】键单击“图层6”，得到圆环选区。执行“选择”→“反向”菜单命令，再按【Delete】键，将圆环外的“图层8”的区域删除。按【Ctrl+D】组合键取消选区，图像效果如图8-25所示。

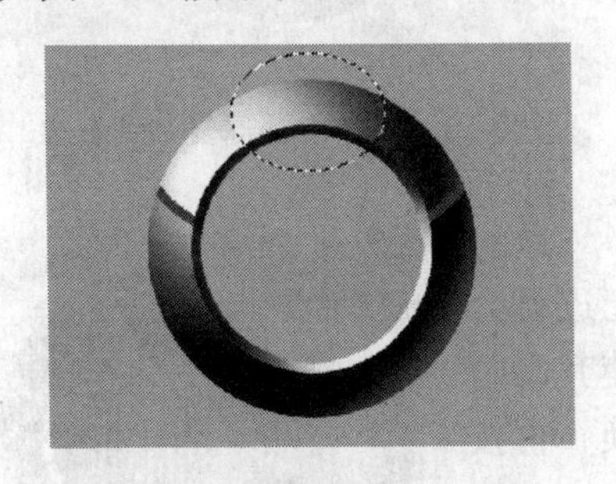

图8-24 调整椭圆选区的亮度

图8-25 删除圆环外的区域

11）依次选择“加深工具”和“减淡工具”，分别对“图层9”和“图层8”的描边区域进行涂抹，以产生立体效果，如图8-26所示。

12）选中图层6，执行“滤镜”→“杂色”→“添加杂色”菜单命令，在打开的“添加杂色”对话框中，设置数量为4.8%，选择平均分布，勾选单色，单击【确定】按钮。选择“模糊工具”，设置较大的画笔（如“柔角200像素”），在圆环上涂抹一周即可。

13）下面制作细节。在“图层6”上新建图层，得到“图层10”。选择“椭圆选框工具”，按住【Shift】键拖曳出一个正圆选区，然后用“渐变工具”（其渐变工具条的设置保持前面步骤1的设置不变）从左上方往右下方拖曳，按【Ctrl+D】组合键取消选区，再按【Ctrl+T】组合键进入“自由变换”，按住【Shift】键在边角处向内拖曳，将小球体压缩，效果如图8-27所示。

图8-26　对描边区域制作立体效果

图8-27　制作一个小球体

14）用“移动工具”将小球体拖曳到圆环的左边。按住【Alt】键用“移动工具”将其拖曳到旁边的位置，连做3次。调整它们的位置，使其效果如图8-28所示。

15）将“图层10”至“图层10副本3”同时选中，按【Ctrl+E】组合键合并图层。按住【Alt】键用“移动工具”将合并后的图层拖曳到圆环的右边，执行“变换”→“垂直翻转”菜单命令，调整其位置，效果如图8-29所示。

图8-28　在圆环左边放上4个小球

图8-29　将4个小球复制到右边

3. 合成内部按钮与外壳

最后的工作就是将前面制作的内部按钮和外壳进行合成。单击“按钮”组前面“眼睛”图标的位置，使其眼睛图标重新出现。按【Ctrl+T】组合键进入自由变换，再按住【Alt+Shift】键，往圆心方向拖曳边角的调整点，得到水晶按钮（暂停按钮）的效果，如图8-30所示。

图8-30　“暂停按钮”效果

读者可以在制作内部按钮的步骤15中稍作修改，即可制作出运行按钮的效果，最后得到如图8-1所示的效果。

8.2 【案例30】招贴设计

招贴即海报或宣传画，属于户外广告，分布在各街道、影剧院、展览会、商业区、车站、码头、公园等公共场所。招贴相比其他广告具有画面大、内容广泛、艺术表现力丰富、远视效果强烈的特点。本案例中要制作一幅房地产的招贴设计广告，效果如图8-31所示。

图8-31 房地产招贴设计

8.2.1 创作思路

本案例以蓝色和白色为主，象征和平、安宁与纯洁。对于背景，利用“渐变工具”和“色阶”命令来制作出色调变化的效果。对于主体图案，利用“自定形状工具”的心形图案，表达了亲和、温暖的意义。合理安排的文字以及路径的运用，突出了楼盘的优点和“开盘”这一主题。

8.2.2 操作步骤

1）打开 Photoshop CS3，执行“文件”→“新建”菜单命令，在弹出的对话框中，设置文件的名称为“招贴设计”，宽度为400像素，高度为700像素，分辨率为150像素/英寸（在做真正的招贴设计广告时分辨率一般要比150像素/英寸大），颜色模式为“RGB颜色”，背景内容为白色，然后单击【确定】按钮。

2）选择工具箱中的“渐变工具”，然后打开“渐变编辑器”对话框，编辑渐变色，如图8-32所示。在选项栏上选择“径向渐变”，从画布的中心往上边（或下边）绘制渐变。

3）使用工具箱中的“椭圆选框工具”，在画布中画出椭圆选区，在选区上单击鼠标右键，在弹出的快捷菜单中选择“变换选区”命令，然后对椭圆选区进行适当的旋转，如图8-33所示效果。

4）在保留选区的情况下，执行“图像”→“调整”→“色阶”命令，在弹出的“色阶”对话框中设置输入色阶的值依次为：0、1.05、238，输出色阶保持不变，如图8-34所示。

5）用和步骤3相同的方法，在图像下方画一个较大的椭圆选区。执行“变换选区”命令，对选区进行旋转和移动操作，然后再次执行步骤4，对选择的区域作色阶调整。这样可以适当提高选区的亮度，从而制作出光影变换的效果，如图8-35所示。

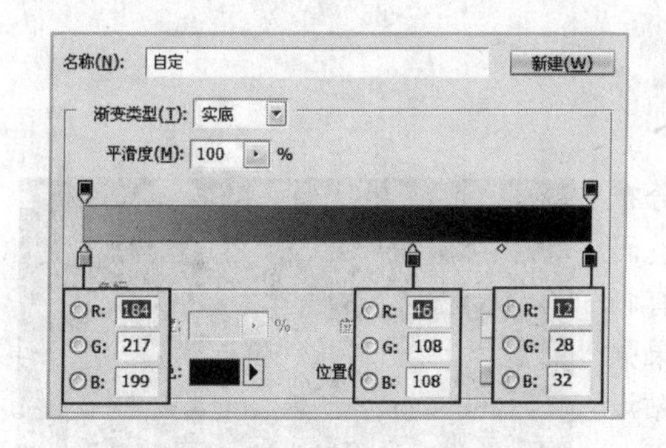

图 8-32 编辑渐变色

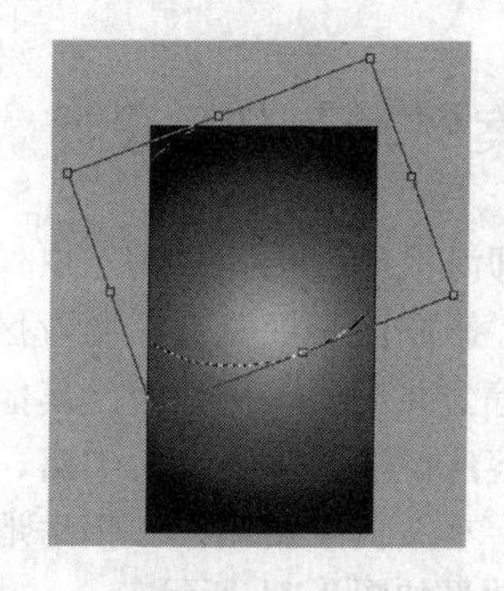

图 8-33 对椭圆选区进行适当的旋转

6）执行“文件”→“打开”菜单命令，打开素材文件“第 8 章 \ 素材 \ 地产 . jpg”。使用“移动工具”将图像拖动到“招贴设计”图像中去，把拖入的图层改名为“地产”。选中“地产”图层后，按【Ctrl + T】组合键对该图层进行自由变换，使它适当缩小，并置于画布正中稍偏上的位置，如图 8-36 所示。

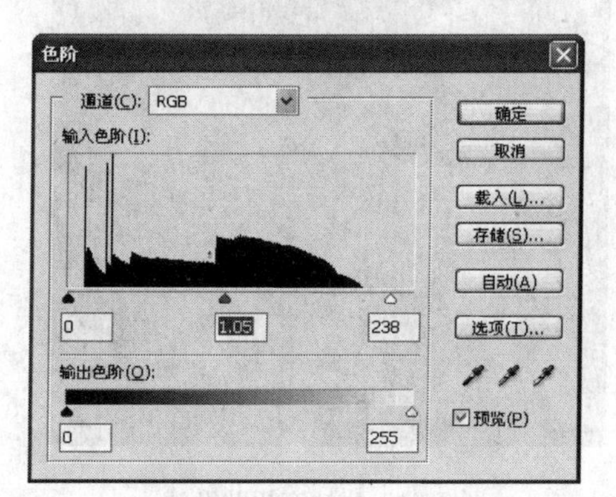

图 8-34 “色阶”对话框

图 8-35 光影变换的效果

图 8-36 拖入地产图层

7）选择工具箱中“自定义形状工具”，在选项栏中选择绘制方式为“路径”，在“形状”右边的下拉列表框中选择“红桃”心形图案，在屏幕上画出适当大小的心形路径，如图 8-37 所示。

8）选中“地产”图层。按【Ctrl + Enter】组合键把路径变为选区；执行“选择”→“反向”菜单命令（或者按【Ctrl + Shift + I】组合键）；按【Delete】键删除心形以外的区域，效果如图 8-38 所示。

9）按【Ctrl + D】组合键取消选区。执行“编辑”→“描边”菜单命令，在弹出的“描边”对话框中设置宽度为 3 像素，位置为外部，颜色为 R：116，G：178，B：17。

10）打开“路径”调板，单击选中工作路径。选择工具箱的“路径选择工具”，把路径拖曳移动到心形标志的下方，如图 8-39 所示。

11）下面删去上方的路径段。选择“直接选择工具”，单击选中上方路径段的左边路径段（如图 8-40 所示），按【Delete】键即可把该路径段删除。用同样的方法删除上方路径段的右边路径段，效果如图 8-41 所示。

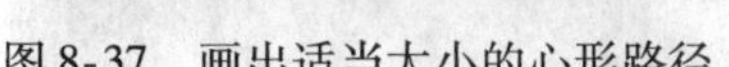

图8-37 画出适当大小的心形路径　　图8-38 删除心形以外的区域　　图8-39 把路径向下拖曳

12）执行“图层”→“新建”→“图层”命令，将新建的图层命名为“路径描边”。选择“画笔工具”，在选项栏中设置画笔主直径为3像素，硬度为0。设置前景色为白色。再次打开“路径”调板，选中工作路径，单击“路径”调板右上角的选项按钮，选择“描边路径”，在弹出的对话框中选择“画笔”，同时勾选“模拟压力”复选框。单击【确定】按钮，不选中工作路径（用鼠标在工作路径下方的空白处单击一下即可），效果如图8-42所示。

图8-40 选中上方的左边路径段　　图8-41 删除上方路径段　　图8-42 “描边路径”效果

13）选择“横排文字工具”，在选项栏中设置字体为方正小标宋（该字体放在素材库中“第8章\素材”目录下，需要把它复制到Windows安装目录下的“fonts”文件夹中方可使用），字体颜色为R：254，G：243，B：209；抗锯齿方式为“锐利”。选择合适的文字大小（字体大小搭配要尽可能协调），在画布上方空白处输入有关文字并进行适当的排版，效果如图8-43所示。

14）重复步骤13的操作方法。在字体方面，“亲和家园”选择方正舒体，“盛大开盘”选择黑体，其余选择方正小标宋。在画布下方空白处输入有关文字（在输入文字的过程中要不断观看整体效果，观察需要的字体大小），如图8-44所示。至此本案例制作完成。

图8-43 在画布上方空白处输入有关文字

图8-44 在画布下方空白处输入有关文字

8.3 【案例 31】古典艺术

本案例要制作一幅古典艺术海报。通过本案例的学习，读者可以熟练掌握在 Photoshop 中文本的使用方法和排版的技巧，以及“钢笔工具”的使用。案例效果如图 8-45 所示。

图 8-45　古典艺术海报设计

8.3.1　创作思路

本案例用两个较大的鼎字来突出主题：一个作为背景，另一个作为标题，并采用“经典繁淡古”这一字体。而对于实物鼎图片，进行色彩处理和添加外发光效果，附上添加了强光效果的红飘带，使得鼎更显尊贵。所有的文字均采用竖排格式，也能与古鼎这一主题相呼应。

8.3.2　操作步骤

1）打开 Photoshop CS3，执行“文件”→“新建”菜单命令，在弹出的对话框中，设置文件的宽度为 500 像素，高度为 700 像素，分辨率为 150 像素/英寸，颜色模式为“RGB 颜色”，背景为白色，将文件命名为“古典艺术海报设计”。单击【确定】按钮。

2）单击工具箱中的“前景色调色板”，设置前景色为深蓝色（R = 31，G = 66，B = 88），然后按【Alt + Delete】组合键，为背景图层填充前景色。

3）选择工具箱中的“椭圆选框工具”，在画布中画出一个椭圆形选区，然后在选区上单击鼠标右键，在弹出的快捷菜单中选择“羽化”命令，羽化数值为 75 像素，效果如图 8-46所示。

4）单击“图层”调板中的【创建新的填充或调整图层】按钮，在弹出的菜单中选择“曲线”命令，然后在曲线调节对话框中创建一个控制点，调节控制点的输出值为 165，输入值为 100，如图 8-47 所示。单击【确定】按钮。

5）选择工具箱中的“竖排文字工具”，字体选择“经典繁淡古”（该字体放在素材库中“第 8 章 \ 素材”目录下，需要把它复制到 Windows 安装目录下的“fonts”文件夹中方可使用），字体大小选择“380 像素”，抗锯齿方式为“浑厚”，字体的颜色为白色，在画布中输入文字“鼎”，并改变该文字图层的不透明度为 10%，效果如图 8-48 所示。

✍ **提示：**如果文字的单位不是像素，则执行“编辑”→“首选项”→“单位与标尺”菜单命令，修改文字单位为像素即可。

6）执行“文件”→“打开”菜单命令，打开“第 8 章 \ 素材 \ 古鼎 . jpg”素材文件。在工具箱中选择“钢笔工具”，在选项栏中选择绘制方式为“路径”。用“钢笔工具”

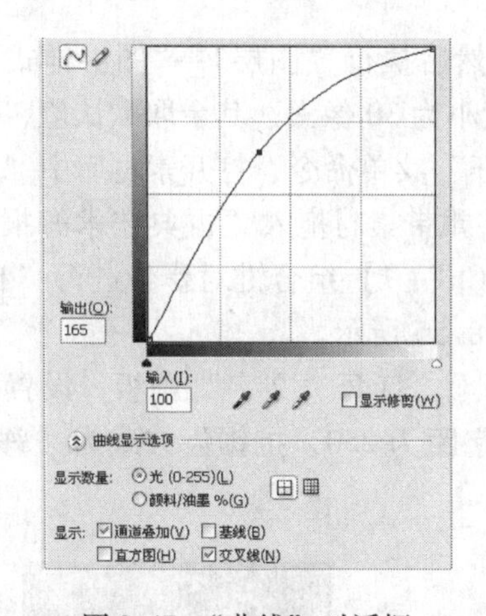

图 8-46　画出一个椭圆形选区　　图 8-47　“曲线”对话框　　图 8-48　输入文字“鼎”

把古鼎选择出来，然后按【Ctrl + Enter】组合键把路径变为选区，效果如图 8-49 所示。

✍ **提示**：关于“钢笔工具”的使用，请参阅本书 7.1 节的内容。

7）使用“移动工具”将古鼎选区拖曳到“古典艺术海报设计”图像中，给拖入后生成的图层起名字为“古鼎”，再按【Ctrl + T】组合键对古鼎选区进行自由变换，按住【Shift】键向内拖曳选区的边角调整点，使得古鼎选区等比例地缩小，效果如图 8-50 所示。

8）选择“古鼎”图层，按住【Alt】键单击“图层”调板中的【创建新的填充或调整图层】按钮 ，并选择“色彩平衡”命令，在弹出的“新建图层”对话框中勾选“使用前一图层创建剪贴蒙版”复选框；单击【确定】按钮，打开“色彩平衡”对话框，然后依次调整“阴影”、“中间调”和“高光”的色阶值，如图 8-51 ~ 图 8-53 所示。

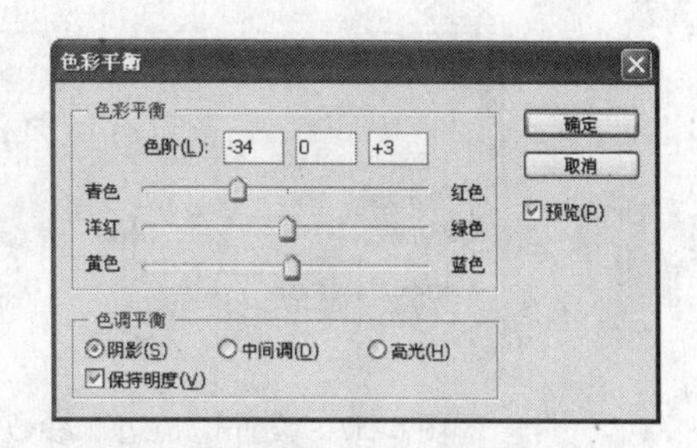

图 8-49　古鼎选区　　图 8-50　被拖曳的古鼎选区　　图 8-51　设置“阴影”

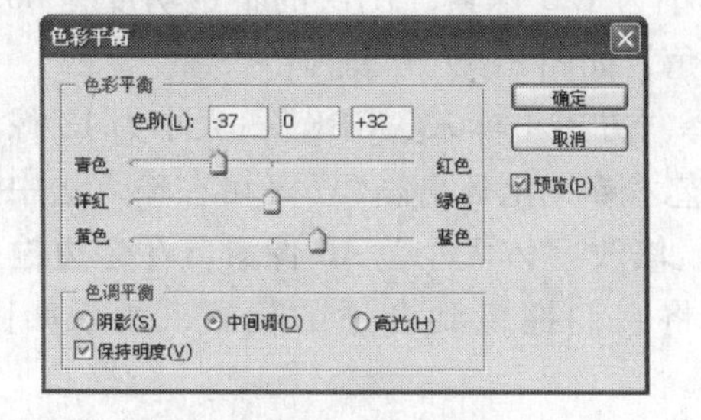

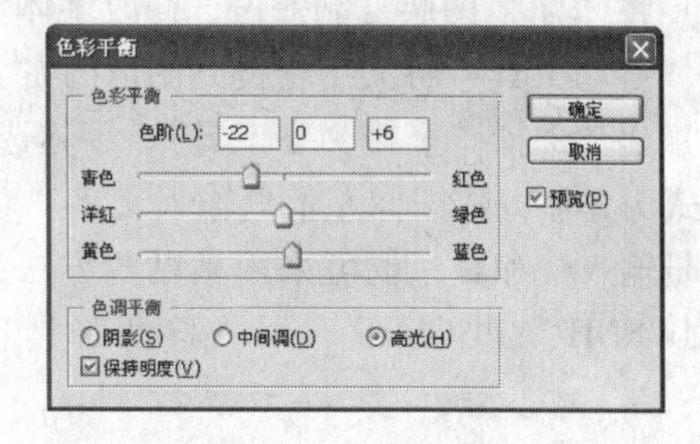

图 8-52　设置“中间调”　　图 8-53　设置“高光”

9）选择“古鼎”图层，然后执行“图层”→“图层样式”→“外发光”菜单命令，在弹出的对话框中，修改像素的大小为30像素，其余取默认值，如图8-54所示。

10）执行“文件”→“打开”菜单命令，打开素材库中“第8章\素材\飘带.png”图像文件，使用“移动工具”将飘带素材拖入“古典艺术海报设计”图像中，将拖入后生成的图层命名为“飘带”。按【Ctrl+T】组合键对飘带进行“自由变换”，然后设置图层的混合模式为“强光”，效果如图8-55所示。

11）选择“竖排文字工具”，打开“文字”调板，设置字体为“方正小标宋_ GBK”，字体大小为24像素，字符的字距为250，抗锯齿方式为“浑厚”，颜色为R：50，G：100，B：150，如图8-56所示。

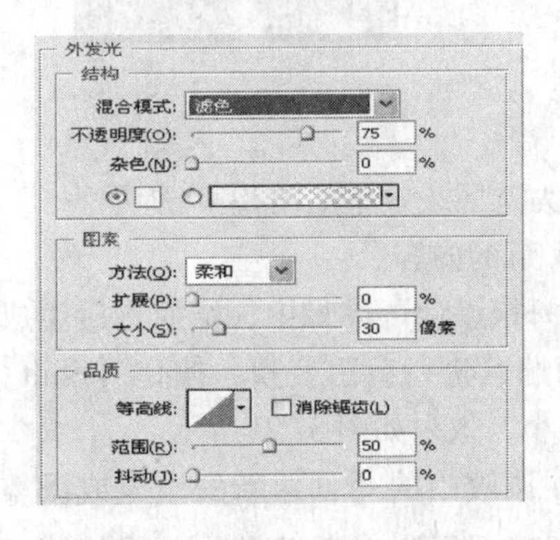

图8-54 设置“外发光”参数

图8-55 添加飘带图层

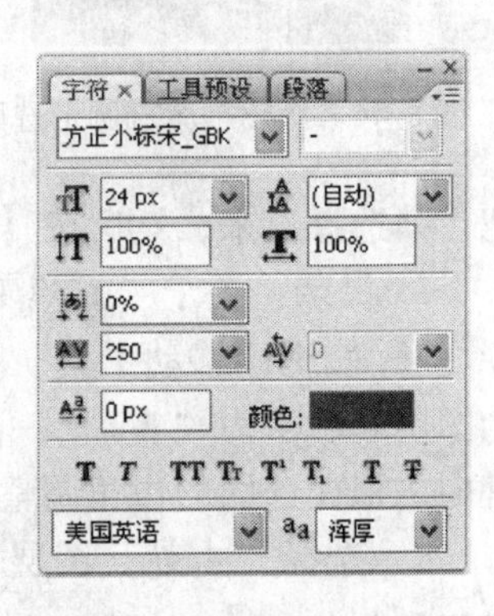

图8-56 “字体”对话框

12）在图像右上角输入文字“中华瑰宝”。打开“图层”调板，选择“中华瑰宝”图层，执行“图层”→“图层样式”→“描边”菜单命令，在弹出的对话框中，设置大小为2像素，颜色为白色，如图8-57所示。单击【确定】按钮后，得到如图8-58所示的效果。

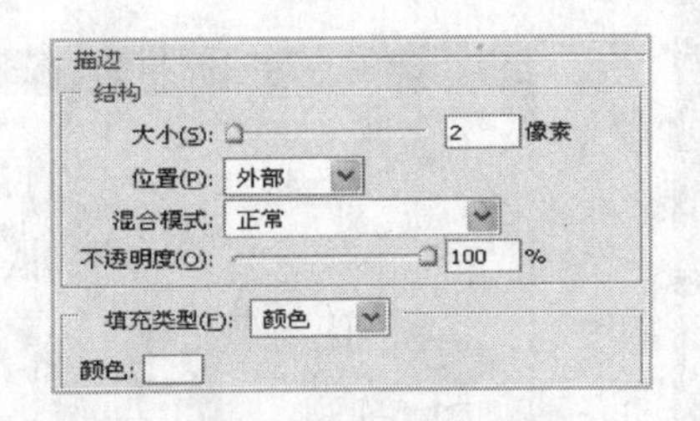

图8-57 设置“描边”参数

图8-58 输入“中华瑰宝”文字

13）将“鼎”图层复制一份，修改字体大小为120像素，图层的不透明度为80%，然后利用“移动工具”将文字拖曳到图像的右上角，如图8-59所示。

14）仍然选择“竖排文字工具”，字体选择“方正小标宋_ GBK”，大小为18像素，抗锯齿方式为浑厚，在图像左上角输入文字“◎艺术●文化●精髓◎”（可在输入法中切换到特殊符号输入◎和●，也可采用粘贴的方法）。修改字体大小为16像素，在旁边输入拼音“YISHUWENHUAJINGSUI”，用“移动工具”将它们拖曳到合适的位置，效果如图8-60所示。

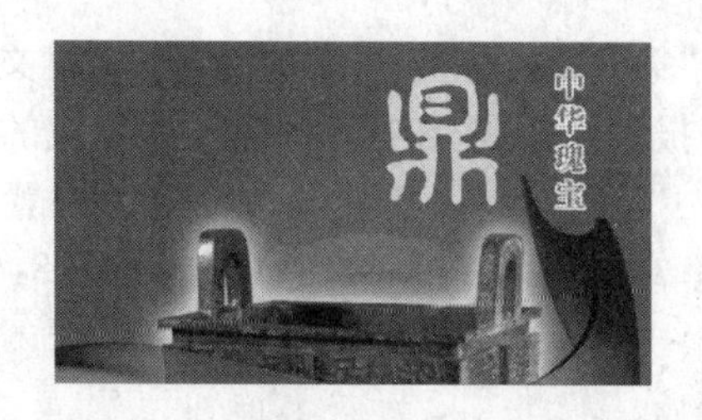

鼎
中华瑰宝

图8-59 复制“鼎”文字图层

鼎
中华瑰宝
○艺术●文化●精髓○
YISHUWENHUAJINGSUI

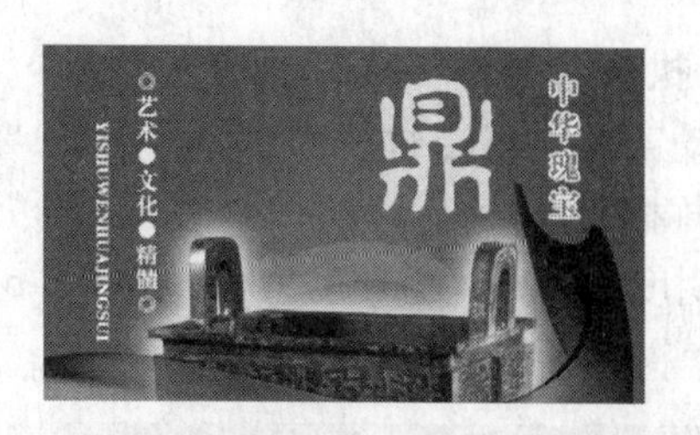

图8-60 在图像左上角输入文字

15）继续选择“竖排文字工具”，字体选择“方正小标宋_ GBK”，大小为12像素，抗锯齿方式为浑厚，先按住鼠标左键在画布下方拖动绘制文本区域，然后在区域内输入文字（这样可以自动换行），如图8-61所示。至此本案例制作完成。

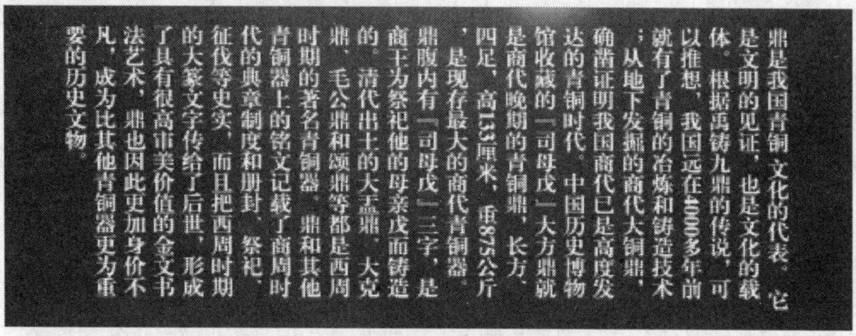
鼎是我国青铜文化的代表。它是文明的见证，也是文化的载体。根据禹铸九鼎的传说，可以推想，我国远在4000多年前就有了青铜的冶炼和铸造技术；从地下发掘的商代大铜鼎，确凿证明我国商代已是高度发达的青铜时代。中国历史博物馆收藏的「司母戊」大方鼎就是商代晚期的青铜鼎，长方、四足，高133厘米，重875公斤，是现存最大的商代青铜器。鼎腹内有「司母戊」三字，是商王为祭祀他的母亲戊而铸造的。清代出土的大盂鼎、大克鼎，毛公鼎和颂鼎等都是西周时期的著名青铜器，鼎和其他青铜器上的铭文记载了商周时代的典章制度和册封、祭祀、征伐等史实，而且把西周时期的大篆文字传给了后世，形成了具有很高审美价值的金文书法艺术，鼎也因此更加身价不凡，成为比其他青铜器更为重要的历史文物。

图8-61 在画布下方输入文本

8.4 【案例32】电影海报

电影海报主要用来吸引观众注意，增加电影票房收入，与戏剧海报、文化海报等较类似。通过本案例读者可以深入了解电影海报的制作全过程，最终效果如图8-62所示。

剑行江湖
张毅谋 导演作品
主演：胡歌 朱希伟 王莉清
出品：广州电影集团公司

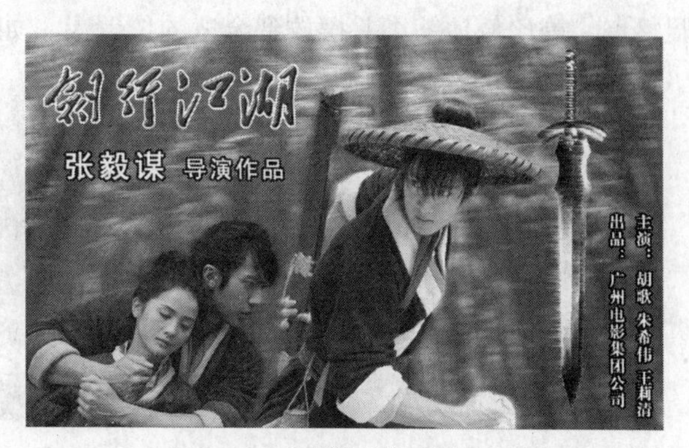

图8-62 电影海报设计效果图

8.4.1 创作思路

本案例用奔跑中的主角、凌空飞行的剑以及模糊的竹林背景来表现“剑行江湖”这一主题。奔跑动作及模糊的背景可以用“动感模糊”命令来实现，飞行的剑可以用“风”命令来实现。

8.4.2 操作步骤

1）在Photoshop CS3中，执行“文件”→“新建”菜单命令，在弹出的对话框中，设置名称为“电影海报设计”，宽度为1000像素，高度为600像素，分辨率为200像素/英寸，颜色模式为“RGB颜色”，其余取默认值，单击【确定】按钮。

2）执行“文件”→“打开”菜单命令，打开“第8章\素材\竹林.jpg”素材文件，使用“移动工具”将“竹林”图像拖动到“电影海报设计”图像中，将拖入后生成的图层命名为“竹林背景”。然后执行“图像”→“调整”→“色相/饱和度”菜单命令，设置色相为-30，明度为+10，饱和度为0，如图8-63所示。单击【确定】按钮，得到如图8-64所示的效果。

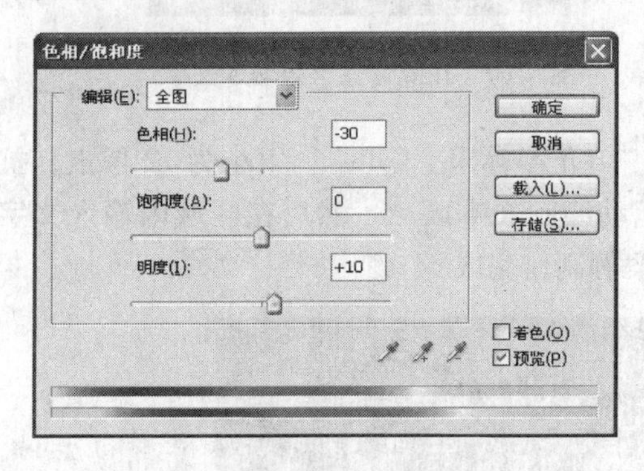

图8-63 “色相/饱和度”对话框

图8-64 “竹林背景”图层

3）执行“文件”→“打开”菜单命令，打开“第8章\素材\人物1.bmp”素材文件。对“背景”图层执行“滤镜”→“抽出”菜单命令，在弹出的对话框中使用“边缘高光器工具”勾出要抽出的物体的边缘，使用“填充工具”在所绘区域内填充颜色，如图8-65所示。单击右侧【预览】按钮可以预览抽出效果。如果效果不理想，可以使用“清除工具”和“边缘修饰工具”进行处理。

4）把抽出完成后的人像拖曳到“电影海报设计”图像中，将生成的图层命名为“人物1”。然后按【Ctrl+T】组合键对图层“人物1”进行自由变换，按住【Shift】键拖曳边角调整点，等比例地缩小并摆放到合适的位置上，如图8-66所示。

图8-65 “抽出”对话框

图8-66 将抽出的人像摆放到合适的位置上

5）执行“文件”→“打开”菜单命令，打开“第8章\素材\人物2.bmp”素材文件。使用和步骤3相同的方法来对当前人物2素材进行抽出，如图8-67所示。

6）把抽出完成后的人像拖曳到“电影海报设计”图像中，将生成的图层命名为“人物2”。同样对“人物2”图层进行适当的缩小并摆放到合适的位置上，如图8-68所示。

7）在“图层”调板中选中“竹林背景”、“人物1”和“人物2”3个图层，将其拖曳到下方的【创建新图层】按钮上。将生成的3个副本图层进行“合并图层”操作，并将合并后的图层命名为“人物与竹林背景”。

图8-67 “抽出”对话框

图8-68 将抽出的人像摆放到合适的位置上

8）选中“人物与竹林背景”图层，执行“滤镜”→“模糊”→“动感模糊”菜单命令，设置角度为5度，距离为25像素，如图8-69所示。单击【确定】按钮，然后将“人物1”和“人物2”两个图层拖曳到“人物与竹林背景”图层上方，得到如图8-70所示的效果。

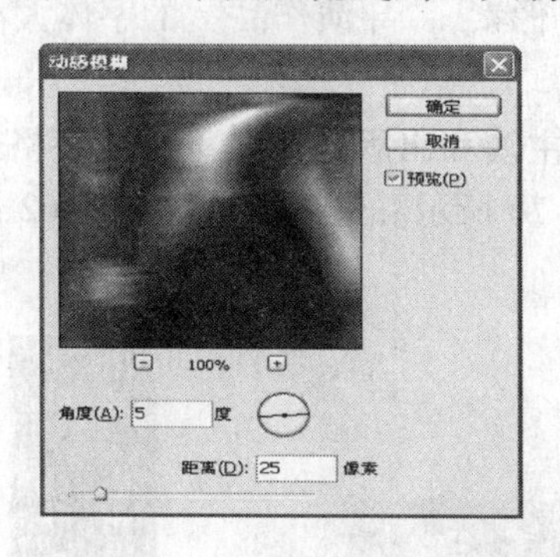

图8-69 “动感模糊”对话框

图8-70 动感模糊处理后的效果

9）执行“文件”→“打开”菜单命令，打开“第8章\素材\宝剑.psd”素材文件。将背景图层复制一份，得到“背景副本”图层，并将背景图层隐藏。选择“魔棒工具”，在其选项栏上设置容差为10，勾选“连续”复选框并单击“添加到选区”按钮。选中“背景副本”图层，依次在宝剑的左、右方的白色区域单击鼠标左键，按【Delete】键将白色区域删除，然后执行“反向”操作，效果如图8-71所示。如果有多余的选区，可选择“从选区中减去”操作方式。

10）使用“移动工具”把选区中的宝剑拖曳到“电影海报设计”图像中，将生成的图层命名为“宝剑”。然后按【Ctrl + T】组合键，对“宝剑”图层进行适当的缩放，并摆放到合适的位置上。然后执行“滤镜”→“风格化”→“风”菜单命令，在弹出的对话框中，设置方法为“风”，方向为“从右”，如图8-72所示。单击【确定】按钮，效果如图8-73所示。

11）在工具箱中选择“横排文字工具”，在其选项栏中设置字体为“草檀斋毛泽东字体”（该字体放在素材库中的“第8章\素材”目录下，需要把它复制到Windows安装目录下的“fonts”文件夹中方可使用），大小为75像素，文本颜色为深红色（R：107，G：24，B：4），抗锯齿方式选择为“锐利”。然后在画布的左上方输入“剑行江湖”文字。

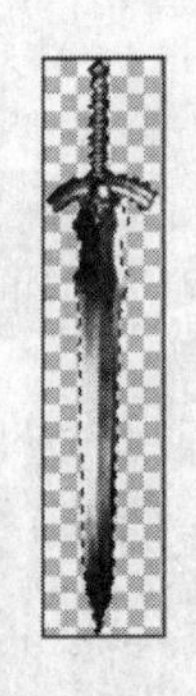

图 8-71　宝剑选区

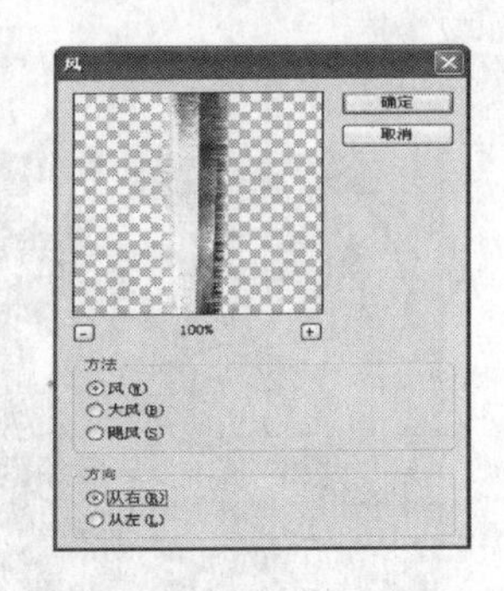

图 8-72　“风”对话框

图 8-73　执行“风”命令后的图像效果

12）选中“剑行江湖”文字图层，执行“图层”→“图层样式”→“斜面和浮雕”菜单命令，在弹出的对话框中取默认值即可，然后选择“等高线”，选中“内凹-深”等高线，如图 8-74 所示；再选择“描边”，设置颜色为白色，其余取默认值，单击【确定】按钮。

13）在图像的“剑行江湖”文字下方，输入“张毅谋 导演作品”横排文字。设置字体为黑体，文本颜色为白色，“张毅谋”的字体大小为 48 像素，“导演作品”的字体大小为 36 像素；再添加黑色的描边，效果如图 8-75 所示。

14）选择“竖排文字工具”，在图像的右下角输入主演和出版商的名字，文字格式和步骤 13 的相同，只是将字体大小修改为 24 像素，如图 8-76 所示。最后得到如图 8-62 所示的效果。

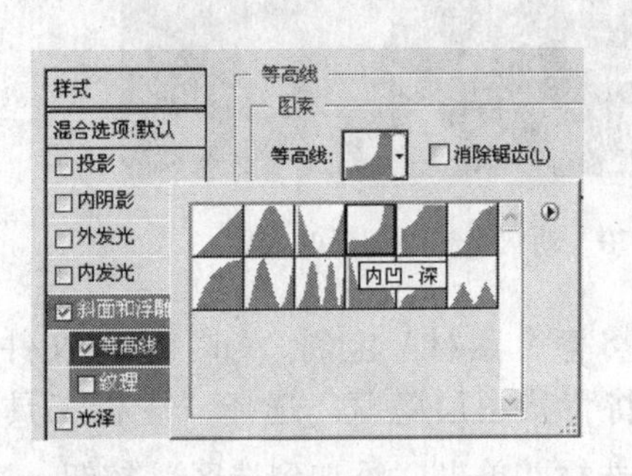

图 8-74　选中“内凹-深”等高线

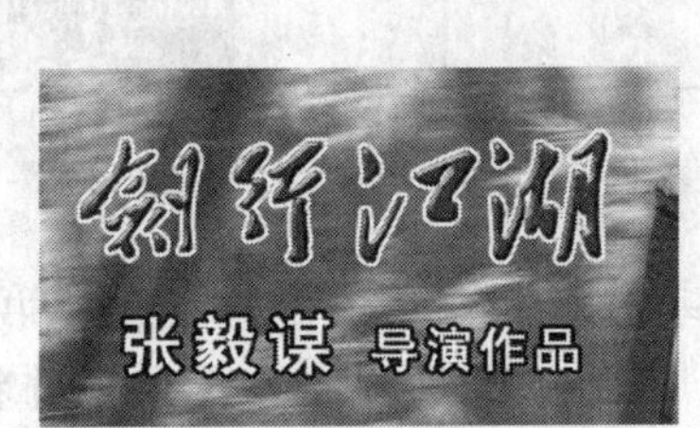

图 8-75　图像左上角文字

图8-76　右下角文字

8.5　【案例 33】苹果电脑

产品广告设计是视觉传达艺术设计的一种，其价值在于把产品载体的功能特点通过一定的方式转换成视觉因素，使之更直观地面对消费者，使得消费者能够接受和购买该产品，达到一定的社会效益。本案例来制作一则苹果电脑的广告设计，效果如图 8-77 所示。

8.5.1　创作思路

用路径的方式将画面分成上下不等的两部分，然后将路径转换为选区，再进行渐变操作，使画面具有生动的色彩变化。对画面的上下交界处，可通过旋转路径的方法改变选区，再通过改变选区的亮度等方法使交界处具有渐变的效果；对画面的主体“苹果笔记本”及

"苹果标志"，利用描边的方法产生流光的效果；添加"光线"，使画面更具有吸引力；合理安排的介绍文字和广告词，是广告设计中必不可少的组成部分。

图8-77　苹果电脑广告设计效果图

8.5.2　操作步骤

1）打开Photoshop CS3，执行"文件"→"新建"菜单命令，在弹出的对话框中，设置宽度为14厘米，高度为10厘米，分辨率为150像素/英寸，颜色模式为"RGB颜色"，背景为白色，然后单击【确定】按钮。

2）选择工具箱中的"渐变工具"，设置渐变颜色为从青色（R：82，G：195，B：221）到深蓝色（R：8，G：89，B：132），如图8-78所示。在选项栏中选择渐变方式为"径向渐变"■，从画布中心向右边（或左边）拖动鼠标绘制渐变。

3）选择"钢笔工具"在画布的下方绘制一条曲线路径（为了方便绘制可以首先使用放大镜工具把画布做适当缩小），如图8-79所示。

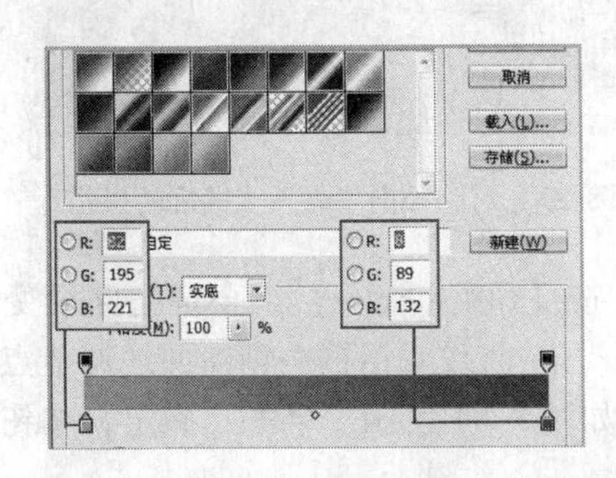

图8-78　编辑渐变颜色

图8-79　绘制一条曲线路径

4）按【Ctrl + Enter】组合键将路径变为选区。使用"渐变工具"，编辑渐变颜色为浅黄色（R：244，G：211，B：79）到橘红色（R：231，G：107，B：36），渐变方式为"线性渐变"■，然后执行"图层"→"新建"→"图层"命令，将新图层命名为"底色"，从选区的左侧到右侧绘制渐变，效果如图8-80所示。

5）打开"路径"调板，单击选中刚才绘制的工作路径，按【Ctrl + T】组合键对路径进行自由变换，当路径周围出现变换框的时候，用"移动工具"将变换中心点的位置移动到路径与画布左侧边界的交点处，向上做适当的旋转操作，如图8-81所示。双击鼠标左键确认操作。

6）打开"图层"调板，选中背景图层，执行"图层"→"新建"→"图层"命令，在背景层之上创建一个新图层，将图层命名为"白色底层"。按【Ctrl + Enter】组合键，把路径变为选区，然后执行"编辑"→"填充"菜单命令，填充颜色为白色，并改变"白色底层"图层的不透明度为25%，效果如图8-82所示。

图 8-80　绘制渐变的效果

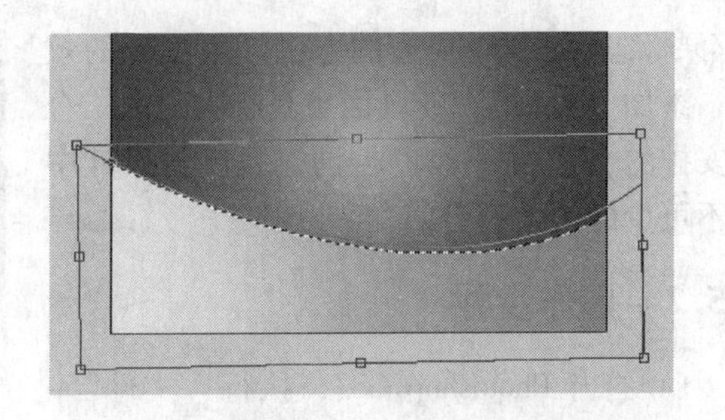

图 8-81　对路径向上做适当的旋转操作

7）打开“路径”调板，选中工作路径，按【Ctrl + T】组合键，再次移动变换中心点的位置到路径与画布左侧边界的交点处，然后对路径向下做适当的旋转操作（可以模拟光线的效果），如图 8-83 所示。双击鼠标左键确认操作。

图8-82　改变图层的不透明度为 25%

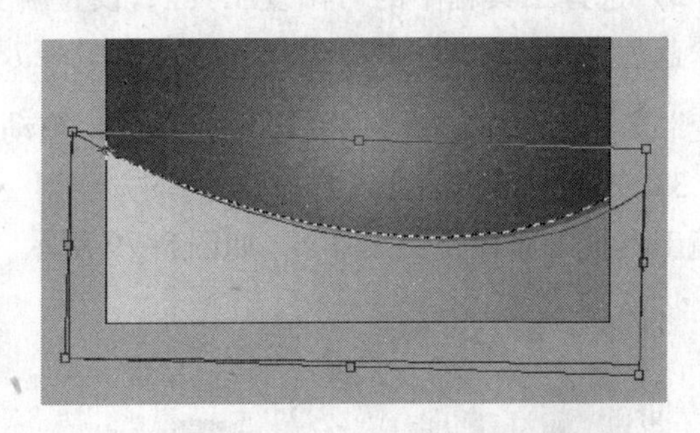

图 8-83　对路径向下做适当的旋转操作

8）打开“图层”调板，选中“底色”图层，按【Ctrl + Enter】组合键把路径变为选区，然后执行“图像”→“调整”→“曲线”菜单命令，在曲线对话框中创建曲线调节点，对曲线的形状做适当的调整，降低选择区域的亮度，如图 8-84 所示。单击【确定】按钮，并按【Ctrl + D】组合键取消选择。

9）执行“文件”→“打开”菜单命令，打开“第 8 章 \ 素材 \ macbook. psd”素材文件，使用“移动工具”拖动“苹果笔记本电脑”到正在合成的图像中，将拖入后生成的图层命名为“苹果笔记本”，然后按【Ctrl + T】组合键对苹果笔记本电脑进行适当的缩放和旋转，然后使用“移动工具”将其摆放到图像中合适的位置上去，如图 8-85 所示。双击鼠标左键确认操作。

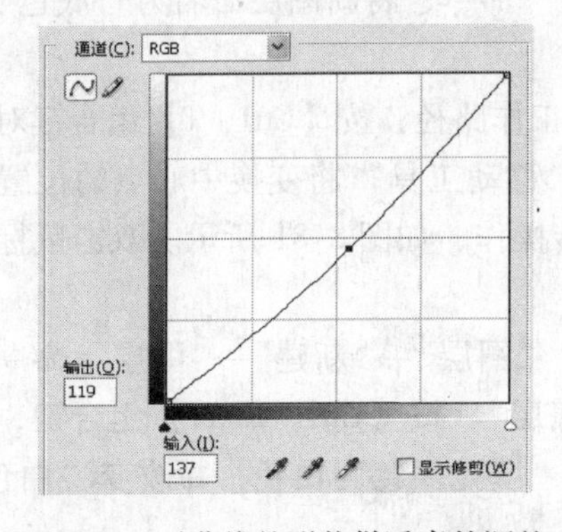

图 8-84　对曲线的形状做适当的调整

图 8-85　对笔记本电脑进行自由变换操作

10）按住【Ctrl】键单击“苹果笔记本”图层，载入该图层的选区。执行“选择”→“修改”→“扩展”命令，将选区向外扩展 5 个像素，然后执行“图层”→“新建”→“图层”命令，给新建立的图层起名字为“流光”，再执行“编辑”→“描边”命令，在弹出的对话框中设置宽度为 1 像素，颜色为白色，位置为内部，如图 8-86 所示。

11）选择“橡皮擦工具”，在其选项栏中设置画笔的硬度为 0，主直径为 150 像素，不透明度为 80%，在流光图层中对白色描边的左侧进行涂抹，得到如图 8-87 所示渐隐效果。

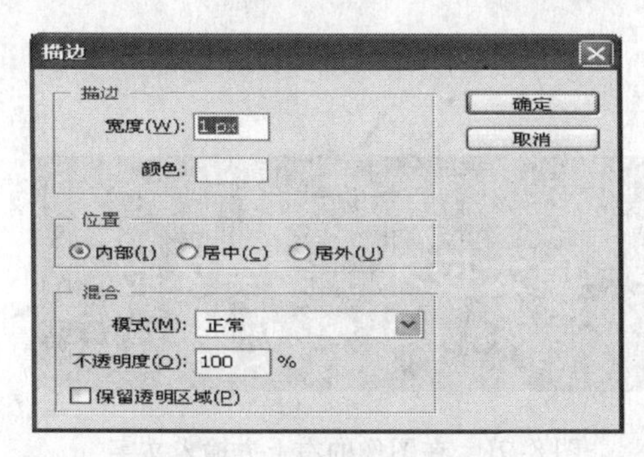

图 8-86 “描边”对话框

图 8-87 对白色描边进行涂抹

12）执行“文件”→“打开”菜单命令，打开“第 8 章\素材\光线.psd”素材文件，使用“移动工具”拖动光线到正在合成的图像中，将生成的图层命名为“光线”，更改光线图层的混合模式为“滤色”，然后按【Ctrl + T】组合键对光线进行适当的缩放和旋转，并放置到合适的位置上，如图 8-88 所示。

13）执行“文件”→“打开”菜单命令，打开“第 8 章\素材\苹果标志.jpg”素材文件，选择“魔棒工具”，在选项栏中设置容差为 30，不勾选“连续”项，在图像的白色部分单击一下，然后执行“选择”→“反向”菜单命令，再减去右下角的Ⓡ选区。用“移动工具”将苹果标志拖入到正在合成的图像中，并将生成的图层命名为“苹果标志”，选中该图层，按【Ctrl + T】组合键，对苹果标志进行适当的缩小并放置到合适的位置上。

14）按照步骤 10 和步骤 11 的方法给“苹果标志”图层做外围的流光效果。选择“文字工具”，在选项栏中设置字体为“Century Gothic”，字体大小为 55 像素，文本颜色为白色，然后在标志的下方输入文字“MACBOOK”，如图 8-89 所示。

图 8-88 把“光线”放置到合适的位置上

图 8-89 在苹果标志的下方输入文字

15）执行“文件”→“打开”菜单命令，打开“第 8 章\素材\smallmacbook.psd”素材文件，使用“移动工具”拖动苹果笔记本到正在合成的图像中，将生成的图层命名为

“smallmacbook”，然后按下【Ctrl + T】组合键对笔记本进行适当的变形，并放置到画布的左下角，如图 8-90 所示。

16）选择“横排文字工具”，设置字体为“微软雅黑”，字体颜色为白色，抗锯齿方式为“锐利”，在图像的右上方输入“重大技术，完美体验”的中文和英文，如图 8-91 所示；在“MACBOOK”下方输入介绍文字，如图 8-92 所示；在右下方输入介绍文字和广告词，如图 8-93 所示。至此本案例制作完成。

图 8-90　把“笔记本”放置到左下角

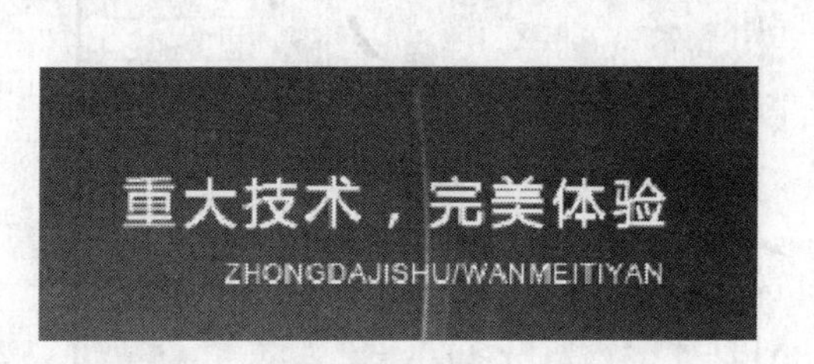

图 8-91　在图像的右上方输入文字

图 8-92　在“MACBOOK”下方输入介绍文字

图 8-93　在右下方输入介绍文字和广告词

8.6 【案例 34】红葡萄酒

本案例要制作一个红葡萄酒产品的广告设计。通过本实例的制作，读者可以熟练掌握“钢笔工具”的使用，渐变颜色搭配的技巧和方法，“文字工具”的使用等内容，最终制作好的效果如图 8-94 所示。

8.6.1 创作思路

用“钢笔工具”画出一半酒瓶的路径，将路径变为选区后进行复制操作，将复制的选区水平翻转，拼合后就可以得到一个完整的酒瓶形状。然后依次做出瓶盖、瓶贴、反光等部位。最后做出背景和广告词，就能得到一个红葡萄酒产品的广告设计。

图8-94 红葡萄广告设计

8.6.2 操作步骤

1）打开 Photoshop CS3，执行“文件”→“新建”菜单，在弹出的对话框中，设置文件的宽度为360像素，高度为600像素，分辨率为150像素/英寸，颜色模式为“RGB颜色”，背景为白色，输入文件名称为红葡萄酒，然后单击【确定】按钮。

2）新建一个图层（图层1），选择工具箱中的“钢笔工具”，在选项栏中设置绘制方式为“路径”，在位置A用鼠标单击一下；依次移动鼠标到位置B、位置C和位置D，同样用鼠标单击一下，如图8-95a所示。移动鼠标到位置E，按下鼠标左键，按图8-95a所示向右上方拖曳，松开鼠标左键。

3）移动鼠标到位置F，按下鼠标左键，按图8-95b所示向右上方拖曳，此时仍然按住鼠标左键不要松手，按下【Alt】键，拖曳鼠标到图8-95c所示的位置，松开鼠标左键，再松开【Alt】键。

4）依次移动鼠标到位置G和位置H，同样用鼠标单击一下，效果如图8-95d所示。把鼠标移动到位置A（这时“钢笔”指针的右下角出现一个小圆），单击鼠标左键完成初始路径的制作。

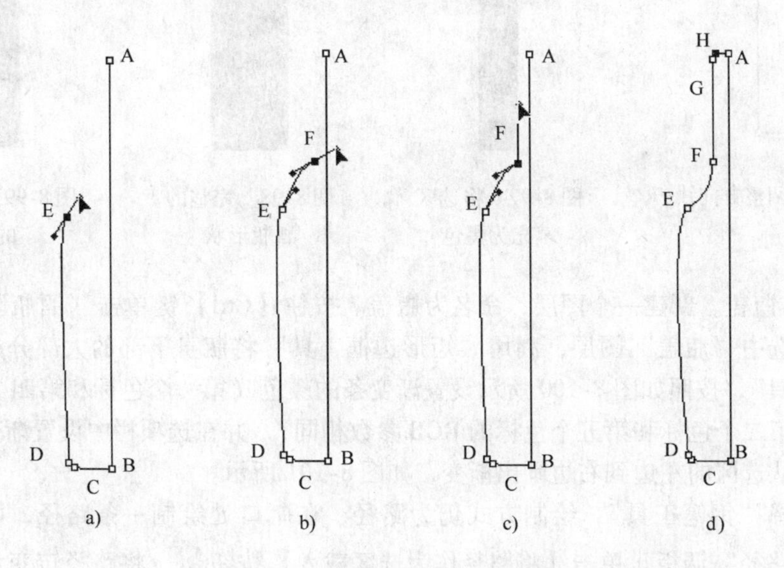

图8-95 利用钢笔工具绘制路径
a）绘制A到E的路径 b）鼠标在F处拖曳 c）按下【Alt】键拖曳鼠标
d）绘制F到H的路径

✍ **提示**：如果位置 E 和位置 A 不在同一水平线上，可以按住【Ctrl】键拖动 A 或 E 的位置，使得它们处于同一水平线上。

5）选择“直接选择工具”，在位置 D 和位置 E 之间单击一下，接着将斜向左下方的方向线拉至垂直向下。在位置 E 和位置 F 之间单击一下，然后按图 8-96 所示调整方向线。

✍ **提示**：如果在调整一个锚点的方向线时，另一个方向线也随之移动，可以按下【Alt】键再调整。也可以直接使用“转换点工具”进行调整。

6）打开“路径”调板，单击下方的【将路径作为选区载入】按钮，将路径转变为选区。创建一个新图层（得到“图层 1”），将选区填充为黑色，再按【Ctrl + D】组合键取消选择，效果如图 8-97 所示。

7）将“图层 1”复制一份。选中“图层 1 副本”图层，执行“编辑”→“变换”→“水平翻转”菜单命令，用“移动工具”将翻转后的酒瓶移动到右边，调整其位置，得到一个完整的酒瓶形状，如图 8-98 所示。

8）将“图层 1”和“图层 1 副本”两个图层合并，命名为“酒瓶”。利用“椭圆选框工具”和“矩形选框工具”将酒瓶的底边做成弧线的效果，如图 8-99 所示。

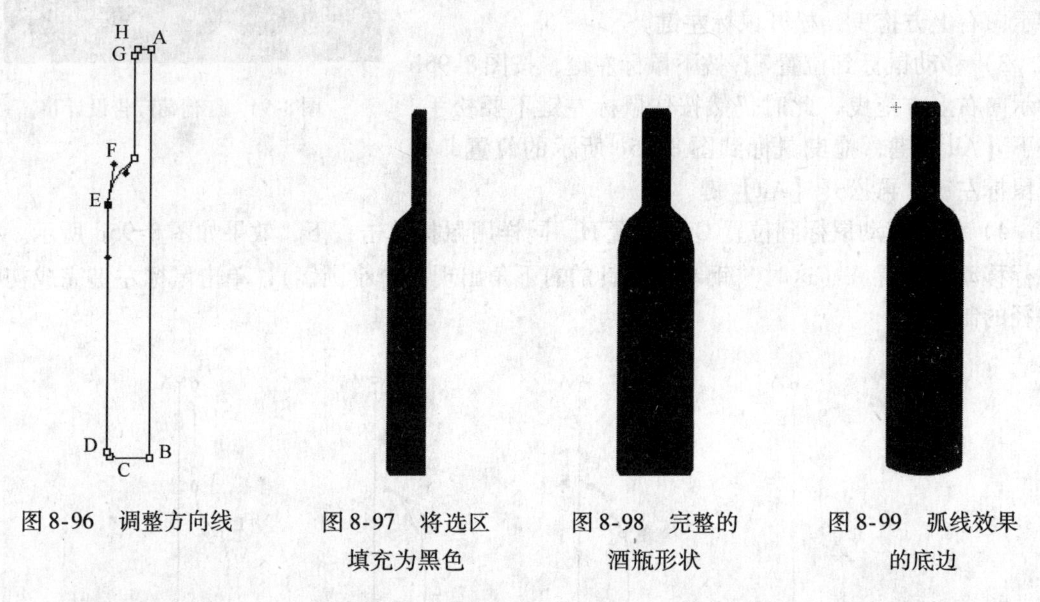

图 8-96 调整方向线　图 8-97 将选区填充为黑色　图 8-98 完整的酒瓶形状　图 8-99 弧线效果的底边

9）制作瓶盖。新建一个图层，命名为瓶盖。按住【Ctrl】键单击“酒瓶”图层，调出酒瓶选区。选中“瓶盖”图层，利用“矩形选框工具”将瓶身下部的大部分选区去掉。选择“渐变工具”，按照如图 8-100 所示设置渐变条的颜色（第一个色标和第四个色标的 RGB 参数相同，第二个色标和第五个色标的 RGB 参数相同），并在选项栏中设置渐变方式为线性渐变，然后从选区的左边到右边画出渐变，如图 8-101 所示。

10）选择“钢笔工具”，绘制方式仍为路径，在瓶口处绘制一条路径，如图 8-102 所示。打开“路径”调板，单击【将路径作为选区载入】按钮，将路径转变为选区。选择“渐变工具”，保持上一步所做的设置不变，从选区的左边到右边绘制渐变，然后用“椭圆选框工具”和“矩形选框工具”在新选区的上、下边各做一个环形选区，并填充上新选区中左边的较深的颜色，做成阴影的效果，如图 8-103 所示。

11）在瓶盖上做一个金黄色的边带。在瓶盖选区的下方再绘制一个矩形选区，用前面的渐变色填充，然后执行“图像”→“调整”→“色相/饱和度”菜单命令，在弹出的对话框中，设置色相为 50，饱和度为 50，明度为 10，如图 8-104 所示。单击【确定】按钮，并按【Ctrl + D】组合键，得到如图 8-105 所示的效果。

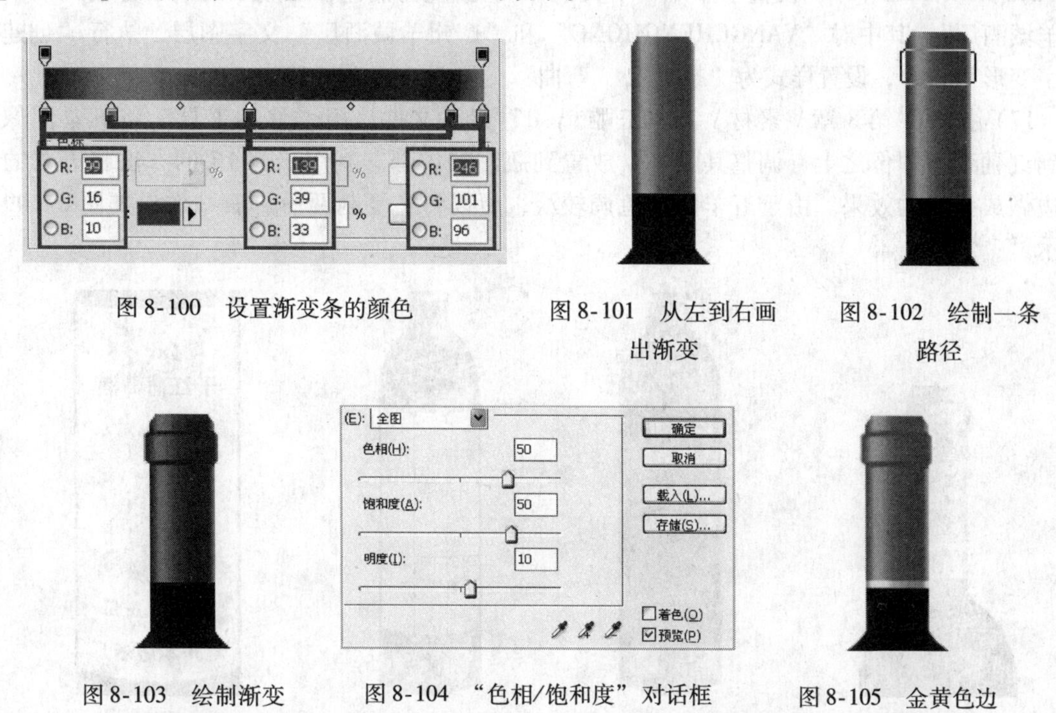

图 8-100　设置渐变条的颜色　　图 8-101　从左到右画出渐变　　图 8-102　绘制一条路径

图 8-103　绘制渐变并加上阴影　　图 8-104　“色相/饱和度”对话框　　图 8-105　金黄色边带效果

12）制作酒瓶内液体表面的效果。新建一个图层，命名为“液面”，选中“液面”图层。在瓶盖下方画一个矩形选区；选择渐变工具，按照步骤 9 的方法设置渐变条的颜色（其中第一、第三和第四个色标的 R = 60，G = 95，B = 55；第二和第五个色标的 R = 139，G = 180，B = 135），然后以线性渐变方式填充渐变色。

13）对液面图层添加“斜面和浮雕”效果，对参数进行如下修改：样式为枕状浮雕，方向为下，大小为 1 像素，阴影为 90 度，高光不透明度为 25%，阴影模式为“滤色”，其余取默认值。单击【确定】按钮，得到如图 8-106 所示的效果。

14）制作反光。设置前景色为白色，选择“钢笔工具”，设置绘制方式为“形状图层”，在瓶盖下方的左侧绘制出两个形状（同时得到“形状 1”和“形状 2”图层），然后调整“形状 1”图层的不透明度为 55%，“形状 2”图层的不透明度为 65%；在瓶盖下方的右侧绘制出一个形状（同时得到“形状 3”图层），然后调整该图层的不透明度为 50%，效果如图 8-107 所示。

15）制作瓶贴。新建一个图层，命名为“瓶贴”。选择“矩形选框工具”，在瓶身上绘制一个矩形选框，填充白色，按【Ctrl + D】组合键取消选择。然后执行“编辑”→“变换”→“变形”菜单命令，将矩形的上、下边做成弧线的效果，如图 8-108 所示。按【Enter】键确认。

16）选择“横排文字工具”。设置字体为“草檀斋毛泽东字体”，颜色为暗红色，在瓶贴的上方输入“羊城红”；设置字体为“华文中宋”，颜色为紫色，在“羊城红”下方输入“干红葡萄酒”；设置字体为“Blackadder ITC”，颜色为暗红色，在瓶贴的下方输入“YANGCHENGHONG”；设置字体为“华文楷体”，颜色为黑色，在瓶贴的最下方输入“广州羊城酒厂”。其中对“YANGCHENGHONG”和“广州羊城酒厂”文字图层，执行“创建文字变形”命令，设置样式为“拱形”，“弯曲”分别为－10 和－12。

17）打开“第 8 章 \ 素材 \ 五羊玉雕 . psd”素材文件，用“移动工具”将五羊图像拉到红葡萄酒图像之上，调整其大小，放置到瓶贴的中部。利用步骤 15 的方法将五羊的底边做成弧线的效果。由于五羊图像色调较淡，所以将它复制两份。瓶贴效果如图 8-109 所示。

图 8-106 酒瓶内液面效果

图 8-107 酒瓶反光效果

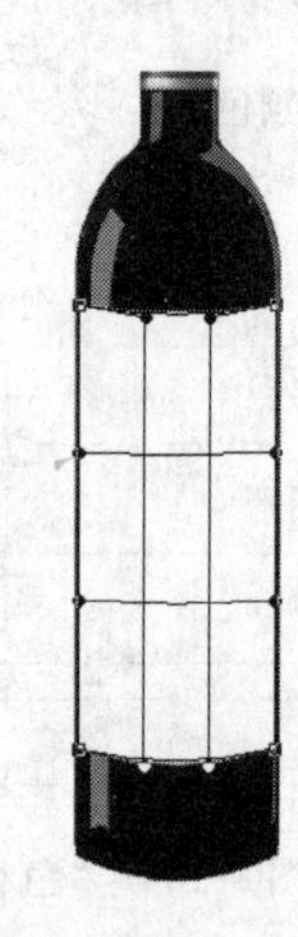

图 8-108 变形瓶贴图层

图 8-109 瓶贴效果

18）对瓶盖部分进行修饰。复制“YANGCHENGHONG”文字图层，修改样式为“无”，并将文字大小压缩，用鼠标将它拖曳到瓶盖的下方，如图 8-110 所示。按【Enter】键确认修改。对该图层执行“栅格化文字”命令后，按住【Ctrl】键单击酒瓶图层调出酒瓶选区，再对选区执行“反向”命令，按【Delete】键就可以将瓶身外的文字删去。

19）按住【Ctrl】键单击瓶盖上的“YANGCHENGHONG”文字图层，得到文字选区，然后选择渐变工具，按住步骤 11 的方法，将文字制作成金黄色的效果。

20）复制“五羊”图层，将其大小压缩，用鼠标将它拖曳到瓶盖的中间。然后用加深和减淡工具对五羊进行修饰。最终的瓶盖效果如图 8-111 所示。

21）对反光效果进行微调。新建一个图层，命名为“辅助反光”。设置前景色为较亮的灰色，选择“画笔工具”，在辅助反光图层对瓶颈处的反光部分进行涂抹（在此过程中，可用橡皮擦工具进行修正），效果如图 8-112 所示。

✍ **提示：**为避免所涂抹的颜色落在反光色之外，可按住【Ctrl】键依次单击各形状图层，然后再用画笔涂抹。

22）制作背景。在背景层之上新建一个图层，命名为酒瓶背景。选择“渐变工具”，设置渐变色为从淡红色（R：228，G：176，B：147）到紫色（R：110，G：51，B：97），然后从上到下绘出线性渐变。选择酒瓶图层，给该图层添加外发光图层样式。最后，添加广告文字说明，即得到如图 8-94 所示的效果。

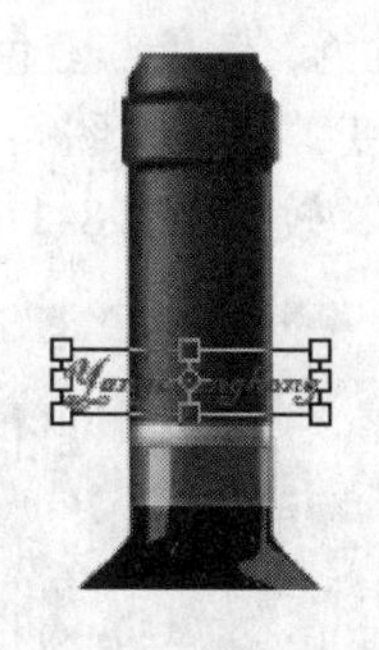

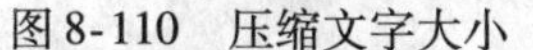

图 8-110 压缩文字大小　　图 8-111 瓶盖效果　　图 8-112 对反光效果进行微调

8.7 【案例 35】精灵战士

本案例要制作一幅精灵战士的艺术效果图像。通过本实例的制作，读者可以熟练掌握填充图层的使用、图层样式的使用、图像合成的技巧等。最终制作好的效果如图 8-113 所示。

8.7.1 创作思路

新建一个图像文件，依次将打开的“地球”、“卡通”和“剪纸”图像拉入其中，生成相应的图层；利用添加渐变填充图层，修饰“地球”图层；对“卡通”图层和“剪纸”图层的局部或全部，添加渐变叠加效果；最后添加文字图层，并对其添加描边效果。

8.7.2 操作步骤

1）打开 Photoshop CS3，执行“文件”→“新建”菜单，在弹出的对话框中，设置文件的宽度为 600 像素，高度为 375 像素，分辨率为 72 像素/英寸，颜色模式为“RGB 模式”，背景为白色，给文件起名字为“精灵战士”，然后单击【确定】按钮。

2）执行“文件”→“打开”菜单，在弹出的“打开文件”对话框中选择“第 8 章\素材\地球.jpg”素材文件，然后使用“移动工具”把地球拖动到“精灵战士”图像中，如图 8-114 所示。将拖入生成的图层命名为“地球”。

图 8-113 “精灵战士”效果图

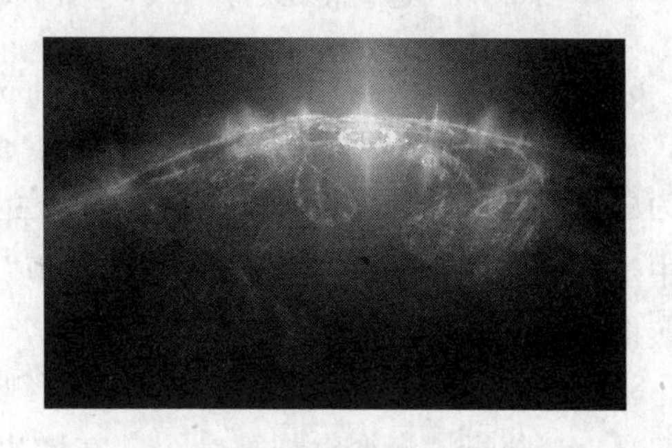

图 8-114 “地球”图层

3）给“地球”图层添加色彩的变化。单击“图层”调板上的【创建新的填充或调整图层】按钮，选择“渐变”命令，弹出“渐变填充”对话框。在该对话框中单击“点按可编辑渐变”图标，弹出“渐变编辑器”对话框，选择预设为“黄色、紫色、橙色、蓝色”，保持渐变方式为“线性渐变”，在“地球”图层中从上往下绘出渐变，效果如图 8-115 所示。然后设置图层的混合模式为“线性减淡（添加）”，不透明度为65%，效果如图 8-116 所示。

图 8-115 “渐变填充”效果

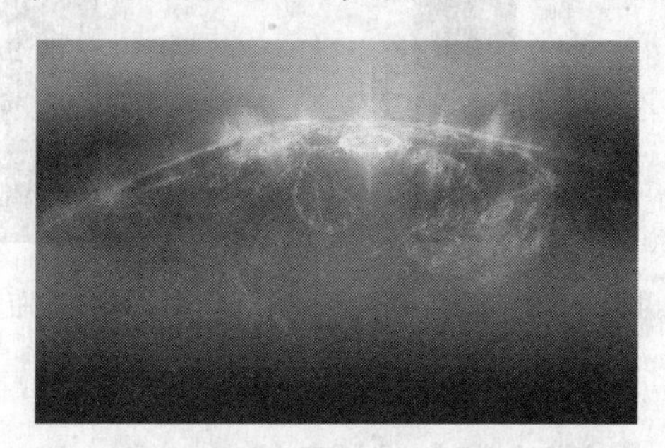

图 8-116 设置图层的混合模式及不透明度后效果

4）在 Photoshop 中打开“第 8 章 \ 素材 \ 卡通 . jpg” 素材文件。选择工具箱中的“魔术棒工具”，在选项栏中设置容差值为 20，不勾选“连续”复选框。然后在背景区域上单击鼠标左键，再单击鼠标右键，执行“选择反向”操作，可以选中精灵人物，如图 8-117 所示。

5）选择工具箱中的“移动工具”，将选中的精灵人物拖曳到“精灵战士”图像中，执行“编辑”→“自由变换”菜单命令，对精灵人物的大小进行调整，并移动到合适的位置上，如图 8-118 所示。将拖入生成的图层命名为“精灵人物”。

图 8-117 选中精灵人物

图 8-118 将精灵人物拖曳到“精灵战士”图像中

6）利用“钢笔工具”画出剑中光亮部分的路径，如图 8-119 所示。

7）在“图层”调板中新建一个图层，命名为“剑光”。选中“剑光”图层，设置前景色为白色。选择“画笔工具”，在其选项栏上设置画笔直径为 2 像素。打开“路径”调板，选中步骤 6 绘制的工作路径，单击“调板”下方的【用钢笔描边路径】按钮，给“剑光”图层添加白色的描边。

8）返回“图层”调板，保持选中“剑光”图层，单击调板下方的【添加图层样式】按钮 fx，执行“渐变叠加”命令。在弹出的对话框中，单击“点按可编辑渐变”图标，打开“渐变编辑器”对话框，选择预设为“色谱”，效果如图 8-120 所示。

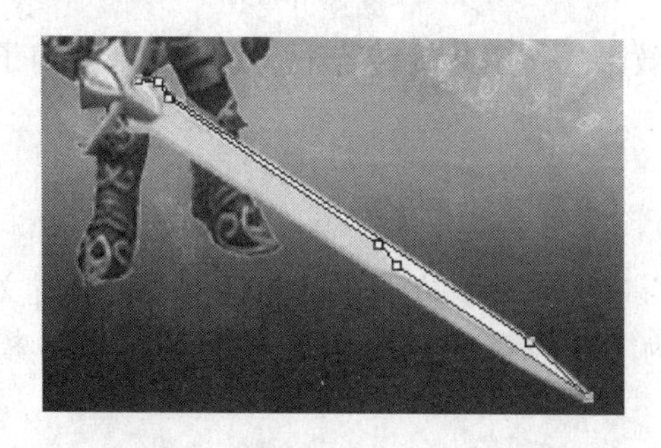

图 8-119 画出剑中光亮部分的路径

图 8-120 给剑光图层添加“渐变叠加”效果

9）在 Photoshop 中打开“第 8 章\素材\剪纸.jpg”素材文件。选择“魔术棒工具”，在选项栏中设置容差值为 50，然后在图像的黑色部分单击一下，将剪纸图像的黑色部分选中。

10）用“移动工具”将选中的黑色剪纸拖曳到“精灵战士”图像中。按【Ctrl + T】组合键，对剪纸图像进行自由变换，并移动到合适的位置上，如图 8-121 所示。将拖入生成的图层命名为“剪纸”。按住【Alt】键拖曳“剑光”图层中的“渐变叠加”到“剪纸”图层上，效果如图 8-122 所示。

图 8-121 添加“剪纸”图层

图 8-122 对剪纸图层应用“渐变叠加”效果

11）选中“横排文字工具”，在选项栏上设置字体为“Blackadder ITC”，字号为 36，文本颜色为白色，在图像的左下角输入“Genius Fighter”。然后添加描边效果：大小为 2 像素，颜色为棕色（R = 168，G = 87，B = 51）。此时得到如图 8-113 所示的效果，本案例结束。

8.8 【案例 36】檀香扇

本案例要完成一幅檀香扇图像的制作。通过本实例的学习，读者可以熟悉和掌握图像变换的操作方法、图层样式的使用技巧、动作的运用技巧（可以用来制作各种重复的花纹和图案效果）。本例的制作效果如图 8-123 所示。

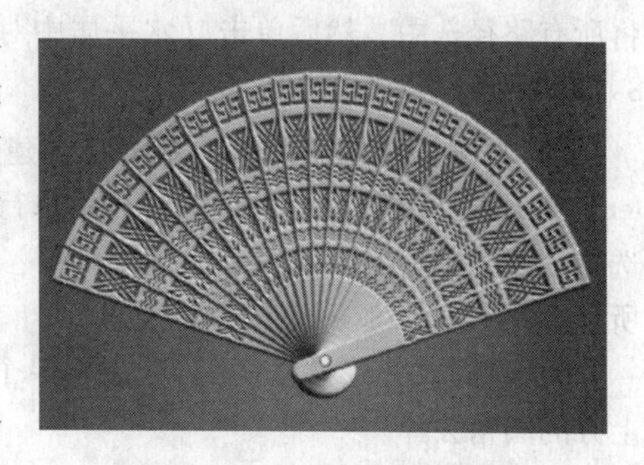

图 8-123 檀香扇的效果图

8.8.1 创作思路

利用“自定义形状工具”绘制扇叶花纹，然后将路径转换为选区。对选区填充颜色，再进行斜切变换，添加斜面和浮雕效果后就得到了一个扇叶的效果。将扇叶旋转若干次就得到一把扇子的形状，加上扇钉后就是一把扇子的图案了。

8.8.2 操作步骤

1）打开Photoshop CS3，执行“文件”→“新建”菜单命令，在弹出的对话框中，设置文件的宽度为600像素，高度为400像素，分辨率为150像素/英寸，颜色模式为“RGB模式”，背景为白色，然后单击【确定】按钮。

2）打开“路径”调板，单击【创建新路径】按钮，生成“路径1”。选择工具箱中的“圆角矩形工具”，在其选项栏上设置绘制方式为“路径”，半径为20像素，选中“添加到路径区域（+）”，然后在垂直方向上画出圆角矩形路径，如图8-124所示。

3）在选项栏上单击【自定形状工具】按钮，选中“从路径区域减去（-）”。打开“形状拾色器”，单击右上角的三角按钮，执行“选择全部”命令，如图8-125所示。再执行“载入形状”命令，载入对应素材下的“花纹.csh”。然后依次选择“瓶贴5”、“nms_ 34”、“波浪”，并分别把它们画在圆角矩形内，如图8-126所示。

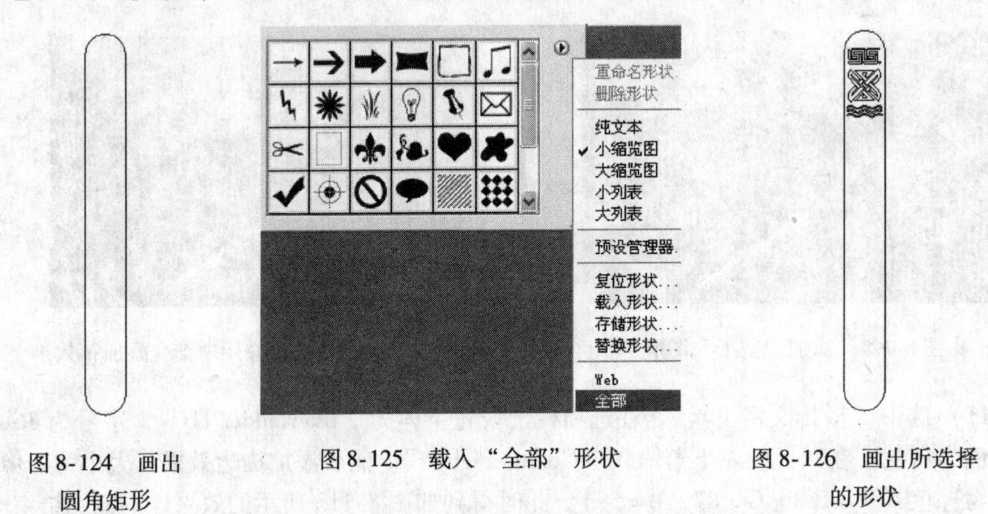

图8-124 画出圆角矩形　　图8-125 载入“全部”形状　　图8-126 画出所选择的形状

4）按住【Alt】键，拖曳“nms_ 34”两次，拖曳“波浪”一次，将它们复制。选择“路径选择工具”，将前面所画的圆或椭圆摆放好后，在圆角矩形外面拉出一个矩形，将所有路径选中，然后单击【水平居中对齐】按钮，使它们相对于中线对齐，效果如图8-127所示。

5）打开“图层”调板，单击【创建新图层】按钮，生成“图层1”。按【Ctrl+Enter】组合键，将路径变为选区。然后执行“编辑”→“填充”菜单命令，在弹出的对话框中选择“颜色”，设置R=226、G=183、B=128，得到单个扇叶的初始效果，如图8-128所示。

6）选择“矩形选框工具”，选中单个扇叶的上方，如图8-129所示。按【Delete】键将上方的圆角去掉。

7）执行“编辑”→“变换”→“斜切”菜单命令，将下方的参考点往中间移动，如

图 8-130所示。

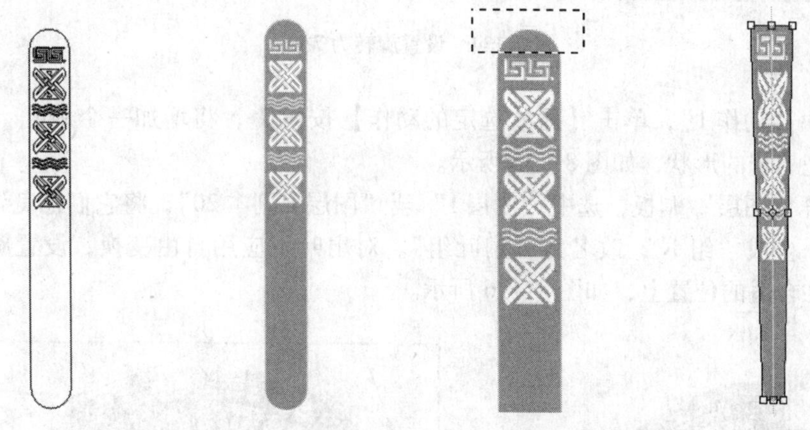

图 8-127　居中所有形状　　图 8-128　用颜色填充选区　　图 8-129　将上方的圆角去掉　　图 8-130　移动下方的参考点

8）双击“图层 1”缩略图，弹出“图层样式”对话框，选中“斜面和浮雕”选项，设置样式为“浮雕效果”，大小为 2 像素，软化为 1 像素，角度为 60 度，高度为 30 度，其余取默认值，如图 8-131 所示。

9）此时完成单个扇叶的制作。只要把扇叶按一定角度旋转若干次，即可产生一把扇子的效果。下面把旋转操作做成动作，以简化操作。打开“动作”调板，单击【创建新组】按钮 ，得到“组 1”；接着单击【创建新动作】按钮，在弹出的对话框中，单击【记录】按钮，开始记录“动作 1”。

10）打开“图层”调板，将“图层 1”拖曳到【创建新图层】按钮上，得到“图层 1 副本”。对“图层 1 副本”执行“自由变换”命令，将中心点移动到下方，如图 8-132 所示。在选项栏上设置旋转 7 度，如图 8-134 所示。这时得到如图 8-133 所示的效果，按【Enter】键确认操作。重新打开“动作”调板，单击【停止播放/记录】按钮，完成“动作 1”的录制。

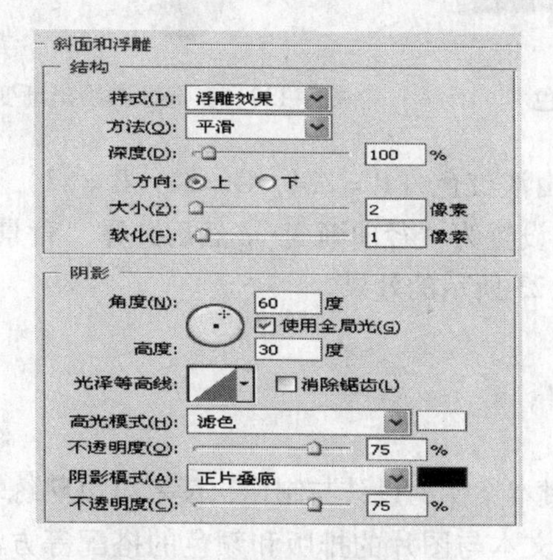

图 8-131　设置斜面和浮雕参数

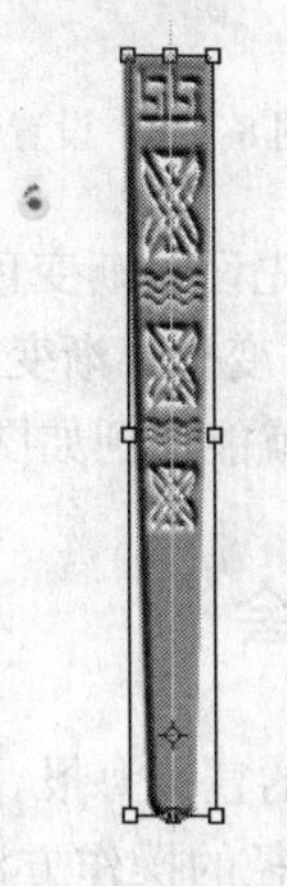

图 8-132　将中心点移动到下方

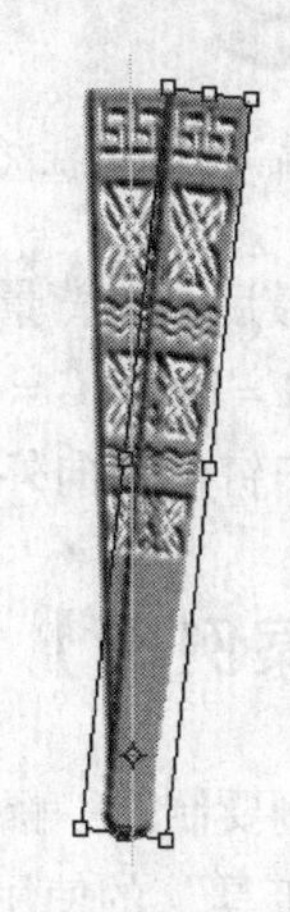

图 8-133　旋转图层 1 副本

图 8-134　设置旋转为 7 度

11）选中“动作 1”，单击【播放选定的动作】按钮，将增加一个扇叶。共单击 19 次，得到一把扇子的形状，如图 8-135 所示。

12）打开“图层”调板，选中“图层 1”至“图层 1 副本 20”，将它们拖曳到【创建新组】按钮上，生成“组 1”，改名为“扇叶组”。对扇叶组应用自由变换，设置旋转为 -70 度，并摆放在合适的位置上，如图 8-136 所示。

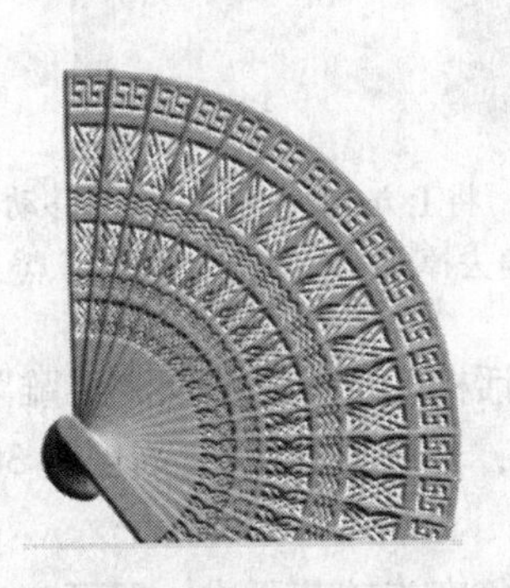

图 8-135　得到一把扇子的形状

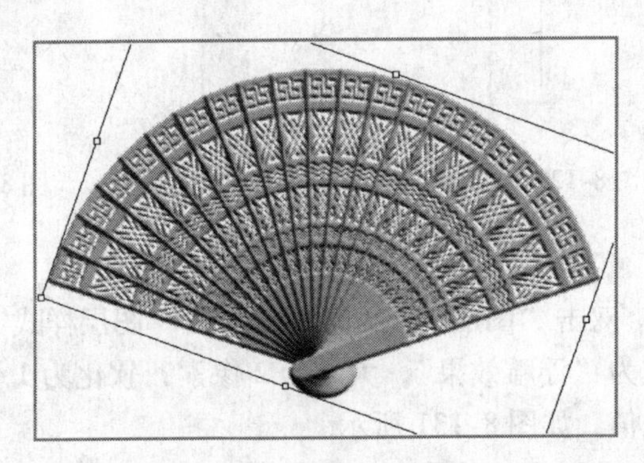

图 8-136　将扇子旋转 -70 度

13）画扇钉。新建一个图层，命名为“扇钉”。选中“扇钉”图层，选择“椭圆选框工具”，在扇子的下方画一个正圆选区，如图 8-137 所示。选择“渐变工具”，如图 8-138 所示设置渐变色，并选择渐变方式为径向渐变，在选区内绘出渐变，如图 8-139 所示。

图 8-137　画一个正圆选区

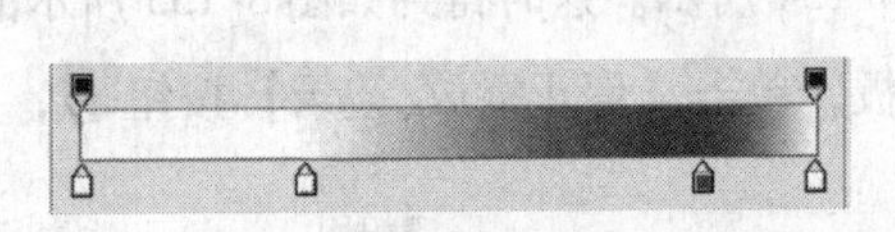

图 8-138　设置渐变色

图 8-139　在选区内绘出渐变

14）最后，给背景添加颜色。先设置渐变色，由淡红色（R = 224，G = 84，B = 87）到暗红色（R = 158，G = 49，B = 44）变化，渐变方式设置为“径向渐变”。然后选择“背景”图层，在扇钉位置向外拉出渐变，就能得到如图 8-123 所示的效果。

8.9 【案例 37】广州亚运会

本案例要制作一幅广州亚运会的宣传海报。通过本案例的设计与制作，读者可以熟练掌握“钢笔工具”的使用方法、对路径的操作方法、文本与图片的排版和颜色的搭配等方法和技巧。最终制作好的效果如图 8-140 所示。

8.9.1 创作思路

利用“钢笔工具”绘制出跳舞女子及其拉出的彩带形状，转换成选区后，填上所需要的颜色，象征动感和激情，并与亚运会标志相呼应。作为亚运会的宣传广告，自然少不了亚运会的标志和吉祥物，以及必要的文字说明。在颜色的搭配上，主要采用了象征热烈的红色和黄色。

图8-140 广州亚运会海报设计效果图

8.9.2 操作步骤

1）打开 Photoshop CS3，执行“文件”→“新建”菜单，在弹出的对话框中，设置文件的宽度为800像素，高度为600像素，分辨率为72像素/英寸，背景为白色，给文件起名字为“广州亚运会海报”。然后单击【确定】按钮。

2）打开“路径”调板，单击【创建新路径】按钮，生成“路径1”路径层。选择“钢笔工具”，在选项栏上选择“添加到路径区域（+）”，然后在画布上绘出跳舞女子的形状，如图8-141所示。

✍ **提示**：如绘画有困难，可打开“路径.psd”素材文件，在“路径”调板上选中“路径1”，按【Ctrl+C】组合键复制路径。然后选择“广州亚运海报设计”图像，按【Ctrl+D】组合键粘贴路径。

3）打开“图层”调板，新建“图层1”，按【Ctrl+Enter】组合键将路径变为选区，然后执行“编辑”→“填充”命令，在弹出的对话框中，设置颜色为绿色（R=159，G=208，B=56）。单击【确定】按钮后，效果如图8-142所示。

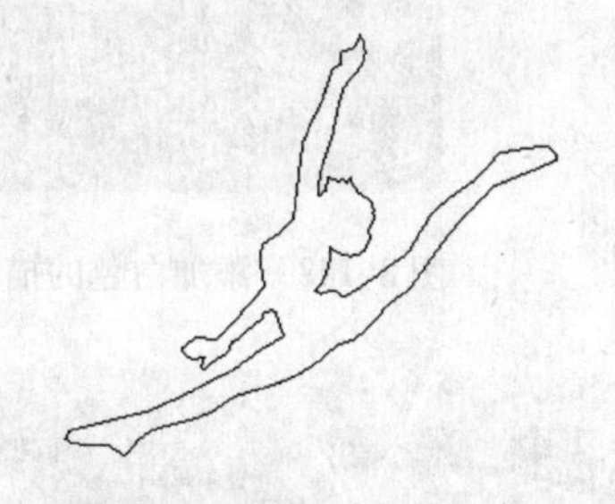

图8-141 绘出跳舞女子的形状

图8-142 给选区填充绿色

4）在“路径”调板上生成“路径2”，在画布上绘出如图8-143所示的形状。在选项栏上选择“从路径区域中减去（-）”，在刚才所画的路径内部画出两个孔形，如图8-144所示。

5）在“图层”调板上新建“图层2”，按【Ctrl+Enter】组合键将路径变为选区，然后执行“编辑”→“填充”命令，在弹出的对话框中，设置颜色为红色（R=249，G=23，B=

34)。单击【确定】按钮后，效果如图 8-145 所示。

图 8-143 绘出绸带的形状之一　　　图 8-144 绘出绸带的形状之二

6）选择“渐变工具”，设置渐变色为从白色（R＝255，G＝255，B＝255）到黄色（R＝255，G＝239，B＝0）再到红色（R＝231，G＝2，B＝5）变化，如图 8-146 所示。设置渐变方式为“径向渐变”，然后在“背景”图层上从左上方到右下角绘出渐变，如图 8-147 所示。

图 8-145 给选区填充红色

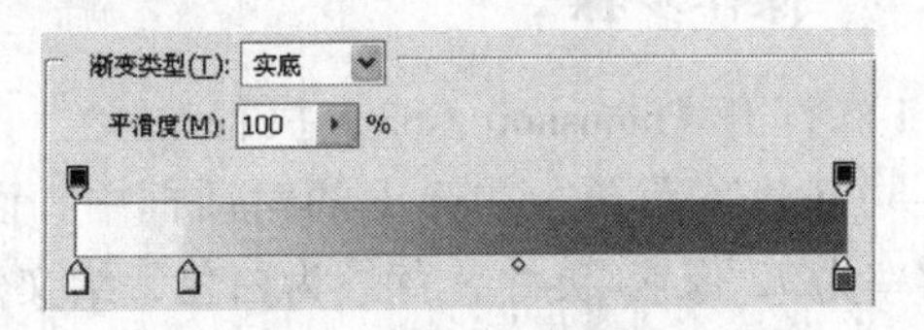

图 8-146 设置渐变色

7）在“图层”调板上选中“图层 1”，执行“编辑”→“描边”命令，设置宽度为 2 像素，颜色为白色，单击【确定】按钮，效果如图 8-148 所示。选中“图层 2”，执行“图层”→“图层样式”→“投影”命令，在弹出的对话框中，设置颜色为褐色（R＝120，G＝55，B＝55），角度为 120 度，其余取默认值，单击【确定】按钮后，得到如图 8-149 所示的效果。

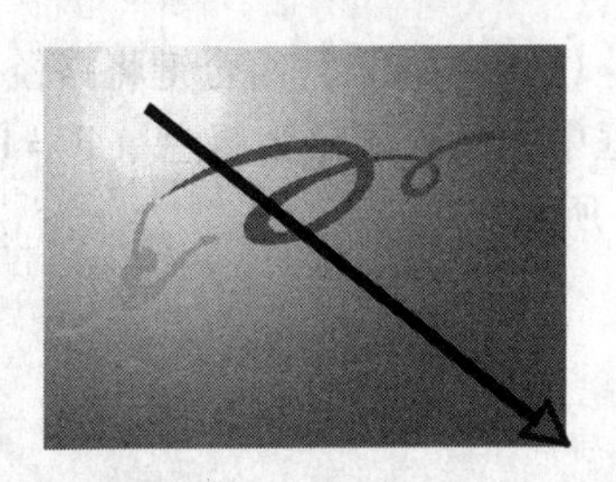

图 8-147 在背景图层上绘出渐变

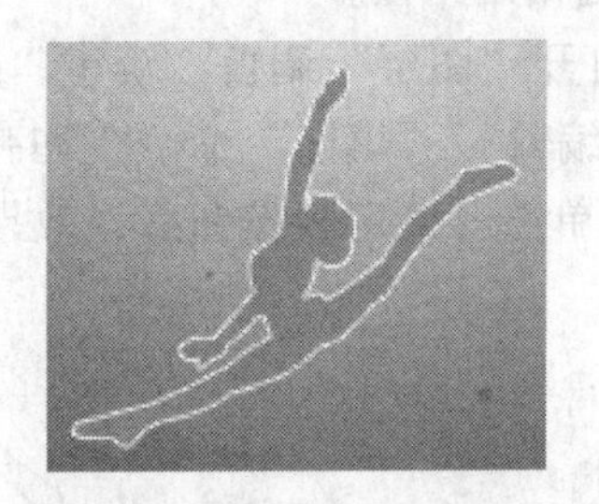

图 8-148 添加白色的描边

8）打开“第 8 章\素材\亚运会徽 .jpg”素材文件，选择“魔棒工具”，在选项栏上设置容差为 50，不勾选“连续”复选框。然后在标志图像的白色部分单击一下，再执行“选择”→“反选”命令。选择“移动工具”，将选中的图像拖曳到“广州亚运会海报设计”图像上，按【Ctrl＋T】组合键，将选区图像适当缩小，摆放

图 8-149 添加投影效果

在画布的左上方。将生成的图层命名为“亚运会徽”。

9）打开“第8章\素材\五羊石雕.jpg”素材文件，用“钢笔工具”勾画出石雕部分，做出封闭路径后，单击“路径”调板上的【将路径作为选区载入】按钮，得到五羊石雕部分的选区。然后用“移动工具”将选区图像拖曳到“广州亚运会海报设计”图像上，调整其大小，摆放在图像的右下角。将生成的图层命名为“五羊”。

10）打开“第8章\素材\乐羊羊.jpg”素材文件，按住【Alt】键双击“背景”图层，使其变为“图层0”。选择“魔棒工具”，在选项栏上设置容差为50，勾选“连续”复选框。在图像的空白部分单击一下，按【Delete】键删除空白选区。对小羊之间的空白部分执行同一的操作，得到如图8-150所示的效果。

11）选择“移动工具”，将乐羊羊图像拖曳到“广州亚运会海报设计”图像上，调整其大小，摆放在五羊雕像图像的上面。将生成的图层命名为“乐羊羊”。选中“乐羊羊”图层，执行“图层”→“图层样式”→“斜面和浮雕”命令，并取默认值，效果如图8-151所示。

图8-150　将乐羊羊的背景删除

图8-151　添加斜面和浮雕效果

12）选择“横排文字工具”，设置文本颜色为黑色，设置合适的字体和大小，在画布的右上方输入“广州2010亚运会”的中文和英文，然后添加白色的描边。设置文本颜色为白色，在下方输入“11.12～11.27”，添加黑色的投影，取默认值即可，效果如图8-152所示。

13）设置文本颜色为黑色，设置合适的字体和大小，在画布上亚运会徽的下方输入“激情盛会 和谐亚洲”的中文和英文，如图8-153所示。

图8-152　画布右上方的文字效果

图8-153　在亚运会徽下方输入文字

14）新建一个图层，得到“图层3”。选中“图层3”，按住【Ctrl】键，单击刚刚建立的“激情盛会 和谐亚洲”文字图层，得到文字选区。选择“渐变工具”，设置渐变色为色谱，在文字选区的左方到右方绘出渐变，效果如图8-154所示。

15）对“图层3”添加宽度为1像素的黑色的描边，然后选中“激情盛会 和谐亚洲”文字图层，选择“移动工具”，按【→】键和【↓】键若干次，直至出现立体文字效果为止。

16）新建“图层 4”，用步骤 14 和步骤 15 的方法，对“Thrilling Games，Harmonious Asia”作同样处理，得到如图 8-155 所示的效果。

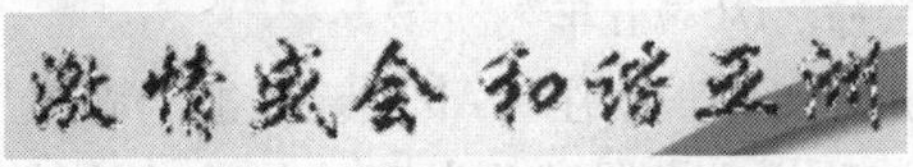

图 8-154 对文字选区绘出渐变

图 8-155 亚运会会徽下方的文字效果

17）设置文本颜色为白色，设置合适的字体和大小，在画布的左下方输入“祥和亚运 绿色亚运 文明亚运”的中英文。最后选择“移动工具”，调整各图层的位置，便得到如图 8-140 所示的效果。

习 题

1. 参考【案例 29】的方法，制作出如图 8-156 所示的按钮图像。

2. 参考【案例 30】的方法，制作一个楼盘招贴广告，如图 8-157 所示。

3. 制作一个中国国宝的古典艺术海报，如图 8-158 所示。

4. 根据给定的素材，制作如图 8-159 所示的电影海报。

图 8-156 “按钮”图像

图8-157 “楼盘招贴广告”效果图

图 8-158 “古典艺术海报”效果图

5. 制作惠普电脑广告，如图8-160所示。

图8-159 “电影海报”效果图

图8-160 “惠普电脑广告”效果图

6. 制作一个红葡萄酒产品的广告，如图8-161所示。

图8-161 红葡萄酒产品广告

7. 制作“精灵战士”图像，如图8-162所示。

8. 制作“檀香扇”图像，如图8-163所示。

【操作参考】扇叶网格的制作过程。做出有“花形纹章”的形状后，接着做以下步骤：

1）切换到“通道”调板，新建Alpha通道，为通道填充白色，执行“滤镜”→“素描”→“半调图案”命令，设置“大小”为6，“对比度”为24，单击【确定】按钮。按住【Ctrl】键单击“Alpha 1”通道，载入选区，然后单击“RGB”通道。

2）切换到“图层”调板，选择“多边形套索工具”，在选项栏上选择“与选区交叉”，在扇叶上绘出梯形，然后按键盘上的【Delete】键，即可得到网格效果。

图 8-162 “精灵战士”图像

图 8-163 “檀香扇”图像

9. 制作一幅广州亚运的宣传海报，如图 8-164 所示。

图 8-164 “广州亚运宣传海报”效果图

附录 Photoshop 二级考试模拟题

一、选择题

1. 在按住（　　）键的同时单击“路径”调板中的“填充路径”图标，会打开“填充路径”对话框。

A.【Alt】　　B.【Shift】　　C.【Ctrl】　　D.【Shift + Ctrl】

2. 下列是 Photoshop 图像最基本的组成单元的是（　　）。

A. 色彩空间　　B. 节点　　C. 路径　　D. 像素

3. 下列关于滤镜操作原则的叙述中，错误的是（　　）。

A. 有些滤镜只对 RGB 图像起作用

B. 只有极少数的滤镜可用于 16 位/通道图像

C. 不能将滤镜应用于位图模式或索引颜色的图像

D. 滤镜不仅可用于当前可视图层，对隐藏的图层也有效

4. 下面工具中，可以减少饱和度的是（　　）。

A. 模糊工具　　B. 海绵工具　　C. 锐化工具　　D. 加深工具

5. 若想增加一个图层，但在“图层”调板的最下面【创建新图层】按钮是灰色不可选取，原因是（　　）（假设图像是 8 位/通道）。

A. 图像是 CMYK 模式　　B. 图像是索引颜色模式

C. 图像是灰度模式　　D. 图像是双色调模式

6. 下列关于不同色彩模式转换的描述，错误的是（　　）。

A. RGB 模式中的某些颜色在转换为 CMYK 模式后会丢失

B. 通常情况下，会将 RGB 模式转换为 Lab 模式，然后再转换为 CMYK 模式，才不会丢失任何颜色信息

C. RGB 模式在转化为 CMYK 模式之后，才可以进行分色输出

D. 在自理图像的过程中，RGB 模式和 CMYK 模式之间可多次转换，对图像的色彩信息没有任何影响

7. 对于双色调模式的图像可以设定单色调、双色调、三色调和四色调，在“通道”调板中，它们包含的通道数量及对应的通道名称正确的是（　　）。

A. 分别为 1、2、3、4 个通道，通道的名称和在“双色调选项”对话框中设定的油墨名称相同

B. 均为 2 个通道，四种情况下，通道的名称均为通道 1 和通道 2

C. 均为 1 个通道，四种情况下，通道的名称分别为单色调、双色调和四色调

D. 分别为 1、2、3、4 个通道，根据各自的数量不同，通道名称分别为通道 1、通道 2、通道 3、通道 4

8. 如果在图层上增加一个蒙版，当要单独移动蒙版时，下列操作正确的是（　　）。

A. 首先要解掉图层与蒙版之间的锁，再选择蒙版，然后选择移动工具就可移动

B. 首先要解掉图层与蒙版之间的锁，然后选择移动工具就可移动

C. 首先单击图层上面的蒙版，然后执行“选择”→“全选”命令，用选择工具拖拉

D. 首先单击图层上面的蒙版，然后选择移动工具就可移动

9. 在 Photoshop 中，下列色彩模式可以直接转化为双色调模式的是（　　）。

A. Lab　　B. 灰度　　C. CMYK　　D. RGB

10. 当将浮动的选择范围转化为路径时，所创建的路径的状态是（　　）。

A. 填充的子路径　　B. 剪贴路径　　C. 开放的子路径　　D. 工作路径

11. 下列格式用于网页中的图像的是（　　）。

A. JPEG　　B. TIFF　　C. DCS　　D. EPS

12. 当选择“文件”→“新建”命令，在弹出的“新建”对话框中不可以设定的模式是（　　）。

A. 位图模式　　B. Lab 模式　　C. 双色调模式　　D. RGB 模式

13. 在“修复画笔工具”选项栏中有很多选项，下列说法错误的是（　　）。

A. 选择“图案”选项，并在“模式”弹出菜单中选择“替换”模式时，该工具和“图案图章工具”使用效果完全相同

B. 选择“图案”选项，并在“模式”弹出菜单中选择“正常”模式时，该工具和“图案图章工具”使用效果完全相同

C. 选择“取样”选项时，在图像中必须按住【Alt】键用工具取样，在“模式”弹出菜单中可选择“替换”、“正片叠底”、“屏幕”等模式

D. 选择“对齐的”选项时，对连续修复一个完整的图像非常有帮助；如果不选择此选项，一次取样后，每次松开和按下鼠标左键，都会以取样点为起点重新进行修复

14. 下面选项中有关“扩大选择”和“选择相似”作用的描述错误的是（　　）。

A. 对于同一幅图像执行“扩大选择”和“选择相似”命令结果是一致的

B. “扩大选择”和“选择相似”命令在选择颜色范围时，范围的大小是受“容差”来控制的

C. “选择相似”命令是由全部图像中寻找出与所选择范围近似的颜色与色阶部分，最终形成选区

D. “扩大选择”命令是以现在所选择范围的颜色与色阶为基准，由选择范围接临部分找出近似颜色与色阶最终形成选区

15. 下列关于“变换选区”命令的描述，错误的是（　　）。

A. “变换选区”命令可对选择范围进行旋转

B. 执行“变换选区”命令后，按住【Ctrl】键，可将选择范围的形状改变为不规则形状

C. “变换选区”命令可以对选择范围及选择范围的像素进行缩放和变形

D. “变换选区”命令可对选择范围进行缩放和变形

16. 下列关于位图模式和灰度模式的描述，错误的是（　　）。

A. 在位图模式中为黑色的像素，在灰度模式中经过编辑后可能会是灰色；如果像素足够亮，当转换回位图时，它将成为白色

B. 将图像转换为位图模式会使图像颜色减少到黑白两种

C. 灰度模式可作为位图模式和彩色模式间相互转换的中介模式

D. 将彩色图像转换为灰度模式时，Photoshop 会去掉原图像中所有的彩色信息，而只保留像素的灰度级

17. 下列关于路径的描述，错误的是（　　）。

A. 路径可以随时转化为浮动的选区

B. “路径”调板中路径的名称可以随时修改

C. 当对路径进行填充颜色的时候，不可以创建镂空的效果

D. 路径可以用“画笔工具”进行描边

18. 单击“图层”调板上“眼睛”图标右侧的方框，出现一个链条的图标，表示（　　）。

A. 该图像被隐蔽

B. 该图层被锁定

C. 该图层与激活的链接，两者可以一起移动和变形

D. 该图层不会被打印

19. 当在“颜色”调板中选择颜色时出现“!”说明（　　）。

A. CMYK 中无法再现出此颜色

B. 所选择的颜色超出了 RGB 的色域

C. 所选择的颜色超出 HSB 色域

D. 所选择的颜色超出 Lab 色域

20. 如果一张照片的扫描结果不够清晰，可用（　　）滤镜来弥补。

A. USM 锐化　　B. 去斑　　C. 风格化　　D. 中间值

二、操作题

1. 【基本操作】文件的默认存取路径为“E：\Pro\550201”。打开“300501. jpg”，为图片修复局部曝光，效果如图 1 所示。将完成作品保存成“result1. jpg”（必须使用 JPG 文件格式类型保存，保存文件名必须为“result. jpg”。提示：可单击【另存为】按钮，在“格式”下拉列表框中选择 JPG 格式）。

2. 【基本操作】文件的默认存取路径为“E：\Pro\550202”。打开“300502. jpg”，修正照片中倾斜的头部，最后裁剪为宽 1. 3 厘米、高 1. 7 厘米的图片，效果如图 2 所示。将完成作品保存成“result2. jpg”。

图 1　操作题 1 效果图

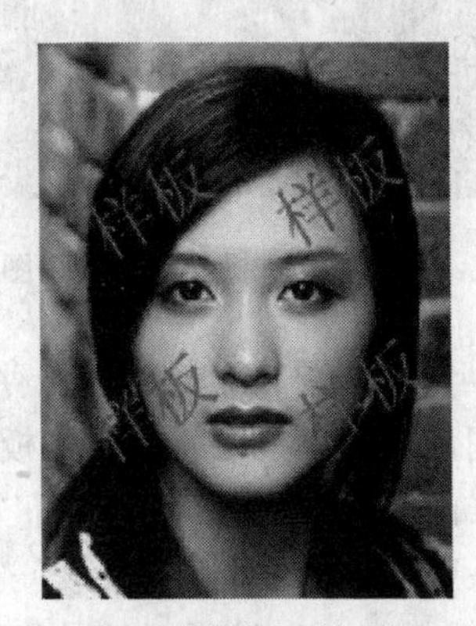

图 2　操作题 2 效果图

3. 【基本操作】文件的默认存取路径为“E：\Pro\550203”。打开“300502. jpg”，制作如图3所示的卡通图片效果。将完成作品保存成“result3. jpg”。

4. 【基本操作】文件的默认存取路径为“E：\Pro\550204”。打开“300504. jpg”，将图案添加到小女孩的衣服上，注意衣服褶皱部分的处理，效果如图4所示。将完成作品保存成“result4. jpg”。

图3　操作题3效果图

图4　操作题4效果图

5. 【基本操作】文件的默认存取路径为“E：\Pro\550205”。打开“300505. jpg”，输入文字“Photoshop”，做出如图5所示的效果。将完成作品保存成“result5. jpg”。

6. 【设计题】素材的默认存取路径为“E：\Pro\550206”。打开素材文件夹，利用其中的素材，按照图6所示效果，制作家电下乡的宣传海报。画布大小为800×530像素，要求将每个设计元素都单独建立一个图层，以看清作品大概的制作步骤，最终结果保存成“550206. jpg”和“550206. psd”，保存路径为“E：\Pro\550206”。

图5　操作题5效果图

图6　操作题6效果图

7. 【设计题】素材的默认存取路径为“E：\Pro\550207”。打开素材文件夹，利用文件夹的图片和文字素材，按照样板设计网站的首页页面（如图7所示），添加文字和6个导航按钮，内容为“海泉湾酒店”、“服务项目”、“客房住所服务…”、“国际会议会展…”、“餐饮娱乐服务…”、“酒店介绍”、“新闻动态”、“精致客房”、“餐饮美食”、“休闲娱乐”、“联系我们”，并且添加版权栏目，内容为“海泉湾酒店-版权所有”（具体文字素材请从

“文字素材 . txt” 中获得)。画布大小为 800 × 600 像素，要求将每个设计元素都单独建立一个图层，以看清作品大概的制作步骤，最终结果保存成“550207. jpg” 和 “550207. psd”，保存路径为“E：\Pro\550207”。

注意：网站版面并不是简单的图片堆砌，它应该突出主题让用户看到一些很精彩的、用户感兴趣的内容，通常除了必要的图片、文字以外，还应该包括导航、LOGO 等元素。

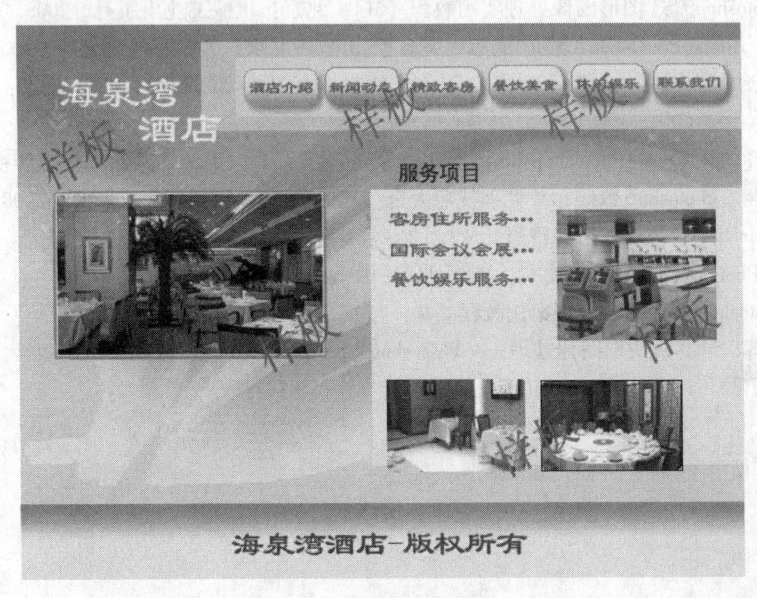

图 7 操作题 7 效果图

参考文献

[1] 袁景超. Photoshop CS3 图形图像处理实用教程［M］. 北京：机械工业出版社，2008.

[2] Adobe 公司. Adobe Photoshop CS3 中文版经典教程［M］. 北京：人民邮电出版社，2008.

[3] 郝军启，刘治国，赵喜来. Photoshop CS3 中文版图像处理标准教程［M］. 北京：清华大学出版社，2008.

[4] 关文涛. 选择的艺术——Photoshop CS 图层通道深度剖析［M］. 北京：人民邮电出版社，2006.

[5] 杨品，罗伟翔. Photoshop 数码相片处理技巧大全［M］. 北京：中国电力出版社，2008.

[6] 金恩爱. Photoshop CS2 从入门到精通［M］. 北京：中国青年出版社，2006.

[7] 雷波. 精通 Photoshop 十大核心技术［M］. 北京：中国电力出版社，2007.

[8] 沈大林. Photoshop CS2 图像处理案例教程［M］. 北京：中国铁道出版社，2007.

[9] 郭万军，李辉. 计算机图形图像处理——Photoshop CS3［M］. 北京：人民邮电出版社，2009.